广视角·全方位·多品种

权威·前沿·原创

皮书系列为

“十二五”国家重点图书出版规划项目

中国环境发展报告（2014）

ANNUAL REPORT ON ENVIRONMENT DEVELOPMENT OF CHINA (2014)

自然之友 / 编
刘鉴强 / 主　编

社会科学文献出版社
SOCIAL SCIENCES ACADEMIC PRESS (CHINA)

图书在版编目（CIP）数据

中国环境发展报告. 2014/刘鉴强主编；自然之友编. —北京：社会科学文献出版社，2014.5
（环境绿皮书）
ISBN 978 - 7 - 5097 - 5818 - 2

Ⅰ.①中… Ⅱ.①刘… ②自… Ⅲ.①环境保护 - 研究报告 - 中国 - 2014 Ⅳ.①X - 12

中国版本图书馆 CIP 数据核字（2014）第 058682 号

环境绿皮书
中国环境发展报告（2014）

编　　者 / 自然之友
主　　编 / 刘鉴强

出 版 人 / 谢寿光
出 版 者 / 社会科学文献出版社
地　　址 / 北京市西城区北三环中路甲 29 号院 3 号楼华龙大厦
邮政编码 / 100029

责任部门 / 皮书出版分社（010）59367127　　责任编辑 / 周映希　陈晴钰
电子信箱 / pishubu@ ssap. cn　　责任校对 / 宝　蕾
项目统筹 / 邓泳红　　责任印制 / 岳　阳
经　　销 / 社会科学文献出版社市场营销中心（010）59367081　59367089
读者服务 / 读者服务中心（010）59367028

印　　装 / 北京季蜂印刷有限公司
开　　本 / 787mm × 1092mm　1/16　　印　　张 / 22.5
版　　次 / 2014 年 5 月第 1 版　　字　　数 / 367 千字
印　　次 / 2014 年 5 月第 1 次印刷
书　　号 / ISBN 978 - 7 - 5097 - 5818 - 2
定　　价 / 79.00 元

特别鸣谢

感谢德国海因里希－伯尔基金会及协和慈善基金会，他们的大力支持使《中国环境发展报告（2014）》得以顺利出版！

感谢《中外对话》的支持！

HEINRICH BÖLL STIFTUNG

中外对话
chinadialogue

编委会与撰稿人名单

主　　编　刘鉴强

编 委 会　（按姓氏拼音排序）

曹　可　丁　品　胡勘平　李　波　李　楯
梁晓燕　刘鉴强　梅雪芹　郄建荣　宋国军
熊志红　杨东平　曾繁旭　张伯驹　张世秋
郑易生

撰 稿 人　（按姓氏拼音排序）

戴　佳　冯　洁　郭巍青　黄　凯　李　波
李　楯　梁晓燕　林　娜　林燕梅　刘鉴强
刘晓星　吕忠梅　彭利国　彭　林　朴正吉
郄建荣　沈孝辉　王晶晶　王晓曦　王宇琦
徐婉莹　杨长江　杨功焕　曾繁旭　张　宝
周　雨　邹长新

主编助理　李　翔　丁　宁　柳皋隽　汪　欢

摘　要

中国环境绿皮书是业界享有盛誉的中国环境年度报告，这一本《中国环境发展报告（2014）》已是连续出版的第九本，也将在欧洲以英文出版。

本年度报告由民间环保组织“自然之友”编撰，撰稿人是一批优秀的专家、学者、环保工作者、政府工作人员和媒体人士。

在本书的“总报告”中，李楯先生回顾了中国生态环境概况，提出一个重大问题：面对如此严峻的局面，政府和公民分别做了什么工作？并提出新的环境－生态政策的基础理念：在“以人为本”的前提下，正视污染和生态恶化对健康的影响，在国家法律的最高层级，确认和保障公民的健康权和环境权；关注和尽力保障环境公平；尊重自然万物的生命权利。

在2013年的绿皮书中，我们首次提出中国各地的水资源争夺其实是一种社会与政治危机。在今年的“特别关注”中，郭巍青教授与同事将研究深化，分析了水资源争夺的两个案例，清晰地得出结论：传统地方保护主义的水资源争夺，在经济发展与地方政府竞争体制的多重因素下，演变成了水利工程、政治利益与经济发展紧密结合的水资源的政治经济学。

几年来，环境群体性事件层出不穷，但从未找到一种最佳解决途径。自2013年始，4家环保组织首次介入环境冲突管理。李波先生的文章，通过环保组织研究和干预昆明安宁中石油1000万吨/年石化项目环评决策中的问题，对大型敏感项目的决策与环境群体事件之间的关系做了初步分析，同时也探讨了民间组织参与环境冲突管理和预防工作的重要角色和作用。

在环境与健康领域，2013年发布的对淮河流域地区消化道肿瘤死亡率变化的分析报告，是比较重大的研究成果，这一报告是科学研究第一次确认淮河流域的污染与肿瘤高发有密切相关。这一报告的负责人杨功焕在文中说，比对淮河流域地区人群30年死亡模式的变化趋势时，显示污染最严重、持续时间

最长的地区，恰恰是消化道肿瘤死亡率上升幅度最高的地区，其上升幅度是全国相应肿瘤死亡率平均上升幅度的3～10倍。

吕忠梅教授与同事研究了63起铅镉污染危害人体健康的事件，指出这些事件暴露了我国环境与健康管理中的严重问题，建议制定《环境与健康法》。

2013年，与环境有关的法律问题成为热点，本年度报告的“政策与治理”部分，重点关注了环境公益诉讼、环境诉讼鉴定制度、环保法修改等问题。

在过去数年，沈孝辉先生一直对长白山自然保护区持批评态度。在本报告的一篇长文中，沈孝辉基于深入的考察与研究，以全新的视角看待长白山的自然保护，对长白山自然保护区从传统部门管理走向现代生态管理给予了肯定。而朴正吉先生探讨了在长白山恢复东北虎种群的可能性，令人耳目一新。

环境绿皮书一以贯之，重视从公共利益的视角记录和思考中国环境，其权威性来自于客观、公正、深入，以数据和事实说话，并一直秉持求新创新的精神。本年度报告依然如此。

目录

G I 总报告

G II 特别关注

G III 环境与健康

G Ⅳ 雾霾危机

G Ⅴ 政策与治理

G Ⅵ 生态保护

G Ⅶ 城市环境

G Ⅷ 调查报告

GⅨ 大事记

GⅩ 附录

年度指标及年度排名

政府公报

公众倡议

年度评选及奖励

皮书数据库阅读使用指南

总 报 告

General Report

G.1

环境-生态保护：我们做了什么*

李 楯**

摘 要：

检测和监测标准的改变或标准外危及生命或危害健康的重金属、有毒化学、有害污染物问题的提出，会使人们越来越关注实质的而非“公报”的环境与健康问题。政策抉择由目标和多种情势左右，但只有“以人为本”（不以其他为本）和“尊重自然”（不再是征服、战胜自然），发展才可能是可持续的。检讨环境-生态保护方面的公民行动，力争公民、企业、政府三方面在环境-生态保护方面的合作，人类才有希望。

关键词：

环境问题认知　环境与健康　公共政策抉择　公众参与

---

* 李一方为报告的分析框架提供了思路；梁晓燕、李波、李翔、王晶晶、葛枫对报告的撰写也多有帮助；汪欢、柳皋隽等在资料收集、整理等方面为报告的写作做了很多工作，在此一并致谢。

** 李楯，清华大学当代中国研究中心专家网络召集人，北京自然之友公益基金会理事长。

一　情势再分析[①]

近年来，人们可感知的环境灾害、气象灾害、地质灾害日益增多，中国的环境污染、生态恶化是逐渐好转，还是更加严重？这是不可回避的问题。

（一）水污染与水资源短缺

1. 官方数据

全国地表水，依据2010年、2011年、2012年的《中国环境状况公报》（2011年、2012年、2013年发布）为“轻度污染”，此前，2004～2009年为“中度污染”——表述或为“全国地表水总体水质属中度污染”，或为“七大水系总体为中度污染”。七大水系（长江、黄河、珠江、松花江、淮河、海河和辽河）水质总体状况最严重的是2002年，Ⅳ类、Ⅴ类和劣Ⅴ类水共占到70.9%。而2010年则降至40.1%。2011年以后报告不再明示七大水系水质，而改以“十大水系”（增加浙闽片河流、西北诸河、西南诸河），Ⅳ类、Ⅴ类和劣Ⅴ类水分别为39%（2011年）和31.1%（2012年）。

2012年《中国环境状况公报》称“农村饮用水源和地表水受到不同程度污染”，试点村庄饮用水源监测反映：水质不达标的占22.8%（监测断面［点位］1370个）。另外，试点村庄地表水水质监测反映：Ⅳ类、Ⅴ类和劣Ⅴ类水共占35.3%（监测断面［点位］984个）。“少数试点村庄地表水存在重金属超标情况。”

国控重点湖库，《中国环境发展报告（2012）》显示：Ⅳ类、Ⅴ类和劣Ⅴ类水共占38.7%。此前2011年报告中为57.7%，而历史上最为严重的是2008年，达78.6%。该报告称：滇池、达赉湖、淀山湖、贝尔湖、乌伦古湖和程海为重度污染。湖泊、水库主要渔业水域中总磷、总氮超标“相对较重”。[②]

地下水，在监测的198个城市中，水质较差的占40.5%，极差的占

---

① 此部分的数据，如无说明，均来自中华人民共和国环境保护部《2012中国环境状况公报》。

② 自然之友：《中国环境发展报告（2012）》，社会科学文献出版社，2012。

16.8%。在全国环境保护重点城市主要集中式饮水水源地（服务人口1.62亿）中，水质不达标的2011年报告占9.4%，2012年报告占4.7%。

地下水污染、超量开采、水位下降导致的地面下沉等问题，自20世纪90年代起，日益严重，至90年代末，形成了不同规模的地下水位降落漏斗。当时，在全国面积超过100平方千米的漏斗有50多个，截至2006年，河北衡水、沧州和山东德州的漏斗面积已分别达到8815平方千米、7553平方千米和5333平方千米。

近岸海域水质，2012年报告：三类、四类、劣四类海水共占30.6%。此前，2002～2004年，占50%左右；2005年占32.8%；2007年、2010年、2011年均占37%以上。

海洋鱼、虾、贝、藻类产卵场、索饵场、洄游通道等均受到不同程度的污染，污染物包括无机氮、活性磷酸盐和石油类等。海洋渔业水域沉积物，主要受到镉、汞、铜和石油的污染。

政府主要举措有：开始施行“最严格的水资源管理制度”①；开始第一次全国水利普查；实施《重点流域水污染防治规划（2011～2015年）》《全国地下水污染防治规划（2011～2020年）》及《华北平原地下水污染防治工作方案》和《良好湖泊生态环境保护规划（2011～2020年）》《重金属污染综合防治“十二五”规划》《化学品环境风险防控“十二五”规划》《全国主要行业持久性有机污染物污染防治“十二五”规划》；开始一系列“水专项”工作；发布《钢铁工业水污染物排放标准》。

这些举措具体包括：普查河流湖泊的基本状况、治理保护情况、水土保持情况、用水情况及工程的基本情况等；调查评估全国地下水的基础环境状况；对铅蓄电池行业的排查整治，以及“重金属污染集中治理”和“妥善处置涉重金属突发环境事件”。

2. 民间数据

在民间环保组织公众环境研究中心设立的水污染地图数据库（后改为“污染地图数据库”，增加了空气、固体废弃物、重金属问题等信息）中，自

① 国务院：《关于实行最严格水资源管理制度的意见》，2012年1月12日发布。

2004 年以来经环保监管部门处罚记录的近 10 万家企业中，经审核确认已改正并从数据库前台隐去的仅 160 余家。

2013 年，绿色和平组织发布的关于神华鄂尔多斯煤制油项目超采地下水和违法排污调查报告、煤电基地开发与水资源研究报告、全球服装品牌的中国水污染调查报告、全球品牌服装的有毒有害物质残留调查报告等，均涉及严重水污染问题。

另外，被关注多年但未见公开的“淮河流域水污染与肿瘤的相关性评估研究”[①] 部分成果终因《淮河流域水环境与消化道肿瘤死亡图集》[②] 的出版而被公开。

公开的信息显示：来自环境部门的水环境的常规监测数据和来自公共卫生部门的死因调查数据采集相互独立，互不交叉，而将两种数据重合分析，淮河流域 30 年来水环境变化和当地人群死因变化显现出“污染最严重、持续时间最长的地区，恰恰是消化道肿瘤死亡率上升幅度最高的地区，其上升幅度是全国相应肿瘤死亡率平均上升幅度的数倍”；“空间分析结果显示严重污染地区和新出现的几种消化道肿瘤高发区的分布高度一致”。

研究者解释：“虽然这些结果并不能解释水环境污染如何导致肿瘤，这是致病机理研究要回答的问题，但是这个现象使我们相信，这里一定存在内在的联系。”

研究者以其研究证明：建立“流域环境与健康数据库，利用常规监测数据，通过空间分析，建立环境与健康问题的关联关系，评价环境状况，预警可能出现的健康问题”的必要性，使人们更加祈盼“环境与健康的综合监测”制度的建立。[③]

另外，新华社转引我国香港地区媒体报道：中国“中央政府正投入资金，资助有关污染如何影响人类生育的研究”。报道称：“据新华社报道，中国育龄人群的不孕不育率已经从 20 多年前的 3% 升至 12.5% 。”虽有人认为这部分

---

① 杨功焕、庄大方：“淮河流域水污染与肿瘤的相关性评估研究”，“十一五”国家科技支撑计划课题。

② 杨功焕、庄大方：《淮河流域水环境与消化道肿瘤死亡图集》，中国地图出版社，2013。

③ 杨功焕、庄大方：《淮河流域水环境与消化道肿瘤死亡图集》，中国地图出版社，2013。

地与生活方式不健康相关，“但也有人怀疑环境状况可能也起到了一定的作用”①。

（二）大气污染与酸雨

依据《2012中国环境状况公报》，325个地级以上城市中环境空气质量达标城市比例为91.4%，113个环保重点城市中环境空气质量达标比例为88.5%。但自2011年起，一些由城市市民参与的“我为祖国测空气”行动使人们对大气污染，特别是对其中的PM2.5所含的大量有毒、有害物质更为关注，导致了本已持续多年的争论猛然升温，成为全国甚至是全球关注的焦点话题：真正对人类健康具有重大危害的污染物质在监测项目之外。由此，促成了新的《环境空气质量标准》正式发布（2012年2月发布）。按新标准，被检测的京津冀、长三角、珠三角等重点区域中的地级以上城市达标比例为40.9%，环保重点城市达标比例为23.9%。相比旧标准，分别下降了50.5个和64.6个百分点。

另据2013年环境保护部发布的重点区域和74个城市空气质量状况，1～3月，74个城市总体达标天数比例为44.4%。5月，京津冀地区空气质量平均达标天数比例为27.4%，6月为24.2%。而1月的北京，连遭4次严重雾霾污染，晴好天气只有4天②。12月，“一场罕见的大雾霾笼罩了包括华北、东南沿海，甚至内地的一半国土。环保部数据显示，12月6日，全国20个省份104个城市空气质量为重度污染，京津冀与长三角重污染区连成了一片”③。

环保部副部长吴晓青称：京津冀、长三角、珠三角三个区域，虽然面积仅占中国国土面积的8%左右，但单位平方千米的污染物排放量却是其他地区的5倍以上。这些污染物的大量排放，既加重了PM2.5的浓度，更加剧了霾的形成。监测表明，这些地区每年出现霾的天数在100天以上，个别城市甚至超过了200天④。

① 《港报：中国研究污染对生育影响　重点关注精子》，新华网，2013年12月12日，http://www.zj.xinhuanet.com/newscenter/rb/2013－12/12/c_118528270.htm。

② 中央电视台新闻频道，《新闻周刊》，2013年2月2日。

③ 陈斌：《从今天起，学会忍受灰霾》，2013年12月12日《南方周末》。

④ 中央电视台新闻频道，《新闻周刊》，2013年3月16日。

在对酸雨进行监测的市（县）中，出现酸雨的占46.1%，其中，酸雨发生频率在75%以上的占12%。此前，出现酸雨的市（县）2011年占48.5%，2010年占50.4%，2009年占52.9%，2008年占52.8%，2007年占56.2%，2006年占53.9%。其中，酸雨发生频率在75%以上的市（县）2011年占9.4%，2010年占11%，2009年占10.9%，2008年占11.5%，2007年占13%，2006年占16.6%。

2013年10月17日，世界卫生组织下设的国际癌症研究机构（IARC）发布报告，确认被污染的空气为“一类致癌物”，称：PM2.5与癌症发病率的升高有明确关系①。类似的由国内外专家撰写的报告，持相同的观点。而据中国科学院院士、前卫生部部长陈竺等发表于《柳叶刀》上的报告称，估计中国每年因室外空气污染而早死的人数约35万~50万人②；中国社会科学院、中国气象局联合发布《气候变化绿皮书：应对气候变化报告（2013）》，称：雾霾引发“酸雨、光化学烟雾现象”，导致死亡率提高，“慢性病加剧”，“呼吸系统及心脏系统疾病恶化，改变肺功能及结构、影响生殖能力、改变人体的免疫结构”③。

政府主要举措有：开始实施《重点区域大气污染防治“十二五”规划》《大气污染防治行动计划》及《京津冀及周边地区落实大气污染防治行动计划实施细则》《京津冀及周边地区重污染天气监测预警方案（试行）》，逐步实施《环境空气质量标准》（GB 3095－2012）。

发布《铁矿采选工业污染物排放标准》《钢铁烧结、球团工业大气污染物排放标准》《炼铁工业大气污染物排放标准》《炼钢工业大气污染物排放标准》《轧钢工业大气污染物排放标准》《铁合金工业大气污染物排放标准》《炼焦化学工业污染物排放标准》，印发《关于加强机动车污染防治工作，推进大气PM2.5治理进程的指导意见》。

---

① 《癌症专家称：雾霾对肺癌影响毋庸置疑》，人民网，2013年11月20日，http://cppcc.people.com.cn/n/2013/1120/c34948-23594454.html。

② 王尔德：《陈竺：中国每年因空气污染导致早死35万~50万人》，2014年1月7日《21世纪经济报道》。

③ 《社科院气象局发报告：雾霾会影响生殖能力》，新华网，2013年11月4日，http://www.gd.xinhuanet.com/newscenter/2013-11/05/c_118007356.htm。

在政府工作报告中，明确要“逐步由污染物总量控制为目标导向向以改善环境质量为目标导向的转变”，提出“防治 PM2.5 的工作思路和重点任务”，并在 15 个重点城市“实施燃煤锅炉综合整治工程”①。

而在民间，对煤炭从开采、储运到燃烧使用的污染研究和污染信息披露，对“城市灰霾夺命”和“棕色云团”损伤人类健康的报道揭示，已持续多年。

（三）土壤污染与耕地减少及水土流失和土地荒漠化

《2012 中国环境状况公报》称：全国现有水土流失面积 294.91 万平方千米，占普查范围总面积的 31.12%。其中，水力侵蚀面积 129.32 万平方千米，风力侵蚀面积 165.59 万平方千米。较 2008 年报告的“水土流失面积 356.92 万平方千米，占国土总面积的 37.2%”有所好转。

2012 年报告未涉及耕地、园地、林地、牧草地及其他农用地数据，也未涉及因建设占用、灾毁、生态退耕、农业结构调整而减少的耕地数据，及因土地整理复垦开发而补充的耕地数据。也不曾涉及居民点及独立工矿用地、交通运输用地、水利设施用地的数据。

早已完成的全国土壤污染普查，报告至今未公布。

2013 年 5 月，广东省检出百余批次镉超标大米。

2013 年 12 月 30 日，国务院新闻办公室就第二次全国土地调查举行发布会，公开数据显示：中国人均耕地 1.52 亩，较第一次土地调查时（1.59 亩/人）有所下降。而其中约有 5000 万亩耕地受到中度、重度污染，大多不宜耕种。

（四）固体废弃物污染

《2012 中国环境状况公报》称：全国工业固体废物产生量为 329046 吨（较 1989 年增加了 477%，较 2008 年增加了 73%），综合利用率为 60.9%。2010 年以前每年发布的工业固体废弃物排放量、贮存量和处置量，公报中不

① 中华人民共和国环境保护部：《2012 中国环境状况公报》，2013 年发布。

再发布。

公众特别关注的垃圾（生活垃圾和建设垃圾）问题，除1997年、1998年、2002年、2003年的公报有反映外，包括2012年公报在内的各年度官方报告均不涉及。

《2012中国环境状况公报》称：全年进口废纸、废塑料、废五金（包括废五金电器、废电线电缆和废电机）、废钢铁等5486.5万吨，出口到德国、加拿大、新加坡、日本、韩国、法国、比利时、澳大利亚的电镀污泥、废电池、印刷电路板废料、电子废物、废有机溶液、不锈钢除尘灰和锌灰等19920吨。

《2012中国环境状况公报》称："全国历史遗留铬渣约为670万吨，多数堆存达一二十年，甚至五十多年。从2005年底启动整治工作，截至2012年底，历史遗留铬渣基本处置完毕。"并称"将铬渣生产单位纳入重点污染源进行监管"，"确保当年产生的铬渣当年处理完毕"。

但据民间环保人士称：铬渣的无害化处置不对民众公开，也不准民间人士参与监督。

政府主要举措有：发布《"十二五"危险废物污染防治规划》，提出"力争到2015年，基本摸清危险废物底数"。而《全国危险废物和医疗废物处置设施建设规划》中应建的57个危险废物集中处置设施有21个尚未建设或尚未建成，其余已"基本建成"。发布《全国主要行业持久性有机污染物污染防治"十二五"规划》《危险化学品环境管理登记办法（试行）》。

此前，政府称："24个省、直辖市、自治区已'基本完成'废弃电器电子产品处理信息系统建设工作。"①

（五）噪声污染和光污染

《2012中国环境状况公报》称：声环境"基本保持稳定"。在城市中居民住宅及医疗、文教、科研机构及机关聚集的区域（1类声环境功能区），不达标率夜间为30.3%，日间为12.7%。在以商业金融、集市贸易为主，或居住、商业、工业混杂，需要维护住宅安静的区域（2类声环境功能区），不达标率

① 中华人民共和国环境保护部：《2011年中国环境状况公报》，2012年发布。

夜间为20.9%，日间为9.3%。在城市中以工业生产、仓储物流为主，需要防止工业噪声对周围环境产生严重影响的区域（3类声环境功能区），不达标率夜间为12.6%，日间为2.3%。在城市快速路、城市主干路、城市次干路、城市轨道交通（地面段）、内河航道两侧区域，及高速公路、一级公路、二级公路，以及铁路干线两侧区域（4类声环境功能区），不达标率夜间为56.6%，日间为9.5%。

报告未能显示公众反映强烈的建筑工程噪声对居民住宅、学校、医院等的侵扰。政府环境保护机关一般只以要求施工单位给周边居民发放噪声费来回应居民的投诉。此外，报告也未提及对劳工影响深远的职场噪声污染。

关于光污染，《2012中国环境状况公报》始终未提及。

（六）辐射及其他污染

《2012中国环境状况公报》延续多年的说法："全国辐射环境质量总体良好。"称：江河、湖、库及土壤中的天然放射性核素活度浓度与1983～1990年全国环境天然放射性水平调查结果处同一水平。河、湖及土壤中人工放射性核素活度浓度与历年相比未见明显变化。12个集中式饮用水源地总α和总β活度浓度均低于《生活饮用水卫生标准》（GB 5749－2006）规定的限值。近岸海域人工放射性核素锶－90和铯－137活度浓度均低于《海水水质标准》（GB 3097－1997）规定的限值。

另外，"秦山核电基地周围关键居民点空气、降水、地表水及部分生物样品中氚活度浓度、大亚湾/岭澳核电厂和田湾核电厂排放口附近海域海水氚活度浓度与核电厂运行前本底值相比有所升高，但对公众造成的辐射剂量远低于国家规定的剂量限值"。

中国原子能科学研究院、清华大学核能与新能源技术研究院、中国核动力研究设计院等反应堆周围环境电离辐射，兰州铀浓缩有限公司、陕西铀浓缩有限公司、包头核燃料元件厂、中核建中核燃料元件公司、中核四〇四有限公司等核燃料循环设施，及西北低中放废物处置场、北龙低中放废物处置场等废物处置设施周围环境电离辐射、铀矿冶周围环境电离辐射，以及电磁辐射设施周围环境电磁辐射，均"无明显变化"，"低于"限值，“未见异常”。

政府主要举措有：颁布《核安全与放射性污染防治“十二五”规划及2020年远景目标》，拟在“‘十三五’及以后新建核电机组力争实现从设计上实际消除大量放射性物质释放的可能性”；开展全国核技术利用、铀矿冶化放射性物品运输辐射安全综合检查专项行动。

（七）生态：森林、草原与生物多样性减少

《2012中国环境状况公报》显示，第七次全国森林资源清查（2004～2008年）结果为全国森林面积19545.22万公顷，森林覆盖率20.36%（较1989年增加了7.38个百分点），活立木总蓄积149.1亿立方米，森林蓄积137.21亿立方米。

全国草原面积近4亿公顷，约占国土面积的41.7%；全国天然草原鲜草总产量达104961.93万吨，折合干草约32387.46万吨；载畜能力约为25457.01万羊单位。

此前，各年公报显示的天然草原鲜草总产量和载畜能力均低于2012年公报。但此前公报所述的草原退化问题，近几年已不再提及。2012年公报只述及：“中央财政下达草原生态保护补助奖励资金150亿元，安排草原禁牧面积82万平方千米。”

此前公报所述的生物多样性减少、一些物种濒临灭绝的问题，近几年也已不再提及。

截至2012年底，全国共建立自然保护区2669个，总面积约14979万公顷（其中自然保护区陆地面积约14338万公顷），自然保护区陆地面积约占全国陆地面积的14.94%。

此外，截至2012年已查明外来入侵物种524种。在世界自然保护联盟（IUCN）公布的全球100种最具威胁性的外来生物中，中国现有51种。近十年来，新入侵中国的恶性外来物种有20多种，常年大面积发生危害的物种有100多种，危害区域涉及中国31个省（区、市），造成了严重的经济损失。

政府主要举措有：制定并开始实施《全国生态保护“十二五”规划》《中

国生物多样性保护战略与行动计划（2011～2030年）》《联合国生物多样性十年中国行动方案》，以及《全国湿地保护工程实施规划（2011～2015年）》；组织编制《全国海洋生态保护与建设规划》。

组织25个省（区、市）对发菜、野大豆、冬虫夏草等重要野生植物资源开展调查，利用GPS对1214个分布点进行定位和信息采集。新建农业野生植物原生境保护区（点）13处，对野生水果、野生蔬菜、野生茶、野大豆等具有重要农业应用价值的濒危物种及其分布点的原生环境进行保护。

二　政策选择

面对环境－生态问题，政党、中央政府和地方政府、企业、非政府组织、社区，都会有各自的政策选择。而个人，也会有政策主张或政策倾向。

在国家层面，1973年召开全国第一次环境保护会议，成立国务院环境保护领导小组。1974年，提出“五年（1974～1979年）控制，十年（1974～1984年）基本解决污染问题”。1983年，“环境保护”被确定为“基本国策”。1996年，接受“可持续发展”概念，提出“可持续发展战略”。其后，明确提出解决问题的根本办法在于改变产业结构、增长方式、消费模式，治理污染，修复生态。

2013年，中共中央通过《关于全面深化改革若干重大问题的决定》，设专章“加快生态文明制度建设”，提出：健全自然资源资产产权制度和用途管制制度；划定生态保护红线；实行资源有偿使用制度和生态补偿制度；改革生态环境保护管理体制。

考虑到40年来污染日重，生态恶化的趋势未能遏制，不可持续的发展呈一种路径依赖的态势继续前行。20年来，我国不断地关停并转污染企业，不断地查处违法违规用地，不断地严格审批产能过剩行业项目的上马，不断地强调“调整”的必要和必需，但恶性的、不可持续的发展，却难以阻止。

禁止或限制污染环境和破坏生态的行为［设立“破坏环境资源保护罪”和“危害公共卫生罪”的刑事法律条款、设立国家“允许”的排污标准和国家“允许”的改变土地（包括耕地）及森林、草原、湿地、江河湖泊原状的审批制度］，设置花钱买污染和破坏“权利”的机制（缴纳排污费、发放噪声费、缴纳土地使用费，以及“污染权”交易），都不足以有效地控制污染和修复生态。

假设人类的一切生产行为都会给环境－生态以影响，那么，在中国，对于牧业，禁牧、限牧管住了，对于农业，退耕、并村管住了（这里，且不谈对牧业、农业“管”的政策恰当与否），而对于负面影响最大的工业、采矿业，不但管不住，反而变本加厉，在其自身产能严重过剩、危机已显的情境下，仍“奋不顾身”地恶性发展。

以往，人们将其原因过分地归咎于对 GDP 的追求，及一些个人、企业在为“国家”、为“发展”旗号下的牟取私利行为，而较少关注到在体制中有一种内在的根本性的经济增长冲动，一种不同于“资本主义市场经济”的特有的内在张力。

政策分析，要求找寻这种体制的内在张力生成的根基是什么，或其本质性的原因是什么？其与市场经济的内在张力的区别是什么？

考察60余年来中国发展的历史，多数时间是在一种外部和内部均呈紧张状态的情境下度过的。外部先是在美、苏对峙背景下形成封闭，后是改革开放后接续出现的关系恶化，及在金融危机、世界经济增长速度减缓、贸易壁垒重启下的出口受挫；内则先有不断的运动，后有收入差距拉大和其他事项带来的利益冲突。正是一种体制的安全需求和核心利益所在，引导出了追求“赶超”“拼比”“战胜”的基础目标与内心冲动，这样，就有了持续存在于体制内的经济增长的需求。

与中国由于国家制度、强国需求和敌情意识逼促经济增长不同，市场经济的内在张力源于企业制度，不是需求牵引经济增长，而是为牟利而开启，诱发需求；但在市场经济国家中由于法治和利益制衡的存在，市场是不能为所欲为的——对消费主义的批判和环境－生态保护主义都在一定程度上形成对市场的制衡。

当在中国转型中既保有了原来的基础制度且形成核心利益，又引入市场经济后，计划经济体制遗留下来的城乡分治与转型中“强权、弱市、无社会”的结构①，都使制衡机制难以形成，不可持续的经济增长模式难以改变。

---

① 清华大学社会学系社会发展研究课题组：《走向社会重建之路》，2010。

当政者关于“以人为本”[①]的立场、“和平与发展仍然是时代主题”及“弱肉强食不是人类共存之道，穷兵黩武无法带来美好世界”[②]的认知和“构建不冲突、不对抗、合作共赢新型大国关系”[③]的主张，为改变旧有的经济增长模式，在建设生态文明制度方面克服“体制机制弊端”，促使“全球合作向多层次全方位拓展”[④]，改变中国“发展中不平衡、不协调、不可持续”[⑤]的情状，提供了可能。

能够有效应对环境污染、生态恶化的政策，不可能仅仅是一种“环境－生态”方面的政策，而必须与整体的发展目标、战略及规划、项目的体系相联系，与人群的生产经营模式、生存方式和消费模式相联系，与社会的结构、规制相联系。

基于这种认识，一种新的环境－生态政策的基础理念应该包含以下内容。

1. 在“以人为本”的前提下，正视污染和生态恶化对人的健康的影响，在国家法律的最高层级，确认和保障公民的健康权和环境权

环境污染、生态恶化，直接影响到人的健康和生存。而健康权和环境权应是公民的基本权利，相对而言，国家对公民的健康权和环境权负有积极责任。

中国《宪法》已有近于认可和保障公民健康权的内容。《宪法》第二十一条第一款规定了国家在“发展医疗卫生事业”方面所要做的事，并提及其目的是“保护人民健康”。第四十五条第一款规定：公民在“疾病”情况下，“有从国家和社会获得物质帮助的权利”；“国家发展为公民享受这些权利所需要的……医疗卫生事业”。

---

① 《胡锦涛在中国共产党第十八次全国代表大会上的报告》，新华网，2012 年 11 月 17 日，http：//news. xinhuanet. com/18cpcnc/2012 －11/17/c_ 113711665_ 5. htm。

② 《胡锦涛在中国共产党第十八次全国代表大会上的报告》，新华网，2012 年 11 月 17 日，http：//news. xinhuanet. com/18cpcnc/2012 －11/17/c_ 113711665_ 5. htm。

③ 《习近平向第四轮中美人文交流高层磋商致贺信》，新华网，2013 年 11 月 22 日，http：//news. xinhuanet. com/world/2013 －11/22/c_ 118259460. htm。

④ 《胡锦涛在中国共产党第十八次全国代表大会上的报告》，新华网，2012 年 11 月 17 日，http：//news. xinhuanet. com/18cpcnc/2012 －11/17/c_ 113711665_ 5. htm。

⑤ 《胡锦涛在中国共产党第十八次全国代表大会上的报告》，新华网，2012 年 11 月 17 日，http：//news. xinhuanet. com/18cpcnc/2012 －11/17/c_ 113711665_ 5. htm。

中国在1997年加入联合国《经济、社会、文化权利国际公约》，2001年，全国人大常委会批准了这一公约，其中第十二条明确了国家在健康权上的积极责任。健康——在今天的定义，涵括了一个人拥有健康的身体、健康的精神和与人相处、合作、从容应对变化的能力，而不仅是指没有疾病和身体不处于虚弱状态。

中国应修改《宪法》，与时俱进，明确公民的健康权和国家相对应的责任。

同样，中国《宪法》也已有近于认可和保障公民环境权的内容。《宪法》第二十六条第一款规定“国家保护和改善生活环境和生态环境，防治污染和其他公害”。和前述与健康权相关的规定相同，《宪法》在这里也只是规定了国家在防治污染和保护生态环境方面所要做的事，而没有从公民的权利出发——当然，今天，环境权还没有成为国际法中一项有约束力的规定；在世界上环境权入宪的国家也还有限。但中国表明自己是社会主义国家，中国的《宪法》中已有“保护和改善生活环境和生态环境，防治污染和其他公害”的规定，对联合国的一系列环境－生态保护方面的公约及重要文献，中国也持赞同的立场，中国应进一步为世界先，在《宪法》中明确环境权为公民的一项基本权利：每个人都享有安全的、能够满足合理需求的环境，并负有不污染环境、不破坏生态的义务；国家对公民的环境权负有积极的责任。

依法治的基础理念判定：保护环境，首先不应是出于国家利益的抉择，而是国家相对国民而言的不可推卸的责任。

当一个国家强调“以人为本”，把“民生”放在首位时，我们应改变认识，以往，不管是打仗，还是搞经济建设，都只把人作为一种“投入”——从最一般的战斗力、劳动力，到被认为是“含金量”高的“人力资源”，讲的都不过是一种“投入”。而今天我们应把能够自由选择、高质量生存的人，即能够依靠自己的意志，自由地发挥聪明才智，能够通过自主选择，充分地参与经济、社会、文化、政治生活的人，善于与自己不同的人相处、合作，生活充实、乐观的人，具有爱心、敬畏之心和伦理思考的人，作为我们一切工作的最终“产出”。一切政治家、企业家和成功人士的最大功业，就是使尽可能多的人丰衣足食，安居乐业，使人的生存质量和人的品性能够不断有所提升。

人生存的基本前提，是能够喝上干净的水，呼吸新鲜的空气，吃放心的食

物，能获得相当的生活水平，有安全保障，不受伤害。由此，我们应持一种大公共卫生的概念，把公共卫生、环境保护、食品安全看作一个整体，在政策层面，高度警惕可能危及人的健康和生存的环境－生态风险的到来，向公民提供环境－生态方面的安全保障。

人的健康权和环境权的实现程度，反映了一个国家、一个社会的品性——是否和谐以及是否具有永续发展的能力。

2. 关注和尽力保障环境公平

一些人对环境的污染、对生态的破坏，可能导致其他人的权益受到侵害，一代人对环境的污染、对生态的破坏，可以导致下一代人的权益受到侵害。生态就其广义而言，还包括了资源，尤其是不可再生资源，而上代人对不可再生资源的过度耗费，必然会导致后来者生存所需的资源匮乏。与对待其他事务一样，当我们面对环境－生态问题时，公平与正义作为一种对选择的价值判定尤为重要。

污染和对生态的破坏带来的影响往往不只局限于发生地，不为地面、水面等的边界和地下、水下、地上、空中的空间所限。因此，它可能跨越社区、行政辖区和国界，甚至是大气层。在同一个时段中，污染和破坏生态行为不只一般地关联着行为人和受害人，且在同为受害者的不同人或不同人群中，实际受到侵害的程度往往因其社会地位、所拥有的财富、可凭借的社会资源不同而有所不同。由此，将公平置于与环境－生态相关的侵害中，问题就会变得极为复杂。

何况，在相当多的时候，污染和破坏生态行为的实施者难以确定，或虽能确定但没有能力承担责任，或完全不能承担责任。这时，公平的实现就要靠一种社会的救济或者是国家的救济。

由逝者甚至是前人造成的污染和生态破坏，法律无法去追究他们的责任，但谁来代其承担责任，或代为救济、补偿，以实现公平？

后来者无法在其出生前主张权利，谁来为之主张和维护权益，使其不为环境－生态灾害侵害，以确保代际公平？

公平问题，具有社会主义性质，一方面，它认可个人的参与，另一方面，它要求国家和社会承担积极的责任。

相对传统的法律对权利的设定，有“环境－生态公共财产”说。“环境－生态公共财产”，虽然不是环境－生态个人财产，但也绝非环境－生态国家财产。

同样，相对传统的法律中的因侵权行为而生的债，“谁污染，谁治理”和“谁破坏（生态），谁补偿”，于实时既难完全确认和做到，于既往更难明确认定和彻底追究，于是，是否应设立为“人类共同债务”。

“贫穷”和“发展中”不是污染和破坏的理由，在现时的不准污染和破坏上实行同一规则；不能确认是自己行为所致，不是不负尽力修复生态责任的理由，在偿还“人类共同债务”上，依据能力分摊责任。

实行环境－生态公平，不能各算小账，需要协调利益，需要政党、政府、企业、非政府和非营利组织、社区、国际社会和世界公民社会的合作。

3. 尊重自然万物的生命权利

人类对于自然曾有过几种态度和立场。第一种认为人类是万物之灵，是自己生存领地甚至是整个自然界的主宰，对自然界中自己认为有用的东西——无论是动植物、土地、山陵、水流、矿藏，还是太空和星球，皆可取用，对不合己意，不利己用的，均可改造、征服、战胜。第二种认为人类对自然资源的掠夺性开采利用，对自然界的破坏可能带来自然界的“报复”，这种态度和立场使保护环境和生态具有了功利的色彩。即为了避免被“报复”而保护。第三种认为人类可保持高水平生存的适度资源利用，人类对自然应存爱惜和敬畏之心。

第三种态度和立场出自一种价值选择，基于生态伦理的思考。“人与自然和谐共处”的提法，可以归入第三种态度和立场的表述，但在法理上是需要给出解释的——传统的法律只认可人和人的组织（法人）具有权利主体的地位，自然作为“物”在传统的法律中只能处于被支配、被保护的客体的地位。认可自然万物的生命权利和存在权利，即赋予自然万物以权利，在法律的发展史上无异于一场革命。其实，国际上《保护世界文化和自然遗产公约》及对濒临灭绝物种保护的法律规定，国内关于自然保护地的设置和动植物保护的法律规定，都不宣自明地行走在第三种态度和立场的道路上。

问题是，赋予自然万物在法律上的权利主体地位和将自然万物中的一些部分（如文化自然遗产、濒临灭绝物种）作为权利客体去保护是不一样的。

将自然万物作为被保护的客体，需要回答的是谁是它们的所有人——是国家还是私人，抑或是人群或人类共有？

赋予自然万物在法律上的权利主体地位，谁有资格成为其代理人？

自然万物是否具有有限度的生命权利或存在权利，在今天，不仅是一个宗教问题和哲学问题，还是一个现实的、需要面对的、无可回避的政策抉择问题。

三　公民做了什么

如果说，在中国，党政系统、企业和民众成为影响中国环境－生态的三个方面，那么，在治理污染、修复生态、认可和保护公民的健康权及环境权上起着关键性作用的首先是党政系统。因为体制决定了党政系统掌控资源，具有超强的权力和组织运作能力。在“国家坐大”的制度和行为势态下，党政系统包揽了环境保护的方方面面，常以民众的“保护者”和民众洁净生存环境的“供给者”自居。只在近些年才提出“公众参与”①。转型中，公众参与空间狭小状况的改观过于缓慢和扼制公众参与的情形固然存在，但从公民参与意愿和公民行动两方面来检查我们究竟做了什么和能否做得更好，仍然十分重要。依据《宪法》，公民是这个国家的主人，作为主人，应对自己负责，进而对人类负责，对人类生存不可离之须臾的自然界需存爱惜、敬畏之心。盘点我们做了什么，是为了使今后做得更好。

（一）公民行动——公民与政府间的互动

在一个良好的社会，公民与政府间的互动作为公民（包括非政府组织）行动的一个类别可以包含下列几种方式：第一是政策倡导；第二是制度性的信息、意见交流和对话；第三是诉请的提出与回应；第四是申请信息公开、申请听证，提起行政复议和行政诉讼；第五是谈判和斡旋调停；第六是合作。

① 党的十七大报告提出，“从各个层次、各个领域扩大公民有序政治参与”，“扩大人民民主”，“保障人民的知情权、参与权、表达权、监督权”。十八届三中全会《关于全面深化改革若干重大问题的决定》提出，“建立社会参与机制”，“充分发挥人民群众积极性、主动性、创造性”。

1. 政策倡导

政策倡导首先是公民以行动积极地向政府机构提出政策建议和立法建议，进而参与公共政策和法律的制定。同时，在中国，也包括了公民对党政系统就政策法律制定向公民征集意见的积极回应。公民和非政府组织发布研究报告和调查报告，也是政策倡导的一种方式。

中国科学院动物研究所副研究员解焱和其他100多位自然保护方面的专家于2012年提出《自然保护地法》立法建议，在全国人大十二届一次会议和全国政协十二届一次会议上以6个议案、2个建议和3个提案同时提出；沈尤及其所在的成都观鸟会，2013年初提出《成都市湿地保护条例·立法建议》，又基于自然保护地立法，通过政协委员向全国政协大会提交题为《让自然保护地社区成为保护与发展主力军》的书面发言等，都属积极的政策倡导行为。

此外，专家和民间环保人士、环保组织联名上书，通过人大、政协等渠道提出意见、建议、提案等，阻止他们认为有重大瑕疵的《自然遗产保护法（草案）》在人大常委会进入审议程序，并提出自己的立法建议，通过人大代表提出《野生动物保护法修法建议》《环境影响评价法修法建议》，及《北京市大气污染防治条例（草案）》修改意见等，也属此类。

在《环境保护法》修订中征集意见时提出意见和建议，也可视为广义政策倡导的组成部分。但在立法或修法过程中立法者征集意见时才做出回应，与主动倡导法律的制定和修订仍有不同，且目前的立法、修法征集意见，只是单向的和无具体反馈的，意见的征集者在不采纳某条意见时并不陈述理由。而借政府公布法律草案征集意见时提出自己的意见、批评和建议，已转型为公众参与的一种方式。

发布报告，以明示自己的立场和态度，进而希望影响到政府或政府间组织的环境－生态政策的做法，越来越多地被非政府组织采用。早在2009年自然之友、乐施会、绿色和平、国际行动援助、地球村、绿家园、公众环境研究中心等38个非政府组织就发布了《中国公民社会应对气候变化立场》。2012年，创绿中心、山水自然保护中心、道和环境与发展研究所、自然之友、中国国际民间组织合作促进会和公众环境研究中心又发动诸多的民间机构和民间人士参

与，用了一年时间撰写《中国可持续发展回顾和思考 1992～2011：民间社会的视角》报告，并在“里约＋20”联合国可持续发展大会上发布。

此外，2013 年，创绿中心、中山大学中国公益慈善研究院环境公益研究所发布了《广东省城市生态宜居指数 2013 年报告》。自然之友等 6 家机构发布了《中国江河的“最后”报告——中国民间组织对国内水电开发的思考及“十三五”规划的建议》。公众环境研究中心联合自然之友等 13 家机构①先后在 2013 年和 2012 年发布了《绿色选择纺织业调研报告 3》《为时尚清污——纺织行业调研报告》《可持续纺织的关键盲点》《绿色选择 IT 产业污染调查》《IT 产业供应链调研报告（第六期）》《绿色证券一期报告——水泥业责任投资之路尚远》《认识企业的水足迹——工业企业水足迹案例研究》以及《113 个城市污染源监管信息公开指数（PITI）2012 年度评价结果》《2012 年城市空气质量信息公开指数（AQTI）评价结果》《环境信息公开三年盘点 2011 年 PITI 评价结果》等报告。绿色和平发布了神华鄂尔多斯煤制油项目超采地下水和违法排污调查报告、煤电基地开发与水资源研究报告、全球服装品牌的中国水污染调查报告、全球品牌服装的有毒有害物质残留调查报告。这些报告揭示了发生在中国的污染和生态恶化问题的严重性，意在促成中国政府、国际组织，以及跨国公司政策的改进。

另外，在发布的报告中，此前较早发布的《环保法治三十年：我们成功了吗——中国环保法治蓝皮书（1997～2010）》，仍是值得关注的。

2. 制度性的沟通对话

尽管在《环境保护法》修订中公众舆论纷纭，但它是单向而非双向的，是民间说、政府听，而非对等交流。在中国，长期以来缺少一种由制度化路径保障的公民、非政府组织与党政系统的对话机制。早在 2006 年中共中央在《构建社会主义和谐社会若干重大问题决定》中即提出建立“诉求表达”机制，2013 年，中共中央在《关于全面深化改革若干重大问题的决定》中更提出“构建程序合理、环节完整的协商民主体系”，“坚持协商于决策之前和决

① 13 家机构包括：自然之友、环友科技、自然大学（达尔问）、南京绿石、环友科技、绿色江南公众环境关注中心、朝露环保公益服务中心、福建省绿家园环境友好中心、湖南绿色潇湘、商道纵横、国际自然资源保护协会、联合利华（中国）有限公司、美国自然资源保护委员会。

策实施之中”。这些，都既有待做实，又须有制度保障。

3. 诉请的提出与回应

依法律规定，向政府提出的诉请有问题、诉愿、诉求的反映和意见、建议、申诉、控告、检举等，在表达方式上有《宪法》第三十五条规定的诸项。但政府对诉请的回应如何，是否有制度制约和制度保障，是由政府与民间关系的品性决定的——因为在法治国家，诉请的提出与回应，其实是在法治框架下的一种抗争与施压，由此使政府知晓、关注，进而有可能协调利益，改进政策，解决问题。

2013 年，楠溪江河流原生态保护组织（志愿者组合）通过向政府提出诉愿、与工程前期指挥部负责人对话，终使政府同意取消原设计的南岸水库发电功能，以减少对楠溪江生态的破坏。

2013 年，中核集团拟在鹤山建核燃料加工厂，广东江门市政府发改局就项目“社会稳定风险评价”发布公示，引发公众对项目安全性及决策程序的质疑，上千名市民聚集至市政府门前表达意见。市委常委、常务副市长与市民现场交流，听取意见，另日，市委书记、市长又与市民在市政府门前对话，最终发布江门市政府“江府告（2013）1 号”文件，确认取消鹤山核燃料工厂项目。事后，多名相关官员均表示政府在信息公开方面确有失误和不足。江门事件的发生，有可能促成在正处酝酿中的《核安全法》中写入公众参与和信息公开的规定[①]。

2013 年，云南昆明市民反对中石化 1000 万吨炼油项目及安宁 PX 项目的行动，使项目处于停滞状态。昆明市长李文荣在随后举行的新闻发布会上承诺：“只有得到共识的项目才能做。”

另外，2013 年还发生了要求政府公开有关地下水污染、土壤污染现状信息的持续性公民行动，多个环保组织发出强烈呼声，促成国家环保部发布“重点污染源监管信息全面公开”的时间表。[②] 但具体的信息公开申请，仍常

---

① 贾科华：《公众参与和信息公开或入〈核安全法〉》，《中国能源报》2013 年 7 月 29 日。

② 传媒称：近日，环保部“悄然”发布《国家重点监控企业自行监测及信息公开办法（试行）》（征求意见稿）和《国家重点监控企业污染源监督性监测及信息公开办法（试行）》（征求意见稿），wenku. baidu. com/view/b3187dc3ad51f01dc281f19c. html；另：2013 年国家重点监控企业共 15797 家，包括废水企业 4944 家、废气企业 4189 家、污水处理厂 3581 家、重金属企业 2834 家、规模化畜禽养殖场（社区）249 家。

以种种理由被驳回。

此前，2012年，吕植（北京大学教授）、解焱（中国科学院副研究员）、郑易生（中国社会科学院研究员）、杨勇（地质学者）等，及自然之友、山水自然保护中心、达尔问自然求知社、公众环境研究中心等民间环保组织联名向国务院总理、副总理发出呼吁要求紧急叫停得不偿失的小南海水电站（前期）工程。

2012年，针对《环境保护法》修正案（草案）中对环境公益诉讼原告仅为环境保护部属下的环保联合会的规定，自然之友致信全国人大常委会，建议立法中不应对环境公益诉讼原告有限制性规定，14位环境法学专家联名致信人大委员长，促使人大常委会暂缓审议通过《环境保护法》修正案。

有人称，2012年公众参与保护环境的行动是近年来参与范围最广、力度最大的一年；也是或多或少取得成效，得到了政府良性回应的一年。是年，接连出现了四川什邡民众因担心钼铜项目引发环境污染、江苏启东民众因担心日本王子纸业集团制纸排海工程项目影响生态和近海渔业养殖、浙江宁波镇海民众为反对PX（二甲苯）化工厂扩建而向政府提出诉请的事件。结果都导致遭民众反对的项目中止或迁移。一方面，评论者称：公众对空气和饮用水质量的讨论和自测行动参与积极，表明公众对环境污染已无法容忍，环境危机倒逼公众参与。① 另一方面，这些民众行动和其结果展现出一种大工程项目环境污染的“邻避效应”——事件中的公众诉求仅仅是要求可能出现的污染不要发生在自己身边。

此外，2012年农民潘志中等带领村民维权，使河北秦皇岛西部生活垃圾焚烧厂项目被迫停工，维权过程中律师发现了工程环评报告公众参与部分造假的证据，导致自然大学等多家环保组织联合致信环保部，要求撤销环评单位的环评资质，2013年环保部公布88家环评机构被罚名单。

4. 申请信息公开、申请听证，以及提起行政复议和行政诉讼

在诉请的表现方式中，申请信息公开、申请听证和提起行政复议、行政诉讼应是在法治国家中公民要求政府依法履职及改变决策的有制度保障的路径与

① 刘鉴强（《中外对话》、《中国环境发展报告》主编）在2013年环境绿皮书发布会上的讲话。

方法。

2013 年，律师董正伟要求环境保护部公开全国土壤污染状况调查方法、数据和全国土壤污染成因、防治措施，而环境保护部以土壤污染数据属“国家秘密”为由拒绝。

2013 年，天津赵亮（绿领志愿者）申请公开“中石油云南炼油工程环境影响报告”，申请公开“于桥水库检测的 34 项检测数据”，申请公开“‘引滦入津’河道环境污染案的具体督办结果”，均获答复，而申请公开“‘引滦入津’河道环境污染案”的相关处置信息，河北省环保厅则受理而未予回复。

此前，2012 年，芜湖生态中心先后就全国 122 座垃圾焚烧厂的排放监测数据向 76 个市、区环保局提出信息公开申请，只有 45 个环保局予以回复，仅公开了 42 座垃圾焚烧厂的不完整的排放监测数据。①

2013 年，绿家园和成都市河流研究会等 11 家民间环保组织向环保部提出就金沙江金沙水电站“三通一平”工程环评报告书审批一事申请听证，环保部回复：“不是该环境保护行政许可”的“利害关系人”，故“不予受理”。

2013 年，自然之友等三家民间环保组织针对环保部已批复通过的《中国石油云南 1000 万吨/年炼油项目环境影响报告书》中没有法律规定的“公众参与篇章”，提起行政复议，要求：①撤销批复；②停止工程建设；③责令项目建设单位中国石油天然气股份有限公司炼化工程建设项目部和中国石油云南石化有限公司依法组织公众参与，并在此基础上补充编制环境影响评价书，重新上报环境保护部审批。环保部政策法规司以申请人与申请复议事项无“利害关系”为由驳回。

同年，李波、钟峪、杨云枫三人针对中国石油云南 1000 万吨/年炼油项目的选址向住房和城乡建设部申请行政复议，住房和城乡建设部以申请所涉的《建设项目选址建议书》符合法律为由，对申请予以驳回。

罗庭艳针对环境保护部对《中国石油云南 1000 万吨/年炼油项目环境影响报告书》的批复提起行政复议，环境保护部撤销批复，在被环境保护部驳回

① 《中国 122 座垃圾焚烧厂信息申请公开报告》，芜湖生态中心，2012，http：//www. waste－cwin. org/sites/default/files/zhong_ guo_ 122zuo_ zai_ yun_ xing_ fen_ shao_ han_ xin_ xi_ shen_ qing_ gong_ kai_ bao_ gao_ pdf。

后，向北京市第一中级人民法院提起行政诉讼，案件仍在审理中。

另外，2013 年，中国红树林保育联盟、绿色昆明、绿满江淮及公民陈立雯等分别提起要求政府公开环境信息的行政诉讼，得到法院判决支持；自然大学诉环保厅、环保局的多起要求公开环境信息的行政诉讼也都被法院受理。

早在 1986 年，《民法通则》第一百二十一条即规定："国家机关或者国家机关工作人员在执行职务中，侵犯公民、法人的合法权益造成损害的，应当承担民事责任。"但在环境－生态方面因国家机关或者国家机关工作人员执行职务（包括不作为）而造成公民权益受损的案件尚未出现。

5. 谈判和斡旋调停

在法治框架下，协调利益，化解冲突，重要的是可在利益、主张不同的双方之间进行谈判，或由第三方斡旋调停。谈判与斡旋调停不但要求当事人要有认为对方是可以为共处而和解，并能有所妥协的理念，而且更重要的是要有积极的多种可供选择的方案准备和谈判、斡旋的技能。目前，有水平的谈判和斡旋尚未出现。

6. 合作

2013 年，自然之友与云南曲靖市环保局共为原告，而以云南陆良化工实业有限公司、陆良和平科技有限公司为被告提起的环境公益诉讼，是民间环保组织和政府的合作。

杭州生态文化协会（2010 年，杭州市民政局批准登记，2012 年，成为中国首家建立党支部和工会的民间环保组织），2013 年获中央财政购买社会组织参与社会服务项目款 50 万元，组织巡护钱塘江干支流，与环保厅、局建立公众协作互动型环境监督工作模式；应省环保厅邀请协助参与行政执法；参与协调温州平阳污染引起的群体性事件。陕西妈妈环保志愿者协会（2005 年作为社团登记）与省妇联、省环保局等合作，推动万户绿色家园示范户创建活动，也是民间环保组织与政府合作的一种方式。

至于一些国际的非政府组织历来就是和中国政府合作的，它们有巨额资金投入与中国政府合作的项目。

（二）公民行动——公民与企业间的互动

在与环境－生态相关的领域中，公民为维护自己的健康权、环境权而与企

业及其他利益、主张相异者间的互动包含以下几种方式：第一是揭示、批评；第二是抵制；第三是抗争、施压与索赔；第四是意见沟通、对话和谈判；第五是合作；第六是诉讼（民事诉讼，报案、控告、举报，及刑事自诉）；第七是斡旋调停。

1. 揭示、批评

尽管环保部已经在2013年制定政策规定国控企业要自行公开监测信息，环保部门也应公开对国控企业的监督性监测信息。① 但公众获取企业污染信息的前景在可预测的时期内并不乐观。由此，公众环境研究中心的污染（水、空气、固体废弃物、重金属）地图数据库的意义仍然重大。污染地图数据库只是汇集了各级政府环保部门查处企业污染的信息。截至2013年12月，污染地图数据库共收录2004年以来由各地环保监管部门所发布的企业违规超标记录13万条，涉及污染企业约10万家。②

绿色和平至今连续发布的5个报告，揭示了在中国未列入官方检测目录的重金属和化学有毒有害物质与致癌和干扰人类和动物内分泌系统（可能影响生育）方面存在关联性——由于服装生产相关企业排出的污水中重金属和化学有毒有害物质难以在环境中自然降解，可以通过食物链在生物体内蓄积，可以通过洋流、大气沉降和食物链，被传送到远方，甚至传送至极地地区，对人和其他生物的健康生存构成极大威胁。这些报告经绿色和平的策略运作，引发中外媒体报道6000余篇，并使腾讯微博的专题在发布10小时内浏览量达800万次。

前述公众环境研究中心、自然之友等14个环保组织发布的关于纺织业、IT产业、水泥业的污染报告，揭示了在这些产业中企业违法排放造成的严重污染。

---

① 环保部《国家重点监控企业自行监测及信息公开办法（试行）》（征求意见稿）、《国家重点监控企业污染源监督性监测及信息公开办法（试行）》（征求意见稿）。根据《2013年国家重点监控企业名单》，国家重点监控的企业共15797家，其中包括废水企业4944家、废气企业4189家、污水处理厂3581家、重金属企业2834家、规模化畜禽养殖场249家。

② 包括水91356条；气32384条；固废2965条；重金属319条；机动车尾气667条，以及程序违法18266条。共计137890条。另：因有的企业违规类型涉及多个方面，所以以上累加大于各项记录相加之和。

记者们对污染、生态破坏及由此引发的对公众健康影响的揭示和批评一直不曾停止。较早有记者陶海军对甘肃徽县800余人血铅超标事件进行披露；近则有刘伊曼等关于“石化围城”，中石油、中石化项目“未批先建”和地方政府“违规审批”，卫生防护距离不合规定，卫生防护距离内的居民未得到搬迁的报道①。

此外，公民个人通过微博、微信、飞信等对污染的揭露、批评也起着一定的作用。

2. 抵制

拒绝一些企业的产品，是国外消费者运动的一种行动方式。消费者对有污染、破坏生态、无视和侵犯劳工权益等不良行为的企业，采取抵制的态度，拒绝消费它的产品。目前，中国还少有这种行动。50个民间环保组织结成“绿色选择联盟”，为污染源定位，迫使大公司不以有上述不良行为的企业为订单厂，是一种对大公司施压，迫使大公司不与有污染等不良行为的企业有商业往来的类似行动。

至于民间通过互联网、微博等抵制镉米，及有关识别、抵制转基因食品和有害健康的不安全食品（包括乳制品）、有毒服装等信息的发布、传播，也可视为一种尚未形成势头的抵制行动。

3. 抗争、施压与索赔

以抗争、施压行为，直接面对污染和破坏生态的企业或者可能污染和破坏生态的企业；还有，作为受害人向污染和破坏生态的企业索赔等，都是面向企业的公民行动的一种方式。

前述2012年四川什邡民众因担心钼铜项目引发环境污染而进行的聚集、抗议行动，江苏启东民众担心日本王子纸业集团制纸排海工程影响生态和近海水产养殖而进行的集结示威行动，浙江宁波镇海反对PX（二甲苯）化工厂扩建而进行示威抗议行动，都属此类。这些行动导致的结果是使遭民众反对的项目中止或迁移。

此外，2012年，动物保护组织“它基金”联名72位知名人士向中国证监会递交吁请函，反对以养殖黑熊、活熊取胆为主业的归真堂上市，也属此类行动。

---

① 刘伊曼、王智亮、黄柯杰：《石化围城》，《瞭望东方周刊》2013年第35期。

4. 谈判、沟通、对话

不持“你死我活”的认识，不采用对抗的方式，而通过意见沟通、对话和谈判去制止污染和破坏生态行为，协调利益，甚至是促成企业给受害人和自然环境以补偿，促成企业采取治理污染措施，参与修复生态行动，是面向企业的公民行动的又一种方式。

绿色和平通过发布纺织、服装业污染报告，迫使17个国际、国内知名服装品牌在与绿色和平谈判后做出无毒承诺。公众环境研究中心等发布报告，组成绿色选择联盟，终使千余家企业公开污染信息，160余家企业接受NGO监督下的审核，督促大公司开展供应链污染企业排查，对有污染劣迹的订单厂施压，以推动环境整改皆属此类。

其实，在一些具体事件中，公民、环保组织与企业之间通过意见沟通、对话和谈判去解决污染等问题的，不乏其例，但由于在中国转型的特殊时段，企业——尤其是有地方政府支持的企业，相对不能结成组织或只处弱势的组织，一般不屑与其对话，更难以谈判手段去处置纷争。

5. 合作

绿色和平为了帮助一些污染企业寻求出路，于2011~2013年分别在深圳、北京和杭州举办关于化学品替代物质的研讨会，介绍欧盟的经验和中国的政策现状，与企业共议降低污染的办法。

绿色流域和自然之友等多家民间环保组织与金融机构合作，推进绿色信贷，2013年，于晓刚等编著的《中国银行业绿色信贷足迹》（中国环境出版社）和此前逐年出版的《中国银行业环境记录》（2009年、2010年、2011年）记录了这一过程。

另外，此前淮河卫士霍岱山，从对抗污染到与曾经有过污染劣迹的莲花味精共同治污，也是环保人士与企业的一种合作。

6. 诉讼（民事诉讼，报案、控告、举报，及刑事自诉）

以企业污染、破坏生态为指向的诉讼，包括民事诉讼中因侵权而提出的停止侵害、消除危险、恢复原状、赔偿损失等，以及刑事案件中的向公安、检察机关报案、控告、举报和向法院提出刑事自诉。

公益诉讼的出现，是维护公民健康权和保护环境－生态的一种新的诉讼类

型，也是对传统的司法制度和法律理论的一种突破。

2013 年，武汉大学社会弱者权利保护中心（现更名为武汉大学法律援助中心）受亚洲法律资源中心资助，由律师代理云南曲靖农民吴树良诉云南省陆良和平科技有限公司，称被告铬渣污染致其子——受害者吴文勇死亡，要求企业赔偿，法院以“不能证明吴文勇死亡与铬渣污染之间存在因果关系”为由，裁定不予受理。吴树良上诉，曲靖中级人民法院裁定：维持一审裁定。

同年，历时两年的北京市朝阳区自然之友环境研究所、重庆市绿色志愿者联合会、曲靖市环保局诉云南省陆良化工实业有限公司、云南省陆良和平科技有限公司铬渣污染案，在被告拒绝在法院主持下已达成的调解协议上签字后，案件又处搁置状态。

同年，起诉不被受理的环境公益诉讼 9 起（包括北京市朝阳区自然之友环境研究所、北京市丰台区源头爱好者环境研究所诉中国神华煤制油化工有限公司、中国神华煤制油化工公司鄂尔多斯煤制油分公司超采地下水和排放污水 2 起，和由中华环保联合会作为原告提起的环境公益诉讼 7 起）。而此前 2009～2013 年中国的法院受理民间环保组织提起的环境公益诉讼案件共计 12 起。

由于不断出现污染受害者与污染企业发生冲突而被控“聚众扰乱公共秩序”和污染受害者向污染企业索赔而被控“敲诈勒索”的案件，人们越来越关注湖北钟祥市的魏开祖、余定海，湖南新化县的陈凤英，以及此前海南的刘福堂、太湖的吴立红。针对这种情况，2013 年，律师曾祥斌、杨洋、夏军、赵京慰、赵莉、张丹杰、万珏、周华等发起成立“环境公益律师团”，承诺“接受全国各类环境污染受害者、环保组织、环境维权人士等的委托，提供法律服务”。7 月，武汉大学公益与发展法律研究中心、安徽绿满江淮环境发展中心在黄山举办“环境保护法律赋能工作坊”。12 月，绿色汉江成立环境法律部。此前，自然之友和中华环保联合会早就设有专门的从事环境诉讼的机构，中国政法大学污染受害者法律帮助中心则是专门的从事环境诉讼的机构。

但由于中国包括司法改革在内的全面深化改革仍需推进，诉权尚受到多种因素制约，许多与环境－生态相关的的案件常遇不立案的情况，司法在公民健康权、环境权被侵事项及与环境－生态相关的公共利益事项方面的作用仍十分有限。

7. 斡旋调停

与公民与政府间的互动不同，在公民与企业间的互动中，第三方的斡旋调停有着更大的空间。如果中国能够向着平等的市场经济和法治社会的方向发展，在与环境－生态相关事项的纷争中，斡旋调停有望成为救济因污染等而致的侵害、实现环境公平的一种低成本的问题解决方式，它比诉讼可以更为灵活。

（三）公民行动——改变自身，影响他人

当每个人都是污染和生态恶化的受害者，也都可能是污染环境、破坏生态行为的实施者时，从自身做起，尤为重要：第一是改变以往已成习惯的生存或生产、生活方式；第二是通过自助和互助来改善微观环境。

1. 改变生存或生产、生活方式

人类要永续发展，就要改变自己的生存或生产、生活方式，不管是城市居民、农村居民，还是草原、林场、山地及江河湖海边的居民。

李鹏，40余岁，1986年弃农经商，2001年返乡承包林地，成为造林大户，联合相邻的其他承包户和林农，组织农民义务护林巡逻队，开展集体巡逻管护。随着更多成员的加入和巡防区域的扩大，在2009年成立河南桐柏县林业防护协会，有会员约百人。

李卫红，藏族，用自家的葡萄地做实验，学习不用农药化肥的耕种方法，并自己制作了录像片，用作村民学习种植生态葡萄的教材。

马俊河，甘肃民勤县夹河乡国栋村人，2005年，建立拯救民勤网，2006年，建立拯救民勤志愿者协会，任总干事，2007年至今，在当地农村推进以种梭梭与压制麦草沙障为主的荒漠化治理。目前已完成2500亩的荒漠化土地治理，直接为当地农民带来现金劳务收入20余万元，并注册“乐活沙宝”商标，尝试沙产业的商业化推广，以带动村民通过治沙致富。

自然之友在北京以分别居住在平房、板楼、塔楼、筒子楼的近60户志愿者作为“低碳家庭”的示范案例，通过在家庭生活中选用节能产品和采用节能技术，使用太阳能光电、光热，对住宅进行室内外隔热保温等较低成本的节能改造，及采用绿植改造与室内无毒装潢等，在保证生活质量的前提下，降低

家庭能耗，改善居室环境。

另外，从自家做起，垃圾分类，用厨余菜蔬果皮等造酵素，出门买东西少用塑料袋，少开车，多骑自行车和走路；拒绝消费主义的诱惑，变奢靡的过度消费为适度消费，则人类可以保有有尊严的和高质量的生存状态。

2. 自助与互助

创绿中心在“念水行动”中推广的“我测我水检测包”，公民自测空气，居民出钱请专门机构为自己检测居室中的甲醛含量，购买饮水机或桶装水，安装净水设施，购买空气净化器，自己在家中种绿色植物、种菜，订购绿色农副产品，在郊区包一块地自己种菜，以及，社区支持农业（CSA）的出现（如北京的“农夫市集”“天福园有机农业俱乐部”“小毛驴市民农园”等），都是一种公民希求躲避污染的行为。其中，也包括了人们的互助。

但我们要注意的是，以上自助的行为，很难解决大部分人的问题，最起码，它无法适用于农村进城谋生者和城市低收入人群。

（四）公民行动——面向社会面向自然

不指向特定的人、人群或组织机构，而是与保护环境、生态相关的行动：第一是捐款与志愿行动；第二是检测与监测；第三是保护与治理；第四是宣教与培训；第五是调查与研究。

1. 捐款与志愿行动

为保护环境和生态而捐出款、物、种树、捡垃圾、保护动植物和自然景观等，都是一种善行。

2. 检测与监测

有时，不知污染源自何处，为何人所为，因此就有了定向的检测和对一定范围、特定污染或境况的持续的监测。

如绿色和平在一些项目的推进中，深入为企业隐蔽的排污管道取样，并做检测和毒害分析，这既需要有较强的专业技能，又有较大风险；面对包括跨国公司在内的企业利益追求和地方政府 GDP 目标追求，绿色和平“虎口夺食”，承载着巨大的压力；而项目运作的筹谋策划，报告的发布宣传，在吸引关注、扩大影响的策略选择等方面，都为民间环保组织提供了一种行动典范。

类似的行动有：绿色潇湘的“守望母亲河”项目，他们在湘江流域的6条一级支流及两大污染重灾区，于政府环境监测体系之外，建立了10个志愿者监测站点、63个日常监测点，聚集了61名核心志愿者，定期监测所在流域的生态环境状况；发布《污染源监管信息公开指数（PITI）2010～2011湖南省14市州评价结果》《湘江流域生态环境现状调查报告》及《湖南省上市公司环境责任绩效评估》；推动地方政府实地环境执法20余次，仅涟水监测组就在一年内迫使数十家超标排污企业“关停整改”。

自然之友武汉小组（武汉绿江南，工商注册），2012年，组织、实施“我为武汉测空气”项目，筹资购买检测设备，独立检测空气质量并在社交网络发布结果。当华中地区出现超级黄色雾霾（PM2.5浓度一度超过613微克/立方米）时，于第一时间发布空气质量急剧恶化的信息，同时吁请政府尽早发布空气质量急剧恶化信息。

西然江措，玉树县哈秀乡党委书记，与北京山水自然保护中心合作，在野生动物资源非常丰富的云塔村，成立了尊重社区传统、牧民自主参与保护的“村民资源中心”，开展岩羊监测（监测数据提供给北京大学作为“雪豹与岩羊——捕食者与被捕食者关系研究”之用）；2013年，成为玉树县的第一个“生态文明示范乡”。

绿色衢州，组织了三支水域巡护队，每周出巡，对常山港、江山港、乌溪江开展水环境巡护和水质监测、径流水质和工业污水排查、沿岸居民访问；发现环境污染数百起，除出面阻止、沟通得以解决的外，还向环保局投诉举报几十起。

3. 保护与治理

直接参与生态保护与环境治理的公民行动，看似是默默无声的，社会的知晓度有限，但这种参与却是难能可贵的。

南加，藏族，青海湖边的牧民。救助过普氏原羚12只、藏原羚3只；募集5万元，为近200只普氏原羚租下1000多亩草场；和家人、朋友治理沙化牧场，到2012年，使2000亩沙地恢复生机；和其他志愿者一起保护小泊湖湿地，使24只黑颈鹤得以在那里繁衍生息。此外，他还在青海湖边捡垃圾，反湟鱼偷盗。

岳阳市江豚保护协会，投入120多万元，组建水上巡逻队和“中国长江江豚保护网”，劝阻非法捕鱼（仅2012年就独立抓捕电捕鱼船54艘），并帮助100余名渔民上岸就业。

由安庆市农民王三益发起组建的菜籽湖湿地生态保护协会，成员包括菜籽湖周边的桐城、枞阳、宜秀3县（区）的渔民、农民、市民、新闻记者，自掏腰包，用15450元开展宣传，用1.5万元搭建湿地生态保护监测瞭望台，自购3000多斤小麦为越冬候鸟投放食料。

此前，2012年，在天津北大港湿地自然保护区发现几十只东方白鹳中毒，因互联网而引起多方关注，记者邓飞等发起全国护鸟联盟，成立“让候鸟飞专项基金”，促成民间和国家林业部门联合行动，阻止大规模的捕杀候鸟行为。

郑元英，组建杭州艾绿环境文化中心，任总干事，持续推动“小鱼治水”项目，已在浙江杭州、宁波、嘉兴、金华、衢州、湖州、台州、温州等地开展14次活动，累计参与者5万余人次，累计投放食藻鱼苗600万尾；动员浙江省13家环保组织、80多个政府部门、媒体及企业参与活动。并在此基础上于2013年发起成立“浙江省（民间）水环境保护工作委员会”（“江湖汇”），以此为区域性环保NGO的协作机制。

朴祥镐，韩国人，生态和平亚洲中国办事处主任，与吉林省林业厅、宏日草业及韩国方面合作。在中国治沙十年，提供种子和设备，当地牧民出劳动力和拖拉机，2008～2012年完成7.5万亩沙地的生物治理。他还自2008年起每年组织韩国大学生志愿者来华参与治理沙尘源，体验和从新认识草原游牧文化。

4. 宣教与培训

宣传教育、培训，是民间环保组织在20世纪90年代开始的工作。后来，成了一些机构回避要害问题，维持机构生存的游戏。但真正影响人心，使人警醒的宣传教育与提升认知和能力的培训仍然是非常有意义的。

陶海军是记者，他曾于2006年调查、报道了震惊全国的甘肃徽县800余人血铅超标事件，2013年，他发起“哭泣的母亲河”公益巡展图片拍摄活动，发起“保卫母亲河”公益行动。

《南方周末》绿版，自2009年起，至今为50余家媒体的150余名记者提供了环境－生态和食品安全等方面的专业培训。2012年，发起中国食品安全传媒论坛，同年，发布中国媒体绿色宣言；在全国首先报道渤海海域溢油事件，首先或独家报道雾霾问题、“北京咳”现象、毒地污染、粮食重金属污染等，推动重大污染事件的处置，唤起人们对环境与健康问题的关注。

此外，微博、微信公众账号、电子邮件等，也形成一种信息交流、资源分享、文化传播、反思、记录、辩驳、论争的平台，加之公共空间的构建，一种认同和归属感的形成以及相关行动的促成，可能由此而渐成。

5. 调查与研究

取样、检测、监测、调查和研究，以及以这些而用于抗争、谈判、诉讼中的证据、完成的报告、提出的政策建议，也是公民行动中面向社会的组成部分；同时具有公民行动的专门的或者是专业的技能、见识与价值取向。有些民间机构的专长和特质就表现在调查与研究方面，如前述绿色和平诸多报告都建立在自己取样检测、调查的基础上，此外，自然之友持续进行了六价铬污染的调查，而湖北水事研究中心①更是定位于是专做调查、研究，发布报告和提出立法建议的机构。

（五）行动者的品性与能力

最后，作为公民行动的行动者自身的品性与能力关系着他们的行动方式与效力。我们从其愿景与价值取向、可借助的社会资源和可动用的资金、行动策略、组织治理结构及成员与雇员构成，以及社会知晓程度与实际影响力等方面，来看其品性的现状、问题与提升的可能。

尽管公民行动的参与者形形色色，有普通的农民，有农村外出谋生者和市民，而其中一些人又为意见领袖；在市民中，又有公共知识分子、人大代表或政协委员、媒体从业者、专家、企业家等，但用以评品的各项还可见一个社会的现状及其发展程度。

---

① 2010年，由跨学校、分属不同学科的研究者组成的一所综合性研究机构，下设水法制研究所、水资源可持续利用研究所、涉水产业可持续发展研究所、水安全研究所和水管理政策模拟实验室，定期出版《湖北水资源可持续发展报告》。

1. 愿景与价值取向

不但相当多的行动者面对环境－生态问题并不具备清晰的理念和思路，就是民间组织在章程等文档或对外宣传时所表述的愿景与价值取向也并不一定就是在实际中可以在人群中形成认同，进而产生凝聚力的，这与当下在中国人们较少做伦理的思考，甚至对伦理问题表现出一种冷淡或者无视的态度，缺乏“实践的焦虑”① 有关。

我们说：“生态伦理不仅最有可能成为一个人安身立命的信仰，也最有可能成为一种类似哲学世界语的东西。‘绿色革命’是否能够成功也关系到整个人类和地球上所有生命的生存和延续。”② 因此，愿景和价值观对行动的品性和效果而言是非常重要的。

2. 治理结构与社会资源

组织有社会团体和志愿者组合，机构有社会团体的办公机构（由全职或兼职的、受雇的人组成）、民办非企业单位、基金会和按企业登记的非营利组织。在登记注册的组织和机构中，由于章程为登记和主管政府部门的范式文本所限，并不能在实际上反映组织和机构的治理模式，而大量经外部传入和培训所得的“治理”概念，也往往与组织和机构的实际运行有着很大的差距，而章程文本、成文或不成文的治理规则、概念与实际存在的不成文规范（一般称“非正式规范”，但在这里它恰恰是最权威而不成文的最高规范）三者的抵牾，加之民间组织和机构形成的历史过程和其中的艰难权衡，致使在民间组织和机构中往往表现出小事守规则，大事个人或少数人独断的情况。做到“遵循规则，直到伤害自己”——即如提出此语的北京天则经济研究所所长盛洪所言：规则“并不是在每时每刻对所有人都有好处。如果人们在规则有利于自己时才遵循，就不会有规则”。而对环境－生态保护方面的民间组织和机构及他们的成员而言，是否能遵循规则，是彰显其品性的一个重要方面。

民间的环境－生态保护组织和机构相对其所要做的事，自身能力是极为有

① 何怀宏：《伦理学是什么》，北京大学出版社，2002。

② 何怀宏：《应用伦理学的视野》，上海三联书店，2003；何怀宏：《比天空更广阔的》，上海三联书店，2003。

限的，能否尽可能地充分发现和整合可利用的社会资源，是体现其品性的另一个方面。

3. 成员与雇员

在环境－生态保护方面，中国民间组织的数量是有限的，按SEE基金会的调查不超过114家，加上无法登记注册的草根组织和能在校外行动的学生社团，应不会超过500家。[①] 而社会团体和志愿者组合的成员在数量上也极其有限，从一个非常有限的调查所得到的数据看，有官方背景的中国环境文化促进会仅有成员5万余人；绿色汉江称有志愿者3万余人；黑嘴鸥保护协会有2万余人；自然之友有万余人，常参加活动的不过数千人；湘潭环保协会和天津绿色之友各有500人；其他一些组织不过百余人、几十人。在一个拥有13亿人口的大国，参与民间环境－生态保护组织的人微乎其微。这种民间环境－生态保护组织的数量和规模都很有限的状况，与中国社会中人们是否具有志愿精神及其他一些因素相关联。

中国国内民间的环境－生态保护方面的社会团体办公机构、民办非企业单位、基金会和按企业登记的非营利组织的全职或兼职工作人员及志愿者，少有超过30人的。有国际背景的绿色和平，有专职工作人员80余人；属国外而在中国大陆工作的世界自然基金会的10个项目办公室，仅专职工作人员就有130人。

对专职的从业人员而言，即使有本人价值取向和工作兴趣的因素，事业有前景，有可能持续地做下去，工资、福利要有保障，也会是其一般必不可少的考虑。

而对于机构而言，一个社会是否具有使人才在政府、企业、非政府组织三者间相对均衡分布的机制，则在相当程度上影响了非政府组织的能力。

4. 资金

由于自身和外部条件所限，环境－生态保护方面非政府组织和志愿者组合中有完备的财务制度和财务公开的比例很有限，即使公开了，一般也过于

---

① 另，据中华环保联合会《2006年中国环保民间组织发展状况报告》，中国有民间环保组织202家，国外在华工作非政府环保组织68家，另有校内学生环保社团1116家，党政系统所办与环保相关的非政府组织2768家。

简略。

就目前所知，中国本土环境－生态保护方面的非政府组织中的单个组织所能获得的年资金最高为1200余万元，其余少数几个有四五百万元，几个在一二百万元，一年能有几十万元的已属很不错，一般的只在十几万元或几万元。对比前述世界自然基金会的中国项目组2012年收入8552万元，支出9547万元，相去甚远。而中国本土的环境－生态保护方面的非政府组织面对的企业和造成污染的项目，动辄资产或资金几十亿、上百亿元，面对的政府年财政收入11万亿元（2012年），在这样的对比中，其弱小应是显而易见的。

在一个社会中，资金和前述有能力的人一样，在一定的时期内为定数。而在一个开放的社会，人和资金等一般都会在政府、企业和非政府组织三个部门之间流动。非政府组织能否在和政府、企业并存的情况下，相对政府和企业，争得或拥有相当比例的有能力的人和必要的资金，影响着非政府组织能否发挥其作用。当然，这取决于非政府组织以往的效绩、信用和其所在社会的制度。

中国在环境－生态保护方面的非政府组织的资金大部分来自申请项目资助，较少部分来自募捐和接受捐赠。不但总量在中国财富总量中的比例不及浩瀚太空中的一粒浮尘，而且在基金会资助项目中低于教育、科研、医疗救助、文化、扶贫助困、老年、儿童、安全救灾、残疾及见义勇为、公共服务等项，① 也就是说：环境议题远未进入中国基金会最关注领域的前列位次。

中国环境－生态保护方面的非政府组织和志愿者组合自身于申请项目之外的筹款能力，特别是在中国国内的、面向普通人的筹款能力是非常有限的。

至于不接受政府、企业等的资助，主要靠在市民中募集善款，以确保自己作为环保非政府组织的独立性，虽不能在目前即为更多的环保非政府组织效仿，但也应引发我们的思考。

5. 出版物及网页等

在今天，环境－生态保护方面的每一项公民行动，以及非政府组织和志愿者组合大多都有自己的出版物［只是它们不像进入图书在版编目（CIP）数据

---

① 基金会中心网：《中国基金会发展独立研究报告（2013）》，社会科学文献出版社，2013。

的出版物那样由图书馆收藏、便于检索］和网页。同时，还会运用微博、微信、QQ 群、手机短信群发等方式传递信息，交流、讨论和形成意见。但定期出版的刊物、交由出版社出版的书籍，都还有限；无刊号和无图书在版编目数据的书刊和网页等的影响力也还有限，且缺乏图书馆的收藏，难以查寻。

6. 使命、策略与能力

明确自己的使命，且有相应、恰当的策略和不断提升的能力，用以有效地实现自己的使命，这在环境－生态保护方面的非政府组织中，还是弱项。

7. 社会知晓程度与实际影响力

环境－生态保护方面的非政府组织的社会知晓度和实际影响力，还有待提升。

四 认真思考人类未来

我们面临如下几个问题。

（1）经济增长不能无限持续的观点早在 1972 年就由罗马俱乐部提出，40 年后的今天，我们怎样看待资源枯竭、环境污染、生态失衡这样一些问题，怎样面对人类发展？

（2）现有的环境－生态保护措施，是否只是“回天无望”的“末端治理”？今日中国的污染和生态被破坏与别国不同，是明知其危害后的污染和破坏，那么，面对环境－生态问题，我们是否应该从根本上改变思路，而不再以“小正确”去改“大错误”？

（3）有人主张：经济发展了，环境问题才能解决。而另有研究者针对“把饼烙大”“一定有益无害”“几乎成为全体社会成员”面对方方面面问题的“共识”，笔者指出“‘饼大无害论’是一个天大的误会”，不在饼的大小，而在公正与否。①

人类社会真的面临一种两难困境吗？即经济增长则加剧生态破坏，而保护了环境就必然使经济停滞或衰退，使许多人难以脱贫或降低生活水平？

① 郑也夫：《吾国教育病理》，中信出版社，2013。

（4）如果环境－生态问题是需要解决的，那么，是国家权力机关为人民去解决，抑或是国家权力机关领导、发动群众去解决，还是需有公众参与，要靠人或人群与党政系统和企业合作去解决？

如果公众参与是解决环境－生态问题所必需的，那么，环境知情权是否就是公众参与的前提？

面对问题，利益、主张和生存方式不同的人群之间，需有充分的、分议题的、针锋相对的论争辩驳，以求得共生共存所需的最基本的共识，人类才可望不致自取灭亡，才可能有永续的发展。

特别关注

Special Focus

本板块关注了水资源争夺、环保组织参与解决群体性冲突环境事件与核能社会风险问题。

在上一年的绿皮书中，我们首次提出中国各地的水资源争夺其实是一种社会与政治危机。今年，郭巍青教授与同事将研究深化，在《水资源争夺与经济政治后果》一文中，分析了水资源争夺的两个案例，得出结论：传统地方保护主义的水资源争夺，在经济发展与地方政府竞争体制的多重因素下，演变成了水利工程、政治利益与经济发展紧密结合的水资源的政治经济学。由于水资源日益稀缺，水的争夺已经上升为战略。无论是想保持发展优势，还是想扭转发展劣势，“水战略”都成为关键。怎样保住本地水资源，同时获得更多的流动水资源，关系到抢占发展的领先权和话语权，重塑竞争秩序和竞争格局。

几年来，环境群体性事件层出不穷，但从未找到一种较佳的解决途径。自2013 年始，4 家环保组织首次介入环境冲突管理。李波先生的《民间环保组织在环境群体事件中的初次探索》，通过环保组织研究和干预昆明安宁中石油1000 万吨/年石化项目环评决策中的问题，对大型敏感项目的决策与环境群体事件之间的关系做了初步分析，同时也探讨了民间组织参与环境冲突管理和预防工作的重要角色和作用。

《核能风险如何被放大?》一文，以山东民众反对荣成石岛湾核电站和乳山红石顶核电站事件为案例，发现风险主要经由信息传播和社会响应这两个阶段得到放大。

G.2

水资源争夺与经济政治后果

郭巍青　周 雨*

摘　要：

本文区分了资源性争水与政策性争水的水资源争夺在经济发展与地方政府竞争体制的多重因素下，如何演变成了水利工程、政治利益与经济发展紧密结合的、政治经济学意义上的水资源战略。同时，提出在新的政治思维下水治理需要面对的基本问题。

关键词：

资源性争水与政策性争水　地方政府竞争体制　流域管理缺失　水政治

在中国的发展进程中，水资源短缺已经成为必须正视的严重挑战之一。刚刚过去的2013年，一则关于洞庭湖的新闻值得引起高度关注。报道中说，三峡大坝开始蓄水试验，由长江流入洞庭湖的水量持续减少，导致洞庭湖水位迅速下降。2013年9月初，长江三口入洞庭湖流量为1.3万立方米每秒。到9月24日，仅为119立方米每秒。而三口、四水入湖总流量1664立方米每秒，出湖流量却达2310立方米每秒，流量“入不敷出”。①

洞庭湖的“水困局”不仅仅是湖南省的问题，它反映了整个长江流域在

---

* 郭巍青，中山大学政治与公共事务管理学院教授，博士生导师，学术特长为公共政策研究、政治制度研究、地方治理研究。中国政治学会理事、中国政策科学研究会理事、教育部本科教学指导委员会委员。周雨，中山大学政治与公共事务管理学院博士，主要研究方向为环境政治、自然保育与NGO。

① 柳德新、常世名：《三峡开始2013年试验性蓄水　洞庭湖出湖流量远大于入湖流量》，2013年10月25日《湖南日报》第8版。

水资源方面的生态紊乱。宏观来看，全国各个流域同样如此。这种状况，引发了地区之间对水资源的激烈争夺。在经济发展的压力和地方政府竞争的体制下，围绕水资源的竞争已经在经济、政治、社会、生态等方面带来了一系列复杂的后果，需要认真加以分析。

一 导言

中国是世界第五大淡水供应国，但中国人均每年水资源拥有量不足2000立方米，远低于全球人均近6200立方米的拥有量。[①] 气候变化、降水、耕作方式、人口和经济活动造成了水资源在中国地区性分布的不均衡。有些地方严重缺水，如华北和西北地区；而另一些地方拥有充足的水资源，如水量丰富的珠三角和长江中下游地区。

水资源紧张、防治洪水和水污染防治，是当今中国水问题的三个重要方面。[②] 其中，水资源紧张引发不同地方之间进行或明或暗的争夺，导致地方政府、中央政府、水管理相关部门的相互博弈，带来广泛的生态、政治和社会影响。在中国七大水系流经的地区，都有不同程度的水资源争夺。而在水资源缺乏和水污染严重的地区，如淮河流域、华北、西北地区等，各级政府、基层政权和民众对水资源的争夺更为激烈。争夺水资源的主要方式是兴建大坝、水闸等水利工程。

地方政府对水资源的争夺，直接目的当然与本地经济、民生发展的日常需求密切相关，但是还有更广泛而深远的考虑。由于水资源日益稀缺，水的争夺已经上升为战略需求。无论是想保持发展优势，还是想扭转发展劣势，“水战略”都成为关键。在各流域已经可以清楚地看到，地方政府都在谋划各自的战略布局，核心是争夺水资源。保住本地水资源，同时获得更多的流动水资

---

① 〔美〕斯科特·摩尔：《中国水资源问题、政策和政治》，美国布鲁金斯学会网站，http：//www.baidu.com/link？url=HiaqQdZXODDxJuHhy2bJb7MT7TOAmpRkdDSg_ EflTHn_ JXhtQcI02JX9tQAD9-f2m7cKJEFbhmZLkjUlGGGcNk1ULe8MrFodbSISmUuW0mvkLhqSJZ-XKEdv4A01y3EB。

② 马军：《中国的水资源问题》，香港中文大学中国研究服务中心网站，http：//www.usc.cuhk.edu.hk/PaperCollection/Details.aspx？id=2600。

源，关系到抢占发展的领先权和话语权，重塑竞争秩序和竞争格局。在地方政府间的竞争体制下，水资源争夺趋于白热化。然而，由此带来的后果，可能与国家改善可用水的地理不均衡问题的政策相冲突，同时，还给建设水利工程的区域本身带来工程风险和生态风险。

与地方水资源争夺相关的利益攸关方主要涉及以下几方面：一是流域周边的地方政府，包括乡、县和省政府。无论是在跨省还是省内的水资源矛盾中，地方政府都起到了主导作用。这三类政权利益取向都是当地财政收入和经济发展，行动方式包括决策、执行和游说等。本文将其归为一类来探讨。二是中央政府、中央涉水各部门及水利部所属各流域管理委员会。国家政策与水资源的地方内生性是一对长期的矛盾。三是社会力量，包括媒体、决策参与者、科学家、网民和居民等。以上三类利益攸关方在水资源上的反复博弈，成为当前中国水政治的典型样本，即在现有法律和管理体制下，地方政府如何最大限度地争夺一切可团结的力量，与竞争的地方政府和作为协调方的中央政府，为了水权进行反复的谈判和博弈。

近年来在对流域水权的争夺事件中，被媒体报道和社会讨论最多的主要有：山西、河北、河南三省争夺水资源；沿黄河各省的水资源争夺战；江西鄱阳湖拟建坝及对长江中下游的影响；[①] 长江上游的调水与发电争夺水资源；等等。这些案例虽然发生在不同的地理环境并各自呈现不同的地方政府行为策略，但实质上，都是以利益攸关方的动态博弈平衡来抵消地理环境缺陷、不平衡的水管理制度和地方领导激励制度所带来的负面效应，以获得地方的暂时稳定（如黄河防断流成功[②]的案例和太湖流域跨行政区管理的案例）。由于水政治的内生性特点突出，每一个争夺都具有各自的地域和地方政策特点，这样的成功经验在实际运行中并不具有足够有效的推广性。保持这样的稳定也并不能保证地方政府对水资源的合理利用，水权的获得也不能保证激励地方政府花大

① 沿长江流域各省近年来长江水量减少，枯水季节严重影响生产生活。各省通常将三峡的修建作为本省水资源枯竭的罪魁祸首，但有研究也提出这是气候变化、人口增长、上游生态保护不利等多种因素造成的后果。

② 胡鞍钢、王亚华：《水利治理转型：从传统型到可持续发展型——对黄河防断流的初步评价（2000～2004）》，《国情报告第八卷》，2005 年上；Scott Moore：《中国水资源问题、政策和政治》，2013 年 6 月 20 日，布鲁金斯学会网站。

力气维持水资源的周边生态条件（如生态林种植、控制生活和工业排污等）。

本文将分析两种类型的水资源争夺的典型案例，即传统地方保护主义式的水争夺，以及作为政治经济学意义上的水资源争夺。我们希望通过典型的案例寻找中国水资源争夺中的结构和策略性因素，以解释和寻找中国水政治的未来。

二 晋冀豫漳河之争：水资源的地方保护主义

水纠纷自古便存在，在纷争中，两地之间的官吏、乡绅、民众各自构成相互对抗的社会关系。本质上，晋冀豫漳河之争与古代水利纠纷没有区别，即围绕着防洪、用水，地方政府和民众以本地利益为核心，对水权进行争夺。

（一）地方背景

山西、河北、河南三省均为水资源严重缺乏地区，水资源人均占有量都在全国人均量的一半左右。作为黄河流经的三个省，国务院于 1987 年批准的《黄河可供水量分配方案》将黄河流域各省可供水量总量限制为 370 亿立方米，山西、河北和河南三省分别被分配了 43.1 亿立方米、20 亿立方米和 55.4 亿立方米，这个方案到现在并没有改变。各省在水资源使用上都面临着各自的问题，如河北省虽然缺水，但还要向北京输水，保证北京用水；对于山西省而言，南水北调工程也未缓解其用水危机。恰好这三省的农作物中玉米是高耗水作物，再加上三省的煤炭产业和工业用水消耗越来越高，在黄河水不够的情况下，省内其他河流的水资源和地下水资源成为晋冀豫三省经济发展与生活用水的重要来源。开发地方型河流成了各省在当前体制下的必然选择。由于河北、河南两省的河流处于山西的下游，山西掌握了跨省河流的开发主导权，而下游两省则成为水资源争夺中的被动一方。

（二）地方保护式的水资源争夺

漳河的水资源对于山西、河北两省，特别是对流经区域具有地理和历史的

多重意义。漳河是山西、河北沿流域城乡的唯一用水来源，是山西省内流经城市（如长治市）和农村地区（如磁县）的工业、农业生产以及周边民众生活的母亲河。在下游河北、河南境内的漳河也是人口近300万的邯郸、安阳两市及周边流域人民用水的最主要来源。作为漳河上游的山西与漳河下游的河北、河南两省在漳河流域发生的水资源纠纷长达50年。1992年，由于河北白芟村与河南盘阳村对漳河水源的争夺，位于河南省林县的红旗渠总干渠两处渠墙同时被炸。[①] 基于该地区水纠纷的不断发生，水利部负责漳河流域管理的水利部海河流域委员会特别设置了海河水利委员会漳河上游管理局，负责所辖108公里范围内的水量分配、河道管理、水质监控和水事纠纷调解。但是对漳河流域其余部分目前还没有明确的水量分割。漳河两岸水事纠纷仍然以大规模械斗的形式爆发，且从未间断。

在这场持续了近半个世纪的三省水资源纠纷中，占有主动权的山西在近十年来开始了漳河上游开发的行动。处于黄河流经地区的山西省是全国最为缺水的省份之一。工业和生活用水与水资源缺乏一直是山西省最尖锐的矛盾。比如作为高用水量的煤炭工业发达的地区，山西省的煤炭企业主要通过采地下水来维持煤炭生产的消耗。由于过量开采，地下水水位大幅下降，使得山西地面沉陷，水质恶化。

2006年以前，在地表水资源方面，山西省一方面等待南水北调工程所分配给山西的水资源，另一方面希望通过引黄工程引入黄河水来缓解水资源匮乏。但是，引黄工程于21世纪初运行以来，效果却不尽如人意。由于黄河本身与气候的原因，原来设计的12亿立方米的水流量并没有实现，且水质差、价格贵。2006年于幼军任山西省省长后，做出了开发利用地表水、将水留在山西的决策。山西自此在全省境内开始了诸多建坝蓄水的工程。他曾撰文说：“在3到5年内建成一批大中型水库和重大引水工程，兴修大批小水库、小水坝、水塘，维修加固所有病险水库，拦蓄用好‘天水’。”[②]

河北省也面临同样的问题，由于工业发展、人口增长和粗放式使用，河北省内地表河流已经呈现“有河无水、有水皆污”的情况。南水北调工程也没

① 姚海鹰：《红旗渠的前世今生，争夺水源竟演恶性炸渠》，2004年10月26日《新周报》。

② 于幼军：《用市场经济思路实施兴水战略》，2007年8月29日《人民日报》。

有缓解河北用水危机；河北省在缺水的状况下，每年要调19亿立方米水给天津和北京，自己却要花钱去黄河买水。①

多年来，关于晋冀豫三省漳河水资源分配的各级文件已经有了详细的规定，为了解决三地水资源纠纷的问题，漳河上游管理局还启用了工程措施以及非工程的市场体系来协调纠纷，大规模械斗的情况才有所缓解。但是，由于漳河上游管理局可管理的水资源有限，对于山西境内的漳河流域没有管理权，所以近年来除水事纠纷外，漳河流域争夺水资源出现了新的形式，即通过各种形式反对山西在上游兴建水利工程。这方面有三个重要案例。

第一个案例是，山西省试图在漳河流域支流浊漳河干流长治市黎城县上遥镇建立吴家庄水库，该计划因为河北、河南的反对一直无法实施。2009年山西省的“两会”代表委员两次在两会上提交建议和提案，恳请国家尽快批复吴家庄水库计划，河北、河南两省同样在全国人大联合提交议案，强烈反对在漳河上游修建吴家庄水库。提案主导代表，来自邯郸市的宋福如在提案中经过计算，认为如果吴家庄水库建成，那么河北省平均入境水量减少52.6%，邯郸境内的岳城水库也将减少水量23.6%，严重影响河北省南部平原饮用水的保障。同样，在水利部组织的吴家庄水库建设协调会上，河北、河南两省坚决不与山西省达成一致。② 2013年10月，部分驻邯全国人大代表联合部分驻安阳市全国人大代表，对山西省拟在漳河上游修建水库给漳河下游水系带来的不利影响开展专题调研。河北、河南两省坚决反对吴家庄水库的立项建设。③

第二个案例是，2009年，在漳河另一条支流清漳河上游山西左权县动工引发的“下交漳水库”纠纷。作为1993年水利部《海河流域综合规划》的一部分，左权县开工建设泽城西安水电站（二期）工程。据左权县的说法，这个水电站就是下交漳水库。该工程不仅仅是水电工程，它还具有蓄水的功能。

在下交漳水库下游、紧邻山西的河北涉县十年九旱，该县40万人生活用水完全依赖清漳河地表径流或补给地下水。该县在历史上修建了大量的水利工程和水电站，依赖自左权县流下来的清漳河水资源进行运作。河北方面认为，

① 贾海峰：《山西、河北、河南三省水资源纷争调查》，《21世纪经济报道》2008年第10期。
② 刘彬、寇国莹、袁伟华：《停止山西吴家庄水库建设计划》，2010年3月14日《燕赵都市报》。
③ 王翔：《全国人大代表调研漳河水利》，2013年10月24日《邯郸日报》。

首先，河北对山西建水库的工程并不知情。《水法》规定，开发、利用水资源，应该兼顾上下游、左右岸和有关地区之间的利益，水工程建设涉及其他地区和行业的，建设单位应当事先征求有关地区和部门的意见。而山西方面却在河北方面不知情的情况下对下交漳水库进行施工。其次，该水电工程从规模上看，并不像简单的水电站，蓄水功能明显。“而供水对象，按照晋中市委书记李永宏的说法，不在下游，而是将水回流到晋中市城区等地。”① 最后，下交漳水库一旦建成，对河北涉县民生与经济具有重大影响。2009 年末，清漳河沿岸 16 万名群众联名上书至当地政府。该县政府与左权县之间的官司已经打到了水利部和海河水利委员会。水利部和海河水利委员会委托漳河上游管理局对此事进行监督，还责成山西方面停工，但工程仍未停工，沿途之路还设立关卡，不允许任何人接近。②

面对河北的质疑，山西省水利部门回应说，他们修建的是实实在在的水电站，不是水库，对下游用水影响很少。2009 年末，山西省水利局副总工程师薛凤海在接受采访的时候否认山西境内对清漳河的开发利用已达 81.4%。③

第三个案例是，山西苯胺泄漏事件把晋冀豫三省对水资源的争夺放在了一个微妙的位置。2012 年 12 月 31 日，位于山西长治市潞城市境内的天脊煤化工集团股份有限公司由于生产事故，使得少量苯胺泄漏，直接排入浊漳河内。2013 年 1 月 5 日，下游邯郸市紧急停止供水，同样位于下游的河南安阳市与邯郸市一样，均暂停了既有的漳河水供水。

漳河上游长治市已将发生苯胺泄漏事件的潞城市确定为本市工业中心，天脊煤化工集团也成为该市工业经济的主要支柱。有评论认为，长治市在确定该规划的时候并未考虑漳河下游区域城市所承受的环境风险。④ 这个案例也表明，传统的水资源争夺会延展到水污染领域。

---

① 左志英：《山西疑建水库截河北涉县水源，漳河流域再起风波》，2012 年 1 月 13 日《南方都市报》。

② 陈勇：《泽城西安水电站未停工、沿途设卡》，经济观察网，2010 年 1 月 6 日，http://www.eeo.com.cn/2010/0106/159924.shtml。

③ 李凡：《山西回应强行修建水库事件：不会影响下游用水》，中广网，2009 年 12 月 31 日，http://news.cnr.cn/gnxw/200912/t20091231_505835371.html。

④ 宋馥李：《漳河流域“三省策”》，2013 年 1 月 14 日《经济观察报》。

（三）地方保护与水资源

山西、河北与河南对水资源的争夺多因自然禀赋所造成的水资源缺乏而引起，我们将其称为资源性争水。与其相对的是，南水北调工程也会形成缺水与争水，我们将其称为政策性缺水与争水。与晋冀豫三省地方各级政府类似的行动在长江最大的支流汉江流域也在发生。由于汉江处于南水北调工程主要调水源中段，与华北地区资源性缺水后果相同，由南水北调工程所带来的政策性缺水也会引起流域上下游各方争相建坝拦水。汉江中下游未来会形成9级梯级水库。根据南水北调中线调水规划，汉江上游水源地丹江口水库每年向北调水量达到90多亿立方米，后期将达130亿~140亿立方米。湖北省在2006年向国务院南水北调办公室报送了《南水北调中线工程对汉江中下游区环境影响评估报告》，其中认为：调水会对汉江及汉江平原产生巨大的负面影响。[①] 而且汉江上游陕西省也因为水资源缺乏提出了引汉（汉江）济渭（渭河）工程，并已立项。为了减轻南水北调工程对汉江流域各地农业、生活、工业用水的影响，2008年湖北省向国家水利部提出了引江（长江）补汉（汉江）工程。但这仅是冰山一角，汉江流域周边各省市加入了汉江抢水大战，纷纷采用区域调水的方式分食这条已经不堪重负的河流。[②] 研究者和实务人员普遍认为，这种分食的根本原因还在于长江三峡修建对于下游流量的影响。

从案例中我们可以看出，无论是资源性或是政策性的水资源缺乏，地方保护主义是水资源争夺如此激烈的重要原因。除了经济效益需求、沿岸用水之外，水治理的知识匮乏也是导致水资源争夺的重要原因。地方政府保护主义的利益需求是不是水治理不可逾越的鸿沟？这需要行政部门用更为宽广的思维与更先进的治理技术来解决，也需要沿水地区民众的参与来确认每个政策步骤的民主性与合法性。

三　鄱阳湖水利枢纽工程：水资源的政治经济学

传统地方保护主义的水资源争夺在经济发展与地方政府竞争体制的多重因

① 周呈思：《汉江“抢水大战”》，2011年5月26日《21世纪经济报道》。

② 王坤祚：《汉江因南水北调濒临枯竭　引江补汉工程已上报水利部》，2010年11月2日《新周报》。

素下，演变成了水利工程、政治利益与经济发展紧密结合的水资源的政治经济学。在江西鄱阳湖与长江之间的结合部建坝是江西政府几十年的梦想，为什么在2013年才开始动工？其根本原因是在地方政府竞争体制下，水资源成为地方GDP、地方政府官员升迁和新的发展方式的基础性资源，对于一湖清水的渴望成为江西省实现崛起的决定性因素。

（一）鄱阳湖的多重地位与获益者

鄱阳湖是中国第一大淡水湖，位于长江中下游。对于江西这个以农业为主的后发中部省份来说，鄱阳湖的生态具有多重重要意义，对沿湖周边居民也有显著影响。

第一，在水利层面上，鄱阳湖不仅是江西的鄱阳湖，而且是整个长江中下游流域的鄱阳湖。在2000年三峡大坝防洪功能实现之前，作为与长江连接的大湖，在每年长江夏天洪期，鄱阳湖都必须承受长江洪水倒灌。“如果鄱阳湖不让洪水进入，湖口下游长江段水位会抬高0.7米，武汉、南京、上海等大城市防洪压力大。”[①] 三峡大坝建立后，江水倒灌鄱阳湖的情况已经很罕见，大多数时候由于三峡大坝和气候、上游生态等多方面因素的影响，长江水位低于鄱阳湖水位，鄱阳湖水注入长江，湖面缩小，干涸的鄱阳湖底自21世纪开始便遭遇着干旱的危机。在中国的水资源管理体制中，水利与水利工程的管理权主要由水利部和部属流域委员会所有，在鄱阳湖案例中，水利部和水利部长江水利委员会成为利益攸关方之一。

第二，在生态保持的层面上，在长江三峡大坝修建之前，鄱阳湖主要面临着每年7月至9月洪水泛滥的威胁，“由于鄱阳湖洲滩多、水淹时间不同，加大了消灭钉螺的难度，导致沿湖百姓血吸虫病感染机会极高”。[②] 同时，由于周边工业的发展，“鄱阳湖最近几年富营养化指数基本在48左右徘徊，逼近50的富营养化临界值”[③]。而近年来的极枯水位也使得作为国家湿地公园的鄱阳湖湿地生态平衡被破坏，如在2012年，超过50万只候鸟在鄱阳湖过冬，省

---

① 刘勇：《鄱阳湖控制工程：安湖梦想待成真》，2009年8月26日《江西日报》。
② 金路遥等：《坚持生态至上　管住一湖清水》，2011年1月8日《江南都市报》。
③ 邓海、于达维：《长江之殇：南方大旱背后的三峡善后难》，《新世纪》2011年6月。

政府和鄱阳湖保护区只能分别在鄱阳湖和鄱阳湖保护区核心湖投入1.5亿尾和72万尾鱼苗，保护来鄱阳湖过冬的候鸟。国家环保、林业部门与江西省各级地方政府在这个层面都具有利益关系。

第三，最为重要的是，在经济发展上，围绕鄱阳湖的生态经济区建设是自孟建柱任省委书记以来历任官员所主推的江西省发展思路。江西省在中部6省区内基础差、起点低。同为中部地区的湖北和湖南省分别获得了国务院批准，建武汉城市圈综合改革配套试验区和长株潭城市群两型社会配套改革试验区，进入了国家战略规划。而在这之前的2006年《中共中央、国务院关于促进中部地区崛起的若干意见》所支持的四个城市群名单中，也缺乏江西入围信息。在国家"十一五"规划里关于中部崛起重点支持地区的名单中，环鄱阳湖城市群也未能入列。自2007年苏荣被任命为江西省委书记后，提出了鄱阳湖生态经济带的概念，并在2008年向国务院提出了申请，2009年12月12日《江西鄱阳湖生态经济区规划》（以下简称《鄱阳湖规划》）被国务院批准，上升为国家战略。《鄱阳湖规划》中所定义的鄱阳湖生态经济区将江西30%的面积和50%的人口及60%以上的江西经济总量纳入其中，把生态环境保护、水利保障体系、清洁安全的能源供应体系和高效便捷的综合交通运输体系作为建设重点，目标是打造农业、旅游、广电、新能源、生物和航空产业基地，改造铜、钢铁、化工、汽车等传统产业基地。以上国家战略目标的提出，使得鄱阳湖地区成为江西省的核心地带。① 江西省只有将鄱阳湖的资源紧抓在自己手里，不受长江流域管理委员会、周边其他省市的牵绊，才能顺利地推进《鄱阳湖规划》。

政府规划只是鄱阳湖重要经济意义的一个方面，鄱阳湖周边县市和居民将利用鄱阳湖各类资源，如私自修建航道、非法挖沙、无规划地鱼类养殖及种植经济树木等行为作为他们增加财政收入和赖以谋生的主要手段。由长江三峡和气候、技术等其他原因所带来的鄱阳湖生态退化对于鄱阳湖周边地区的经济影响巨大。② 但近年来的大旱让鄱阳湖渔业受创较为严重，2011年鄱阳湖在5月末的水域面积已经降到了600平方公里，尚不及丰水年水量的15%，而5月

① 易鹏：《苏荣想弹江西生态与发展平衡曲》，2011年6月10日《中国经营报》。

② 王鹏、王辰：《问诊鄱阳湖》，《京华周刊》2011年第10期。

也是鄱阳湖鱼类繁殖的高峰期，大旱影响了从事渔业的周边民众的生产、生活。在鄱阳湖地区多个县市的非法挖沙。私自修建航道和无规划地修建渔业养殖场、种植经济树木的行为使得鄱阳湖水外泄速度加快，水资源逐年匮乏。

鄱阳湖在经济上的重要地位，使得江西省、市、县政府与当地民众基本成为绑在一起的利益攸关方。这些利益攸关方与在水利、生态层面上的水利、环保和地方相关各部门一起的“多龙治水”的政策生态，使得鄱阳湖成为条块分割的水治理体系中的核心节点。

（二）建设水利枢纽的各方博弈

由于鄱阳湖独特的自然地理禀赋，其对于江西省和整个长江中下游流域在经济价值和生态价值上占据重要地位。开发鄱阳湖区域一直都是作为落后地区的江西省历届省委、省政府的主攻方向。但由于鄱阳湖在三峡建坝之前及建坝初期一直都是长江中下游主要缓冲洪水的湖泊之一，水利压力大，水利部长江流域管理委员会在开发鄱阳湖区域中起着一票否决的作用。但自2008年以来，鄱阳湖的枯水期越来越长，长江流域管理委员会对鄱阳湖建坝的反对声音越来越小。在这样的背景下，各利益攸关方开始出场。

首先出场的当然是江西省政府以及与政府接近的人大代表、政协委员等。江西省水利部门出于防治长江和鄱阳湖其他五个来水的倒灌入湖，以及其他因素（如血吸虫病防治等）的考虑，历经数十年来的调研后，于20世纪90年代初在系统内部形成了所谓“湖控工程”的方案。“2002年，在北京参加九届全国人大五次会议的江西代表团40位代表向大会递交了江西省‘一号方案’，呼吁在中国第一大淡水湖鄱阳湖上兴建水利工程。”① 这样的水利工程计划特别强调了“发挥防洪、航运、渔业和发电等方面的综合效益”。如果说自新中国成立以来对鄱阳湖建坝实施可能性的研究对于水利部门而言是实现防洪与防病这两个目标的重要前提，那么对于江西省整体来说，建坝实质上是将中国水质最好的淡水湖作为经济效益的来源，而这样的思路在其后江西省的各个版本鄱阳湖开发计划中并没有变化。

① 毛江凡、洪怀峰：《鄱阳湖水利工程有望六月立项》，2009年5月22日，大江网—信息日报。

在中央水利部门和其他省市相关部门否决了江西省在鄱阳湖建坝的提案后，江西省并没有放弃在鄱阳湖建坝以及对鄱阳湖开发的意图。2009 年初，借着江西省委、省政府提出鄱阳湖生态经济区战略的东风，从事鄱阳湖建坝研究的专家和政府相关部门将鄱阳湖“湖控工程”改为与生态水利相关的工程计划，江西省水利厅提出建设鄱阳湖生态水利枢纽的设想。即将此前“湖控工程”的“调枯控洪”改为“调枯畅洪”，汛期保证江湖相通，在洪水季末尾则放水入湖，留于来年使用。这次提出的鄱阳湖生态水利枢纽的计划作为江西省委、省政府提出的鄱阳湖生态经济区战略的一个部分，被江西省提交给发改委和水利部审批。在这个规划中，经济效益在其中仍然是鄱阳湖开发的重点，如在 2008 年 9 月拟就的《鄱阳湖水利枢纽工程规划方案》中描述，整个工程的水电站装机 9.2 万千瓦，除了发电的经济效益外，对渔业、航运、水稻灌溉、民生用水方面带来的好处显而易见。[①]

但是这一次，反对意见来得更为猛烈。国际组织、中央水利、环保等部门以及下游的安徽、江苏、上海等地均提出反对意见。作为应对措施，江西省采取了各个击破的策略。2010 年 4 月，江西方面邀请质疑鄱阳湖建水利枢纽工程的，认为会影响湿地生态平衡与候鸟栖息地完整的《湿地公约》国际组织、国际鹤类基金会等代表实地考察鄱阳湖。针对 15 名院士在 2009 年联名上书中央，提出鄱阳湖缓建坝的 6 个问题，江西省委、省政府邀请 6 位院士领衔承担鄱阳湖水利枢纽“六大研究课题”，参与院士中便包括之前的反对者。[②] 同时，江西省水利厅走访上海、江苏、安徽的水利系统，进行沟通，以消除下游省市对鄱阳湖水利枢纽建设的疑虑。

在实施这些“缓兵”策略的同时，在长江鄱阳湖流域枯水越来越严重的形势下，江西省对鄱阳湖水利枢纽工程方案进行了一次重大修订。主要内容包括：将“坝”改为“闸”，将常年隔断的江湖关系改为半年隔断；按照江西省水利厅厅长的说法：“鄱阳湖建闸，不能叫建坝，实际上是‘鄱阳湖枯水期生态补偿工程’，枯水期它（鄱阳湖）都没水，在洪水期留下水来，保证枯水期

① 中共江西省委、江西省政府，《鄱阳湖水利枢纽工程规划方案》（旧），http://www.jxsl.gov.cn/article.jsp? articleid=9872。

② 梁为：《鄱阳湖建坝后续：江西拟改坝为闸》，2012 年 9 月 26 日《时代周报》。

的生态。”[①] 放弃了传统靠坝防洪和靠坝发电的功能；泄水闸调整宽度，为江豚和鱼类提供洄游通道。最引人注目的是，修订后的鄱阳湖水利枢纽工程方案将放闸的权力交给了水利部管理。鄱阳湖水利工程已经从一个水利与经济效益工程变成了一个生态工程，以保护鄱阳湖水的平稳，消除近年来越发严重的枯水期给鄱阳湖生态及其周边居民生产生活所带来的影响。传统水利工程的灌溉、航运和发电的三大功能都没有了。如此这般修订后，鄱阳湖水利枢纽工程规划在2011年后便一路顺风地通过了各种评审与审批，2012年鄱阳湖水利枢纽工程已经进入了推进阶段。

（三）新的竞争手段

类似江西省在鄱阳湖上建坝的行动湖南省洞庭湖也在发生。据报道，2011年末湖南省水运工作会议将洞庭湖岳阳综合枢纽工程列入《湖南内河水运发展规划》中，该工程投入180亿元，欲从根本上改善洞庭湖的生态环境，在长江中下游水量越来越小的情势下将水留在洞庭湖，以利于湖南省对洞庭湖在交通、水电、生态、农业等方面的开发。[②] 与江西省前期的鄱阳湖水利枢纽计划类似，该规划忽略了生态后果，环保组织专家同样提出了质疑意见。同时，长江的“九龙分水”态势必将愈演愈烈，一省内相对合理的规划，到了流域系统内，会不会带来灾难性的后果呢？

（四）小结

鄱阳湖流域的开发不仅是水利意义上的水争夺，在更为广泛的意义上，这是对发展战略资源的争夺。这样的争夺承载了复杂的政治与经济意义。通过以上江西省在鄱阳湖建坝中的策略调整我们发现，一方面，在鄱阳湖上建设水利工程是江西省的历史情结；另一方面，江西省建设鄱阳湖水利工程的动机发生了改变，但获得水权的本质动机没有变化。在2011年修订版鄱阳湖水利工程规划提出之前，江西省希望借留住鄱阳湖的水资源，充分利用大坝建设后给江

---

① 贺莉丹、孙晓山：《鄱阳湖建闸，不是为了江西的一己之利》，《新民周刊》2011年第24期。

② 刘双双：《湖南投180亿元治理洞庭湖区　改善生态环境》，中国新闻网，2011年12月2日，http：//www. chinanews. com/df/2011/12 -02/3505078. shtml。

西带来的经济利益，并增强在长江流域诸省市之间的话语权。2011 年修订版工程规划对水利部和反对专家、国际组织做出了较大让步，将鄱阳湖生态维持放在了首位，如江湖相连的原则、鱼类保护、湿地保护等，去除了传统水利工程的基本功能，并将闸口的开放权力交给了水利部和国家。这样，看似放弃了水利工程本身的利益，但对于作为国家规划的鄱阳湖生态经济区而言，这样的让渡不仅使得江西省“生态经济”名副其实，而且将江西省这个落后农业大省的发展纳入国家发展战略中，获得了一系列的优惠措施。

简而言之，鄱阳湖水利枢纽工程的通过成为鄱阳湖生态经济区申报成功的一个重要砝码。在这种情况下，水作为一种资源不仅承担了饮用、灌溉和工业用水等基本功能，而且成为地方政府建设低碳生态经济、拓展产业链的重要资源。新的技术和充足的资金当然是江西省成功获得长江中下游水资源话语权的重要因素，但从水政治的观点来看，江西省通过降低建坝在水资源竞争中直接的经济、生态成本，将国家战略规划作为砝码，在长江中下游水资源争夺战中占得了先机。

然而，江西占得先机，对江西的一时一地的发展也许是好事，但对整个长江却不是好事。地方的政治经济格局以及发展策略，具有不断加剧水资源竞争的趋势。越是缺水，越要抢水（甚至恐慌性掠夺），越要筑坝截水拦水，于是更加缺水，恶性循环。长远来看，这将给流域地区带来严重的生态灾难，这是令人极其担忧的。更加令人担忧的是，遏制灾难发生的手段、机制和力量非常薄弱，水政治的内在逻辑在助推灾难的加速形成。

四　新的水政治?

按照学者们对世界各地国内流域水资源冲突的研究，“虽然与水相关的摩擦原因多种多样……但所有的水争端都可以归类为三个关键问题：数量、质量和时机”。[①] 中国案例以及本文所涉及的案例无一例外地都可以用这三个关键词来概括。

---

① 阿伦·沃尔夫等：《管理水冲突　促进水合作》，《世界环境》2005 年第 5 期。

但是我们在中国的案例中发现了水争夺的独有特点。我们不能仅从治水技术和经济核算等方面来观察中国的水政治，而应将政治与知识的因素纳入对水冲突的观察中。从本文各案例中我们发现以下几个特点。

第一，中国水资源管理体制存在缺陷。《水法》第十二条第一款规定：国家对水资源实行流域管理和行政区管理相结合的管理体制。但实际执行的时候，由于负责流域管理的8个委员会仅为水利部的下属事业单位，对流域的管理权力和管理能力不足。所以现有的体制仍以区域管理为主，流域管理并没有真正得到贯彻实施。地方政府在此背景下对本区域内的河流、湖泊的开发权的使用必然最大化。如在漳河案例中，海河流域管理委员会漳河上游管理局仅有流域108公里的协调权，上下游各级地方政府在生活、灌溉、经济发展，特别是在工业发展中对水的需求越来越大，使得这一流域从基层到省级政权之间的各种冲突不断。

第二，水资源在现有的中央与地方、地方政府间关系格局下成为地方政府竞争和发展的砝码。传统水资源竞争对水量、水质的竞争到现在已经演变成为地方发展战略竞争的一部分。水资源从传统的基本生活与农业灌溉需求，逐渐转变为高产值的工业用水、新能源新工业的重要资源。对于有着强烈经济发展需求的农业后发省份，丰富的水资源成为争取国家优惠税收、财政政策的战略资源。如鄱阳湖案例中，在改革开放前及改革开放初期，建设鄱阳湖大坝的主要目的是防洪与防病。在近年来周边省份发展以及三峡工程建成后长江洪水压力减少的态势下，江西省设立鄱阳湖生态经济区，并希望将鄱阳湖资源作为这个国家级经济发展区域的核心，希望将原来抢水、拦水和吃水的鄱阳湖大坝设计成集生态、集水等功能为一体的鄱阳湖水利枢纽工程。

第三，消费者治理权利匮乏。在鄱阳湖、漳河案例以及对案例的简单分析中，各级政府作为提供者有着自己的问题，而这样的问题在地方利益的钳制下很难获得解决。另外，作为水的消费者，流域沿岸的社区民众与企业并没有被赋予自组织对水资源进行管理，特别是跨行政区进行商议和管理的权利，进而没有形成对有争议地区水资源治理的所谓共识。除地方政府的制度能影响水提供的效率外，消费者在水资源管理问题上的结社、协商等民主权利并没有体现。由提供者和消费者管理体制所组成的整个公共物品管理体制的作用并没有得到应有的发挥。这样的跛脚体制运行的社会后果更为严重。如历年来在漳河流域发生的炸渠、械斗等事件，缺乏水资源分配的地方性和群众性公共物品管理体制是这样的械斗发生的重要原因之一。这些暴力争水事件造成了死伤，但是当事人并未受到严厉处罚，也没有为制度上的复革提供契机。[①] 这成为地方政府默许民众发泄不满，向对方施加压力的一种手段。

在水治理中除科学治理、合理的地方利益分配外，环境 NGO 与利益攸关民众的自组织也是维系水治理平衡与政策有效性的重要参与者。如同易明所说："环境退化和其他政治问题提高了人们的意识，推动了政治运动，环境非政府组织则成为释放社会和政治不满的避雷针。其结果可能并不必然带来环境状况的改进，但在有些情况下却会是对整个执政体制的再调整。"[②] 我们需要一些能够代表周边流域民众和企业利益的团体参与水资源分配的政策过程，能够用第一线的资料在一个公开的场合进行辩论。幸运的是，在怒江反坝运动中，我们已经能够观察到在各级政府水资源分配、水生态和环境保护的政策之外，中国的环境非政府组织开始了自己的行动，流域周边利益攸关方已经开始自己组织起来，将水治理和环境治理摆在最紧迫的日程上。

迫在眉睫的水资源、水环境危机在积极呼唤新的水政治。

---

① 施平、白红义：《红旗渠终结"水战"》，《小康》2004 年第 7 期。

② 易明：《一江黑水——中国未来的环境挑战》，江苏人民出版社，2010，第 222 ~ 223 页。

G.3

民间环保组织在环境群体事件中的初次探索

李 波*

摘 要：

自2007年厦门PX环境群体性事件以来，类似事件发生的频次在全国范围内有增无减。而每次回应类似事件的措施和事件结局几乎如出一辙。媒体形象地把事件的过程和解决总结为“大闹大解决，小闹小解决，不闹不解决”。政府和商业投资方被迫撤销或搁置项目，向游行公众妥协和让步，来达到暂时缓解社会矛盾的目的。但是这远不是此类冲突事件的最佳解决方案，因为这种冲突解决方式并没有真正消除公众的戒备，获得公众的合作，对类似项目的决策和选点没有多少参考和改进的价值。在环境冲突与协商的国外研究中，由于冲突源于经济利益相关者之间不公平不公正的利益分配，因此环境冲突也被称为“非宪法根本权力性”“经济利益分配性”的冲突，这与国内政研智囊团把环境群体事件界定为人民内部矛盾有一定的可比性。本文以2013年下半年四家环保组织首次介入环境冲突管理的实际案例，通过研究和实际干预昆明安宁中石油1000万吨/年石化项目环评决策中的问题，对大型敏感项目的决策与环境群体事件之间的关系做了初步分析，同时也探讨了民间组织参与环境冲突管理和预防工作的重要角色和作用。

关键词：

环境冲突管理 环境群体性事件 民间组织参与 中石油安宁炼化项目

---

* 李波，自然之友理事，美国新校中印研究所访问学者，IUCN－CEESP委员会执委。

一　环境群体性事件是环境决策和管理缺乏公众参与、监督的必然结果

厦门 PX 事件的发生，标志着中国经济改革开放的政策开始从不计代价、牺牲环境的快速发展时期，过渡到公众环境利益多元化表达的时期。这个时期的价值博弈已经从先污染后治理、经济投资项目快速上马压倒一切的官方共识，转向城市中产群体所日益关注的宜居和健康议题上，如居住环境的安全、食物和饮水等议题上。因污染导致的各种健康代价经过十多年的累积，已经开始显现，特别是癌症村和幼儿血铅中毒等事件的出现，增加了公众对污染项目选址和决策过程的不安。但是在政府招商引资、唯 GDP 至上的指挥棒下，项目决策的常规程序只看重投资上马的速度和投资项目的经济效益。而公众的意见和阻力、环境污染的代价、公众健康的代价等基本不在考察范围之内。甚至地方政府还会出面帮助清除不利于项目快速上马的因素。决策过程中信息不公开，决策过程远离公众视野，自然增加了公众参与的难度，也导致公众对项目决策过程的不信任，甚至恐慌。PX 正是这样一个偶然中蕴藏着必然的“暗号”，并在全国多地的项目决策过程中，不断被“密码化”，成为牵动公众神经的环境群体事件的标志性符号。

2012 年被称为中国环境群体事件年。2012 年 7 月 3 日，四川什邡市市民游行集会反对宏达钼铜项目。2012 年 7 月 28 日，由于江苏省南通市启东民众用游行集会的方式激烈反对，南通市政府被迫决定永久终止名为“大型达标水排海基础设施工程”的项目。10 月 27 日，数百名宁波市民来到天一广场反对 PX 项目，2012 年 10 月 28 日晚，宁波市政府做出“坚决不上 PX 项目，暂缓扩建工程进行论证”的决定。2013 年 5 月，昆明市民两次上街游行，表达对中石油安宁石化项目决策和选址的强烈不安和不满。紧接着，7 月 12 日广东江门发生了公众针对当地兴建核原料加工设施所进行的集体游行。7 月 30 日，位于福建省漳州市古雷港经济开发区的古雷石化（PX 项目）厂区尚未投产就在工厂内发生爆炸事故。11 月 12 日，山东省青岛市黄

岛又发生中石化东黄输油管道泄漏引发爆炸的特别重大事故。公正地说，公众的担心不是空穴来风，众多大型敏感项目，一方面项目上马的决策不公开、不透明，另一方面专家和官员对项目的安全管理和风险控制虽然给出了诸多的保证，可是每年的重大生产事故又不断颠覆着来自政府和生产商的安全承诺。

法制网舆情监测中心《2012 年群体性事件研究报告》① 指出，2012 年群体性事件高发区的共同特征是：人口数量众多、人群组成复杂、经济发展水平在该区域内处于较领先的位置。这或许表明当前社会矛盾正在由农村向城镇转移，城镇出现的各种矛盾和问题变得更加错综复杂，社会管理也面临更加严峻的考验。政府正面回应的措施主要有：发表官方声明、深入调查、处理负责人、劝慰当事人、出台政策法规；而有将近 64.3% 的该类事件，地方政府的应对措施较为负面和落后，如封锁消息、强行驱散和逮捕拘留当事人等，导致事态恶化。政府回应群体性事件的方法非常有限，且以被动回应为主，而有效的解决措施应主要为事前防范而非事后处置。

习近平主席在 2013 年 5 月 24 日中共中央政治局就大力推进生态文明建设进行第六次集体学习时特别指出："要建立责任追究制度，对那些不顾生态环境盲目决策、造成严重后果的人，必须追究其责任，而且应该终身追究。"② 他在党的十八大工作会议上也明确提出，环境群体事件警示中共建设生态文明须保障公众决策参与权，凡是涉及群众切身利益的决策都要充分听取群众意见，凡是损害群众利益的做法都要坚决防止和纠正。③ 可见，中央已经充分看到环境群体事件的危害，但是如何充分预防并有效解决日益增加的环境冲突和环境群体性事件，至少到 2013 年底，社会并没有看到政府和企业出台前瞻性、预防性和可持续性的有效措施。

---

① 陈锐、付萌：《2012 年群体性事件研究报告》，法制网舆情监测中心，2013 年 1 月 6 日，http://www.21ccom.net/articles/zgyj/gqmq/article_2013010674416.html。

② 《习近平：坚持节约资源和保护环境基本国策　努力走向社会主义生态文明新时代》，新华网，2013 年 5 月 24 日，http://news.xinhuanet.com/politics/2013-05/24/c_115901657.htm。

③ 蔡敏、海明威、任沁沁、许晓青：《"环境群体事件"警示中共建设生态文明须保障公众决策参与权》，新华网，2012 年 11 月 12 日，http://cpc.people.com.cn/18/n/2012/1112/c350825-19551413.html。

二　环境冲突管理的理论与实践

在城市化和工业化速度日益加快的国家，由于城市人口密度增高，经济收入和生活质量提高，土地使用规划的瓶颈和公共健康安全之间的矛盾日益显现。资源开采、冶炼、使用、废弃和循环再利用等处理方式，特别是涉及有毒、有害危险物的生产，进入公众关切的视野，由此导致的各种环境冲突问题日益频发。已经以“世界工厂”著称的中国，环境污染、资源破坏和公众健康之间的冲突必然会经历一个极速上升阶段。而在经济全球化的背景下，贸易和物流的加快，也让环境污染从环境法规完善、有良好社会监督的区域和国家向监督不利的区域和国家外溢或输出，这就更加剧了输入国与地区的环境冲突。

环境冲突的管理问题，优先策略是预防和事先化解，其次才是探讨冲突介入和解决的有效机制。不论是避免或是实际冲突的介入，这里重要的是正确理解环境冲突的产生机制。环境冲突通常缘于经济开发项目不公正和不透明的决策机制种下的隐患。项目正面的效益通常是指经济收益分配权和远离污染源的土地使用优先选择权。负面的影响主要包括污染项目的工地选点、污染源堆放场所、有毒有害物质转移路线、开工生产过程中的噪声、空气、污水等有害因素，集中暴露在部分公众的生存环境中，对他们的生产和生活造成不便，对身体健康、经济活动等方面造成损害。而且负面影响是在事前没有充分的知情和协商，没有充分考虑更合理和安全的备选方案，没有建立经济和其他途径的补充安排的情况下，对公众产生的不同程度的影响。国内的研究把群体性突发事件的爆发归结为：因人民内部矛盾引发，由部分公众或个别团体、组织参与，为了争取和维护自身利益或发泄不满而采取群体行动方式来表达自己的诉求和意愿。

在国外有关环境冲突管理的研究中①，导致环境冲突的首要关系体——造成污染和环境权益侵害的经济开发项目，首先被排除在国家利益和基本宪法权

---

① Lawrence Susskind, Jeffrey Cruikshank, Breaking the Impass-Consensual Approaches to Resolving Public Disputes, The MIT Harvard Public Disputes Program, 1987. “突破僵局——基于共识的公共冲突协调方法”，麻省理工学院和哈佛大学公共冲突管理项目。

力的讨论范围之外。一个经济开发项目或者污染治理项目的决策，不能上升到国家利益和宪法利益的层面。换句话说，支持一个经济开发项目或者质疑一个经济开发项目都不属于爱国和叛国的国家立场冲突，也不属于基本人权保护的宪法性冲突范畴。经济开发项目的决策过程，仅仅是不同利益体之间，正负影响的评价和盈亏博弈的评价，因此也被称为分配性权益冲突。

确定了环境冲突属于分配性权益冲突至关重要。因为在分配性权益冲突的介入和协调过程中，项目上马的必要性和可行性分析只能遵循民法和商法的权利框架，而不能动用公权力和宪法的解释来为项目增加至高无上的合法性。至此，项目可行性的博弈才能让项目业主和各种受影响的利益相关者站在平等的权益平台上对话，确定项目负影响的最佳预防策略以及对实在不可避免的负面影响采取公平分配和分担的最佳策略。基于此，专门致力于环境冲突的环境公益机构就有了参与环境冲突管理的法律和专业空间。在北美和欧洲，公益团体介入环境冲突管理的实践和理论研究已经有将近六七十年的历史，而中国在这一领域目前还是空白。

环境和资源冲突管理作为资源管理研究的一个专门分支，主张公平、效率、科学博弈和可持续性的原则。同时，特别强调让中立和公益的第三方在冲突上升到法律诉讼之前，搭建有助于建立广泛共识的开放平台，通过透明、客观、理性、合法的协商过程，找到新的共识，升华共同利益点，让多方利益群体和多方权利群体利益和权利的代表能表达立场与诉求，对信息来源和信息内容做新的解读以消除盲点、解除偏见，在过程中适时释放过激情绪，最终达到缓解冲突调和矛盾、在缓和的情境下寻求冲突的解决的目的。

通常公益团体在政府、司法和公司商业行为之间调整各方对问题、责任、权利、立场和解决方案的看法，最终达成多方共识和多赢的局面。实在达不到这一点，利害相关方最后才进入法庭，诉诸法律解决，而法律诉讼通常都更漫长，代价更高昂。

三　昆明安宁中石油 1000 万吨/年石化项目的弊病

中国石油云南石化炼油工程项目，位于云南省昆明市下辖的安宁市草铺镇

（距离市区30千米左右）境内。炼油项目的建设内容包括1000万吨/年原油加工成套工艺装置以及与之配套的油品储运、公用工程及辅助工程等设施。在该项目的审批过程中，下游产业项目PX专项也进入申请审批的程序。该项目的环评报告①始于2009年②，而项目技术可行性研究应该更早，可是项目审批程序一直不为昆明公众所知晓。一直到2013年，也就是国家环保部2012年7月对其环评报告给予肯定的批复之后③，公众才开始从非公开的渠道获得项目已经获批的消息。因此，昆明市民在2013年5月短短两周内，组织了两次游行"散步"的活动，强烈表达对该项目的不信任，对环评信息不公开的不满，同时质疑该项目选址昆明的多重环境风险以及与水资源禀赋不匹配带来的不确定性。

昆明市长在2013年6月2日通过媒体表达了两点意见④：第一，市人民政府将广泛听取社会各界的意见和建议，充分尊重广大群众的意愿，严格按照大多数群众的意愿办事——关于公众关心的PX部分仍在研究中，将坚持走民主决策的程序。"大多数群众说上，市人民政府就决定上；大多数群众说不上，市人民政府就决定不上。"第二，昆明市政府将按程序在近期公开民众关心的中石油云南炼化项目环评报告。6月25日，中石油的网站上提供了27页的环评报告简本下载，公告在微博上发布。同时，报告全本和环保部的批复在安宁市宁湖公园开始为期一个月的公示。6月28日，环保部表示已经将全本寄给了8位申请信息公开的市民，涉及北京、天津、昆明等地的申请者。随后经过公民志愿者和环保组织的合作，该环评报告全本已经上传至自然之友、自然大学、绿色流域和北京市朝阳区公众环境研究中心的网页，供公众下载。⑤

① 《中国石油云南1000万吨/年炼油项目环境影响报告书》，共782页，编制单位：青岛中油华东院安全环保有限公司。编制时间：2009~2011年。

② 《中国石油云南1000万吨/年炼油项目环境影响报告书》（附件册），共243页。

③ 中华人民共和国环境保护部：《关于中国石油云南1000万吨/年炼油项目环境影响报告书的批复》，环审〔2012〕199号，2012年7月24日。

④ 胡远航：《昆明市长称安宁炼化项目PX装置民众说不就不上》，中国新闻网，2013年5月10日，http：//news. sina. com. cn/c/2013-05-10/125427084325. shtml。

⑤ 在以下四家国内环保组织的网站上，均可下载该项目已经公开的环评报告（两本）和环保部的正式批复：自然之友 http：//www. fon. org. cn/index. php/index/post/id/1457；公众环境研究中心 http：//www. ipe. org. cn/about/notice_ de. aspx? id = 11236；绿色流域 http：//www. cgbw. org/news_ detail/newsId = afbb1500 - f64a - 4a8c - afe4 - a2262a1e207a&comp_ stats = comp - FrontNews_ list01 - 1286940135271. html；自然大学 http：//www. hero. ngo. cn/lbsj/182. html。

但是从6个月以来的发展情况来看，昆明石化项目的未来仍然扑朔迷离，仍然难以肯定项目决策的过程可以避免覆辙，达成多方共赢的局面。昆明市长承诺了“项目将坚持环保一票否决制，整个过程邀请公众参与”。可是昆明公众关心的1000万吨/年炼化项目环评报告已经在2012年7月获得了环保部的批准。批准之后迫于压力才公示环评报告，按照环评的规定，公众并没有现成的渠道参与和反馈对环评的意见。基于此，四家环保组织决定合作，探讨不同于以往的解决路径，通过公众参与和参与式决策的方式，要求环保部召开公共听证会，摆出各方意见，反思项目决策中的错误，辨析存在的问题并提出相应的解决方案。同时探讨环保组织在环境冲突和环境决策中的创新作用。

四家环保组织拿到环评报告的材料之后，迅速寻找专家和专业人士，开展讨论，总结环评中凸显的问题。环评报告中有八大疑点：①环评报告完全没有公众参与的篇章。②突破城乡规划程序违规选址，违规“招拍挂”工业用地。③安宁工业园区总体规划修编在根本没有进行过环境影响评价的情况下，就批准了中石油炼化项目的环评报告，这是本末倒置的。国家环保部环评中心在2012年的工作总结中已经严肃指出了石化产业布局和规划中存在的类似问题。[①] ④违法开工，至今没有任何书面的土地审批手续及施工许可证，但已动工。⑤“绑架”昆明市，降低其污水排放标准，以适应中石油炼油项目排污标准。⑥在环境容量已经不堪重负的安宁地区，通过关停整改腾挪环境容量，为炼化项目的审批、开工拼凑条件。⑦在地质活动进入高风险时期批准高风险炼化项目，而没有审慎地进行地质活跃期的风险评估，并披露该项目的地震风险概率及指出相应的应急措施。这也是环保部环评中心已经在四川5·12地震之后指出的重要问题[②]。⑧公布的爆炸和泄漏的事故风险概率与实际发生率不符，缺乏必要的应对措施。随后在2013年8月29日，环保部向媒体通报了“2012年度各省、自治区、直辖市和八家中央企业主要污染物总量减排情况的

① 任景明、刘磊、张辉、段飞舟：《关于开展“十二五”相关规划战略环境评价的建议》，《环境影响评价理论与实践（2007～2012）》，中国环境科学出版社，2012；童莉、刘薇、姜华、苏艺：《评估中心“十一五”期间石油化工行业技术评估工作回顾》，《环境影响评价理论与实践（2007～2012）》，中国环境科学出版社，2012。

② 任景明：《重大建设项目布局应尽可能避开强地震带——5·12汶川大地震的启示》，《环境影响评价理论与实践（2007～2012）》，中国环境科学出版社，2012。

考核结果”，因为中石油、中石化年度未达标，环保部决定暂停审批除油品升级和节能减排项目之外的新、改、扩建炼化项目环评。① 而中石油云南安宁炼化项目恰恰是在2012年被批准的，应该说，环保部的叫停正好适用于这个项目。

就在四家组织介入研究项目环评报告弊病期间，从2013年8月到年底，连续爆出中石油高层的惊人弊案。② 在媒体报道中提到③，中石油主要在重庆等地建设的几个炼油厂所需的原油都需要从外地，甚至是境外运来，成本巨大。而重庆的原油与昆明安宁的炼化厂使用的原油极有可能是同一个来源。究竟昆明安宁的石化项目在决策过程中是否违反市场和资源价格的规律尚不得而知，但是，这次中石油系的弊案再次提醒社会，没有监督的国家企业会伤害国家利益。大型国企的项目审批和上马绝不能想当然地披上“国家利益”的华丽外衣，而免于对其进行生态环境和社会负面影响的严格考察与论证。

四　环保民间组织的行动和策略

民间组织介入环境群体事件或者环境冲突与协商，在中国还是一个尚待探索的新领域。一方面，中国民间组织整体的政治生态地位仍然非常边缘，被误解和抹黑的可能性仍然存在。被视为非理性策划群体性事件的“幕后推手”，或者传递境外势力的影响等，都是直接威胁到环保NGO存亡，而又难以自证清白的指责。另一方面，民间组织尚不具备在突然爆发的群体事件中，有效干预和调整公众对环境污染非理性情绪强烈表达的能力。而公众对环境权益的表达，是社会发展阶段的必然，不是任何团体和机构可以取代的。所以自2007年厦门事件以来，国内环保组织长期处于观望、学习和思考的状态。

---

① 吕明合、袁端端、冯洁、李一帆、龚君楠：《石油系“反绿”》，2013年9月12日《南方周末》。

② 专题：《中石油反腐风暴升级》，网易财经专题，http://money.163.com/special/cnpc_beidiaocha/；http://renwu.people.com.cn/GB/357675/369141/index.html#lm05。

③ 专题：《中石油多名高管被查，反腐剑指“石油帮”》，凤凰网资讯，2013年9月16日，http://news.ifeng.com/mainland/special/zhongshiyou/。

但是，昆明公众针对中石油安宁炼化项目在2013年5月份发生两次上街“散步”之后，各种“天时地利人和”的因素最终促成了四家环保组织联合介入。首先，北京有一批活跃于各家环保组织的云南籍专业环保人士。其次，针对如何合理回应和解决安宁石化项目所造成的环境冲突和更大的潜在危机，来自官方的不同声音和意见给了环保组织较多的支持和帮助。最后，也是最重要的共识：关心昆明安宁石化项目的各方，都希望中国环境群体性事件的解决不要再走以往的弯路，在实践和环境冲突管理的政策研究方面有所创新。这是环境危机和社会和谐议题中一个非常具有挑战性的问题。

因此，四家组织，包括自然之友、公众环境研究中心和自然大学、昆明的绿色流域，以及一个包括学术界、独立行动性研究者、环保组织和政府外围智囊团在内的松散的咨询和指导小组，开始了对昆明安宁中石油炼化项目社会冲突管理的介入和干预工作。四家组织把联合行动的长远目标定为：通过昆明安宁行动，发起一场社会性学习，探讨社会组织参与解决社会群体事件的空间和途径，寻找解决中国式环境群体事件——突破“大闹大解决、不闹不解决”、零和博弈的制度创新。其短期的目标是：在四家环保组织的联合行动影响下，环保部举办公共听证会，扩大安宁石化项目有关选址和环境管理的公开透明程度，用公共听证会和公众咨询会来倒逼关于选址和环境管理的公共政策，希望公共听证的程序可以带给安宁石化重新选址的机会，重新选择环境容量充分、人口密度小、项目事故的社会风险相对小的厂区位置，并加强石化项目在运行期间的公众参与和监督机制。

首先，四家组织分析了昆明安宁石化项目的主要利益相关方，并对行动的策略做了初步的界定和设计（见表1、表2）。

表1　昆明安宁石化项目的主要利益方及行动策略

利益相关方	基本策略	步骤
昆明公众	理解NGO参与的意图和工作方式；理性保护自己的权益	根据利益相关程度进行公众调查和交流，包括：①昆明市区市民；②安宁市民；③安宁农民；④安宁外来业主；⑤外地昆明人；⑥长江中下游居民等。服务和设施、参与决策的要求（对民主化的需求，对参与的理解）

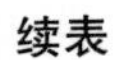
续表

利益相关方	基本策略	步骤
中石油公司	辨析公司经济利益和国家利益之间的张力	①制作公司污染地图和公信度分析； ②收集和分析过往3~5年公司环境污染事件的影响、原因和补救措施； ③竞争对手信息收集； ④公司收益和西南能源安全之间的关系
环保民间组织	最终达成多方共识和多赢；有清晰的立场和退出底线	①联合可以联合的NGO组织； ②达成行动共识； ③分工协作计划
昆明市政府	做出符合城市可持续发展的正确决策	①分析昆明的城市定位和规划与该项目的冲突； ②推介NGO参与的意图和工作方式； ③接受并安排召开公共听证会
云南省政府和国家的相关部委	贯彻执行十八大以来有关生态文明发展观的精神	通过研究环评报告的批复程序和相关规划之间的关系，问责项目在高层审批的科学性与合规性；并最终支持召开有关中石油安宁项目决策的公共听证会

表2　昆明安宁石化项目的行动产出和成果

行动的产出	成果
1. 获得环评报告全本、完整的附件册和环保部批复，以及附件册中最相关的文件资料*	信息公开、分享，鼓励和联合公众及专业人士形成网上群体学习讨论的网络，研究和发现问题
2. 成功组建专业领域相关和全面、可靠的专家组（6~8名）	多名专家对环评报告给出全面和专业性评价，找出明显的漏洞和不足
3. 对自厦门以来的环境群体事件进行从理论到实践的梳理，突出对昆明案例的政策联系和策略支持	达成共识的场域，使协同行动成为可能，让社会组织参与解决环境群体事件具备理论依据和政策合法性
4. 就专家解读环评报告的结果与昆明公众进行有代表性的互动和分享，寻求社区和公众的在地分析与反馈	达成共识的领域，解答公众疑问，让专家实际了解公众和社会关注的问题核心，使公众和专家协同行动成为可能
5. 针对环评报告中发现的实际问题，如应环保组织要求应该公开的项目信息不予公开，应该回应的行政附议请求不予回应，以及非法开工的行政乱作为等违法违规行为开展持续的法律和行政追究	让环评报告中的各种审批程序和环节符合法律和政策的要求，指出关键的行政和法律问题和弊端

续表

行动的产出	成果
6. 调查各地石化行业污染实况和环境及社会影响	发现石化行业在经济、社会和环保方面的诚信问题(在此项目建议书准备过程中,分别在2013年8月27日和29日媒体刊出了两则关于中石油的重大新闻:①中石油四高官接受调查;②环保部暂停审批中石油和中石化的新项目,因2012年减排目标没有完成)**
7. 调查安宁项目环评报告中针对环境容量腾挪和水资源调用的相关措施落实情况和可行性	在中石油安宁项目的环境影响评价报告中,针对环境容量和水资源现状不能满足该项目开工的现实情况,环评报告中提出了一系列措施,如关停污染企业,改善企业清洁生产措施。通过实地走访和调查,我们需要找出环评报告列表中关停和整改企业的实施情况和存在问题。评估其效果是否真正能够达到腾挪环境容量的目的。同时调查螳螂川汇入金沙江之前,是否能实现预计的污水排放治理的目标
8. 筹备、实验和正式举办公共听证会	成功举办一次公共听证会,让主要问题和各方观点得到公正透明的呈现和博弈

* 这一目的已经实现，可在四家组织的网站上下载。

** 武卫政、孙秀艳：《未完成2012年减排任务“两桶油”遭环保部项目限批》，2013年8月29日《人民日报》。

在以上策略和目标的共识指导下，环保组织做了大量的工作。在昆明和北京两地举行了多次有关石化环评报告的研讨会和有关社会影响评价的讲座。在昆明，环保组织对昆明和云南省的多家政府部门进行了实地拜访，直接就环评报告中的具体审批程序，求证政府机构人员。但是多数的问题都没有得到正面和清晰的解释。我们因此开始解剖环评报告的突出问题，并针对以下关键的疑点提出行政复议和诉讼的法律诉求。

（1）2013年7月2日：四家国内环保组织——北京市朝阳区自然之友环境研究所（自然之友）、北京市丰台区源头爱好者环境研究所（自然大学）、北京市朝阳区公众环境研究中心（IPE）、云南省大众流域管理研究及推广中心（绿色流域）和安宁市民，因不服中华人民共和国环境保护部《关于中国石油云南1000万吨/年炼油项目环境影响报告书的批复》，为维护公共环境利益，分三个批次向国家环保部提起行政复议。复议主要诉求：①撤销环境保护部《关于中国石油云南1000万吨/年炼油项目环境影响报告书的批复》（环审

〔2012〕199 号)；②责令中国石油天然气股份有限公司炼化工程建设项目部和中国石油云南石化有限公司立即停止涉案项目的建设；③责令建设单位依法组织公众参与环评，广泛、深入地征求公众意见，进一步论证涉案项目的环境影响和社会可持续性，在此基础上补充编制环境影响评价文件，重新上报环境保护部审批。非常遗憾的是：环保部政策法规司于 2013 年 8 月 22 日回函环保组织的复议请求，认为，“环保组织与环保部对中国石油天然气集团公司做出的该行政审批行为没有利害关系，因此，你们提出的行政复议申请不符合法定行政复议申请的受理条件”。①

（2）2013 年 8 月 27 日：在北京召开“社会组织参与解决环境群体事件新闻发布会”，向中石油天然气股份有限公司发布《立即停止云南安宁炼油项目非法施工建设的呼吁书》。

（3）2013 年 8 月 25 日：多位昆明的市民分别以申请人身份向环保部、住房和城乡建设部、国家发展和改革委员会、工业和信息化部、云南省政府法制办（针对云南省工信委、发改委和住建厅）邮寄行政复议申请材料。就环评报告缺乏公众参与要求撤销住建厅颁发的千万吨炼油项目选址意见书，撤销该省工信委对安宁工业园区规划修编予以备案的文件，确认云南省石化产业发展规划和安宁市城市总体规划修编的相关内容以及决策程序违法并提出行政复议申请。

（4）2013 年 9 月 23 日：昆明市民向北京市第一中级人民法院提起行政诉讼，起诉环保部维持其对安宁石化项目环评批复的行政复议决定。并于 10 月 16 日缴纳了立案费用，获得立案。

（5）2013 年 10 月 18 日：五位云南公民向云南省安宁市规划局发出《关于安宁炼油项目无规划许可证违法建设的举报书》，实名举报安宁炼油项目，并提出四项停工和进一步调查核实的请求。

（6）2013 年 10 月 25 日：昆明市民两批次向昆明市中级人民法院提交了两份行政起诉书，起诉云南省政府。同时，向国务院法制办寄出要求其介入的

① 环境保护部政策法规司回复北京市朝阳区自然之友环境研究所、北京市丰台区源头爱好者环境研究所、北京市朝阳区公众环境研究中心和云南省大众流域管理研究及推广中心的信函。

申请。随后在11月收到立案通知，并递交了举证材料和诉讼保全申请书。

（7）2013年12月2日：昆明多位市民向西山区人民法院立案庭提交了两份行政起诉书，起诉云南省住建厅在审批中的违规行为。

五　总结和展望

在众多的环境挑战面前，因为开发项目引起自然资源破坏、环境污染和公共健康损害，进而导致的社会群体性冲突事件，已经成为一个有代表性和普遍性的社会维稳课题。要解决好这类人民内部的“分配性”矛盾冲突问题，除了在问题发生之后的末端，通过政府和司法部门强调执法的效率、公平、公正等因素，及时停止污染侵害行为，恢复和治理环境伤害，补偿和抚慰受害对象之外，目前来说还没有看到政府和司法系统之外的方法创新，比如说第三方——公益团体的力量介入。我们希望第三方环保组织的介入能开创依法解决争议和达成共识的新路径，避免非理性维权给全社会造成伤害。四家国内环保组织介入环境群体性事件的解决还只是个开始，而且2014年预计还将有很多后续的工作。本文的记录和分析只能算是一个中期总结。但是，我们建议政府和社会能够参考这次介入策略和行动方案，继续在其他地方的群体事件中实践和探索，特别应该在事件发生之前的预防工作中尝试其应用。

对非环保领域的听证会我们并不陌生，如立法听证会、价格调整听证会、城市规划听证会。近年来，听证会制度被人们视为公共决策民主化、科学化的重要制度创新，即由原来政府在公共决策过程中“独唱”，转向政府、专家、大众在决策过程中“合唱”。听证制度的引入和发展，是我国公共行政决策体制的一个重要改革措施，体现了公共生活领域由权力集中化的“管理”模式向鼓励多元利益参与的“公共治理”模式转换。可是，到目前为止，有环保组织参与的环境听证会只有圆明园防渗漏工程一个孤例。我们应该究其原因，在环境冲突日益增加的现状下，为什么有利于信息公开、有利于各方意见充分表达和公开博弈的听证许可制度却在环境领域十分罕见？我们仍然期待环保部可以借着昆明安宁石化项目的契机，积极主动回应环保组织的诉求，把环境问题的公共听证制度化、常规化。

我们必须突破计划经济和户口管理的旧思路，寻找更合理的方法来界定污染项目和公众的利害关系，定义更多元的利害关系。安宁炼油项目下风向的附近邻居、昆明主城区的公民和单位，个个都是利害关系人。由于市场经济已经打破原来计划经济时期人口管理的条条框框，市民的居住地、房产和商业行为早已突破户口登记管理的范畴。如果不尊重这样的事实，仍然刻舟求剑地界定和讨论公众与项目的利害关系，忽视很多昆明居民的利益诉求，必然会继续压抑和制造社会不稳定因素和不满的情绪，也不利于寻求建设性、参与性和包容性的冲突解决方案。

环保组织的行政复议诉求被环保部以“没有利害关系”为由加以回绝，是一个既在预料之中也在预料之外的结果。可是这与国务院《关于落实科学发展观加强环境保护的决定》① 的精神存在较大的差距。该决定第二十七条指出：健全社会监督机制，发挥社会团体的作用，鼓励检举和揭发各种环境违法行为，推动环境公益诉讼，对涉及公众环境权益的发展规划和建设项目，通过听证会、论证会或社会公示等形式听取公众意见、强化社会监督。党的十八届三中全会建设生态文明“五位一体”总布局特别指出，要建立生态环境损害责任终身追究制和改革生态环境保护管理体制。其中要求：建立严格的科学民主决策制度，让全方位的社会监督始终伴随决策，使保护优先、绿色发展成为区域决策者的思维习惯；及时公布环境信息，健全举报制度，加强社会监督。这些新的治国方略显然没有被很好地理解和执行。

在过去几个月里，几家环保组织的工作遇到了非常多的阻力。有些是已经预见的，比如政府部门对要求公开的信息、应该回应的问题，相互推诿，踢皮球，或者让环保组织吃闭门羹。但也有不合乎情理、与国家政策的精神相违背的做法。如：暗中给公众讲座所在地的业主施加影响，让合法公开的公众讲座在最后一分钟不得不换地方或者取消。以社会和谐和公共安全为理由，给各级单位和部门以及小区物业等施加影响，要求社会各界在石化项目的问题上不再发表意见。这种措施尽管短期内可能会产生效果，让项目度过敏感期，加速上

① 中华人民共和国环境保护部：《关于深入学习贯彻〈国务院关于落实科学发展观加强环境保护的决定〉的通知》，环发〔2005〕161 号，2005 年 12 月 26 日，http：//www.mep.gov.cn/gkml/zj/wj/200910/t20091022_ 172370.htm？COLLCC = 1721944220&。

马。可是并未真正消解公众的不同意见和担心，消除各种冲突，建立新的多赢共识与合作。事实上这样的做法，可以让当政领导暂时缓解紧张情绪，可是当压抑的情绪再次碰到释放的出口时，对商业运营、公众健康和社会秩序恐怕会带来更严重的后果。

昆明处于中国西南，面向东南亚，是推进国际交流与合作的重要门户，昆明的城市定位和相应的规划应该审慎考察自身和周边的环境容量问题。城市规划和土地使用规划应该充分考虑重化工工业园区的重大泄漏和爆炸风险，总结石化行业在过往十多年间各种严重的事故教训，[①] 对重化工工业园区划和定位切实采取预先审慎的原则。[②] 可是在昆明安宁中石油炼化项目的审批过程中，我们已经发现低层级单项规划“绑架”高层级综合规划的违规和违法问题。这些问题与美丽中国和生态文明制度化建设的国家核心策略有着根本性冲突，必须得到及时的修正，以避免将来付出更大的社会、经济和环境代价。

① 任景明、刘小丽：《我国石化产业的生态风险及防范对策》，《环境影响评价理论与实践（2007～2012）》，中国环境科学出版社，2012；任景明、刘小丽：《关于开展地震灾区重建规划环评的几点思考》，《环境影响评价理论与实践（2007～2012）》，中国环境科学出版社，2012。

② 欧洲环境署：《疏于防范的教训：百年环境问题警世通则》，预先审慎原则 1896～2000（Late Lessons from Early Warnings：The Precautionary Principle，1896－2000，北京师范大学环境史研究中心翻译，中国环境科学出版社出版），英文原文下载 http：//www. eea. europa. eu/publications/environmental_ issue_ report_ 2001_ 22。

G.4

核能风险如何被放大？

曾繁旭　戴 佳　王宇琦*

摘　要：

当下中国社会已经处于风险状态中，近年来，以江门民众反对鹤山核燃料项目为代表的“低风险、高愤怒”议题越来越呈现频发态势。本文以“风险的社会放大”框架为出发点，以山东民众反对荣成石岛湾核电站和乳山红石顶核电站事件为案例，探讨在中国语境下，何种机制会导致环境风险的社会放大。我们发现，风险主要经由信息传播和社会响应这两个阶段得到放大。在信息传播阶段，媒体、专家和意见领袖的风险信息建构引发的信息流属性的改变会对风险信息的放大产生一定的影响。而在风险信息的社会响应阶段，是否存在污名化，以及民众对信息传播者是否信任，都决定了这一阶段风险是否被放大。本研究是一种将西方风险放大理论与中国当下语境相结合的理论尝试。

关键词：

环境风险　社会放大　信息传播　社会响应

近年来，随着我国的社会转型和技术发展，各种“风险议题”密集出现，成为媒体报道的焦点，有时甚至引发民众恐慌和一定程度的社会对抗。比如各地民众反对 PX 项目、反对垃圾焚烧项目、反对核项目便是如此。科技发展在

* 曾繁旭，清华大学新闻与传播学院副教授；戴佳，清华大学新闻与传播学院讲师；王宇琦，清华大学新闻与传播学院硕士研究生。

带来社会进步的同时，也导致了对生态、环境甚至人类自身的威胁，正如贝克所说，在“风险社会”中，风险已经代替物质匮乏成为社会主题和政治议题的中心。①

然而通过对这类环境风险议题的考察，我们发现，其中一些公众抗议的环境项目，其真实风险未必有民众感知的那么强烈，甚至有一些是专家评估为低风险的项目。

为什么在专家看来低风险的事件，有时会引发大范围的公众关注，甚至导致群体性事件？传播过程中的哪些关键机制导致了风险信息扩大现象的发生？意见领袖、媒体和公众在这一过程中又分别扮演怎样的角色？

在本文中，我们把这一过程定义为“风险的社会放大”。风险社会放大（social amplification of risk）这一概念最早由美国克拉克大学决策研究院的一些学者共同提出，在他们的定义之中，风险放大指的是看起来微小的风险却引发大规模的公众关注和重大社会影响，甚至波及不同时间、空间和社会制度的现象②。在中国语境下，同样存在这样风险放大的机制。

近年来，在中国反核运动此起彼伏的情况下，涌现出了很多有代表性的个案。本研究选取山东民众反对荣成石岛湾核电站和乳山红石顶核电站的两个个案，考察中国语境下环境风险的社会放大机制。

一　信息传播阶段：信息建构与风险放大

信息传播阶段作为风险放大的第一阶段，主要由媒体、专家、意见领袖、社会团体等风险放大站对特定风险事故或事件进行信息建构，并以信息流的方式向公众传播相关信息。③ 信息流成了公众反应的一个关键因素，并承担了风险放大主要原动力的角色。风险社会放大理论认为，信息量、信息受争议程

① Beck U, *Risk society* [*M*], London: Sage, 1992.

② Kasperson R. E., Renn O, Slovic P, et al. The social amplification of risk: A conceptual framework [J]. *Risk analysis*, 1988, 8 (2): 177 - 187.

③ Kasperson R. E., Renn O, Slovic P, et al. The social amplification of risk: A conceptual framework [J]. *Risk analysis*, 1988, 8 (2): 177 - 187.

度、戏剧化程度以及信息的象征意蕴作为信息流的主要属性，都会对风险放大产生影响。①

在本研究中，我们通过对媒体、专家和意见领袖建构的风险信息进行分析，考察在信息传播阶段，不同主体传播的信息流对环境风险的放大会产生怎样的影响。

（一）媒体如何建构风险信息：传统媒体和新媒体上的核议题

1. 传统媒体对乳山红石顶核电的报道

乳山红石顶核电这一个案，从报道主题、消息源选择、报道立场等角度看，传统媒体对该事件的报道还是持相对审慎的态度。

我们选取 2007 年 12 月 1 ~ 31 日这一个月时间内媒体对山东乳山核电站的报道，在百度新闻中以"乳山核电"为关键词，检索该时间段中的新闻报道，得到有效样本 250 篇，并分析这些报道的报道立场和消息源选择策略，结果如图 1 和图 2 所示。

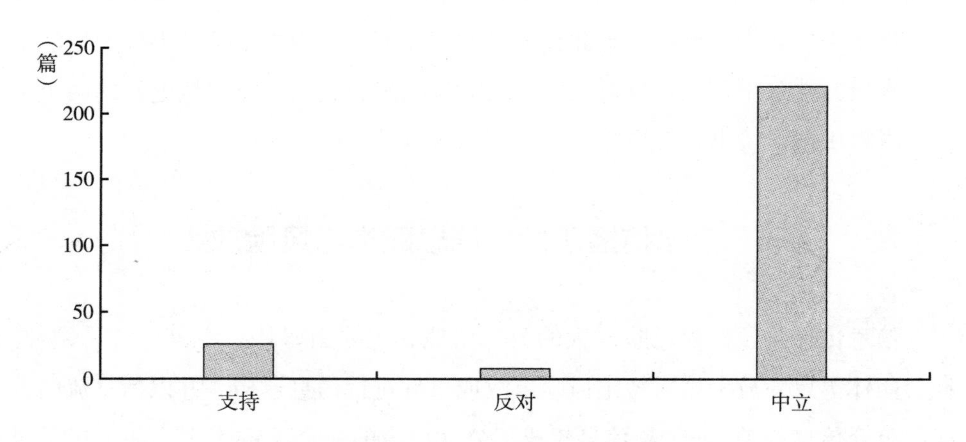

图 1　传统媒体对乳山核电议题的报道立场分析

从报道主题、立场和消息源选择的角度看，传统媒体对乳山核电和荣成核电议题的建构并没有表现出明显的反对或支持话语，在风险信息的建构上总体

① Kasperson R. E. , Renn O, Slovic P, et al. The social amplification of risk: A conceptual framework [J]. *Risk analysis*, 1988, 8 (2): 177 - 187.

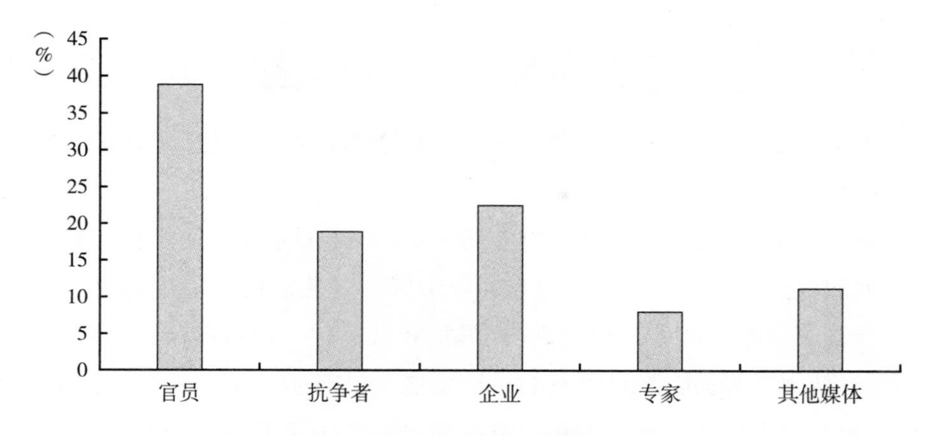

图 2　媒体对山东乳山核电站报道的消息源分析

还是持较为中立的立场。因此，总体来看，在风险的信息传播阶段，传统媒体的信息建构并没有体现出明显的放大风险的倾向，对核议题的风险信息放大没有产生直接的影响。

2. 新媒体对核电议题的呈现

我们通过分析微博对乳山核电和荣成核电议题的报道立场，考察新媒体如何建构核电议题，传播环境风险。

在新浪微博上，以“乳山核电”为关键词，检索该主题的微博，得到有效样本 67 条。从报道立场来看，这些微博中，有 59 条都持反对乳山核电站建设的倾向，而另外 8 条持中立态度，没有以支持乳山核电站建设为主题的微博。

为了对荣成石岛湾核电站议题的微博报道立场进行分析，我们同样在新浪微博上以“荣成核电”为关键词检索，得到相关微博 238 条。在与这一议题相关的微博中，反对核电站建设的声音仍然占主流，有 44% 的微博对荣成核电站建设持反对意见。这些微博将核电站建设与海洋渔业环境以及自然生态景观的破坏、居民的生命安全受威胁联系在一起，认为即使核电技术再先进都难以抵挡不可抗力等因素引发的核泄漏等问题。

新媒体对于乳山红石顶核电议题的呈现，与传统媒体的报道表现出截然不同的立场。总体而言，微博在对乳山核电和荣成核电这两个议题的报道中，还是有明显的反对核电倾向，传达出对于核安全的疑虑和核辐射的恐慌。这样的话语建构，在一定程度上体现出信息传播环节中风险议题的放大现象。

（二）专家、意见领袖如何建构风险信息：核议题的意见争夺

专家、意见领袖之间的意见争夺，主要通过改变风险信息流的信息受争议程度，对环境风险的传播产生影响。

在核电安全问题上，从各自的立场出发，核电专家和意见领袖们表达了截然不同的看法。粒子物理学家何祚庥院士就在《北京科技报》《中国经济周刊》等多家媒体上表明对核电安全问题的担忧，称“核电的不安全系数还不是零”，认为“解决能源问题不能靠原子能，目前还不是大力发展核电的时候”。而另一批以支持核电发展、宣扬核电安全为主要立场的专家，则表示“中国核电技术处世界前列”，“只要按照核安全法规所规定的要求选择厂址，都是安全的”。①

在微博上，以@我的威海为代表的山东当地意见领袖，与@George 博士、@正能量粒子_ my 梅、@Enzpc、@专家冯毅等微博账号进行了互动，这些微博账号持有者都是核电领域的专家。核电技术安全性、核电与公众健康这两个民众最为关心的问题，也成为专家、意见领袖讨论的焦点。围绕这两个问题，专家、意见领袖就我国核电技术是否能抵御核事故的威胁、核电站建设是否会危害周边居民的身体健康等具体议题展开争论。

专家、意见领袖在微博平台上就核电安全、核电对公众健康的影响这两个问题展开的争论，增加了民众对此的疑虑，使得民众对核风险认知的恐惧和不确定感增强。为此，意见争夺导致专家、意见领袖传播的信息流中，信息的受争议程度发生改变，从而使得环境风险在信息传播阶段被放大。

二　社会响应阶段：信息解读与风险放大

对信息流的解读与反应形成了风险信息社会扩散的第二个阶段。在这一阶段中，风险信息被解读、判断，并附加价值。② 风险的社会放大框架假定了五

① http://www.china.com.cn/news/local/2011-03/30/content_22250244.htm.

② Kasperson R. E., Renn O, Slovic P, et al. The social amplification of risk: A conceptual framework [J]. *Risk analysis*, 1988, 8 (2): 177-187.

种发起反应机制的主要途径：启发式与价值、社会团体关系、信号值、污名化[①]以及信任[②]。

在本研究中，我们重点讨论污名化与信任这两个机制，考察在荣成石岛湾核电站和乳山红石顶核电站两个个案中，这两个机制如何在民众的风险信息解读中发挥作用，进而导致风险信息被放大。

（一）污名化：民众如何“标记”核事件

污名化是社会响应阶段导致风险放大的主要反应机制之一。[③] 在污名化过程中，民众对接收到的风险信息进行解读，通过对风险事件的某一特征进行凸显，用该特征对事件进行“标记”，从而使得人们在遇到该标记指向的事件时，做出行为响应。其中，“标记”是污名形成的重要环节（Kasperson et al.，2001）。[④]

我们以乳山核电为个案，把“标记”过程分为两个阶段来考察。

“标记”的第一阶段，是公众在解读特定风险信息时，对风险事件的属性进行取舍，并有意识地放大其中的特定属性。

在“天下第一滩”这个银滩业主自主创建的论坛上，银滩业主作为乳山银滩核电站的利益相关方，他们表达了对核电站的安全风险、健康风险以及经济影响这三个属性的高度关注。

在放大与凸显核电站建设的安全风险、健康风险和经济影响这三个特性的基础上，民众对核电站进行了“贴标签”处理。这是“标记”的第二阶段。在这一阶段，污名得以形成。

---

① Kasperson R. E.，Renn O，Slovic P，et al. The social amplification of risk：A conceptual framework [J]. *Risk analysis*，1988，8（2）：177－187.

② Kasperson J X，Kasperson R E，Pidgeon N，et al. The social amplification of risk：Assessing fifteen years of research and theory [J]. In Pidgeon，N.，Kasperson，R. E.，& Slovic，P.（Eds.）. *The social amplification of risk*，Cambridge University Press，2003.

③ Kasperson R. E.，Renn O，Slovic P，et al. The social amplification of risk：A conceptual framework [J]. *Risk analysis*，1988，8（2）：177－187.

④ 〔美〕罗杰·E. 卡斯帕森、尼亚娜·加维立、珍妮·X. 卡斯帕森：《污名和风险的社会放大：用于分析的框架》，见珍妮·X. 卡斯帕森，罗杰·E. 卡斯帕森编《风险的社会视野》，童蕴芝译，中国劳动社会保障出版社，2010。

针对风险信息的安全风险、健康风险和经济利益这三方面的主题，民众将与特定主题相关的意象与核电站相联系，实现对核电的污名化。具体内容见表1。

表1　核电“标签”及其对应的信息类别

信息类别	“标签”
安全风险	核电魔鬼（怪物）、埋在身边的地雷、核事故后的“鬼城”
健康风险	带血的GDP、癌症、高辐射源
经济利益	劳民伤财

为此，核电站被银滩业主污名化为会对民众身体健康和经济利益造成损害，且具有强大破坏性和杀伤力的“魔鬼”项目。而乳山核电站更是忽视民意、程序不正当，且为少数人牟利的“非法核电站”。

银滩业主将“魔鬼”“非法核电站”等意象与核电站建设相连，导致核污名的建立，风险被民众“再放大”。核污名的传播，使得民众对核电闻之色变，并导致核电项目在推进时受到民意的强大阻力。此后逐渐被搁置的乳山核电项目在一定程度上可以说是成了核污名社会和政策后果的注脚。

（二）信任缺失：民众的对抗性信息解读

在本研究考察的两个案例中，无论是意见领袖，还是普通民众，对政府和企业发布的信息都持有一种高度不信任的态度。对政府、企业以及传统媒体的不信任，导致了当地民众对接收到的信息采取一种对抗性的解读方式。例如《经济观察报》一篇题为《石岛湾：中国核电纠结缩影》的报道[①]，讲述石岛湾核电项目从获批、建设到搁置的全过程，并将地方政府希望通过核电站拉动经济发展、中央政府对该项目的规划、核电专家对于核能技术安全的澄清等多个消息源的多个立场纳入报道，使得报道呈现出较为中立的立场。银滩业主@好龙叶公在论坛上转载了这篇报道，引发了其他网民的关注，查看数达到4459次，回复达到103条。由于对消息源的不信任，对该报道中石岛湾核电

① 种昂：《石岛湾：中国核电纠结缩影》，经济观察网，2011年4月5日，http://www.eeo.com.cn/industry/energy_chem_materials/2011/04/05/198047.shtml。

站项目“是我国自主研发、设备国产化率在75%以上”的事实，网民称“谁信啊，那是辅助设备，核心技术都是美国的”；对于报道中称核电专家有关“就像不能因为一次空难，就彻底放弃民航一样，对待日本核危机也应综合考量”的说法，网民称“人类无法处理核辐射，无法处理核废料。所以，如果真从福岛核灾中接受教训，就放弃核站永远不要建，否则全是鬼话”[①]。

为此，信任缺失语境下民众对风险信息的对抗性解读方式，使得原本传统媒体持中立立场的报道并没有收到预期的效果。接收到传统媒体对核议题的报道信息后，民众并没有因此对该议题形成中立的立场，而是采取了与传统媒体立场全然相悖的反对立场，对核电议题产生了更强的抵触。在这一过程中，民众通过对风险信息的对抗性解读，对环境风险进行了“再放大”。

三　结论

在中国目前的语境下，环境风险主要通过信息传播和社会响应两个阶段被放大。在信息传播阶段，传统媒体、新媒体、意见领袖和专家等风险传播站通过建构风险信息，改变风险信息流的信息量、争议程度等属性，实现风险的放大。而在社会响应阶段，通过信息接收者对风险信息的“污名化标记”以及由于信任缺乏引起的“对抗性解读”，导致环境风险信息在接收过程中被再放大。

信任缺失依然是导致风险社会放大的重要因素之一。在环境群体性事件日益频发的中国，民众对政府日益增长的不信任已经成为影响风险沟通效果的一大障碍。缺乏信任的风险沟通和风险评估，只会助长民众的不信任并放大社会风险。为此，要实现有效的风险沟通，基础步骤是建立信任，其次才是针对风险信息传播所做的沟通。[②] 如何重建信任，是目前政府进行风险沟通首先需要考虑的问题之一。

---

① http://bbs.txdyt.com/forum.php?mod=viewthread&tid=85106&highlight=%BA%CB%B5%E7.

② Slovic P. Perceived risk, trust, and democracy [J]. *Risk analysis*, 1993, 13 (6): 675-682.

环境与健康

Environment and Health

环境污染所导致的健康风险历经多年累积，目前进入集中高发阶段。2013 年，社会关注度最高的环境话题大都直接来源于此或与此有关。本板块汇集的三篇文章，分别从非法排放导致的水污染、重金属累积导致的土壤污染、垃圾焚烧导致的空气污染等不同角度，揭示了环境灾难与大面积的公众健康损害之间的直接关系。

《淮河流域水环境污染与消化道肿瘤死亡》一文，是中国疾病预防控制中心历经 8 年于 2013 年完成的一份重要的研究报告。报告用严谨的科学方法，缜密细致的分析，揭示了在污染最严重、持续时间最长的地区——洪河、沙颍河、涡河以及奎河等支流地区——恰恰是消化道肿瘤死亡上升幅度最高的地区，其上升幅度是全国相应肿瘤死亡平均上升幅度的 3～10 倍。空间分析结果显示严重污染地区和新出现的几种消化道肿瘤高发区高度一致。

《从 63 个案例看环境与健康立法迫在眉睫》通过对 63 个铅、镉污染案例及其健康后果的展示和综合分析，把目前我国环境与健康管理缺乏协同机制、环境标准供给严重不足和法律规制缺失的严重问题暴露无遗。进而提出了制定《环境与健康法》的立法建议和立法构想。

《垃圾焚烧超常规发展引发的环境与健康风险》从众多由垃圾焚烧导致的健康损害事件的背后，看到垃圾焚烧的超常规发展，正在累积严重的生态、健康风险，给行业自身、环境生态和全社会造成挥之不去的巨大阴影。明确指出了垃圾焚烧新标准的修订刻意回避了许多敏感乃至尖锐的问题，污染控制指标数值有的太过宽松，污染控制指标涉及范围远远不够。

G.5

淮河流域水环境污染与消化道肿瘤死亡

杨功焕*

摘　要：

2013年发布的对淮河流域地区消化道肿瘤死亡变化分析研究显示：比对淮河流域地区人群30年死亡模式的变化趋势时，显示污染最严重、持续时间最长的地区——洪河、沙颍河、涡河以及奎河等支流地区——恰恰是消化道肿瘤死亡上升幅度最高的地区，其上升幅度是全国相应肿瘤死亡平均上升幅度的3~10倍。空间分析结果显示严重污染地区和新出现的几种消化道肿瘤高发区高度一致。

关键词：

淮河水污染　消化道肿瘤　变化趋势　相关性

一　引言

淮河是一条污染事故频发的河流，1975~2005年发生了多次水污染事故。

2004年以来，媒体多次报道了淮河沿岸出现“肿瘤村”。《“我们已经习惯了癌症和死亡！”——走进淮河流域部分癌症高发村》[①] 写道：“2004年9月下旬，记者走访了淮河流域部分癌症高发村，在这些笼罩着死亡气息的村庄

---

* 杨功焕，中国疾病预防控制中心首席科学家，协和医科大学特聘教授。

① 偶正涛、蔡玉高：《“我们已经习惯了癌症和死亡！”——走进淮河流域部分癌症高发村》，新华网江苏频道，2004年11月16日，http://www.js.xinhuanet.com/jiao_ dian/2004-11/16/content_ 3225893.htm。

中，记者见到的都是人们绝望无助的表情：有人已经死了，有人在等待着死亡；家里只要有人得了癌症，便欠下一辈子也无法还上的债；没得癌症的人担心着不知哪一天会被查出癌症……人们似乎已经习惯了癌症和死亡。每到一个村庄，人们便开始控诉水污染给他们带来的伤害。”“河南省沈丘县北郊乡东孙楼村村民王子清的哥哥、弟弟、婶婶和叔叔都死于食道癌。”真的不愿意提这事，一提就心酸，“王子清一边抹着泪水，一边说：‘我们这个 100 多人的大家族，有 30 人左右是死于消化系统癌症。’”“在沈丘县周营乡孟寨村孟宪伍家门前，记者看到了一排坟墓，共有 6 座，其中一座是新的。孟宪伍告诉记者，这里葬着两家人，其中一家四口都死绝了。他们都死于消化道癌症，最年轻的 30 多岁，最大的也只有 50 多岁。”

上述报道发表后，时任国务院总理温家宝作了长篇批示：“这些问题要引起关注。卫生部、环保总局、水利部、国家发改委及沿淮地方政府都要做深入的调查研究，真正弄清情况，找准问题，制定科学的规划，采取综合措施，加大治理淮河水污染工作的力度，解决癌症高发的问题。”[①] 随后，卫生部、科技部、中国科学院、国家环保总局等纷纷派出专家，实地考察研究。

确认淮河水污染对当地人群消化道肿瘤的影响，是根治淮河水污染对健康影响的第一步。中国疾病预防控制中心从 2005 年以来，在淮河流域进行了大量研究，探索淮河流域肿瘤与水环境污染的关系。其目的是：①研究淮河流域水体污染的历史和现状，描述水体污染谱和水质污染特征，确定淮河流域致癌和促癌作用的环境污染物的时空分布；②调查淮河流域重点地区以消化道肿瘤为主的肿瘤的发生和死亡的时空分布；③阐明淮河流域重点地区人群食管癌、肝癌、胃癌三种恶性肿瘤的发生死亡和特定环境污染因子的相关关系。

这个研究历时 8 年，报告于 2013 年 6 月发布。其间经历了几个阶段，终于在宏观和微观层面，初步阐述清楚了淮河水污染和消化道肿瘤的关系。这个研究包括记述淮河流域水体污染的历史和现状；描述水体污染谱和水质污染特征的时空分布；淮河流域人群消化道肿瘤分布特征研究及对历史数据的再分析，勾画出淮河流域不同地区消化道肿瘤 30 年的变化趋势；淮河流域水污染

---

① 偶正涛：《暗访淮河》，新华出版社，2005。

与消化道肿瘤发病死亡的相关性研究；等等。《淮河流域水环境与消化道肿瘤死亡图集》（简称《图集》）是在流域水平进行的研究，县和个体研究层面，限于文字篇幅，不在本文介绍之列。

二　淮河流域概况

淮河全长1000公里，总落差200米。洪河口以上为上游，长360公里，地面落差178米，比降为1/2000；洪河口至洪泽湖出口中渡为中游，长490公里，地面落差16米，比降为1/33000；中渡至三江营为下游入江水道，长150公里，地面落差6米，比降为1/25000。洪泽湖现有排水出路，除入江水道外，还有苏北灌溉总渠和向新沂河分洪的淮沭新河。

淮河流域跨豫、鄂、皖、鲁、苏五省，涉及40个地（市）的189个县（市），流域面积达27万平方公里，20世纪90年代以来，淮河沿岸的人口剧增。2000年，淮河流域总人口约1.65亿人，淮河流域属于人口高密度地区，流域人口密度为610人/平方公里，约为同期全国人口密度（134人/平方公里）的4.6倍①，居全国各大江河之首。20世纪80年代，随着改革开放的进程，乡镇企业迅速增加。与此同时，生活污水、工业废水、城镇垃圾、厂矿废渣、医疗废弃物以及农田施用的农药和化肥，大多随着地沟天雨，泻入河道。沙颍河接纳河南省上自郑州、下至项城共30多座城市的废污水，其日平均流量高达166.2万吨；安徽省阜阳地区5个县市日排废污水13.8万吨，奎河、新汴河、濉河支流等均受到严重污染，从而导致淮河流域污染日趋严重。淮河流域环境污染成了社会各界关注的重大问题。

三　研究思路

环境污染对健康的影响，特别是对癌症发生发展的影响，是长期污染物小剂量暴露累计的结果。由于时间跨度长，污染物质复杂，加上肿瘤发生的原因

① 资料来源于中国科学院资源环境科学数据中心的空间化社会经济数据库。

也十分多样，要确认环境污染导致肿瘤不是一件容易的事。图1勾画出环境污染物质导致人群肿瘤发生的示意图。从这个示意图中，清楚地看到，需要从以下几个角度证明水污染导致肿瘤：①证明该地区存在污染，继后10~15年，出现肿瘤高发，存在时间上的逻辑关联关系；污染严重的地区，新发肿瘤的发生率、死亡率都相应更高，存在剂量反应关系。②证明不同来源的污染物质污染了当地的水环境，通过一定途径，进入了人体，从人体的血液、组织中发现污染物质或其代谢产物。其污染物质是国际公认的导致相应肿瘤的致癌物质。前面已经说过，本文只集中描述流域层面的水环境污染与肿瘤的相关关系。

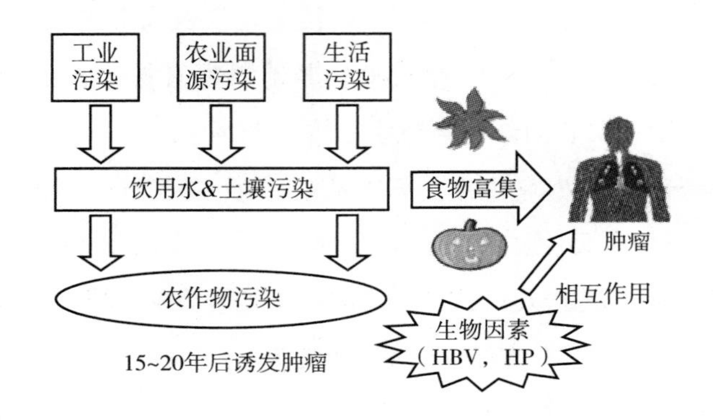

图1　环境污染和肿瘤发生的示意图

四　研究方法和结果

（一）淮河流域水污染的历史和现状时空分布

1. 淮河流域地表水水环境质量分析方法和指标

淮河流域地表水水环境质量分析的数据来源于1982~2008年国家环保总局以及2009~2010年国家环保部发布的《中国环境质量报告》系列。[①] 我们选择淮河水质监测国控断面的数据，[②] 包括对水质等级和相应的监测指标进行

① 中国环境监测总站主编《全国环境质量报告书》，国家环境保护总局，1982~2008；中华人民共和国环境保护部编《中国环境质量报告》，中国环境科学出版社，2009~2010。

② 断面数据不包括湖北省内断面。

分析。分析过程包括参考国家水质相关标准（GB 3838－1988 和 GB 3838－2002）确立水质等级标准、划分流域水系与区域，把主要检测指标化学需氧量（COD）、生化需氧量（BOD）等代换为水质等级，并确立水质污染频度指标，确立水质不变、恶化、明显恶化、好转、明显好转的标准，编制了1982～2009年各断面的水质和有关水质指标等级的水质等级变化图，绘制了80幅地图，描述了淮河流域水环境的变化过程。

为了直观地展现各断面的整体水质状况，本图集计算并分析了各断面不同水质和相应指标（COD、BOD、氨氮）的浓度等级出现次数（年份数）占总观测数（有监测数据年份）的比例。

另外，为了更细致地描述断面水质变化的特点，我们编制了1982～2009年各断面的水质和有关水质指标等级的水质等级变化图。在此基础上，描述干流水质（含水质等级、BOD浓度等级、COD浓度等级和氨氮浓度等级）分别在1986～1995年、1995～2005年和2005～2009年的等级变化图；在1997～2005年和2005～2009年水质（含水质等级、BOD浓度等级、COD浓度等级和氨氮浓度等级）的等级变化图和水质等级对比图。

同时，使用水质污染频度（frequency of water pollution，FWP），即，V类－劣V类（污染）水质出现次数占所有观测次数的比例（频度）。该指标反映该断面的水质状况。这里，V类－劣V类水质可以指经过综合评价得到的水质等级，也可以指单个水质监测指标的浓度等级。

以FWP作为监测断面点的属性进行空间插值，表示某一地理空间内的水体出现V类－劣V类水质的频率，既能反映污染严重的水体在流域内的分布情况，又可表征在没有地表水覆盖的地区水质遭到严重污染的可能性。同时，不同时期污染频度的变化也能够反映污染情况在时间上的变化趋势。

2. 淮河流域水污染的时空分布

利用GIS空间插值方法将水质污染频度空间化，以反映淮河流域的水质污染状况的空间分布及变化规律。[①] 具体过程见《图集》。

① Wei Ji，Dafang Zhuang，Hongyan Ren，et al.，Spatiotemporal variation of surface water quality for decades：a case study of Huai River System，China，*Water Science & Technology*，Vol. 68 No 6 pp. 1233－1241，2013.

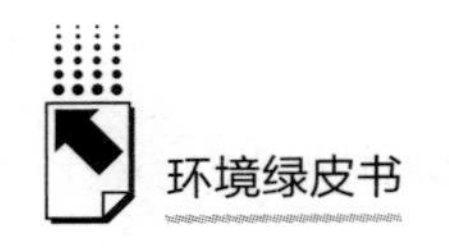

使用该方法，完成了水体污染谱和水质污染特征的时空分布，使用 80 多幅地图系统描述了从 20 世纪 80 年代到 2009 年近 30 年时间的淮河干流、一级支流、二级支流、湖泊以及沂沭泗水系的水环境质量变化过程，概括了淮河流域水环境变化的特点，明确了淮河流域水环境污染的区域。①

淮河水污染呈现以下特性：

时间上——污染呈波动性，有些年份水质显示严重污染，有些年份有好转。

空间上——以干流波动变化、支流与湖泊长年严重污染为主要特点。

污染指标——导致干流、支流水质严重污染的共同主导指标是氨氮/非离子氨、五日生化需氧量、化学需氧量。

从区域特征上看，在基于地形特点和河流走向特点划分的 7 个区域中，通过计算 1997 ~2009 年每年各区域内Ⅱ类 - Ⅲ类、Ⅳ类、Ⅴ类 - 劣Ⅴ类水质等级的断面占该区域所有断面的比例，发现淮河流域水质长期和严重污染的地区为中西部平原、中东部平原和沂沭泗水系所在地区。但 2005 年后，各区Ⅴ类 ~ 劣Ⅴ类水质断面所占比例均有所下降（见图 2）。

从不同时段水质等级以及 BOD、COD、氨氮/非离子氨等指标等级的污染频度时空分布来看，淮河流域水质污染频度较高的地区主要分布在淮河北岸。其中，中西部平原的洪河 - 汾河 - 泉河 - 颍河 - 涡河、南四湖流域的洙赵新河 - 泗河和中东部平原中的奎河附近区域尤为严重（见图 3）；但随着时间推移，高污染频度地区范围逐渐缩小；而由于 BOD 和氨氮的污染频度较高，且与水质污染频度在空间上有很高的一致性，COD 的污染频度分布变化不明显，这段时期淮河流域的主要污染指标是 BOD 和氨氮。

（二）淮河流域消化道肿瘤死亡的时空分布研究

1. 淮河流域消化道肿瘤时空分析的方法和指标

过去 30 多年来，淮河流域大多数地区没有死亡原因登记等基本卫生信息，因此很难了解当地人群的健康状况，很难证实 2004 年媒体大量的关于淮河地区“癌症村”的报道的准确性和严重程度。但 1973 ~1975 年，全国进行了一

---

① 杨功焕、庄大方：《淮河流域水污染与消化道肿瘤死亡图集》，中国地图出版社，2013。

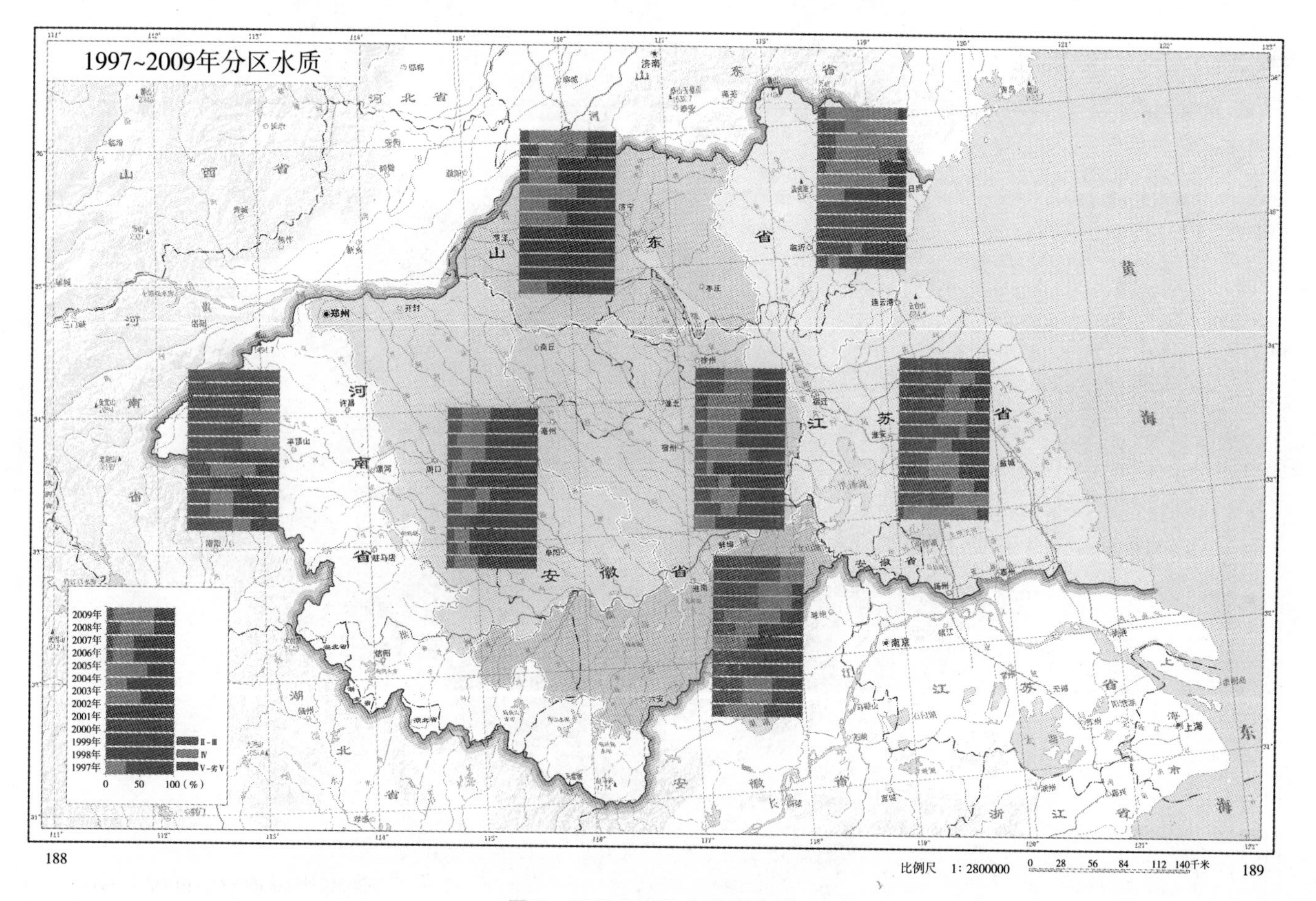

图2 1997～2009年分区水质

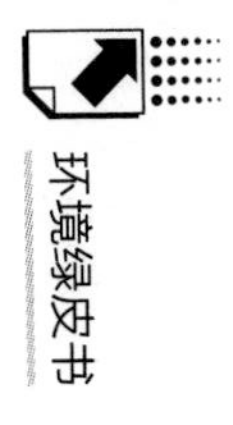

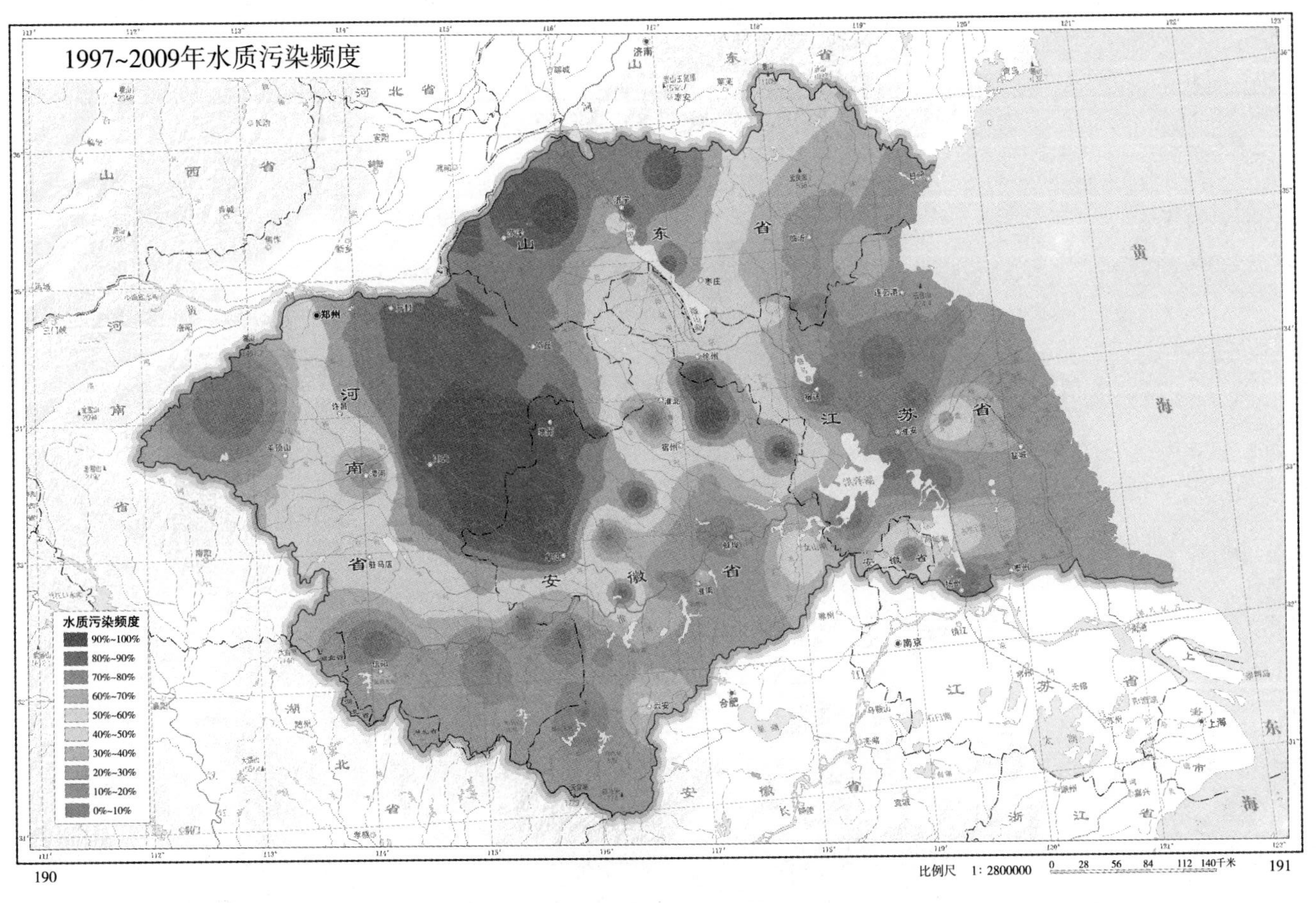

图 3 1997～2009 年水质污染频度

次死因普查,[①] 所以可以对淮河地区 1973 ~ 1975 年死因调查结果进行分析，并以此作为基线，来判断 30 年后该地区肿瘤死亡的变化情况，并与全国农村情况进行对比，观察其变化特点。

为了计算 1973 ~ 1975 年和 2004 ~ 2005 年两个时段的人群死亡率，必须去除人口老龄化的影响。所以在原始的年龄别死亡率基础上，使用 2000 年人口普查对淮河流域地区人群消化道肿瘤死亡率进行标化，使两个年代的消化道肿瘤死亡率具有可比性。

2004 ~ 2006 年淮河流域选定的监测样本县的人口数据均为各县区上报的 2004 ~ 2006 年份村户籍人口资料，县区人口为分村人口的合计[②]。

2005 年，中国疾病预防控制中心（中国 CDC）选择了 14 个县进行了 3 年死因回顾调查，获得 2004 ~ 2006 年人群死因数据。[③] 这 14 个县有 1264 万人口，占淮河流域地区人口的 8%。14 个监测县分布在淮河流域的 6 个区域，即东部下游、中东部平原、西部丘陵山地、中西部平原、南部平原和南四湖流域。虽然没有覆盖所有人口，但在不同区域都有研究样本。

死因确定是一个十分技术性的问题，在调查中采用了研究发展的死因推断量表,[④] 并在研究中通过验证死亡与患病分布的一致性来佐证死因确定的合理性。[⑤] 死因分类均按照国际疾病分类标准对死因进行分类。

为了描述淮河地区人群消化道肿瘤的变化趋势，使用的指标除了癌症死亡率和标化死亡率外，还使用了癌症变化幅度这个指标。癌症变化幅度 =（2004 年至 2006 年该地区肿瘤标化死亡率 - 1973 年至 1975 年该地区肿瘤标化死亡率）/1973 年至 1975 年该地区肿瘤标化死亡率 ×100%。该变化幅度与全国变化

---

① 中华人民共和国卫生部肿瘤防治研究办公室：《中国恶性肿瘤调查研究》，人民卫生出版社，1979。

② 中国疾病预防控制中心：《淮河流域癌症综合防治工作项目——死因回顾性调查分析报告》，中国协和医科大学出版社，2009。

③ 陈竺：《全国第三次死因回顾抽样调查报告》，中国协和医科大学出版社，2008。

④ Yang GH et al., Validation of verbal autopsy procedures for adult deaths in China. Int J Epidemiol. 2005 Sep 6.

⑤ Wan, X., Zhou, M. G., Yang, G. H., Epidemiologic application of verbal autopsy to investigate the high occurrence of cancer along Huai River Basin, China, *Population Health Metrics*, 9 (3), 37 - 45, 2011.

幅度相比，上升20%以上，为上升；与全国变化幅度相比，在-20%到+20%之间，为不变；下降20%以上，为下降。把这个特点标识在死亡地图上。

2. 淮河流域人群消化道肿瘤的时空分布

研究发现，在淮河下游，1973~1975年就存在消化道肿瘤，尤其是肝癌、胃癌的高发区，这些肿瘤高发区和水环境污染应该没有关系。图4以肝癌为例，展示了1973~1975年淮河流域肿瘤分布的特点。

2004~2005年淮河流域不同地区消化道肿瘤死亡水平分布分析表明，既存在原来的肿瘤高发区，也存在由历史上的肿瘤低发区转化的肿瘤高发区，同样以肝癌为例，展示了这种特点（见图5）。

使用癌症死亡变化幅度指标，依据1973~1975年和2004~2005年的全淮流域死因调查数据的对比分析揭示：在沙颍河流经的沈丘县和颍东区、涡河流域的扶沟县和蒙城县、奎河流域的埇桥区和灵璧县、沂沭泗水系的汶上县和巨野县等地区消化道肿瘤，尤其是肝癌和胃癌死亡从低发向高发快速转化，其上升速度超过全国平均水平的数倍，图6展示了肝癌的变化幅度，其中在沈丘和埇桥，其上升幅度是全国水平的3~5倍。

五　结论

对淮河流域地区消化道肿瘤死亡变化分析研究显示：比对淮河流域地区人群30年死亡模式的变化趋势时，显示污染最严重、持续时间最长的地区——洪河、沙颍河、涡河以及奎河等支流地区——是消化道肿瘤死亡上升幅度最高的地区，其上升幅度是全国相应肿瘤死亡平均上升幅度的3~10倍。空间分析结果显示严重污染地区与新出现的几种消化道肿瘤高发区高度一致。

虽然淮河流域水环境污染在2005年后基本得到控制，但局部地区依然存在较为严重的水环境污染问题，淮河流域部分地区人群依然面临较高的肿瘤发病与死亡风险。考虑到环境污染健康效应滞后的特点，可以预计：在未来的10年里，淮河流域尤其在氨氮/非离子氨、生化需氧量（BOD）和化学需氧量（COD）等水质指标出现高污染频度的中西部平原、中东部平原和北部南四湖流域地区，依然面临严峻的肿瘤防控形势。

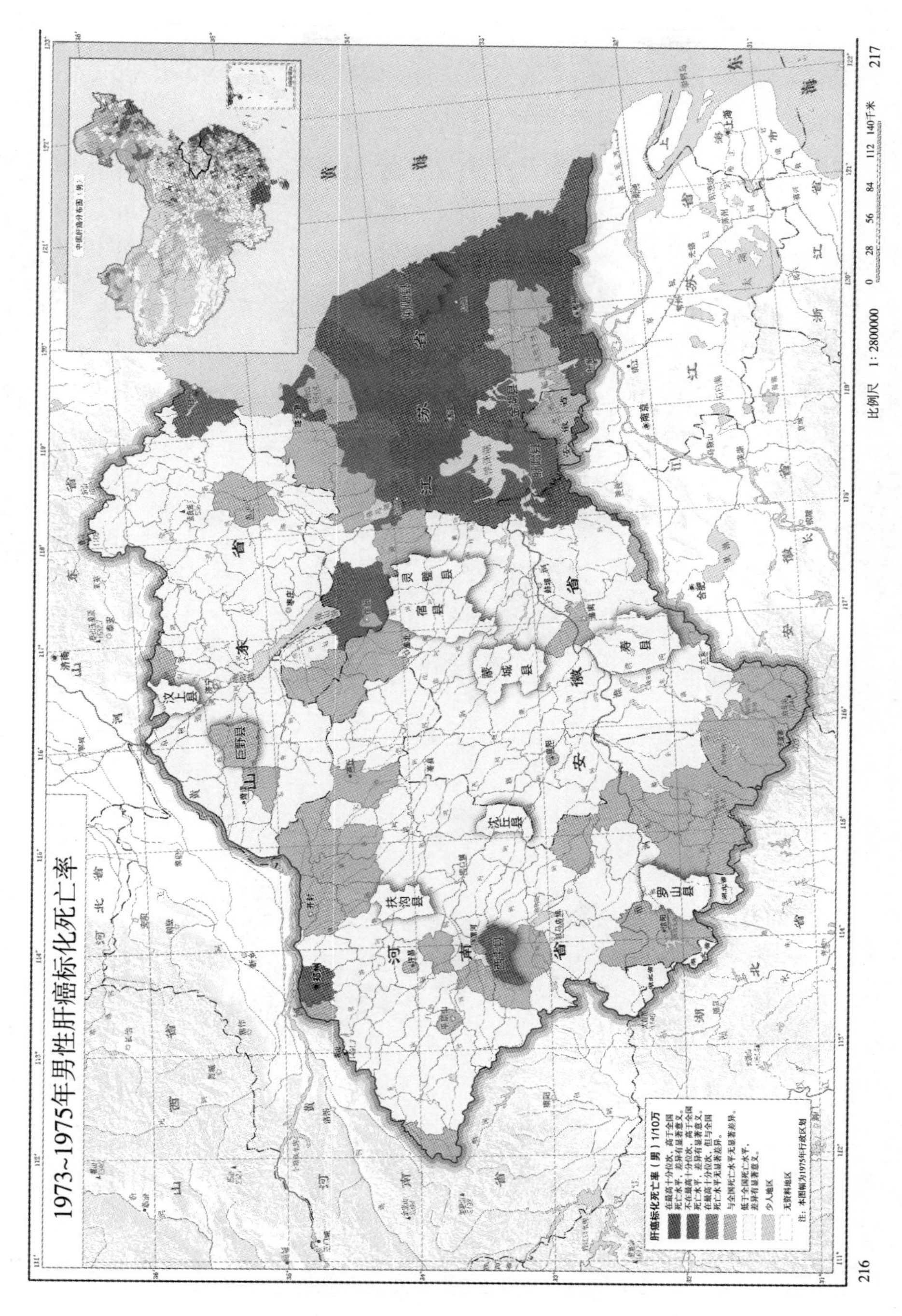

图4 1973~1975年男性肝癌标化死亡率

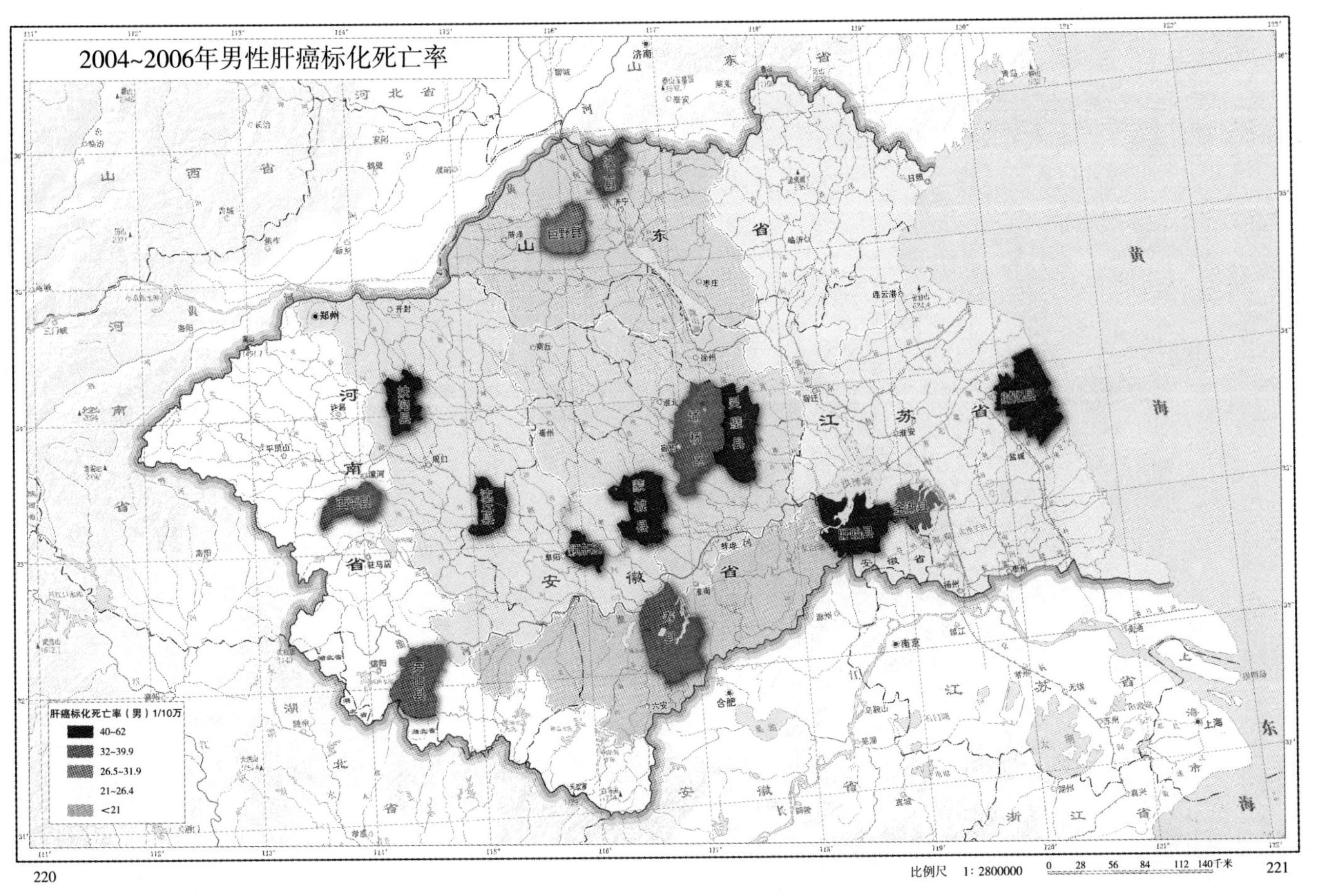

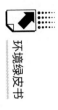

图5 2004～2006年男性肝癌标化死亡率

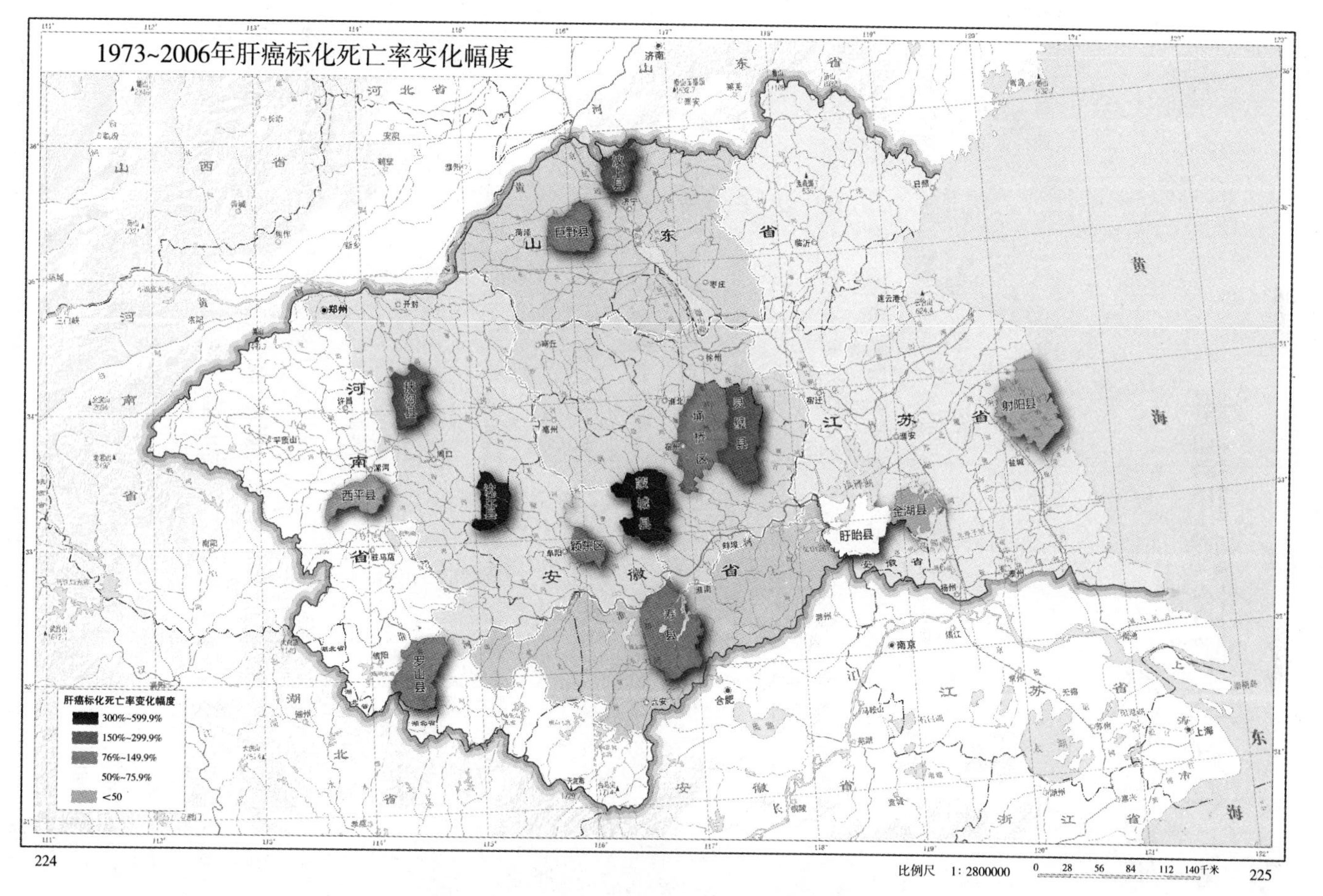

图 6　1973～2006 年肝癌标化死亡率变化幅度

G.6

从63个案例看环境与健康立法迫在眉睫[*]

吕忠梅　黄 凯[**]

摘　要：

本文选取了2004～2013年发生的63起环境铅、镉污染危害人体健康的事件进行分析。这些事件分布在全国各地，中南地区与华东地区为高发区，危害的人群主要在农村，污染主要来自冶炼加工业的违规排放，污染物质经由大气、土壤进入人体，大多属于累积性健康损害。这些事件的背后暴露出我国目前环境与健康管理缺乏协同机制、环境标准供给严重不足和法律规制缺失的严重问题。为此，必须高度重视法律制度的安排，制定《环境与健康法》，将我国的环境与健康工作纳入法制轨道。

关键词：

铅镉污染事件　环境与健康管理体制　环境与健康标准　环境与健康法

"十一五"期间，我国共发生了232起较大（Ⅲ级以上）的环境事件。这些事件的处理，大多是群众上访闹事、媒体曝光、政府处理的模式，呈现"企业排污－环境污染－群众受害－政府买单"的怪圈。近年来，"癌症村"

* 本文系国家科技规划环保公益专项"环境铅、镉污染的人群健康危害法律监管研究"（项目编号：201109058）的阶段性研究成果。

** 吕忠梅，法学教授、环境资源法博士生导师，湖北经济学院院长，"环境铅、镉污染的人群健康危害法律监管研究"首席专家。黄凯，男，中南财经政法大学环境资源法博士生，"环境铅、镉污染的人群健康危害法律监管研究"课题组主要成员。

“锰三角”出现，重金属污染导致人体健康损害的群体性事件频繁爆发，雾霾天气笼罩四野……据世界卫生组织（WHO）初步估计，中国有21%的疾病负担应归咎于环境因素。[①] 许多事实表明，环境与健康问题已经成为中国生态文明建设的重大挑战，既是经济问题也是民生问题，还是政治问题。[②]

一　来自铅、铬污染危害健康事件的警示

为了深入了解重金属污染危害人群健康的现状，我们主要从环保部门的环境事件报告、法院的诉讼案件、中国知网等数据库及较为权威的网络媒体报道中收集到了2004年1月1日至2013年12月近10年来的铅、镉污染引发人群健康事件的信息，并对其中的一些事件进行了实地调研。希望可以从中发现我国重金属污染的发展态势及基本特性。

（一）环境铅、镉污染人群健康事件现状

1. 数量持续高发后逐步趋缓

2004~2013年，我国共发生铅、镉污染事件63起，其中铅污染事件44起，镉污染事件19起。2004~2008年，年均5件。2009~2011年3年为大量爆发期，年均12起。2012年以后逐步下降，年均2.5件（见图1）。

其中，63起污染事件中，一般事件24起、较大事件22起、重大事件8起、特大事件9起，[③] 几乎每年均有重大或特大环境事件发生。

2. 集中分布于中南及华东地区

全国有17个省区发生过铅、镉污染事件。其中湖南省居首位，共11起，占总数的17.5%，远高于其他省份。铅污染事件湖南省、江苏省、浙江省为高发省域；镉污染事件广东省、湖南省为高发省域（见表1）。

---

① 2009年，世界卫生组织根据“伤残调整生命年”（Disability Adjusted of Life Years，DALYs）分析，估计中国每1000人中因环境污染损失32个健康生命年，占DALYs构成的21%。参见http：//www. who. int/quantifying_ ehimpacts/national/countryprofile/china. pdf。

② 《环境健康问题带来的报复究竟有多大?》，引自http：//news. xinhuanet. com/politics/2007 -05/31/content_ 6179493. htm，访问时间2008年10月1日。

③ 根据2011年5月1日环保部《突发环境事件信息报告办法》进行分级。

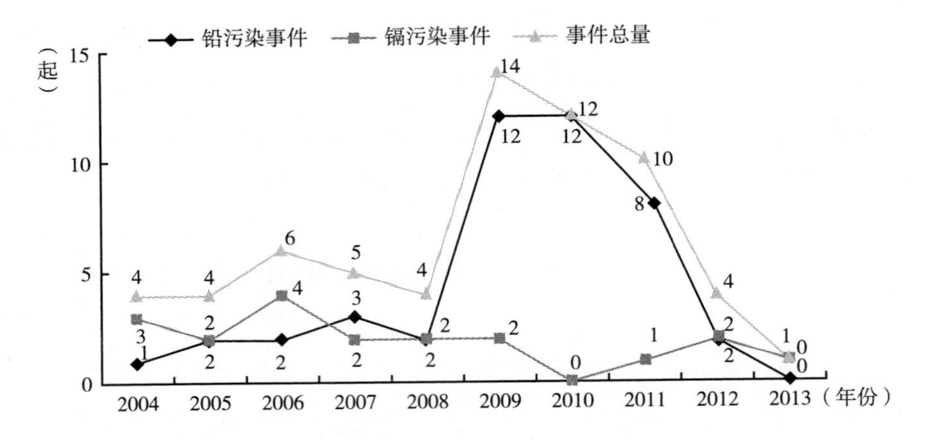

图1　2004～2013年铅、镉污染事件情况

表1　铅、镉污染事件省域分布一览

单位：起

地区＼数量	铅污染事件	镉污染事件	总量
湖　南	7	4	11
广　东	4	6	10
江　苏	6	1	7
浙　江	5	1	6
河　南	4	1	5
福　建	4	0	4
湖　北	2	1	3
江　西	1	2	3
甘　肃	2	0	2
陕　西	2	0	2
云　南	2	0	2
安　徽	2	0	2
山　东	2	0	2
上　海	1	0	1
贵　州	0	1	1
辽　宁	0	1	1
广　西	0	1	1
总　数	44	19	63

此外，从污染事件的区域分布看，中南地区和华东地区为高发区域，两区域内铅、镉污染事件数量占全国总数的87%，西北地区、西南地区次之，分

别为4件、3件，东北地区与华北地区几乎没有，这与我国原生铅锌冶炼及次生冶炼企业大多分布在中南地区及华东地区有关（见图2）。

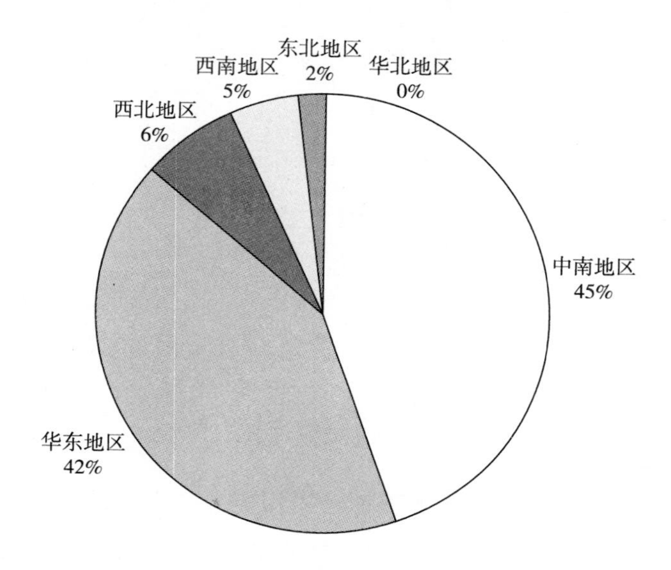

图2　铅、镉污染事件区域分布

3. 危害健康事件主要发生在农村

重金属污染事件大部分发生在经济欠发达、环境监管能力严重不足的农村地区（见图3）。

其中，特别值得关注的是，城市发生的事件虽然不多，但却集中爆发在工业园区。如云南省鹤庆北衙工业园区、广东省紫金县临江工业园区、湖北省崇阳县青山镇工业园区、陕西省凤翔县长青工业园区等都曾发生过较大的血铅污染事件。一些地方政府对工业园区的建设不遗余力，但存在以生态环境换工业发展的严重问题，各种“优惠”政策导致工业园区存在环境监管真空，导致污染事件频发。

（二）环境铅、镉污染人群健康事件的特性

1. 污染源以冶炼加工产业为主

电池生产业为铅、镉污染事件的主要原因，占比36.4%，涉及的多为大中型企业，比如超霸、超威、天能等行业领军企业，也有日本松下电器等跨国

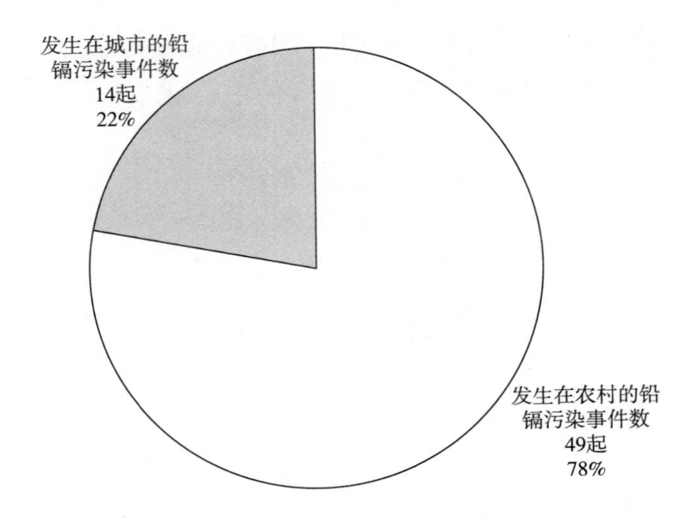

图3 铅、镉污染事件城乡分布

公司。铅原生冶炼、再生冶炼加工也是铅污染事件发生的主因，占比22%。重金属采矿伴生镉污染土壤为镉污染事件的主要源头的，占比9%。铅、镉产品加工也成为污染的源头，占比19%（见图4）。

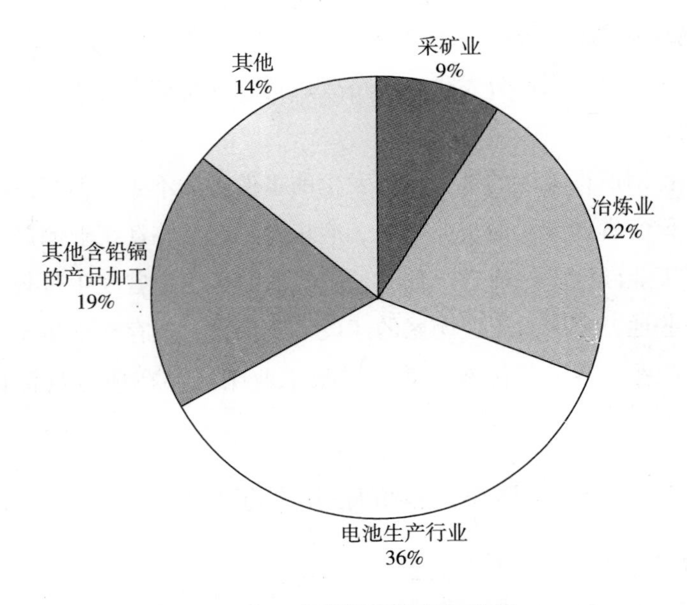

图4 铅、镉污染事件污染来源

2. 原因主要是企业违规排污

在所有污染事件中，企业违规超标排污所致45起，占71.4%。所涉企业中相当一部分为地方政府招商引资项目。还有一部分为规模以下企业，使用已禁止或淘汰的落后生产工艺。此外，企业防护措施不足导致工人铅、镉超标或中毒也为事件的重要原因，而原因不明的污染事件也占到6起，意外事故起因的仅为2起，占比不大（见表2）。

表2 铅、镉污染事件起因分布

单位：起，%

事件起因	铅污染	镉污染	总数	占比
企业违规排污	34	11	45	71.4
防护措施不足	7	3	10	15.9
意外事故	0	2	2	3.2
原因不明	3	3	6	9.5
总　数	44	19	63	100.0

3. 人体健康受损渠道

铅污染主要是通过大气、尘土沉降经由手口接触进入人体；而镉主要通过水体、土壤富集于食物中，经由食物链进入人体。铅污染事件大多是生产企业含铅废气产生的大气污染；镉污染事件主要是废气沉降、废水灌溉田地引起的土壤污染。当然，也有一些复合型污染，情况更加复杂（见表3）。

表3 铅、镉污染事件的暴露途径

单位：起，%

污染类型	铅污染	镉污染	总量	占比
大气污染	30	0	30	47.6
水体污染	8	2	10	15.9
土壤污染	0	12	12	19.0
复合型污染	3	2	5	7.9
其他	3	3	6	9.5
总　数	44	19	63	100.0

4. 累积性污染事件占绝大多数

铅、镉污染事件主要为累积性污染所引发。铅、镉等重金属污染从污染物排放到对人体的危害显现，大约需要30年左右。我国从2008年开始出现重金属污染事件爆发，就呈现了铅、镉污染物毒理反应的周期性特征（见表4）。

表4　铅、镉污染事件类型

单位：起，%

排污规律	铅污染	镉污染	总量	占比
累积性污染事件	41	16	57	90.5
突发性污染事件	3	3	6	9.5
总　数	44	19	63	100.0

二　观察环境与健康事件的背后

在收集到的63起铅、镉污染事件中，没有一件是环保部门发现的，绝大多数是因为领导批示、媒体披露和爆发群体事件等。其中，大部分铅污染事件都是受害人群通过体检偶然发现，然后由媒体高度曝光，引起社会广泛关注。这里有一个十分值得关注的问题，为什么如此严重的事件，环保部门却发现不了？这种现象的背后，隐藏着什么问题？

（一）政府部门间的协同机制没有建立

影响人群健康的环境因素呈现多介质污染（室内外空气、地表地下水、土壤）、多途径（呼吸、饮食、皮肤暴露）、多种污染物（重金属污染、有害化工品污染等）、复杂健康风险的特征，决定了环境与健康工作领域必须建立多部门协同机制。2007年11月，国务院发布《国家环境与健康行动计划（2007～2015）》（以下简称《行动计划》），提出了由环保部与卫生部牵头、十八个部委局共同参与的环境与健康工作的计划，但这个计划没有配套制度加以落实，协同机制基本没有建立。

1. 环境部门与卫生部门缺乏协同

按照《行动计划》，环境与健康管理由环保部与卫生部共同牵头，建立协作工作机制，其中环保部门负责环境质量和污染物治理，卫生部门负责流行病

和公共卫生干预。但是，两个部门的工作基本各自为政，没有建立适合环境与健康管理需要的监测网络，缺乏监测指标体系与监测机构，也没有建立真正的共同工作机制，部门间的交流主要停留于学术研讨、课题研究、基础调研层面，发现与处理环境与健康事件的能力严重不足。

在多起环境铅、镉污染人群健康危害事件出现前，当地卫生部门已经发现污染源企业职业工人呈现健康严重受损的状况。如：陕西凤翔东岭冶炼公司导致周边儿童血铅事件爆发于2009年8月，而该企业近两年职业人群健康监护资料显示，该公司铅接触工人超标率高达33.3%，这是环境铅污染以及企业周边人群健康状况的一个重要警示指标。但卫生部门对此情况既未及时上报地方政府，也未通报环保部门，错过了及时采取措施的时机，最终酿成重大污染事件。

与此同时，环保部门也不能及时协调卫生部门加强对涉铅企业周边居民的健康监测和健康教育。国家《铅锌行业准入标准》已经明确了卫生防护距离内的居民是面临铅污染威胁的高风险人群，但是许多企业并未对卫生防护距离内居民采取保护措施。环保部门仅对企业是否“达标排放”进行管理，并未对是否存在健康风险进行评估和管理，也未商请卫生部门对这些居民采取相应的健康监测和健康教育。有的地方环保局工作人员说：“执法中主要是由环保部门按照规定来适用相关环境标准，卫生部门很多时候是提供技术支持和数据资料。……卫生执法，说到底，就是监督和管理医疗机构。”

2. 规划建设部门与环保部门缺乏沟通

调研中，我们发现很多地区没有按照主体功能区规划制定区域规划，环境保护规划与区域规划也不相衔接。许多地方的工业园区规划、选址都缺乏环境保护论证，更没有进行环境影响评价。比如，陕西凤翔东岭冶炼公司ISP冶炼工程位于凤翔县长青工业园内，进驻该工业园的企业占地已接近50%，但规划环评在事件爆发后才补做，前期的工业园规划没有与环保部门进行过沟通。在对该事件的现场考察中，可以发现企业所处区域地势相对较低，常年平均风速不大，不利于污染物的扩散。同时，企业周边人群分布较为集中，却未采取任何预防措施。

3. 环保部门与其他部门没有联动

在对江西省贵溪市农业局的调研中我们得知农业管理监测主要集中在无公害种植和养殖领域，土壤安全由土肥科负责，但目前只能对土壤营养进行监测，对于土壤有毒有害物监测还没有相应的技术手段。对于企业的污水、废气等影响健康的管理主要是环保、水利部门负责，农业部门主要负责农业面源污染。对于化肥、农药使用残留监测的部门是农业局执法大队，但是实际上是由省农环站负责监测，因为县一级执法部门无相应的监测手段。另外，省环保局下属部门环境监测中心在工作中所采用的标准主要是环保部门的标准，与卫生部门的标准没有直接的联系。

（二）环境与健康标准供给严重不足

环境健康标准体系是环境健康风险评价的基础，也是维护人体健康的重要标尺之一。当前我国环境健康标准体系尚不完善，环境保护标准和环境卫生标准等存在很多交叉或空白点。由于缺乏清晰明确的环境健康标准体系框架，我国环境健康问题的调查、评估和处理的科学性和有效性受到极大的制约。

1. 环境标准中缺乏人体健康保障目标

长期以来，保障人体健康的价值目标始终未能主导环境标准的制定和实施进程，由此导致环境标准的内在规范构造与外在实施工具的关联性不足，协调性较差，无法发挥体系的合力。例如，我国环境健康风险评估的通行做法是采用国家《土壤环境质量标准》（GB 15618－1995），然而该标准明确规定了其适用范围仅限于一般农田、蔬菜地、茶园、果园、牧场、林地、自然保护区等地的土壤，并在解释时将土壤定义为地球表面能够生长绿色植物的疏松层。但在多起儿童血铅事件中，儿童主要是通过在操场玩耍或者课桌上的降尘等“手－口”途径受到污染，而这些场所并不属于该标准定义的“土壤”，形成了标准空白。

2. 环境标准体系建设不健全

截至2010年，我国共发布环境保护标准1494项。但是我国环境健康标准体系建设仍然存在若干空白，主要表现在以下方面。

第一，总量控制标准缺乏。我国污染物排放标准主要限制单个污染源的单

个排污口的排放浓度，只规定了各种污染源排放污染物的允许浓度标准，而没有规定排入环境中的污染物数量。而环境质量标准是按照环境要素与行业结合为类型划分的，每种标准必然只能控制某一种行业或者某个环境要素的质量，也不利于整体污染物总量的控制和整体环境质量的保护。在浓度控制标准下，即使每个污染源达标排放，也会因污染源过多而造成严重的环境污染。

第二，环境标准的设计不尽合理。环境影响评价依据环保设施的设计运行效率来计算项目运行过程中对外排放污染物的数量，这种计算方法可能造成实际排放量大于预测值。调研过程中，尽管企业始终坚称其除尘设施的除尘效率基本达到设计水平，但却拒绝透露实际运行效率。此外，设计除尘效率主要是针对颗粒物而言，由于铅尘粒径较小，设施对铅尘的清除效率可能远低于设计除尘效率。

第三，地方环境标准供给不足。环境健康问题具有很强的地域属性，各地的地理条件和产业结构状况不同，所面临的环境健康风险也存在巨大的差异。根据《环境标准管理办法》，地方根据当地的环境特点和经济技术发展水平可制定严于国家的地方污染物排放标准，对国家没有制定环境质量标准的环境因素，也可制定地方环境质量标准。然而，我国地方环境标准建设却不尽如人意，目前只有北京、上海、重庆、山东、广东、浙江等少数地方政府制定了城市大气环境质量标准，[①] 辽宁、广东制定了污水综合排放标准，而重金属污染事件多发地的湖南、云南、陕西等地区均无地方排污标准。

3. 环境标准之间存在冲突

第一，环境质量标准与环境卫生标准之间的冲突。我国的环境卫生标准是在新中国成立初期为了消除“脏、乱、差”的局面而建立起来的，不能满足对现代型环境与健康问题的防范要求。以卫生防护距离为例，从 1987 年我国颁布第一个卫生防护距离——《炼油厂卫生防护距离》（GB 8195 - 1987）至今，我国已有 30 多个卫生防护距离标准。但是，我国已颁发的卫生防护距离适用于平原、丘陵地区，对于地处复杂地形条件下（如山区等）的工业企业很难适用。近年来爆发的铅蓄电池加工厂附近居民血铅超标事件，一般以“1000 米”为卫生防护距离，而居民血铅监测结果显示，一公里之外的居民血

① 中国环境标准网，http://www.es.org.cn/cn/index.html。

铅超标的不在少数，导致民众对“1000 米”的卫生防护距离产生极大的质疑。

第二，环境质量标准与农业生产标准之间存在冲突。根据铅摄入量及其对人体总铅摄入量的贡献情况得知，膳食铅摄入量占铅总摄入量的比例最高（77.0%），是最重要的铅暴露来源，所以与膳食有关的农业生产标准是关乎人体血铅的重要因素。但环境标准与农业生产标准之间缺乏必要的关联，从而导致环境污染风险并没有对启动卫生防护措施和农产品安全措施发挥作用。近年来，这种标准上的脱节所形成的执法困扰已经导致了“排污达标、血铅超标”的悲剧一再上演。

（三）法律理念与规则极度缺失

1. 法律制度严重缺位

在我国已颁布的 30 多部环境保护法律中，仅有《环境保护法》《清洁生产促进法》《大气污染防治法》《固体废物污染环境防治法》《环境噪声污染防治法》《放射性污染防治法》6 部法律提到了“保障人体健康”，且都是宣示性的规定，缺乏具体制度落实。其他法规、规章及标准中虽然有“保障人体健康或公众健康”的内容，但也都比较笼统，缺乏可操作性，并分散在公共卫生、食品卫生、药品管理和劳动环境保护等不同性质的法律、法规之中。这显然无法应对今天日益严峻的环境与健康形势，法律缺位导致公民权利不能得到充分保障、健康受害得不到及时有效的救济，成为引发群体性事件、激化社会矛盾的因素。

2. 生态环境保护缺乏制度安排

改革开放 30 年来，唯 GDP 论英雄成为地方发展的动力。对地方主要领导的 GDP 考核在很大程度上助长了以牺牲生态环境追求经济发展速度和规模的发展模式，环境污染和生态破坏成了经济腾飞的“副产品”。与此同时，在“维稳”思维下，环境与健康事件被当作“群众闹事”加以处理。

近年来，有些地方开始试行了将环保指标纳入政府绩效考核的试点，但也存在一些问题。

第一，生态环保指标占比较低。如，青岛市设置总分为 1000 分的政府考核指标体系，环保指标占 80 分，仅占 8%。

第二，指标体系不尽合理。部分地方政府绩效考核中，环保指标侧重于污染物的总量控制及能源利用效率，人体健康保障并未纳入体系。如，浙江省纳入干部绩效考核指标体系的有6个，包括“主要污染物排放控制率”“万元GDP土地消耗量”“万元工业增加值能耗”“环保投入”“饮用水源水质达标率”“主要污染物排放控制率”。

第三，政府环境绩效考核结果如何使用不清楚。现有地方政府的环境绩效考核结果是否与干部晋升挂钩，并不清楚；考核结果也未向社会公开，公众无法获知。

三　制定《环境与健康法》的构想

客观而言，环境与健康问题的发生，是多种因素共同作用的结果。从自然科学角度看，环境与健康问题的产生经历了“环境污染物－环境转化－进入人体－健康受害”的复杂过程，涉及物理、化学、生物学、生态学、医学等多个学科领域。从社会科学的角度看，环境与健康群体性事件的爆发涉及“企业排污行为－政府环境监管－公共卫生干预－群众利益诉求”等多个环节，其行为主体与利益关系均十分复杂，与经济社会发展方式、企业社会责任、环境管理、卫生管理、公民权益保障都密切相关。面对如此众多的主体与复杂的社会关系，既需要通过自然科学研究解释环境与健康问题产生的机理，提出解决环境污染、防止人体健康受害的技术方案与措施；也需要通过社会科学研究寻找环境与健康问题产生的原因，提出解决问题的制度安排与政策措施。法律作为一个国家最正式也是最高的制度安排，对于解决环境与健康问题无疑具有重大的意义：一方面，通过建立以人体健康为核心的标准体系，将自然科学的研究成果上升为法律，为环境保护的制度提供科学基础与技术支持；另一方面，通过合理的制度安排，明确相关主体的权利（权力）、义务（职责），建立环境与健康的监管体制与工作机制，保障公民的生命健康权益。

（一）确立《环境与健康法》的风险预防原则

由于环境与健康问题发生的复杂性、严重性，环境与健康立法与传统意义上的《环境保护法》有联系，但不完全等同于传统的《环境保护法》，它必须以保障生命安全与健康为最高目标，对于一切有可能损害生命与健康的行为都要采取更为谨慎的态度。在这个意义上，《环境与健康法》属于“风险管理型”法律规范，它不能拘泥于传统环境保护法“事后救济”“总量控制”的立法理念，而应遵循风险预防原则来构建风险预防、风险管理及风险沟通的法律制度体系。

1. 从“事后救济”到“风险预防”

从法律的基本价值看，保护人体健康不受损害是首要选择，这也应是环境保护立法的最高遵循。为此，德国环境法学者提出了风险预防理论，德国环境法确立了“风险预防”原则；后来，《里约宣言》《气候变化公约》《生物多样性公约》等国际法文件也都承认了这一原则。与传统环境保护的污染控制和事后治理理念不同，风险预防理论认为一项活动或物质未被证明是安全的之前就是“危险”的，当该活动或物质存在严重或不可逆转的损害威胁时，即使缺乏科学确定性也应当采取预防措施加以应对，以“防患于未然”。但是，我国现行的环境保护法律制度，大多数建立在“事后救济”的理念上，也正是因为没有很好地树立“风险预防”理念，才造成了今天严重的环境污染危害人体健康的问题。因此，制定《环境与健康法》必须转变观念，将风险预防确立为一项基本法律原则，并通过建立环境与健康综合规划制度、完善环境与健康标准体系、实施健康风险评价等措施加以落实。

2. 从“总量控制”到“风险管理”

“总量控制”是我国环境保护法确立的一项重要制度，这一制度对于控制环境污染的确发挥了积极作用。但是，我国实施的“总量控制”实际上只是在过去污染物排放基础上的“减排指标”，并非真正基于环境容量而确定的总量指标。由于许多环境污染物具有累积性、迁移性和转化性，一些有毒、有害物质会通过食物链在人体内逐步蓄积并造成健康损害，如果只对污染物进行减排的“总量控制”，而不对污染物可能造成的长期的、潜在的不利影响进行管理，尤其是不对环境污染物——人体健康效应进行系统考量，就无法达到控制危害人体健康的目的。因此，必须转变简单的“总量控制”观念，确立风险管理理念。1983 年，美国国家科学院制定了“风险管理”策略，将环境与健

康风险管理分为两个阶段，即风险评价与风险管理，并明确了健康风险的评价步骤。这一风险管理框架得到了许多国家的认可，加拿大、澳大利亚、荷兰等国环境立法予以采纳并加以实施，效果良好。我国在制定《环境与健康法》时，也可以借鉴“风险管理”策略，开展健康风险评价，并根据评价结果结合社会、经济和法律因素进行风险管理决策。

3. 从“风险封闭”到“风险沟通”

风险具有社会心理放大效应，由于风险的不确定性及危害的扩散性，即使发生概率较小的风险信号经过社会的传播也会放大风险认知，在人群中产生恐慌心理。对于风险放大效应的对策，各国有两种不同的思维方式，即“风险封闭”和“风险沟通”。在发达国家，一般采用“风险沟通”方式，即让风险信息在利益相关方之间有效、及时地流动，使公众获得安全感，稳定情绪。如1984年，印度博帕尔事件使美国公众对化学危险物品及化工厂的安全忧心忡忡，为稳定社会公众情绪，美国国会于1986年颁布了《危机应急计划和社区知情权法案》，通过规定“社区知情权”，要求建立政府环境信息公开系统，以保障公众知情权的方式稳定了公众的情形。但是，在我国，则主要采取“风险封闭”方式，尤其是在“维稳”的压力下，一些地方政府对于已经发生的环境与健康事件进行消息封锁，对于环境与健康风险予以封闭，即使在社会公众的要求下公开信息也是“犹抱琵琶半遮面”。这种态度不仅无法消除公众的恐慌情绪，更会放大公众对政府的不信任甚至对抗情绪。因此，我国在制定《环境与健康法》时，应当建立“风险沟通”机制，明确环境信息公开、公众参与、企业社会责任、处罚措施等，使环境与健康信息可以在政府部门之间、政府与企业之间以及政府、企业与社会之间有效交流，增强政府公信力并扩大环境决策的可接受度。

（二）《环境与健康法》的制度构建

《环境与健康法》应当在吸收这些管理框架的基础上，充分借鉴联合国环境规划署、世界卫生组织等国际组织及美国、欧盟、韩国等发达国家和地区的环境与健康管理经验，构建符合我国国情的法律制度，具体步骤包括以下几点。

1. 构建环境与健康风险管理体制

环境与健康风险管理是一项高度复杂、跨多个部门的工作，必须建立有效、顺畅运行的管理体制，建立协同执法机制。国务院颁布的《国家环境与健康行动计划（2007～2015）》设立了环境与健康工作组织机构，由国务院十八个部委局联合成立了环境与健康工作领导小组。但这仅仅是一个临时机构，无论是在架构、成员构成、工作机制等方面都存在很大的问题。2008 年韩国颁布的《环境与健康法（试行）》第九条、第十条具体规定了环境与健康工作机构——环境与健康委员会，它隶属于环境保护部，可以下设专业委员会，主席由副部长担任，成员由擅长环境与健康领域的公务员、专家、民间团体代表及企业代表组成，负责审查环境与健康重大问题。这一立法经验我们可以借鉴，我国《环境与健康法》应设立环境与健康委员会，直接隶属国务院，由国务院副总理或国务委员担任负责人，办事机构设在环保部，成员由卫生部等主要部门、专家、社会团体代表与企业代表组成，负责审查、决定环境与健康的重大问题。

2. 明确政府的环境与健康保护责任

保护环境与健康的措施是政府应该也必须提供的公共服务产品。《环境与健康法》须明确各级人民政府在经济社会发展过程中的环境保护责任，实行环境保护目标责任制和考核评价制度。国务院和地方政府将环境保护目标完成情况作为对负有环境保护监督管理职责的部门及其负责人和下级政府及其负责人的考核内容。考核结果应当作为对考核对象、考核评价的重要依据，并向社会公开。

3. 建立环境健康风险评价制度

健康影响风险评估是环境与健康管理的核心环节。世界银行已经将健康影响列为评估其投资项目环境影响的指标之一，欧盟成员国纷纷通过立法强制性要求开发或在建项目必须进行健康影响评价。美国经过多年的探索已经逐渐形成了以健康影响评价为核心的决策体系，并将健康风险评价的思想贯穿于各项环保工作之中。韩国《环境与健康法》设专章规定了健康风险评价制度，并明确开展健康风险评价是韩国环境部的法定义务。目前我国环境管理主要以污染控制为主，尚缺乏深入的环境健康影响评价的研究和有效管理。通过健康风险评估可以对建设项目或其发展政策对人群健康的影响进行评价，减少或消除因投资建设项目而对环境和人群健康造成的各种不利影响。所以，《环境与健康法》应当明确将健康风险评价纳入规划环评和项目环评之中。

4. 划定优先保护区域和范围

环境与健康风险分布具有区域不均衡性，而且不同人群对于环境风险的敏感程度也不同，因此，环境与健康风险管理必须明确优先保护领域并拟定重点防控对象。例如，美国《超级基金法》通过国家重点场地名单（NPL）对全国范围内污染最为严重亟须优先清理的污染场地予以列明，作为环保署及地方环保机构优先清理和重点防控的对象。韩国《环境与健康法》设专章对儿童活动区域的风险管理以及儿童产品中风险物质的控制进行了严格的规定，并要求环境部应当建立对儿童健康产生影响的环境风险因子毒性的数据系统。我国《重金属污染综合防治“十二五”规划》将内蒙古、山西、河南等 14 个省区列为重金属污染综合防治重点区域，并将采矿、冶炼、铅蓄电池、皮革及其制品、化学原料及其制品五大行业作为重点防治行业。《环境与健康法》不仅要借鉴优先保护领域的风险区划方法，更应当通过具体的法律措施对儿童、老人、孕妇等敏感人群进行重点保护。

5. 完善环境与健康公众参与机制

环境与健康涉及的利益群体多元，单纯依赖政府是不可能的，在建立环境与健康协同管理体制的同时，还必须完善公众参与制度，建立多元主体参与的整合治理机制。就公众参与而言，首先，要明确公民平等享有的各项生态环境权利，在《环境与健康法》中宣示公民环境权，规定公民的环境使用权、环境知情权、环境监督权、环境损害请求权等。其次，要明确公众参与环境保护的主体、主要领域、程序等。再次，要明确环境保护社会组织的地位与作用，鼓励社区组织承担环境保护职责，鼓励社会组织参与生态环境保护。最后，完善环境信息公开制度，明确环境信息公开的主体包括政府与企业，拓宽环境信息公开的范围，增加环境信息公开的渠道。

6. 健全环境与健康损害赔偿制度

随着我国环境污染损害健康事件的持续高发，大量健康受损的个体普遍面临着健康损害赔偿诉求途径、范围界定、数额计算、司法鉴定等方面的问题。我国现行环境立法对于环境与健康损害赔偿规范的空白导致了受害人群投诉无门，合法权益得不到保障。《环境与健康法》应对健康损害赔偿制度进行专门规定，确定赔偿请求管辖主体、健康损害的鉴定方法、赔偿范围、成本负担原则及征收方式以及国家的补偿责任等内容，在保证给予受害者全面公正的救助与补偿的同时，对致害企业形成倒逼机制，促使它们严格守法，减少因环境污染导致健康损害的发生。

G.7

重视垃圾焚烧超常规发展引发的环境与健康风险

杨长江 *

摘　要：

2013 年，垃圾焚烧继续高歌猛进，环境污染和健康危害问题也一再被揭露，导致争论“硝烟”再起；姗姗来迟的污染控制标准开始修订，但是项目范围之窄、设定限值之低，与要建立最严格的环境保护制度愿望相去甚远；武汉天量飞灰违法处置触目惊心，揭开行业乱象冰山之一角；垃圾焚烧正在超常规累积生态、健康风险，给行业自身、环境生态和全社会造成巨大阴影。

关键词：

垃圾焚烧　超常规　生态风险

2013 年，垃圾危机继续发酵，政府强化垃圾焚烧力度，产业界跑马圈地扩展项目。一面是盛赞垃圾焚烧投资潜力无限，甚至称其为美丽中国下的新“蓝海”；而另一面，垃圾焚烧厂附近癌症患者剧增，天量飞灰违法处置遗祸自然环境和人类健康。不同主体利益诉求迥然不同，什么时候能够找到各方认可的平衡点仍属未知。纠结的垃圾危机，依然面临着尴尬的无解困局。

一　耀眼光环难掩纷争硝烟

被盛赞为企业和政府战略蓝海的垃圾焚烧虽然光环耀眼，但不断曝光的事

* 杨长江，《国门时报》记者，长期关注城市垃圾问题。

实表明，垃圾焚烧环保光鲜华丽的外衣下，其实是另一副污染面孔。

2013 年 5 月 6 日，媒体曝光杭州垃圾焚烧厂导致产生癌症村。滨江区山二村村民呼吸着焚烧厂含有大量粉尘且令人窒息的空气，吃着焚烧厂周边地里自己种的蔬菜，每年就有 10 多例新增癌症病例，至今已经累计 100 多例。距焚烧厂最近的桥头王村 720 多位居民中现有癌症病人 30 多人，每 100 人中有 4 人得癌症。焚烧厂西南面 400 米处大房村 9 户人家中有 2 户出现癌症病人。① 当地的癌症大多是肠癌、胃癌、肺癌，女性多为乳腺癌、子宫癌。活生生发生在身边的案例，让周边居民谈癌色变。当地 50 万民众要求搬迁垃圾焚烧厂，但并未得到杭州市或滨江区政府的公开回应。

这家垃圾焚烧发电厂属于杭州绿能环保发电有限公司，2004 年投入生产，10 年来周边建成了 50 多个小区、众多高新科技企业以及五万名学生的高教园区。距该厂 530 米处就是中兴集团的员工宿舍楼、厂房和办公大楼，该厂距白马湖动漫产业园 2.2 公里，距东方通信 3.5 公里，距阿里巴巴 4.5 公里。位于焚烧厂北面 700 米的浦沿街道汤家里，正在建设的人才公寓住宅达 10 万平方米，可居住滨江高新区技术引进人才或家庭 1753 户。② 随着时间的推移，焚烧厂周围的健康污染有可能在更大范围集中显现。5 月 9 日，浙江省委常委、杭州市委书记、市人大常委会主任黄坤明专题调研了大气和水污染防治工作，但有关绿能公司一期项目是否搬迁、二期项目会否改变选址或延期建设等问题，尚无目标答案。

2013 年 12 月 4 日，浙江温州网友“刘际挺”的一条微博激起千层浪，“在看似山清水秀的大罗山深呼吸，可能吸入的是无色无味的致癌物”，曝光了温州市龙湾区永中街道度山村永强垃圾发电厂的问题。该厂于 2006 年投产，此后不久温州市看守所和温州市刑侦支队警犬管理大队先后迁址于此。2013 年，看守所 35 岁以上民警体检，结果查出 23 人患有肺部疾病，“咽喉炎则是 100%”。警犬的生理变化令人忧心忡忡，母犬在这里不发情，无法配种，警犬嗅觉下降得

---

① 《垃圾焚烧厂造就癌症村　50 万滨江居民提抗议》，美财社，2013 年 5 月 6 日，http://www.mcshe.com/toutiao/2875.html。

② 《杭州欲铁腕治污　垃圾焚烧厂何去何从仍未知》，美财社，2013 年 5 月 11 日，http://www.mcshe.com/dldc/4524.html。

很快，正常警犬能工作六七年，在这儿两三年就要淘汰。① 浙江省环境监测中心站10月15～17日对焚烧炉排放、周边土壤、空气中的二噁英含量进行取样测试，温州环保局12月6日在官方微博通报了监测数据，垃圾发电厂周边有三个监测点测出空气中二噁英含量远超国际标准，最高点在警犬大队门口，二噁英超标6.6倍。

自诩为成熟技术的垃圾焚烧安全事故同样令人担忧。2013年12月5日下午3时许，上海江桥垃圾焚烧厂发生爆炸，造成厂区内一座轻钢污水处理装置和附属厂房坍塌，事故已造成1死5伤，另1名失踪人员仍在搜救中。这是国内第一次出现垃圾焚烧厂爆炸导致人员死亡事件。与江桥垃圾焚烧厂西侧一墙之隔的普陀环卫作业站，几间职工宿舍离爆炸点约有150米，也是距离爆炸点最近的居民生活点。当时的爆炸声和震动非常骇人，虽然隔着一堵围墙，但房间内的锅碗瓢盆还是被震得叮当响，吓得多名环卫工人和家属都逃了出来。② 5日晚9时，普陀区中心医院共接收该起事故6名伤者，除1人死亡外，另有3人重伤，2人轻伤。

深圳红花岭集中了龙岗区生活垃圾焚烧厂、深圳市医疗废弃物焚烧厂、深圳市工业危险品废弃物焚烧厂，这些垃圾处理厂污染范围涵盖周围15个楼盘、13所中小学、18家幼儿园，龙岗、龙城、坪地三个街道约数十万人口受其影响，居民苦言被迫集体吸毒。“那些垃圾场晚上开始焚烧垃圾，晚上8点到凌晨5点，垃圾烧焦的味道熏得人头晕作呕，根本无法睡觉。即使把门窗关紧开了空调，味道还是不减。”③ 不少人患上呼吸系统疾病，一些老人甚至得了肺癌、咽喉癌。填埋场垃圾已经堆了30多米高，雨水顺着垃圾堆流下来呈乌黑状，散发出恶臭，经过排洪渠直接流入丁山河，进而流入龙岗河，邻近楼盘业主怨声载道。

二　标准修订依然漏洞百出

近年来垃圾焚烧处理比例不断飙升，但垃圾焚烧污染控制标准却迟迟未

① 甘凌峰：《温州警犬大队警犬嗅觉退化因毗邻垃圾发电厂》，《都市快报》2013年12月8日。

② 肖允：《上海一垃圾焚烧厂爆炸7人伤亡300米外有震感》，《新闻晨报》2013年12月6日。

③ 肖允：《上海一垃圾焚烧厂爆炸7人伤亡300米外有震感》，《新闻晨报》2013年12月6日。

动。一直没有严格标准约束的垃圾焚烧发电项目犹如脱缰野马。由环保部牵头修订、原定在2011年内出台的《生活垃圾焚烧污染控制标准》（GB 18485－2001）胎死腹中。2013年，建立最严格的环境保护制度逐渐成为全社会共识，或许是在压力之下，12月27日，环保部终于发布《生活垃圾焚烧污染控制标准》（二次征求意见稿）（GB 18485－20）。

修订标准要求对生活垃圾焚烧厂厂址进行环境影响评价时，要综合评价其对周围环境、居住人群的身体健康、日常生活和生产活动的影响，要求垃圾焚烧启动阶段禁止投加废物，同时规定禁止将危险废物、电子废物及其处理处置残余物在生活垃圾焚烧厂中处置。新标准对重金属和二噁英的监测频次也进行了规定，这些都值得肯定。但是，和建立最严格的环境保护制度的社会共识相比，新标准的修订刻意回避了许多敏感乃至尖锐的问题，污染控制指标数值有的太过宽松，污染控制指标设计范围远远不够。

修订标准要求确定生活垃圾焚烧设施与常住居民居住场所、农用地、地表水体以及其他敏感对象之间合理的位置关系，但新标准中没有关于距离的表述，只是笼统地讲，生活垃圾焚烧厂选址应符合当地的城乡规划、环境保护规划和环境卫生专项规划，应根据环境影响评价结论确定距离并作为规划控制依据。这其实就是仍然参照2008年9月环保部和国家能源局联合发布的《关于进一步加强生物质发电项目环境影响评价管理工作的通知》，对于垃圾焚烧项目与居民区最小边界的规定是300米。同济大学污染控制与资源化国家实验室赵由才认为，垃圾焚烧厂厂址与周围人群的距离应该至少在3000米。他说，其实300米范围内污染并不大，反而是1000米以外污染最大，超过1000米以后衰减比较快。[①] 风向对烟气污染物的飘散距离影响最大，下风向的距离按道理应该加大，但标准的修订意见也对此避而不谈。新标准修订还刻意回避了将公众参与和认可作为垃圾焚烧项目落地的尖锐前提，垃圾焚烧项目与周边居民的关系遗患重重。

修订标准中不仅控制目标过少，而且限值要求过低。颗粒物给出了浓度限值但却没有设置PM2.5指标，每焚烧1吨生活垃圾，要排放4000～7000立方

① 于达维：《“十二五”垃圾焚烧大跃进黄金时期》，《新世纪》2012年1月10日。

米烟气，垃圾焚烧烟气颗粒中，60%是PM2.5，焚烧总量大，PM2.5则更多；氮氧化物限值太宽松，我国燃煤发电厂烟气氮氧化物排放限值是100mg/m^3，垃圾焚烧限值为300～400mg/m^3，无法理解；我国“十二五”规划中期评估报告显示二氧化碳是没有完成的两项指标之一，焚烧一吨垃圾排放出二氧化碳2.8吨，对焚烧烟气没有设置二氧化碳指标难以令人信服；二噁英类指标有漏洞，垃圾焚烧产生四种持久性有机污染物，二噁英、呋喃、多氯联苯和六氯苯，只控制二噁英显然有失公允；多环芳烃是垃圾焚烧产生的主要致癌物之一，应当明确增加多环芳烃指标及限值；还有排放达标并不意味着统计达标，没有对垃圾焚烧厂污染物排放环境容量极限标准给出要求，是极大的缺陷。

入炉垃圾规定太过宽松。新标准规定，由环境卫生机构收集或者垃圾产生单位自行收集的混合生活垃圾以及由环境卫生机构收集的食品加工废弃物可直接进入生活垃圾焚烧炉焚烧。我国“十二五”规划中期评估报告显示，氮氧化物是没有完成的两项指标之一。混合垃圾中厨余和食品加工废弃物中含氮量高，经燃烧氧化后排出氮氧化物，因此从污染控制角度应禁止在垃圾焚烧厂焚烧厨余及食物类垃圾。日本的生活垃圾焚烧炉禁止焚烧厨余垃圾，《斯德哥尔摩公约》的《BAT/BEP导则》列出了包括零废物管理策略在内的城市固体废物焚烧处理的替代措施，入炉垃圾组分不应该定位为“混合生活垃圾”。

标准规定检测条款只列出企业自行检测制度和环保行政主管部门进行日常监督性检测，刻意回避了第三方监管问题。由于利益关系，民众既不可能相信官方机构的检测结果，更不会相信企业自己的检测结果。一方面，垃圾焚烧企业和官方检测机构的检测取样是自取样、自送样，结果不得而知。还有取样的时机大有奥妙，工况稳定时取样检测肯定过关，工况不稳定时取样检测肯定不过关。另一方面，取样时间段也有玄机，点测量取样容易过关，段测量则未必，严格意义上应该以段测量为准，但标准只是笼统的要求，这样其实根本无法建立最严格的检测制度，又如何建立最严格的垃圾焚烧环境保护制度？

三　美丽中国找到新“蓝海”？

2013年，垃圾焚烧政策愈加具体化。8月1日，国务院发布《关于加快发展节能环保产业的意见》（国发〔2013〕30 号），明确要求“加快城镇环境基础设施建设，探索城市垃圾处理新出路，到 2015 年所有城市和县城具备生活垃圾无害化处理能力，城镇生活垃圾无害化处理能力达到 87 万吨/日以上，生活垃圾焚烧处理设施能力达到无害化处理总能力的 35% 以上”。

政策给垃圾焚烧企业吃上定心丸，更为诱人的是垃圾焚烧的盈利模式。原材料不付费，而且还可以获得一笔不菲的处理收入，焚烧处理一吨生活垃圾，当地政府要补贴企业 60 ~ 200 元；垃圾焚烧发电上网电价全国统一为每度电 0.65 元，远高于火电价 0.25 元；项目投产后，设备维护和人员工资等运营成本低；税收优惠，前 3 年免征企业所得税，第 4 ~ 6 年减半征收；符合条件的垃圾焚烧发电项目还可申请为 CDM 项目，获取碳减排收入；BOT 模式与政府签约 20 ~ 30 年，受到政府长期保护，持续盈利能力有保障。

垃圾焚烧发电已经成为企业和地方政府谋划新兴产业的战略新“蓝海”。证券咨询机构对垃圾焚烧商业机遇的溢美之词不绝于耳，湘财证券、兴业证券、广发证券、民族证券等机构纷纷看好垃圾焚烧发电，评论称垃圾焚烧发电走向成熟迎来发展拐点，迎来历史性机遇。① 1 月 7 日，广州市政府审议通过《广日集团推进垃圾焚烧环保装备产业化实施方案》，提出广日集团力争用 5 年时间构建垃圾焚烧发电全产业链，提升带动省内环保装备及关联产业产值超千亿元，争取打造成国内规模最大的先进环保装备制造基地。② 与此对应的是，广东省“十二五”期间规划建设垃圾焚烧发电厂 36 座，“十三五”期间储备 19 座。

顺势而上，各地焚烧处理比例不断增加。在“十二五”期间，天津将加快“汉沽生活垃圾焚烧发电厂工程”“贯庄生活垃圾焚烧发电工程”和“大港生活垃圾焚烧发电工程”的建设，设计总处理能力为 142 万吨/年，焚烧比例飙升。全世界焚烧量最大、每天 6000 吨的北京鲁家山垃圾焚烧厂建成投入使用，北京高安屯垃圾焚烧厂二期建设启动，建成后每天将焚烧垃圾 4000 吨，朝阳区生活垃圾将可实现“日产日烧”，北京提出 2015 年焚烧处理的比例要达到 70%。杭

① 《政策扶持：美丽中国下的“新蓝海”》，新华网能源频道，2013 年 11 月 6 日，http://news.xinhuanet.com/energy/2013-11/06/c_125661441.htm。

② 冯芸清：《广州要用 5 年时间构建垃圾焚烧发电全产业链》，人民网，2013 年 1 月 8 日，http://energy.people.com.cn/n/2013/0108/c71890-20129535.html。

州2015年生活垃圾处理能力每天1万吨，焚烧处理能力要达到8500吨，占85%，重庆市、昆明市、东莞市等城市未来目标更高，要100%全部焚烧。

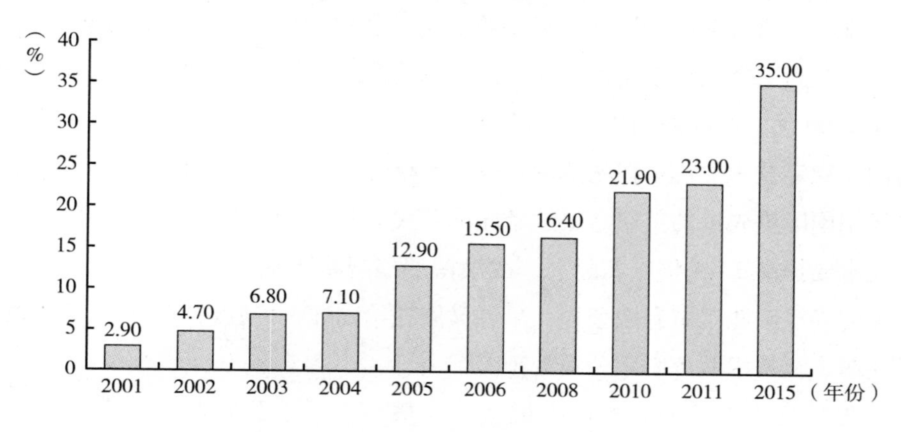

图1　中国垃圾焚烧比例趋势

数据来源：2000年到2011年城市建设统计等。

四　焚烧飞灰"飞"到哪里

产业界认为，垃圾焚烧是我国生活垃圾处理最有效的不二之选。然而如今，这种"成熟"工业技术暴露出的先天不足问题再次进入公众视野。垃圾焚烧最为隐秘的飞灰污染，再度引发人们对焚烧处理技术的质疑。

2013年10月12日，环保部曝光72家环境违法企业，武汉博瑞环保能源发展有限公司被通报，因为其旗下汉阳锅顶山垃圾焚烧发电项目未经批准擅自投入生产，将飞灰交给无危险废物经营许可证的单位处理。鉴于事项重大，10月22日，武汉市环保局紧急召集5家垃圾焚烧发电厂负责人开会，要求尽快拿出整改措施，在应急安全处置场地建成之前，2个月内不得再让飞灰出厂。锅顶山垃圾焚烧发电厂2012年底点火运行后，日夜不断排放臭气，严重影响了居民的正常生活，2013年初到11月，只有1000多人的芳草苑小区接连有8位居民，因为患肺癌、肝癌、淋巴癌等疾病相继去世，居民们心存恐惧。①

① "垃圾焚烧不能留毒"，中央电视台《经济半小时》，2013年12月17日。

飞灰含有重金属等有害物质和高致癌物二噁英，2008 年就被列入《国家危险废物名录》，国家规定飞灰不得在产生地长期储存，不得进行简易处置，不得排放，只有在产生地进行必要的固化和稳定化处理之后，方可转移处置。国内企业为了降低成本，大多都选择相对较低的固化技术处置飞灰，成本至少每吨 1000 元，武汉博瑞年产生飞灰 4 万余吨，处理费约 4000 万元。更为先进的固化稳定技术加进填埋场费用每吨约 2000 元，武汉博瑞则需 8000 万元。如果运用国际更先进的玻璃熔融技术固化则大大降低了有毒物质的渗出风险，但是成本要提高 3 ~4 倍。实际上，武汉博瑞违规将飞灰交予无危险废物经营许可证的武汉阳建工贸有限公司，后者又委托给同样无经营许可资质的武汉皓新天能源工程技术服务有限公司处理。

2013 年 6 月 8 日，最高人民法院、最高人民检察院联合发布的《关于办理环境污染刑事案件适用法律若干问题的解释》规定，“非法排放、倾倒、处置危险废物 3 吨以上的，应当认定为严重污染环境”，可追究刑事责任。同时明确规定“行为人明知他人无经营许可证或超出经营许可范围，向其提供或委托其收集、储存、利用、处置危险废物，严重污染环境的，以污染环境罪论处”。在武汉，博瑞公司每天焚烧处理垃圾 1500 吨，新沟垃圾焚烧厂 1000 吨、汉口北焚烧厂 2000 吨、星火垃圾焚烧厂 1000 吨、长山口垃圾焚烧厂 1000 吨，这些垃圾焚烧厂每天产生焚烧飞灰约 560 吨，年产飞灰约 20 万吨。[①] 武汉环保局开会通报时，五家垃圾焚烧厂负责人都担心被追究刑责。

10 月 23 日，武汉市环保局在向市政府提交的《关于我市垃圾焚烧发电厂飞灰安全处置问题的报告》中称：“我市的基础设施规划未考虑飞灰的处理处置问题，当前市内没有专门的飞灰处置场，生活垃圾填埋场也未划定安全填埋飞灰的区域，不具备接收处理飞灰的条件。”武汉市垃圾焚烧飞灰处理触目惊心，每年 20 余万吨飞灰不知去向。2011 年，全国城市垃圾炉排炉焚烧量为 1087 万吨，产生飞灰量 32. 6 万 ~54 万吨；流化床焚烧量为 831 万吨，产生飞灰 83. 1 万 ~124 万吨；其他炉型全年焚烧 51 万吨，按 5% 计算，产生飞灰超

① 吕宗恕：《明知违规，也难关停“绑架”武汉的飞灰遗祸》，《南方周末》2013 年 11 月 7 日。

2.5 万吨。2011 年全国生活产生飞灰约 118.2 万～180 万吨。[①] 全国垃圾焚烧厂每年产生的巨量飞灰“飞”向何处，难道不需要警惕？

十八届三中全会要求，要及时公布环境信息、健全举报制度、加强社会监督，对造成生态环境损害的责任者严格实行赔偿制度，依法追究刑事责任。我国超常规发展垃圾焚烧，环境污染信息总是秘而不宣，垃圾焚烧厂的污染数据真相，常常是一问三不知。自然大学陈立雯向广州市环保局申请李坑垃圾焚烧厂 4 项信息公开，得到的回复语焉不详。芜湖生态中心、自然之友等环境组织申请 122 家垃圾焚烧厂环境信息，居然只有 42 家回复，社会监督举步维艰。武汉五家垃圾焚烧厂长期违法处置焚烧飞灰，环保部、湖北环保厅、武汉市环保局、武汉市黄陂区环保局四级环保机构没有一个真正查处违法行为，行政监管基本失效。

早在 2005 年 5 月，世界银行发布的《中国固体废弃物管理问题和建议》工作报告认为，中国建设部将废弃物焚烧率增加到 30% 的目标，很可能将全球环境空气中的二噁英含量至少翻一番。不知道谁会关注“翻一番”的含义？谁又会正视“翻一番”的后果？中国城市建设研究院院长徐文龙认为，我国到 2020 年将基本全面完成垃圾处理基础设施建设，届时生活垃圾处理的焚烧比例还将持续攀升，假如全国垃圾焚烧在 2020 年占处理总量的 60%，全球环境空气中的二噁英含量会不会再翻一番？

垃圾焚烧超常规发展，伴随着超常规的生态和健康风险，发生在温州、杭州的垃圾焚烧厂污染，发生在武汉五家垃圾焚烧厂的飞灰违法处置，只是被曝光的一小部分。随着最高人民法院、最高人民检察院以及湖北省监察厅开始调查湖北武汉五家垃圾焚烧厂严重环境污染事件，依法追究刑事责任已经提上议事日程。正如中央电视台《经济半小时》栏目期望的那样：“我们希望总书记的话，‘两高’的司法解释，三中全会的精神，能真正地落实到我们具体的环保工作中，给环境一个交代，给百姓一个交代。”我们同样期待，面对企业隐瞒污染信息、社会监督被边缘化、行政监管失效的现实，司法力量在 2014 年能够还原垃圾焚烧厂的污染真面目，给未来一个真实的交代。

---

① 郄建荣：《环保组织申请信息公开仅三成垃圾焚烧厂公开排放数据》，《法制日报》2013 年 4 月 24 日；《生活垃圾焚烧污染控制标准》编制说明，2013 年 12 月。

雾霾危机

Haze Crisis

关注雾霾，是本期绿皮书新增的板块，以探讨影响全国、日益严重的空气污染问题。

《雾霾突围》一文记述了政府出台《行动计划》的背景和意义，分析了京津冀大气污染治理和产业转型面临的困难、存在的问题，并提出建议。

《雾霾带来广泛而深重的健康影响》，梳理了近期发布的三个科学报告，证明空气污染严重影响公共健康。世界卫生组织下属的国际癌症研究机构发布报告，将室外空气污染列为人类致癌因素之一。而发表于权威医学杂志《柳叶刀》上的《2010 年全球疾病负担评估》，认为室外空气污染成为中国第四大致死危险因子。2010 年，在中国有 120 万人因室外空气颗粒物污染（主要指 PM2. 5）过早死亡。

而 2013 年 7 月初由中国、美国及以色列学者联名发表的一项研究，发表在《美国国家科学院院刊》（PNAS）上，研究发现，淮河以北地区的居民因燃煤供暖造成的空气污染，平均预期寿命较淮河以南未集中供暖地区居民缩短 5. 5 年。

《治理雾霾：伦敦当不了北京的老师》比较了中、英两国政府应对各自首都爆发的严重空气污染的决策过程，呈现不同的体制和治理传统在处理近似环境危机时的不同表现，比如先行动还是先立法，两国进行社会动员的方式有何不同等。

G.8 雾霾突围

刘晓星*

摘　要：

2013 年 9 月 10 日《大气污染防治行动计划》十条措施（简称《行动计划》）由国务院印发，《行动计划》发布后，各地区、各部门认真贯彻党中央、国务院的决策部署，纷纷出台落实的政策措施，明确了各自的时间表和路线图。本文记述了政府出台《行动计划》的背景和意义，分析了京津冀大气污染治理和产业转型面临的困难、存在的问题及建议。

关键词：

大气污染防治行动计划　京津冀　产业转型　结构调整

一　雾霾“吞噬”大片城市

自 2012 年底开始，从东北到西北，从华北到中部乃至黄淮、江南地区，一场持续的雾霾蔓延中国 25 个省区市，100 余座大中城市不同程度地出现雾霾天气，约波及 8 亿人口。

监测数据显示，从京津冀地区到长三角地区，甚至再到珠三角，在如此大的范围内，PM2.5 严重超标，而在部分地区，PM2.5 的最高测试值甚至超过每立方米 1000 微克。①

事实上，这几年，每到秋冬，我国中东部地区不时会遇到雾霾天气，但

---

* 刘晓星，《中国环境报》记者部首席记者。长期关注经济、能源、水电开发、生物多样性等领域。

① 刘晓星：《沉沉雾霾迷城　声声警报催人》，《中国环境报》2013 年 1 月 25 日，第 8 版。

是，自2012年冬天以来，波及范围如此之广，持续时间如此之长，浓度如此之高，数千公里连天成一片的雾霾天气应该说还是首次。

据中国环境科学研究院副院长柴发合介绍说，2013年持续的雾霾天气具有影响范围广、持续时间长、浓度水平高的显著特点。首先是PM2.5浓度高，根据环保部门的监测数据，在所监测的重点监测城市中，PM2.5日最高值达到1000微克/立方米，日均值达到600微克/立方米。[①]

近十年来，中国许多大城市，如北京、上海、广州、深圳等地，雾霾天数都超过了全年的1/3，有的甚至超过了一半。世界卫生组织在2005年版《空气质量准则》中指出：当PM2.5年均浓度达到35微克/立方米时，人的死亡风险比10微克/立方米的情形约增加15%。[②]

雾霾天气究竟是如何形成的？雾霾天气形成的原因中既有气象原因，也有污染排放原因。目前已认识到，雾霾形成受制于两个因素。一是以水平静风和垂直逆温为特征的不利气象因素；二是以悬浮细粒子浓度增加为特征的污染因素。气象是外因，具有不可控性；污染是内因，与人为活动密切相关，是可控的。因此，科学控制雾霾首先必须科学认识我国不同区域雾霾的成因。

当近地面空气相对湿度比较大，没有明显冷空气活动，空气中的微小颗粒就会聚集，飘浮在空气中。而我们观测的云层高度只有300米，大量污染物在300米以下，在没有大气对流的情况下，就会导致污染扩散不出去，所以形成了一个污染物逐渐累积的过程。

中国环境科学院对2013年初持续的雾霾天气进行观测，结果显示，雾霾中二次颗粒物和二次有机污染物浓度相当高，其中硫酸盐浓度达到每立方米200微克，硝酸盐浓度达到每立方米100微克。而这一监测结果也恰恰说明了此次大面积、高浓度的雾霾是由污染积累过程造成的。

与此同时，监测数据分析显示，区域背景污染浓度也非常高，整个受雾霾天气所影响的区域PM2.5日平均浓度都为300~400微克/立方米，比较均匀。数据一方面反映了PM2.5污染分布的均匀性，同时也说明了区域之间污染存在

---

① 刘晓星：《沉沉雾霾迷城　声声警报催人》，《中国环境报》2013年1月25日，第8版。

② 《空气质量准则》，2005年全球更新版。

相互影响和传输的可能，起码是各个城市污染积累抬高了区域污染的水平。

北京大学环境科学与工程学院教授胡敏利用其科研监测站点的数据对本次雾霾天气 PM2.5 进行了源解析。① 她介绍说，解析出来这几类源，如煤燃烧、机动车尾气排放、生物质燃烧等都对 PM2.5 的生成有影响。

据了解，目前，我国的一些研究机构已在不同地区开展了颗粒物的分析。但是，目前仍然缺乏对细粒子的粒径、组成和浓度的时空分布特性的长期系统监测，尚未获得雾霾天气下霾颗粒物分布的一般规律。

以 PM2.5 为代表的大气颗粒物污染将是我国长期主要的大气环境问题，要从根本上解决环境问题，从政府到各方一致认为，必须在转变发展方式上下功夫，在调整经济结构上求突破，在改进消费模式上促变革，用硬措施完成硬任务。

对此，习近平总书记做出重要批示，要求务必高度重视，加强领导，下定决心，坚决治理，出台有力举措，为实现美丽中国的发展目标做出应有贡献。李克强总理明确要求，下更大的决心，以更大的作为，扎实推进大气污染治理工作。张高丽副总理要求采取稳、准、狠的措施治理大气污染，并多次来到环境保护部商讨治理措施。

经过半年多的艰苦努力，《大气污染防治行动计划》十条措施（简称《行动计划》）由国务院于 2013 年 9 月发布，剑指 PM2.5，被称为史上最严厉的大气治理行动计划。这是继环保部等三部委于 2012 年底联合发布《重点区域大气污染防治“十二五”规划》之后，中国出台的第二个大气污染防治规划，也即众口相传的大气“国十条”。

早在 2012 年底，环保部、国家发改委和财政部三部委曾联合发布《重点区域大气污染防治“十二五”规划》（下称《规划》）。显然，在经历了年初的大面积的雾霾污染之后，高层已经意识到低估了大气污染的形势，意识到设定的治理目标也相对保守。新的《行动计划》随之酝酿。《行动计划》的新目标为：到 2017 年全国地级及以上城市可吸入颗粒物浓度比 2012 年下降 10% 以上，优良天数逐年提高；京津冀、长三角、珠三角等区域细颗粒物浓度分别下降 25%、20%、15% 左右，其中北京市细颗粒物年均浓度控制在 60 微克/立方米左右。

---

① 刘晓星：《沉沉雾霾迷城　声声警报催人》，《中国环境报》2013 年 1 月 25 日，第 8 版。

“上述目标的提出是国家高层对民众关切的回应，将大大加速全国的治霾进程。”中国科学院科技政策与管理科学研究所副所长王毅分析认为，“规划需要统筹考虑目标设置的科学性与目标落实的经济性，我们更要关注这一目标能否落实”①。

柴发合分析认为，“虽然《行动计划》与《规划》的起止时间有所不同，但对比新旧目标不难发现，全国治理 PM2.5 的速度将大大提高”。例如，《行动计划》提出，雾霾最严重的京津冀地区 PM2.5 的治理目标为降低 25%，这也比之前《规划》确定的 6% 的目标提高了 3 倍多。

《行动计划》确定的治霾目标实现并不容易。从落后产能淘汰到机动车污染治理，从监测预警体系建立到干部考核体系的建立，《行动计划》是“严”字当头。

“在工业治霾之外，能源结构调整的力度将更大。”柴发合分析。根据《行动计划》，到 2017 年，煤炭占能源消费总量比重降低到 65% 以下。京津冀、长三角、珠三角等区域力争实现煤炭消费总量负增长，通过逐步提高接受外输电比例、增加天然气供应、加大非化石能源利用强度等措施替代燃煤。

王毅认为，在环保领域最严格的约束性指标莫过于减排指标，同样是要严格问责，但过去我们没看到哪些负责人因为减排不达标而被问责，至少从公开的资料里面找不到案例。因此，《行动计划》的执行，需要制定严格可行的考核机制。

二　GDP 大量来自高耗能高污染产业

中国是全球 PM2.5 最严重的地区，是臭氧水平增长最快的地区，也是 VOC 排放增长最快的地区。

曾参与《行动计划》编制工作的柴发合介绍说，我们在分析大气污染治理面临的挑战时，必须认清计划是基于 GDP 年均增长 7.5% 的发展速度进行设计的。

---

① 王尔德：《大气国十条发布　全国治霾提速》，《21 世纪经济报道》2013 年 9 月 13 日。

《行动计划》是希望通过多措并举，不仅针对污染的减少，而且针对发展过程的核心问题，从根本上解决污染问题。

1998年至“十五”末期，中国经济进入以重化工业为主导的经济增长期，重工业比例从1998年57.07%连续增长至2005年的69.01%。

我国电力、钢铁、有色、建材、石油化工、化工行业这六大高耗能行业占总能耗的50%，但占GDP的比重不到30%。回顾30多年来的经济走势，我国一直是以第二产业为主，虽然“十一五”时期就提出要调整产业结构，但以重工业为主的产业结构却没有发生根本性转变。

重化工、火电、冶金、水泥等行业依然是污染物排放大户，行业技术水平不高，高档次产品少，产业集中度低。一些小钢铁、小水泥、小火电等国际“禁限”的小项目在中国部分地区仍屡禁不止，产能过剩、东部地区调整淘汰的重污染行业项目改头换面后又向西部和落后地区转移，电力行业借热电联产变相扩张产能，氧化铝项目、煤化工等项目发展较快。

长期以来，以煤为主的能源结构是影响我国大气环境质量的主要因素，是大气环境中二氧化硫、氮氧化物、烟尘的主要来源，煤烟型污染仍将是我国大气污染的重要特征。

我国长三角、珠三角和京津冀三大城市群占全国6.3%的国土面积，消耗了全国40%的煤炭，生产了50%的钢铁，大气污染物排放集中，重污染天气在区域内大范围同时出现，呈现明显的区域性特征。

钢铁、水泥、平板玻璃等产能过剩产业是一些地方的“看家”产业，是经济支柱和重要就业渠道。数据显示，河北省钢铁等六大高耗能行业对全省规模以上工业增长的贡献率达38.2%。[①]

三　压煤如何压

大气污染防治十条、京津冀及周边地区落实大气污染防治大气十条实施细则已正式发布。

① 赵建：《河北：放下GDP的“包袱”全力打好四大攻坚战》，《河北日报》2013年11月2日。

在天津刚刚公布的空气治理目标中，有两个指标非常引人注目：到2017年，天津煤炭在能源消费中的比重下降到65%以下，PM2.5年均浓度在2012年的基础上下降25%。天津控煤步伐的显著加快，与这两个硬杠杠不无关系。

经济要上，燃煤要降，“缺口”怎么办？天津的答案是：通过逐步提高接受外输电比例、增加天然气供应、加大非化石能源利用强度等措施替代燃煤。

天津市经信委综合处处长周胜昔说，目前天津市里已经有很多小区改了燃气锅炉，但是现在气源紧张，燃煤锅炉那套设备还在随时“待命”。还有一些供热站由于场地有限，燃煤锅炉已经拆掉，只能用天然气。“如果遇到极端天气，那么就要压工业企业用气，全力保证民用。那对我们天津来说，经济上会遭受很大损失。”王嘉惠说。

据了解，2013年天津市已经完成燃煤锅炉改造32座，但其中有6座改造后没有气烧。一些燃气锅炉现在连进行调试的气都没有。

没有气是困难，没钱改、运行成本高更是压在许多企业心中的大石头。

如果按目前“燃气价格每立方米3.25元，燃气发电成本每度0.5元多，上网电价每度不到0.4元”的情况计算，粗略讲，电厂正常运行一年，加上设备折旧、设备维护、人员工资等费用，一年就要亏损约几十亿元。

由于京津冀乃至华北地区治理大气污染的压力，各地都在争抢气源。

河北也面临着相同的困境。在日前省委、省政府印发的《河北省大气污染防治大气十条实施方案》中，把燃煤削减作为该省大气污染防治的突破口，明确提出，到2017年，全省煤炭消费量比2012年净削减4000万吨。

5年减煤4000万吨，这意味着5年内，河北省不仅将不增加一吨燃煤，还要在现有基础上削减1/7的消耗量。

一列列火车满载着煤炭，沿邯长（邯郸－长治）线铁路开进邯钢厂区。据了解，平均每天邯钢要消耗煤炭1万多吨，是个名副其实的“吃煤大户”。

在河北省像邯钢这样的“吃煤大户”还不少。数据显示，钢铁、石化、建材、电力四大高能耗产业2012年工业增加值为6279.6亿元，占规模以上工业的56.7%。

数据显示，2012年，河北省能源消费总量高达3.02亿吨，居全国第二位。其中煤炭消费2.71亿吨标准煤，占能源消费总量的89.6%，高于全国平均水平近 20 个百分点。[1]

2.71 亿吨标准煤，意味着平均每天河北省要烧掉 74 万吨标准煤。2012 年，河北省氮氧化物、二氧化硫排放量达 176.1 万吨和 134.1 万吨，分别居全国第一位和第三位，形成了突出的传统“煤烟型”污染。

对于产业结构偏重、燃煤比例偏高的邯郸，这个任务十分繁重。如何制定科学合理的减煤路线图？一位业内人士给算了这样一笔账，到 2017 年邯郸市煤炭消费总量削减 1670 万吨，将造成 3000 多万吨标准煤的能源消费缺口。

3000 多万吨标准煤的缺口如何弥补？实施天然气替代是重要途径。这条路对于邯郸来说到底能不能走得通呢？

一位专门针对邯郸市替代能源调查的业内人士介绍说，如果这 3000 多万吨煤完全用天然气替代的话，邯郸天然气的消耗要达到 400 亿立方米。这就意味着邯郸市每年必须有 80 亿立方米天然气的供应。而有数据显示，2012 年，邯郸天然气的供应量仅为 3.8 亿立方米。[2] 如果邯郸控煤的基本思路是以天然气替代煤，气源拓展将是一大难题。

一些当地官员表示，在大气污染的严峻态势下，京津冀等地都出现了大面积的“气荒”，首先保证的是北京、天津、石家庄等重点城市的供应，对于邯郸这样的三线城市来说，天然气供应保证是一个最大的未知数。要顺利实现减煤目标，必须抓住产业转型这一“牛鼻子”，同时这也是减煤任务的根本途径。

四 产业转型如何转

河北省压减钢铁产能目标是“5 年削减 6000 万吨”，这意味着要砍掉至少 20% 的产能。

河北省粗钢产量已连续 12 年保持全国之首，粗钢产量 1.8 亿吨，产能、产量都已超过全国总量的 1/4。河北省黑色金属冶炼及压延加工业以 7000 多

---

① 许卫兵：《关注大气污染治理硬指标②：4000 万吨燃煤如何削减》，《河北日报》2013 年 9 月 23。

② 刘晓星、潘井泉、周迎久等：《产业转型压力大　邯郸迎难而上减煤控污》，《中国环境报》2013 年 11 月 27 日。

亿元的资产，消耗掉全省近1/3的能源和大量的其他资源，2012年却只创造了9.1%的GDP和5.36%的财政收入。①

在2013年环保部公布的重点区域和74个城市空气质量状况排名中，唐山市一直处于后10名之列。作为北京周边的钢铁生产大市，唐山市8000多万吨的钢铁年产量是京津冀大气污染防治的一道障碍。②

2013年10月18日，唐山市委、市政府发布《唐山市2013～2017年大气污染防治攻坚行动实施方案》（以下简称《方案》），明确2017年底前，全市PM10浓度在2012年基础上下降10%以上，PM2.5浓度在2012年基础上下降33%以上。在淘汰落后产能方面，河北省要求唐山压减粗钢产能4000万吨，这就意味着河北省一半以上的钢铁产能压减任务落在唐山身上。

2012年，唐山市大气主要污染物二氧化硫和氮氧化物排放量分别为31.8万吨和39.2万吨，均居河北省首位，分别占全省排放总量的23.7%和22.3%，占全国排放总量的1.5%和1.7%。

唐山市目前拥有钢铁冶炼企业53家，年钢铁生产能力超亿吨。虽然由于市场等原因生产能力没有全部发挥，但是4000万吨粗钢产能的压减量也足以对GDP和财政收入产生很大影响。

唐山市财政局经济建设处处长王富江介绍，单纯压减4000万吨粗钢产能，将直接影响财政收入38亿元。为争取国家的资金补贴，2013年9月，唐山市组织了节能减排示范城市申报，经财政部和国家发展改革委评审获批。根据唐山市的初步测算，分3年拟实施的治理项目为2000多个，总投资金额达382亿元。对于高达300多亿元的资金投入，唐山市将采取以企业为主、政府“以奖代补”的形式，鼓励企业自筹资金进行环保设备的升级改造和产能的淘汰。未来3年，唐山市财政还将筹措25亿元用于大气污染防治工作。为此，从2013年开始各部门将开始压减公务预算的30%用于此项工作。

虽然唐山市的经济总量以5861.6亿元在河北省排名第一，并保持着10%

---

① 魏双林、李巍：《6000万吨产能怎样压　河北钢企面临“瘦身”》，《河北日报》2013年10月9日。

② 童克难、周迎久：《河北省要求唐山压减粗钢产能4000万吨“凤凰城”的再涅槃》，《中国环境报》2013年12月2日。

的增速。但是王富江说，政府用于公共事业的资金并不是很多。

而对于淘汰的4000万吨粗钢落后产能，后续的资产清算也是一个棘手问题。王富江说，虽然不能计算4000万吨粗钢产能直接资产有多少，但是按照目前情况计算，每建设1000万吨钢铁产能大约需要资金300亿~500亿元。

由于涉及借贷、融资等多种问题，政府只能彻底破坏其生产设备，保证产能压减，但是并不能将资产彻底处置。至于下一步如何清算和补偿，目前还没有具体方案，原因是唐山市的钢铁结构调整方案没有得到河北省的正式批复。

摆在政府眼前的还有落后产能对应的从业人员安置问题。

到2017年钢铁产能要压减4000万吨粗钢，这将直接影响从业人员6万人，而按照钢铁产业1∶5的钢铁行业间接就业人员计算，将影响30万人。

以往淘汰的钢铁企业是一些小型民营企业，涉及的员工数量有限，但是一旦出现集中、大规模的产能压减工作，政府就必须新增其他产业来吸纳这些从业人员。

钢铁大市邯郸面临着相同的问题。按照河北省委、省政府要求，到2017年，全市净压减炼铁产能1614万吨、压减粗钢产能1204万吨。

笔者日前来到位于河北涉县的天津天铁冶金集团有限公司拆除现场，看到挖掘机等机械正在现场人员的指挥下拆除生产线。天津天铁冶金集团副总经理孟大勇介绍说，基于环保和市场的双重压力，正在拆除的两条生产线每年生产生铁能力约为150万吨。这里的拆除工人全部为天铁的职工。

伴随着生产线的拆除，一批工人面临下岗。天津天铁冶金集团采取内部消化的原则解决这一问题。以前集团外包的一些自己不能干、不愿干的事，比如保洁、食堂、商业等工作，现在全由企业职工承担。

天津天铁冶金集团副总经理孟大勇说，近几年来，钢铁主业在集团的收入比例中已经下降至40%左右。目前集团开展了多元经营，包括贸易、物流和创办教育产业园区等。

河北钢铁产能过剩更多地体现在结构性过剩上。河北省生产的钢材中，绝大部分是以螺纹钢为主的粗钢，而精钢所占的比例非常少。如何抓住环保整改的机会，调整产业和钢铁产品结构，也成为邯郸钢铁企业的一次机遇。

曾经以“邯钢经验”享誉全国的河北钢铁集团邯钢公司，近年来把大气污染整治作为推进企业转型升级的重要抓手。近几年，随着邯钢新区建设和老区改造的完成，邯钢淘汰了全部落后装备，形成了以2250毫米热连轧生产线、2180毫米酸轧生产线等为代表的国内一流的装备集群。

5年间，邯钢累计研发新产品221个，97个填补了河北省空白，增创效益6亿多元；累计挖潜增效117.9亿元；累计节能超过70万吨标准煤。

日前，笔者来到河北钢铁集团邯钢公司，站在第一原料场2号棚入口，放眼望去，拱形的顶棚高高在上，前方很远的地方，是大堆的石料。

邯钢副总经理贾广如介绍，这个贮料棚南北跨度107米，东西长536米。与2号棚连为一体的是1号棚，东西长度相同，但是南北跨度为146米，于2013年初投入使用。第一原料场的这两个贮料棚投资达到近7亿元，面积近14万平方米，是国内首家大跨度全封闭机械化原料场。

缘何投巨资建设这样大规模的贮料场？“首先是环境效益。这个原料场的两个大棚贮料115万吨，以前每年邯钢原料库损约3%，基本上是由于运输撒漏、下雨冲刷、刮风扬尘产生的。天气一放晴，被雨水冲刷的原料也极易起尘，容易造成空气污染。如今，原料被全封闭贮存，这种情况完全可以避免。”贾广如介绍说。

邯钢是邯郸市规模最大的工业企业，每年粉尘、二氧化硫等大气污染物排放量占主城区总量的1/3左右，大量的烟粉尘，使得其所在的复兴路周围空气质量明显差于别处。

尽管没有确切的数字，但通过对比还是能显示出原料棚化的重要作用。邯郸市环境保护局副调研员王仲夏补充道，原来邯钢附近的房价一直明显低于其他地区，症结就是邯钢给场区周围带来的污染。而现在，邯钢厂区附近的楼盘跟其他地区的房价差距也在缩小，甚至基本上持平了，这其中最大的原因就是邯钢近几年投巨资治理污染，周边环境得到了很大的改善。

投巨资建设这样大规模的贮料场对于目前不景气的钢铁企业来说无疑是笔巨大的投入。“十一五”以来，天津天铁冶金集团有限公司先后投资10亿元用于环境污染治理。据了解，2014年12月前，天津天铁冶金集团有限公司还将投资1.84亿元对原料场、烧结工序及炼铁工序进行整改。

当前钢铁行业可谓处于寒冬期，推进大气污染治理，无论是对于地方政府还是企业，最大的问题就是缺钱。

为贯彻落实《国务院关于印发大气污染防治大气十条的通知》，中央财政设立大气污染防治专项资金，安排50亿元资金用于京津冀及周边地区的大气污染治理。在地方看来，这个钱更多起到的是个“引子”的作用，而大气污染治理的资金大部分都由地方政府和企业承担。

产业结构调整触及地方税收、财政和就业等方面的问题。而对于天津天铁冶金集团有限公司来说主要是资金的问题。目前钢铁行业产能严重过剩，全行业处于微利或不盈利状态，所以需要国家及地方的资金和技术扶持。另外，天津天铁冶金集团有限公司所用的原料铁矿石一半以上依赖进口，近年来铁矿石原料不断涨价，大大增加了公司初级钢产品的成本，同时也导致下游用户企业的经营困难和利润空间压缩以及行业性涨价。

化解产能过剩最终会有一个什么样的结果？以钢铁行业为例，最终的结果一定是有一批不具备市场竞争力的钢铁企业被关闭。由此产生大量的失业工人和他们的再就业问题，这是化解产能过剩可能产生的诸多问题中最难解决的。

那些可能被淘汰的企业里的工人，特别是一些国有大型钢铁企业里的工人，人数众多，如果他们失业后只能得到一点“养老钱”，可能会导致不少社会问题的产生。有人说靠培育替代产业来化解可能的失业和再就业问题，但培育替代产业谈何容易？风电、太阳能都难以像钢铁产业一样吸纳这么多的人就业。发展服务业，特别是生产型服务业是一条出路，但没有第二产业的发展，服务业也是无本之木、无源之水。

大气污染治理涉及行业十分广泛，面临着深层次的利益取舍。不同行政区域利益取向不同，必然影响大气污染治理的实施效果。诸如京津冀、长三角、珠三角区域内各省市利益不同，难以解决各方利益冲突，合作的稳定性不强、深度不够。只有在区域环保要求和经济利益格局相对一致时，才能在区域内达成共识。

G.9

雾霾带来广泛而深重的健康影响

林　娜*

摘　要：

2013年初，强霾不期而至。其后，持续大规模雾霾天气覆盖1/4的国土面积，影响近半人口。① 人们在为环境恶化苦恼的同时，也逐渐将关注点转向雾霾对健康的影响。近期，国内外学术界接连发表的几项关于雾霾对人体健康影响的研究报告，数据和结论令世人震惊。本文梳理了这几个科学报告的主要内容。

关键词：

雾霾　肺癌发病率　健康影响　平均寿命

人口接近14亿的中国，对于外国的文艺表演者而言，向来是有利可图的大市场。然而来自意大利的美声男高音斯蒂法诺·洛多拉（Stefano Lodola）却对离开中国大陆没有任何的遗憾，他说："我待在上海四个月，后来呼吸道发炎了。我是美声歌手，喉咙坏了就完了。"他的担心不无道理。2013年10月，曾获格莱美奖的女爵士歌手佩蒂·奥斯汀（Patti Austin）在抵达北京后咳嗽不断，后被诊断为因呼吸道严重感染引发哮喘，因而不得不取消原定的演出安排。

2013年冬季，年初盘踞中国北部大半国土的"空气末日"（airpocalypse）卷土重来，影响范围甚至扩展到了空气质量向来较好的东部

---

* 林娜，中外对话北京办公室记者。

① 周锐：《我国四分之一国土现雾霾　近半数国人受影响》，中国新闻网，2013年7月11日，http：//www.chinanews.com/gn/2013/07－11/5032645.shtml。

沿海地区。[1] 10 月下旬，东北部城市哈尔滨 PM2.5 瞬时读数达到 1000 毫克/立方米。[2] 12 月上旬，全国一百多个城市遭遇雾霾天气，上海的 PM2.5 小时浓度全市平均值也罕见地超过了 600 毫克/立方米。[3]

"中国已变得不适宜人居。"洛多拉说。这成了许多在华外国人的共识。据《金融时报》报道，雾霾不仅促使外籍人士离开北京，还显著地增加了企业招募国际人才的难度。诺基亚营销高管拉尔斯·拉斯穆森（Lars Rasmussen）在北京住了 3 年后，决定带着两个孩子全家离开中国，污染是最重要的决定因素之一。[4] 而一位国际猎头公司的负责人在接受《环球时报》采访时则透露，因为雾霾的原因，某外企给在北京工作的雇员开出了高达 15 万元每年的危险津贴。[5]

在外国人因雾霾而重新考虑是否在华发展的同时，国人关于空气污染的忧虑也日益增加。《瞭望》新闻周刊和江西省社情民意调查中心共同进行的一项民意调查显示，3/4 的北京受访者认为中国首都的雾霾严重。[6] 而淘宝网年末发布的数据则显示，2013 年公众花了 8.7 亿元网购对抗雾霾的用品。[7]

淘宝网创始人马云，也在 2013 年初的亚布力中国企业家论坛第十三届年会的主题演讲中，表达了类似的担忧："十年以后中国三大癌症将会困扰着每一个家庭，肝癌、肺癌、胃癌。肝癌，很大可能是因为水；肺癌是因为我们的空气；胃癌，是因为我们的食物。"[8] 马云的担忧并非危言耸听，中国的肺癌

---

① 刘辰瑶：《大风"造访"中国将告别百余城市"雾霾周"》，中国新闻网，2013 年 12 月 9 日，http://www.chinanews.com/gn/2013/12-09/5596801.shtml。

② 王琛：《雾霾笼罩哈尔滨 PM2.5 暴涨到 1000》，路透社，2013 年 10 月 21 日，http://cn.reuters.com/article/CNTopGenNews/idCNCNE99K08Q20131021。

③ 徐维维：《上海雾霾预报员：PM2.5 浓度超 600 我都没见过》，2013 年 12 月 13 日《21 世纪经济报道》，http://news.sohu.com/20131213/n391747581.shtml。

④ 吉密欧：《北京污染赶跑外国人》，2013 年 4 月 2 日《金融时报》。

⑤ 张川、纪双城、王森、孙秀萍、闫爽：《部分外国人因雾霾离开中国　外企开 15 万危险津贴》，2013 年 5 月 2 日《环球时报》。

⑥ 李松：《治理雾霾　公众期待政府更有作为》，2013 年 4 月 7 日《瞭望周刊》。

⑦ 韩元佳：《网友为雾霾买单 8.7 亿》，2013 年 12 月 13 日《北京晨报》。

⑧《马云亚布力演讲完整版：污染让我睡不着觉》，2013 年 2 月 22 日，中国企业家论坛第十三届年会。

发病率较数十年前猛增。2013 年 11 月，中国民族卫生协会少数民族地区癌症综合防治专家组组长刘嘉绥教授在接受媒体访问时提到，中国的肺癌发病率较 30 年前增长了 465%。① 目前，中国肺癌发病率每年增长已接近 27%，专家预测，12 年后中国很可能将成为全球第一肺癌大国。②

尽管国内专家大多认同吸烟是肺癌发病的主要诱因，但越来越多的学者开始关注空气污染对肺癌发病率的影响。③ 2013 年 10 月，世界卫生组织（World Health Organization）下属的国际癌症研究机构（International Agency for Research on Cancer）在其发布的研究报告中，将室外空气污染列为人类致癌因素之一。④

国际癌症研究机构称："在全面审阅最新的科学文献后，国际癌症研究机构专刊组（IARC Monographs Programme）召集的世界领先的专家得出结论，有足够的证据表明暴露在室外空气污染中会导致肺癌。"⑤

国际癌症研究机构专刊曾确认室外空气污染的组成物及其构成的混合物（如柴油尾气及煤烟等）可能致癌。而最近的研究回顾显示，室外空气污染作为一个整体（包括大气污染监控和流行病学研究中监测的 PM2.5、PM10 及其他空气中的颗粒物等）将致癌。⑥ 此外，该机构还警告，空气污染的致癌风险在一定条件下可能比被动吸烟更大："在室外空气污染属于中等水平的地区，空气污染造成的肺癌风险与被动吸烟相似。不过由于暴露于室外空气污染的人群数量远大于被动吸烟人群数量，且一些人口密集地区正处于快速工业化进程中，由空气污染带来的致癌风险将比被动吸烟更严重。"⑦ 然而雾霾带来的健

---

① 夏莉涓：《30 年间全国肺癌发病率增长 465%" 专家：早诊筛查是防治》，亚心网，2013 年 11 月 4 日，http://news.sina.com.cn/c/2013-11-04/033528610633.shtml。

② 王卡拉：《中国 12 年后将成世界肺癌第一大国》，2013 年 11 月 17 日《新京报》。

③ 李秋萌：《北京肺癌发病率 5 年增 70%　本周开始启动雾霾与健康监测》，2013 年 11 月 26 日《京华时报》。

④ 黄涵：《世卫将大气污染列为致癌因素》，新华社，2013 年 10 月 23 日，http://news.xinhuanet.com/environment/2013-10/24/c_125594534.htm。

⑤ IARC: Outdoor air pollution a leading environmental cause of cancer death, http://www.iarc.fr/en/media-centre/iarcnews/pdf/pr221_E.pdf.

⑥ Q&As on outdoor air pollution and cancer, http://www.iarc.fr/en/media-centre/pr/2013/pdfs/pr221_Q&A.pdf.

⑦ Q&As on outdoor air pollution and cancer, http://www.iarc.fr/en/media-centre/pr/2013/pdfs/pr221_Q&A.pdf.

康影响，远不只是致癌。据2012年末发表于权威医学杂志《柳叶刀》上的《2010年全球疾病负担评估》称，室外空气污染成为中国第四大致死危险因子。①

这份历时五年，由50个国家近500名科学家共同参与，通过对包括吸烟、饮食、饮酒、室内及室外空气污染在内的多项健康风险因子进行分析而完成的研究显示：2010年，在中国有120万人因室外空气颗粒物污染（主要指PM2.5）导致过早死亡。② 其中，由室外空气颗粒物污染导致的脑血管疾病死亡人数为604519人，慢性阻塞性肺疾病为196202人，缺血性心脏病为283331人，下呼吸道感染10469人，气管、支气管和肺癌139369人。③ “中风、心脏病、肺癌和慢性阻塞性肺病在中国的发病率很高，这些中国重要的致死疾病会受到空气污染的影响。”该研究报告的环境空气污染专家组联合主席亚伦·科恩（Aaron Cohen）对《南方周末》记者表示。④

与报告相印证的，是近年来随着空气污染加重而不断攀升的各类疾病发病率。据《京华时报》报道，北京、上海、广州等城市的居民呼吸系统和心血管系统体检异常率与三年前相比明显上升，逾四成城市居民表示曾出现心悸、疲劳、晕眩、呼吸困难等心血管系统异常症状，而罪魁祸首则是PM2.5污染。⑤

复旦大学公共卫生学院教授阚海东在追踪2013年初北方雾霾对人体健康影响时发现，北京、石家庄、唐山等地的医院就诊量与正常冬天相比增加了二到三成。⑥

---

① 王尔德：《最新报告：2010年中国PM2.5污染致120万人过早死》，2013年4月1日《21世纪经济报道》。

② GDB profile，China，http：//www.healthmetricsandevaluation.org/sites/default/files/country - profiles/GBD%20Country%20Report%20 - %20China.pdf.

③ 王尔德：《最新报告：2010年中国PM2.5污染致120万人过早死》，2013年4月1日《21世纪经济报道》。

④ 汪韬：《空气污染致病，“中国负担最高”——专访美国健康效应研究所（HEI）首席科学家亚伦·科恩》，2013年4月4日《南方周末》。

⑤ 李秋萌：《北上广居民呼吸系统异常率上升或跟雾霾相关》，2013年12月14日《京华时报》。

⑥ 金煜：《北京再遇重污染雾霾天　局地能见度不足1公里》，2013年4月1日《新京报》。

无独有偶，成都第七人民医院设立的四川首家“雾霾门诊”，在开设不到一周的时间内，接诊了超过100名因雾霾天气而感到身体不适的患者。①

而2013年7月初由中国、美国及以色列学者联名发表的一项研究，更是加重了国人对雾霾的忧虑。这项发表在《美国国家科学院院刊》（PNAS）上，题为《空气污染对预期寿命的长期影响：基于中国淮河取暖分界线的证据》的研究发现，淮河以北地区的居民因燃煤集中供暖造成的空气污染，使平均预期寿命较淮河以南未集中供暖地区居民缩短5.52年。②

来自麻省理工学院、北京大学、清华大学及耶路撒冷希伯来大学的四名学者，在收集并对比分析了淮河南北90座城市1981～2000年每日的总悬浮颗粒物浓度数据和1991～2000年城市级别的各年龄死亡率、预期寿命和死于心肺疾病的状况后发现：中国的空气污染水平由南到北平滑变化，但由于南北方供暖政策不同，在淮河附近有一个巨大的跳跃。因此，该论文在结论中分析道：“虽然淮河以北的集中供暖政策的本意是为了解决室内供暖，值得赞赏。但由于该政策未能要求安装污染减排设备，因而对健康造成了灾难性的后果。具体来说，淮河以北的集中供暖政策导致了淮河以北地区的总悬浮颗粒物（TSP）浓度比淮河以南地区高55%，即184微克/立方米。该政策继而导致了淮河以北地区，因心肺疾病死亡率上升而造成人均预期寿命减少5.52年。”

虽然该联名论文刊发不久即遭到来自环保部官员的质疑，被斥为“偏颇”且“不可信”，③ 但国务院在随后出台的《大气污染防治行动计划》中却似乎表明，政策制定者已然了解到燃煤供暖所带来空气污染的健康危害，并正在寻求改变燃煤供暖的现状。2013年9月公布的《大气污染防治行动计划》第一条即明确要求：“全面整治燃煤小锅炉。加快推进集中供热、‘煤改气’、‘煤改电’工程建设。”④

---

① 王静一、胡瑶：《成都首家“雾霾门诊” 一周接诊上百人》，2013年12月18日A11版《华西都市报》。

② Evidence on the impact of sustained exposure to air pollution on life expectancy from China's Huai River policy, http://www.pnas.org/content/early/2013/07/03/1300018110.

③ 《北方人因空气污染折寿5.5年？环保部称结论不可信》，2013年7月10日《南方周末》。

④ 《国务院关于印发大气污染防治行动计划的通知》，http://www.gov.cn/zwgk/2013-09/12/content_2486773.htm。

政府治理大气的决心，对在北京发展多年的工程师林其奋而言来得太迟。由于担心首都的雾霾，他在2013年中即辞去了北京的工作。“前面好多人讨论如何治理，个人认为这不是短时间的过程。当首都治理好了，可能你的肺已经完了。生命只有一次，呼吸健康的空气、吃健康的食物、喝健康的水是我的底线。”

G.10

治理雾霾：伦敦当不了北京的老师

冯洁 彭林*

摘　要：

本文比较了中、英两国政府应对各自首都爆发的严重空气污染时的决策过程，以此呈现不同的体制和治理传统在处理近似环境危机时的不同表现，尤其关注不同政府如何在行政体系内部和社会层面对决策达成共识。中国政府的决策体现了相对封闭的政治动员模式。中国政府能够对社会关切做出快速反应，政策出台非常高效，但整个过程缺乏充分讨论。政府全面主导雾霾议程后，一度活跃的社会动员和参与的空间迅速萎缩。这种表面上高效的决策模式很可能会给执行阶段预留风险空间。伦敦空气污染危机决策过程虽然显得比较迟滞，但英国政府更注意在立法、行政体系内部和社会层面达成共识，给技术讨论、利益谈判和社会自我动员留下更多的时间和空间，长远来看有助于降低政策执行的成本。

关键词：

PM2.5　空气污染　危机决策　共识达成　动员

2013年春天，受英国外交部邀请，几位粉丝过百万人的中国微博博主去了趟伦敦。在雾霾随时撩拨全民情绪又即刻引发政府应激反应的时代，去“前任”雾都讨教的想法听上去合情合理。

技术手段的学习立竿见影，比如在路面喷洒一种形同胶水的颗粒物吸附

* 冯洁，《南方周末》绿色新闻部记者，主要报道领域为能源、气候变化和环境公共事件，中国环境报道奖2012年度最佳环境记者获得者；彭林，政治学博士，香港大学和香港中文大学兼职讲师，主要从事中国环境和灾害治理领域民间组织和社会动员研究。

剂，又比如划定城市“低排放区”限制高排放的车辆通行。但一旦深入危机响应和决策的层面，触碰到支撑技术决策背后的制度和政治因素时，那些希望伦敦给北京上一课的人注定失望。

所谓中国式“重典治乱”的空气治理模式，在伦敦从未发生过，即便半个多世纪前的大烟雾惨剧就严重程度（比如有害颗粒物浓度和造成的死亡人数）而言要明显超越北京。而指望十年扫清灰霾的人更要注意一个事实，即时至今日，伦敦仍是欧盟标准下空气最糟的首都。虽然造成那场杀人烟雾的罪魁——燃煤的重工业、发电厂和家庭取暖——早已成为历史，但是交通排放依然在制造日益严重又复杂的空气污染，使伦敦始终在欧盟和本国提出的空气达标红线上徘徊。不过，这并不是伦敦失败而中国模式优越的证据，而是提示决策者和公众，空气治理注定是个复杂、艰难且漫长的过程。

一　小事件、大反响 vs 大事件、小反响

跟1952年伦敦大烟雾事件相比，中国民众雾霾愤怒的起点十分微小且偶然，甚至找不出一桩具体的爆炸性事件，但后续的影响和政府的反应却远超伦敦。

从2008年开始，出于对驻京员工健康的考虑，美使馆在位于北京东三环外的使馆屋顶上装了一台空气监测仪，以每小时一条的频率在Twitter上自动发布结果。

这种略带自娱自乐意味的空气监测，后来经由《纽约客》驻京记者Evan Osnos（欧逸文）一篇“出口转内销”文章的传播，不少京城白领才第一次知道可吸入颗粒物PM2.5跟眼前雾霾的关系。但美使馆的Twitter账户@BeijingAir和欧逸文的粉丝有限，对北京糟糕空气的抱怨只局限在很小的范围内，大部分人处在雾霾无意识阶段。

2011年堪称中国公民雾霾意识“元年”。这一年的10月，灰霾笼罩京城乃至华北，没有官方预警，也没有事后解释。在美使馆的PM2.5指数反复跳上200毫克/立方米大关，达到“非常不健康”“危险”级别时，北京环保局的每日空气质量报告的分级仅为“轻度污染”。

由于官方与民间感受严重缺乏共鸣，一些环保NGO和市民自发拿起空气

检测仪器，并发布自测结果。随后商界精英和意见领袖加入，雾霾持续成为微博热点话题。此时，《南方周末》的《我为祖国测空气》一文，引爆了处于高点的公众情绪，各类媒体纷纷加入对雾霾成因和政府“只测不公布”的追问中。此时民间组织又迅速跟进，直接以“我为祖国测空气”为名，在各地发起自测行动，一场拯救呼吸的公民自救行动就此展开。

相比于中国“一场灰霾引发的公众情绪”，1952 年的伦敦大烟雾事件导致四千人死亡的后果明显更严重，但英国政府的反应却常规得多。

英国政府最初的反应是推卸责任，否认治污立法的必要性。当时，伦敦城乡委员会（英文简称 LCC）的一份报告已经清楚地指明了空气污染骇人听闻的危害。但当时的住房和地方政府部部长哈罗德·麦克米伦（后来成了英国首相）仍“不认为有进一步立法的需要”。他建议先形成一个事件调查委员会，并声称政府不可能解决所有的问题。迫于议员和伦敦城乡委员会的压力，英国政府做出了让步，一个由休·比佛爵士任主席的调查委员会随后成立。[①]

围绕着政府该如何回应污染以及政府是否应该限制或控制人们使用何种燃料的争论一直持续到 1955 年。此时，距离惨剧发生已近三年，比佛委员会的空气污染报告也终于发表，报告找到了伦敦大烟雾的罪魁，即燃煤的发电厂和家庭取暖。

即便如此，当时的英国政府仍迟迟不愿行动，因为长达几年的争议和讨论，针对大烟雾的立法一再延迟。一些议员决定通过私人法案投票的方式，绕开不作为的政府，引入清洁空气立法。其中的代表就是杰拉尔德·纳巴罗议员。

最终，杰拉尔德议员和伦敦市政府各让了一步，政府主导的《清洁空气法案》（Clean Air Act）在 1956 年得以出台。虽然这个法案的治污力度与议员提案相比打了不少折扣，但还是奠定了英国空气治理的基石。在此后 60 年伦敦与肮脏空气的斗争中，这一法案都是主要依据。

在对大烟雾惨剧的响应上，英国政府似乎扮演了一个反面角色。但后来的研究者提醒人们注意，在 20 世纪 50 年代初，英国仍处在战争恢复期。这意味着，在一份长长的待办事项名单中，即便已有数千人丧命，空气立法也并不享

---

① 冯洁：《“雾都”治理童话：奢侈的烦恼》，2013 年 4 月 18 日《南方周末》。

有绝对的优先权，而必须依据调查结论，经过冗长的司法程序，由立法开启治理之门。

二　政治动员 vs 立法先行

相比之下，中国政府在快速响应和高效决策的情况下还要承受舆论压力，显得十分委屈。

事实上，对于空气污染，中国政府并非像公众认为的那样后知后觉和无所作为。中国 PM2.5 监测和研究起步并不算晚。从 20 世纪 80 年代的兰州光化学烟雾，到 20 世纪 90 年代的南方酸雨，政府都曾涉足细颗粒物监测和研究。但直到 20 世纪 90 年代末灰霾天气才增多，大气污染防治的重点还在二氧化硫等，细颗粒物尚未提上日程。早在雾霾成为头号议题以前，环保部已经在全国 26 个城市开展空气质量试点监测，《环境空气质量标准》的修订也已在 2011 年秋天那场大雾来临之前讨论完毕。

PM2.5 迟迟不能进入国家标准的原因，在于根据世界卫生组织《空气质量指引》（2005 版），在不考虑 PM2.5 的情况下，全国 70% 以上的城市空气质量可以达标。如果将 PM2.5 纳入指标，达标率会下降到 20%。这意味着新标准将把中国政府数十年空气治理的成绩瞬间打回原形。而即便采取世界卫生组织的过渡时期标准，要实现每年 PM2.5 的 24 小时浓度超过 75 毫克每立方米的天数不能超过三天的目标，对中国大部分城市而言也是不可能完成的任务。[①] 更重要的是，从政府管理的角度看，在早已纳入监测标准的可吸入颗粒物 PM10 等污染物都未达标的情况下，PM2.5 的问题无从谈起。[②]

对面子的担忧没能维持多久，意外出现的社会动员让政府迅速面对巨大的外部压力，而面对压力，政府态度的改变速度也让人印象深刻。

2012 年 2 月 29 日，修订后的《环境空气质量标准》发布实施。新国标不仅调整了 PM10 等污染物的浓度限制，也把此前因担心直接冲击环境治理政绩

---

① 冯洁：《我为祖国测空气》，2011 年 10 月 26 日《南方周末》。

② 汪韬：《那些关于北京空气的大实话：对话北京环保局前副局长杜少中》，2012 年 7 月 19 日《南方周末》。

而迟迟不肯纳入的 PM2.5 放了进来。2012 年 6 月，环保部副部长吴晓青还把美领馆发布空气污染信息称为“干涉内政”，但到了 2012 年底，京津冀、长三角、珠三角等重点区域以及直辖市、计划单列市和省会城市共 74 个城市被要求发布包括 PM2.5 在内的空气质量实时信息。为了确保按计划全部发布，中央和地方政府出资 10 亿元为第一批强制发布空气信息的城市铺设监测网。环保部甚至在 2012 年 12 月的最后一周成立了专门工作组，随时待命前往那些因故无法发布的城市。据环保部门的负责人透露，这样做既是新标准的业务要求，也是一项“政治任务”。从 2014 年起，强制披露空气信息的城市扩大到了 190 个，覆盖了中国所有的地级市。

2012 年底颁布的《重点区域大气污染防治“十二五”规划》（简称“规划”），要求京津冀、长三角等三区十群 117 个城市，到 2015 年 PM2.5 浓度至少降低 5%，并要求超标城市编制达标规划。

如此重点强治，在高层看来仍偏保守。2013 年 6 月，由国务院总理李克强直接出面部署了俗称“国十条”的大气污染防治十条措施，作为《大气污染防治行动计划》（简称“计划”）的先期“纲领”。

2013 年 9 月计划出台，提出的治理目标比“十二五”规划又进一步加码。按规划，除北京外的京津冀地区，2015 年 PM2.5 的年均浓度只要比 2010 年下降 7% 即可过关，而计划最终确定的这项指标，要求的下降幅度高达 25%（2017 年比 2013 年），是原定目标的 3 倍。

鲜为人知的是，如今作为一项被广泛接受的空气管理办法的空气质量标准设定，也曾在英国受到抵制。

一度，伦敦议会倾向于采纳欧盟推行的空气质量标准，认为应该吸取大烟雾事件的教训，主动设定标准，先行预防，而不是对污染被动响应。但英国皇家环境污染委员会并不认同，认为强加严格的法定限制既不明智也不现实，因为“在实践中无法执行，最终会挑战法律的严肃性”。这一担忧持续到 1995 年，即大烟雾事件发生 33 年后，争议才以英国立法要求政府设定全国性的空气质量标准和目标告终。

事后证明，严格的空气质量标准是必要的，而要达标的难度也不幸被皇家环境污染委员会言中。早在 2001 年，欧盟委员会就通过了《国家空气污染排

放限值指令》，要求成员国2010年达标。实际上，从英国到德国等12个欧盟国家，均没能按时达标。

2012年伦敦奥运会前，国际奥委会警告说，如果空气质量不达标，奥运会25%（约7亿英镑）的预期电视转播收入就要被收回。为此伦敦不惜学习北京，采用单双号限行。而欧盟一直有规定，其成员国空气不达标的天数不能超过35天，否则就要支付高达3亿英镑的罚款。

为避免支付巨额罚金，伦敦计划扩大低排放区（LEZ）的范围，甚至在污染最严重的15条街撒上“颗粒物吸附胶水”，但这一切并不奏效。在伦敦的污染由看得见的燃煤烟雾变成了看不见的交通排放后，与空气质量的斗争似乎又回到了起点。

2013年初，因达标延迟，欧盟向几个未达标国发出警告。英国成为唯一没有申请宽免期限的国家，理由是“不可能在2015年前达到欧盟规定的标准”，因此申请宽限也无济于事。与中国政府全国动员、治理目标层层加码的急迫相比，英国政府的表现则消极得多。

三 动起来再说 vs 说好了再动

从讳谈PM2.5监测，到修订国家空气质量标准，再到将达标任务分派到地方，并且制定详细的时间表，中国政府完成转身仅用三年时间。这与英国动辄争议数十年的节奏对比鲜明。然而，这种动员模式很容易掩盖空气污染治理本身的复杂性和不确定性。事实上，空气质量标准修订过程中就传出对政绩考核、各地技术能力缺乏的担忧，从执行层面的实际情况来看，科学、技术和管理等方面并未做好准备。

根据《大气污染防治行动计划》提出的要求，到2017年，全国地级及以上城市可吸入颗粒物浓度比2012年下降10%以上，优良天数逐年提高；京津冀、长三角、珠三角等区域细颗粒物浓度分别下降25%、20%、15%左右，其中北京市细颗粒物年均浓度控制在60微克/立方米左右。这一目标要求各地编制自己的达标规划。事实上，在任务已下达的情况下，各地缺乏大气污染源排放清单这样的基础数据。与被要求公布空气质量数据的城市数量形成鲜明反

差的是，全国有自己排放清单的城市一共也没有几个。

不仅如此，暂不提 PM2.5 这一最新加入空气质量监测的新指标，即便是 PM10、SO_2 和 NO_2 这些加入国家空气质量标准已数十年的“老三样”，数据公布都严重不足。根据中国人民大学环境学院的一项调查，2005～2008 年，287 个城市中，有将近一半的城市没有这三项年均值数据，直到 2009 以后，公布率才达到 97% 以上。①

实际上，这场动员式治污在传递强烈政治信号的同时，扭曲了空气污染治理的终极目标即公众健康。事实上，英美的空气政策一直以空气污染对人体健康的影响研究为基础。英国迟至 2000 年后才将 PM2.5 纳入监测和研究范围，直到此时，有害颗粒物与心脏、呼吸系统疾病的相关疾病和早死之间的关联，才有更多的研究出现。而中国从 20 世纪 90 年代开始，大气污染防治工作从浓度控制转向总量控制，在总量控制实际失守的情况下，直接关系到健康的污染物浓度指标，直到 2012 年《国家空气质量标准》的第三次修订才确定下来。在空气治理政治动员全面启动、各地都被要求达标的背景下，污染源的状况、对健康的影响研究，却没有及时跟上。目前，中国已有追踪大量人群的回顾性队列研究，但因为中国刚开始监测 PM2.5，原有的研究中只关注 TSP（总悬浮颗粒物），这并不足以支撑全国性的公共政策制定和执行。由于各地的空气污染来源不尽相同，和发展水平的不均相对应的是，各地的空气污染研究水准也参差不齐，以京津冀、珠三角和长三角的研究为最多见，但随着雾霾从区域问题变为全国问题，更多的地方性研究迫在眉睫。

也正因为空气治理存在如此大的复杂性和不确定性，欧美的决策和治理周期相当漫长。空气质量标准达标时间，都是按照排放清单和模型预测确定，达标时间很难统一确定。以美国为例，1971 年，美国《国家环境空气质量标准》就已颁布，直至 1997 年，PM2.5 才第一次纳入美国国标，达标计划并没有立刻出台。2009 年，美国环保局指定了 32 个未达标区域，涵盖了 18 个州的 121 个县，达标截止日期是 2019 年，目前大部分地区还没有达标。

---

① 汪韬：《地方治霾：人在囧途　争抢“重污染”名号，忧虑“被达标”风险》，2013 年 3 月 7 日《南方周末》。

但中国政府却以惯常的政治动员方式，确定了达标的时间为5年、10年这样的整数年。这意味着，中国的抗霾战在没有相应准备的情况下，已被迫打响。

对于中国动员式的空气污染治理而言，更大的挑战恰恰来自于动员体制本身。政治动员往往既被视为促进部门协调、强化贯彻效果的惯用良方，也是中国政府应对公共危机的惯用方法。可是回顾中国政府多年来在环保以及其他公共治理领域的实践经验，自上而下的政治动员在短时间内的确能够克服协调的低效，加强贯彻力度，但在面对复杂技术问题的时候，执行效果往往会发生相当大的偏移，附带的社会和经济成本也相当高昂。

就雾霾治理而言，中国面临的污染问题和当年伦敦面临的燃煤污染不同。今日中国的大气污染是复合型污染，污染物来源多样，污染物之间存在二次转换。而根据污染源的不同，其管理分散在不同部门，比如工业点源的管理部门涉及环保、发改委、工商和公安，扬尘污染涉及环保、城建和交通，机动车污染也涉及交通和环保部门，除非合力协调，否则无法在环保一个部门内解决问题。如果再考虑到中国各地在发展水平和执行能力上的巨大差异，要实现中央提出的空气治理目标，挑战更大。

实际上，地方政府非常清楚中央计划的执行难度。在环保部部长周生贤给出的时间表里，中国各个城市按照首要大气污染物的超标情况，被分为三档：超标15%以下的城市，2015年达标；超标介于15%～30%的，2020年达标；超标30%以上的，2030年前达标。这意味着，现有污染超标越严重的城市，要求的达标时间越晚。此举一出，不少城市争抢重污染城市的帽子，以推迟达标时间，同当年争夺全国贫困县的称号如出一辙。这还是在动员初期，也就是在领导层注意力和决心都相对较强、共识程度较高的阶段。一旦高层注意力转移，执行方的贯彻力度更加让人怀疑。

四　封闭的政治动员vs开放的社会动员

中国这场雾霾治理的动力，很大程度上来自于2011年的那场自发社会动员。正是传统媒体、社交媒体、环保NGO和普通公民的共力，让雾霾成为全国性的公共事件，直接影响了政府的议程设定，促使政府作为。这种自下而上、由外到内的政治机制在中国环境治理乃至公共治理领域也是罕见的。可是由社会动员开始的这场治霾政治动员兴起后，公众的参与感反倒没有开始时那么强。

三年过去了，雾霾本身有增无减，甚至愈演愈烈，从北京、华北蔓延到了华中、华南。越来越多的民众从雾霾围观者变成了亲历者和受害者，不满在膨胀，但更多只是体现在时下网络流行的段子上，媒体和专业 NGO 的声明也变得模糊。提到交通排放是城市空气污染主要来源之一时，中国公众习惯于指责政府“不去管大的工业排放源，却拿开车说事”。政府全面接管了抗霾战争，可是公众成了看客，这样的变化似曾相识。

伦敦政府在治理空气污染的过程中，也经历过类似的局面，在 20 世纪 50 年代，这一抵触还相当强烈。在当时的英国，壁炉取暖不仅是能源使用，还被认为是英国传统生活方式的象征，执政者要拿民用燃煤开刀遇到巨大阻力。除了借力媒体、知识界和民间组织进行耐心宣教外，英国政府还积极寻求技术出路，先是提供补贴，鼓励民众改用无烟煤，后来逐步用天然气取代煤作为供暖燃料。伦敦政府为加强空气污染治理力度，还在 2008 年在市区设定低排放区，不惜触动工程车、大卡车等重污染车辆以及相关行业团体的利益。目前，要求更为严苛的超低排放区的设定也在计划中。而政令雷厉风行的中国政府，面对不愿承担责任的公众，表现得却婉转得多。

2013 年初，因为污染爆表，北京市启动空气重污染日应急方案。该方案中最引人注目的措施，是停驶 30% 的公务车。根据应急方案，AQI（空气质量指数）超过 500 时才停驶 30% 的公务车，29 日的 AQI 并未达到 500，但已启动该方案。北京市环保局的解释是，停驶公车借鉴了国外经验，既是应急措施，也是对公众的引导，政策目标的预期，是引导那些不愿改变自己出行习惯的公众，提出自己的停驶意愿。但这一做法的实效如何，公众是否会从指责者、看客转变为参与者，还有待时间验证。

政策与治理

Policies and Governance

2013年，无论是环境政策，还是环境法制，可谓有喜有忧。喜的是，2013年6月17日，最高人民法院、最高人民检察院联合发布了《关于办理环境污染刑事案件适用法律若干问题的解释》；此外，《环境保护法》修正案草案提交全国人大常委会审议。忧的是，虽然2013年1月1日，首次规定了环境公益诉讼的新《民事诉讼法》开始实施，但是，环境公益诉讼却是以“零”立案告终。

《2013环境公益诉讼回到原点》则通过对2013年环境公益诉讼开展情况的盘点，说明我国环境公益诉讼再次面临困境：新《民事诉讼法》虽然生效，但是，环境公益诉讼反而遭遇“倒春寒”。文章同时对《环境保护法》修正案草案二审稿和三审稿关于环境公益诉讼主体规定的不妥做了分析，并介绍有关部门和专家的修改建议。

《环境诉讼中鉴定制度的困境与突围》一文针对目前我国环境污染损害鉴定制度存在的鉴定机构管理主体不统一、鉴定机构资质混乱和中立性不足等诸多问题，提出推动建立统一的环境司法鉴定管理体制、加强环境污染损害鉴定机构的管理等完善我国环境污染损害鉴定制度的建议。

《环保法修改由小修变大改》介绍了《环境保护法》修正案草案二审稿和三审稿中完善的一些法律条款，其中包括政策环评、环境信息公开以及公众参与、按日计罚等。文章同时介绍了2013年国家出台并实施的一些重大环境政策，如2013年环保部发布指南，要求各级环保部门从2014年1月1日起，应全面公开建设单位环评报告全本。

G.11

2013 环境公益诉讼回到原点

林燕梅 王晓曦 *

摘 要：

2013 年 1 月 1 日起，正式确立公益诉讼制度的新《民事诉讼法》生效，但是环境公益诉讼实践并没有取得突破性进展，反而遭遇“倒春寒”。本文简要回顾了2007～2013 年各地法院受理的环境公益诉讼案件，分析了阻碍各地法院受理环境公益诉讼案件的原因和《环境保护法》修改对环境公益诉讼主体资格限定的争议，进而分析了2013 年环境公益诉讼、环境信息公开诉讼、污染环境罪等进展，来探讨环境公益诉讼的发展方向。

关键词：

新《民事诉讼法》 环境公益诉讼 环境保护法修正案

一 新民事诉讼法的突破未能破冰

《全国人民代表大会常务委员会关于修改〈中华人民共和国民事诉讼法〉的决定》（以下将经修改后的民事诉讼法简称为“新《民事诉讼法》”）于 2012 年 8 月 31 日由第十一届全国人大常委会第二十八次会议通过，并自 2013 年 1 月 1 日起施行。新《民事诉讼法》第五十五条规定：“对污染环境、侵害众多消费者合法权益等损害社会公共利益的行为，法律规定的机关和有关组织可以向人民法院提起诉讼。”这条规定被认为是新法为保护社会公共利益特别

---

* 林燕梅，中国政法大学环境与资源法学 2012 年博士生，佛蒙特法学院中美环境法项目助理教授、副主任；王晓曦，中国政法大学环境与资源法学 2012 年硕士生。

创立的一项新制度，即“民事公益诉讼制度”，将为各个地方已经在实践中进行试验的民事公益诉讼提供法律依据。

自2007年11月以来，贵阳、无锡和昆明等地，借成立专门审理案件的环保法庭的机遇，提出以“先行先试”的方式来建立环境公益诉讼制度，规定各级检察机关、各级环保局等相关职能部门、环境保护社团组织等相关机构，可以作为环境公益诉讼的原告。5年后，立法机关通过立法初步肯定了这一做法，解决了环境民事公益诉讼无法可依的瓶颈问题，十分鼓舞人心。特别是在各界付出努力之后，新《民事诉讼法》最终通过的有关公益诉讼主体资格的条文，把原来草案限定的主体资格由“法律规定的机关、有关社会团体”放宽为“法律规定的机关、有关组织”，这表明了立法机关愿意向民间环保组织[①]提起环境公益诉讼打开大门的立法意图。

然而，令人始料不及的是，新《民事诉讼法》开的这盏“绿灯”在实践中反而成了“红灯”：自该法生效以来，各地法院未受理一起由环保社团组织提起的环境民事公益诉讼，其中包括中华环保联合会提起的7起诉讼。[②] 法院要么以主体不适格为由驳回起诉或不予立案，要么干脆不接受诉讼材料，不予

表1　2007～2013年各地法院受理的环境公益诉讼案件数量*

单位：件

诉讼主体	2007年	2008年	2009年	2010年	2011年	2012年	2013年
环保组织	0	0	2	1	4	3	2(9)
检察机关	0	5	4	4	3	6	1
职能部门	1	0	2	2	1	5	0
其他**	0	5	8	7	8	1	1
合　计	1	10	16	14	16	15	4

注：*这里统计的数量包括环境民事公益诉讼和环境行政公益诉讼案件的数量。资料来源于公开的媒体报道和贵阳市清镇环保和生态法庭提供的信息，因此数据不一定完全。参见：2007～2013年公开报道的环境公益诉讼实验案件，《环境司法通讯》第四期。

**“其他”指公民个人或其他社会组织；( )表示已经提起，但未被受理的案件，详见第三部分。

① 根据1998年的《社会团体登记管理条例》的规定，社会团体的注册登记受到同区域同行业不能新注册的垄断限制，因此活跃在各地环保领域的环境保护组织很多都是民间自发举办的民办非企业单位，包括自然之友、淮河卫士、绿色昆明和自然大学等。

② 庄庆鸿等：《环境公益诉讼为何仍“高门槛”》，2013年10月31日《中国青年报》。

回复。根据公开媒体的报道，2013 年的环境民事公益诉讼实践可以用“停滞不前”来形容，法律的突破并没有为环境民事公益诉讼打开方便之门。

二　坎坷的“入法”之路

1. 最高人民法院的指导意见

至于“主体不适格”这一说法，究其原因，地方法院仍将其归结为法律未有具体规定。[①] 诚然，新《民事诉讼法》的规定确实比较原则，把“法律规定以外的机关”排除在外，而“法律规定”是否限制“有关组织”还存在争议。

从现行法律看，目前可以提起民事公益诉讼的机关，仅有《海洋环境保护法》第九十条第二款规定的“依照本法规定行使海洋环境监督管理权的部门”，即在没有新的法律规定情况下，检察机关、各级环保局等相关职能部门都不能成为环境民事公益诉讼的主体，因此在 2013 年这些主体所提起的环境公益诉讼基本上都偃旗息鼓。[②]

而关于“有关组织”的范围，最高人民法院在以“高民智”的名义发表的贯彻实施新《民事诉讼法》系列指导性文章之二《关于民事公益诉讼的理解与适用》[③] 中提出，新《民事诉讼法》的立法本意并不强调“有关组织”须由法律规定，而是说明哪些组织适宜提起公益诉讼，可以在制定相关法律时

---

① 海口中级人民法院在驳回中华环保联合会诉海南罗牛山种猪育种有限公司以及海南天工生物工程公司一案的裁定书中说明的理由是：“鉴于目前的法律尚未对中华环保联合会作为民事诉讼的起诉主体资格做出明确规定，故中华环保联合会作为民事公益诉讼原告主体不适格，对其提出的诉讼应予以驳回。”

② 2013 年清镇市环保法庭受理了贵州省清镇市人民检察院诉被告贵州西电龙腾铁合金有限公司清镇公司大气污染责任纠纷环境公益诉讼一案。贵阳市 2010 年《贵阳市促进生态文明建设条例》的第二十三条规定：检察机关、环境保护管理机构、环保公益组织为了环境公共利益，可以依照法律对污染环境、破坏资源的行为提起诉讼，要求有关责任主体承担停止侵害、排除妨碍、消除危险、恢复原状等责任。见 http：//www. ghb. gov. cn/doc/201029/52054307. shtml。

③ 在新《民事诉讼法》颁布后，即着手研究出台实施指南，还专门就实施环境民事公益诉讼的指导意见的草稿向专家征求意见，并提出经过司法实践的探索后形成司法解释。虽然最高人民法院未能在新《民事诉讼法》生效前出台实施指南，但最高人民法院在 2012 年 12 月初开始以高民智的名义在《人民法院报》刊载了贯彻实施新《民事诉讼法》的系列指导性文章。其中就有《关于民事公益诉讼的理解与适用》一文，介绍了最高人民法院对于民事公益诉讼的理解与法律适用的一些“探讨意见”。

做出进一步明确规定，还可以在司法实践中逐步探索，但应当与起诉事项有一定的关联。[①] 根据该文，最高人民法院的基本立场是鼓励各地法院先行先试，在实践中拓展。“高民智”还进一步建议，人民法院目前原则上先探索受理具有以下条件的有关组织所提起的环境民事公益诉讼：①依法登记成立的非营利性环境保护组织；②按照其章程长期实际专门从事环境保护公益事业的组织；③有 10 人以上专职环境保护专业技术人员和法律工作人员；④提起的诉讼符合其章程规定的设立宗旨、服务区域、业务范围。[②]

2.《环境保护法》修正案草案的二审稿和三审稿

在新《民事诉讼法》无法帮助环保组织敲开公益诉讼的大门之际，人们只好期待《环境保护法》的修订能够破局。2012 年 8 月 31 日第十一届全国人大常务委员会公布的《中华人民共和国环境保护法修正案（草案）》（以下简称“一审稿”）对环境公益诉讼没有规定。[③] 2013 年新上任的第十二届全国人大常委会对一次审议稿作了重大的修正后于 2013 年 7 月 19 日公布了二次审议稿。二次审议稿增加了对环境公益诉讼的规定（第四十八条）：“对污染环境、破坏生态，损害社会公共利益的行为，中华环保联合会以及在省、自治区、直辖市设立的环保联合会可以向人民法院提起诉讼。”[④] 这一规定在各界引起了很大的争议。中华环保联合会是由环保部主管的，带有官方色彩的社会团体，其会员包括不少污染大户。环境公益诉讼制度的本意是动员社会各界力量在法定的渠道上监督企业的污染行为，参与环境保护，二审稿的条文却直接把中华环保联合会以外的机关和组织都排除在外，这样的规定既与新《民事诉讼法》有冲突，也不符合立法精神，更不利于环境公益诉讼制度的发展，以至于媒体形容“二审稿的亮点瞬即被对公益诉讼主体的不满湮没”[⑤]。所幸的是二审稿并未提请常委会表决。

---

① 高民智：《关于民事公益诉讼的理解与适用》，2012 年 12 月 7 日《人民法院报》。

② 高民智：《关于民事公益诉讼的理解与适用》，2012 年 12 月 7 日《人民法院报》。

③ 《中华人民共和国环境保护法修正案（草案）》（一次审议稿）条文，http：//www. npc. gov. cn/npc/xinwen/lfgz/flca/2012 – 08/31/content_ 1735713. htm。

④ 《环境保护法修正案》（草案二次审议稿）条文，http：//www. npc. gov. cn/npc/xinwen/lfgz/flca/2013 – 07/17/content_ 1801189. htm。

⑤ 汪韬：《环境公益诉讼：民间忧冰封，官方称待定》，2013 年 7 月 5 日《南方周末》。

2013 年 10 月 21 日全国人大再次审议《环境保护法》修正案草案。新的草案（以下简称“三审稿”）的全文没有对外公开。《法制日报》报道三审稿“修改了有关提起环境公益诉讼主体的规定：对污染环境、破坏生态、损害社会公共利益的行为，依法在国务院民政部门登记、专门从事环境保护公益活动连续五年以上且信誉良好的全国性社会组织可以向人民法院提起诉讼。其他法律另有规定的，依照其规定。”①

通过这样的修改，提起环境公益诉讼主体的范围究竟是扩大还是缩小？二审稿规定中华环保联合会以及省、自治区、直辖市环保联合会可以起诉，由于中华环保联合会与地方联合会没有隶属关系，② 理论上说有 1 + 31 个组织有起诉资格，但是迄今为止只有河北、河南、安徽、江苏、湖南、吉林省和宁夏回族自治区成立了省一级的环保联合会，也就是说只有 8 个组织有权提起环境公益诉讼。《中国青年报》记者访问各大部委网站，梳理了符合三审草案条件的公益组织，发现符合条件的共有 11 家。这 11 家分别是：环保部下属的中国环境文化促进会、中华环境保护基金会、中国环境保护产业协会、中国环境科学学会；国家林业局下属的中国林业教育学会、中国林业产业联合会；水利部下属的中国水利学会；农业部下属的中国农学会；国土资源部下属的中国矿业联合会、中国土地学会；国家海洋局下属的中国海洋学会。③ 包括中华环保联合会共 12 家。《财经国家周刊》报道：“在二审稿讨论的过程中，立法机关的思路为，既然环境诉讼公益的大门必须敞开，那么二审稿先‘开个口子试一试’，收集各方意见，再做最后决定。”④ 从目前的绝对数量而言，三审稿确实是扩大了环境公益诉讼主体的范围，但除中华环保联合会外，其他组织主要是学会和产业协会，迄今未曾提起过环境公益诉讼。

① 陈丽平：《环境保护法修正案草案第三次提请审议，扩大提起环境公益诉讼主体范围》，2013 年 10 月 21 日《法制日报》。

② 田建川：《中华环保联合会独家回应“环境公益诉讼主体争议”：不是垄断，不会“寻租”》，新华社“中国网事”，2013 年 6 月 30 日，http://www.xinhuatone.com/interfaceDetail.jsp?con_id = 17886。

③ 庄庆鸿等：《环境公益诉讼为何仍“高门槛”》，2013 年 10 月 31 日《中国青年报》。

④ 《环保法“小步走”，期待更多“大动作”》，财经国家新闻网，2013 年 7 月 9 日，http://news.xinhuanet.com/fortune/2013 - 07/09/c_ 124976359.htm。

如此看来，无论是二审稿还是三审稿都未能回应新《民事诉讼法》的立法本意。根据高院（“高明智”）的意见，新《民事诉讼法》的立法者明确期待相关法律对哪个机关应提起民事公益诉讼做出相应的规定，对此《环境保护法》二审稿和三审稿均保持沉默。[①] 对于立法者并不强调须由法律规定的“有关组织”，二审稿和三审稿却做了严格的限定。全国人大法律委员会做出严格限制的理由是“考虑到环境公益诉讼制度是一项新制度，宜积极稳妥地推进；确定环境公益诉讼主体范围也需要考虑诉讼主体的专业能力、社会信誉等因素，防止滥诉”。[②] 但是立法者如此的忧虑与实践是不相符的。正如表1所示，即使在地方环保法庭鼓励有关组织提起环境公益诉讼的情况下，环保组织提起环境公益诉讼并不多，五年以来法院受理的只有9件，其中中华环保联合会占了7件，这与我国严峻的环境污染形势不相称。

“防止滥诉”很可能只是立法者限制环境公益诉讼主体的托词。一方面，在中国严峻的环境问题面前，法院和全国人大的决策者不得不顺应民意，表态支持制度创新，以示其在应对生态危机上有所作为；但另一方面，对于公益诉讼制度将在何种程度上把经济发展和环境保护的矛盾推至法院，是否会打乱各地政府在经济增长、维稳、社会控制等方面的部署并没有清晰的预见，从2013年各地地方法院用不立案、不接受立案材料来抵制环境公益诉讼制度就可见一斑。归根结底，本届决策者虽然从理论上支持动员公众保护环境，但对于赋权给民间自发环保组织运用公益诉讼这一法律工具问责污染者，进而可能问责政府仍没有下定决心。然而，与其只是搭个“花架子”，还不如做实公益诉讼这一制度，为中国的环境保护开拓出新的道路。

3. 期待出路：《环境保护法》修正草稿（四审稿）与《行政诉讼法》的修改

摆在本届立法者面前能够做实这一制度的有两个机遇：《环境保护法》的修改和《行政诉讼法》的修改。本着尊重新《民事诉讼法》立法本意、鼓励

---

① 对“法律规定的机关”不做出规定的除《环境保护法修订案（草案）》外，新修订的《消费者权益保护法》也没有对侵犯消费者权益的公益诉讼主体做出规定。

② 顾瑞珍、余晓洁：《环保法修订草案拟扩大提起环境公益诉讼的主体范围》，新华网，2013年10月21日，http：//www. npc. gov. cn/huiyi/lfzt/hjbhfxzaca/2013 - 10/21/content_ 1810474. htm。

公众参与环保监督的宗旨，专家学者和环保组织建议，对有权提起公益诉讼的有关组织的范围可由法律或司法解释进行必要的限制，但这种限制只需要达到基本的有关程度就够了。根据文义解释，针对“有关组织”的司法解释只需要两条：一是依法成立（针对“组织”做出规定），二是提起的诉讼符合章程或者是宗旨业务范围（针对“有关”做出规定）。起诉资格应与能力无关，“有关组织”会根据自身情况决定是否起诉，没有能力或者能力欠缺者可以选择不起诉或者委托律师等代理。能力问题是原告自己考虑的问题，不需由法律或司法解释加以规定。[①]

至于法律应该赋予哪些机关以公益诉讼原告地位，目前确实存在争议。负有环境保护职能的行政机关和检察机关都曾提起过环境公益诉讼，且取得过不错的社会效果，但反对者认为作为法定的环境保护行政主管部门，已经拥有足够的行政权力，没有必要赋予其提起环境公益诉讼的权力；而检察机关有监督行政机关的权力，可以督促行政机关行使行政权力，还可以运用支持起诉和督促起诉的方式促使行政机关和有关组织提起公益诉讼，也没有必要再多给检察机关直接提起公益诉讼的权力。支持者则认为，赋予行政机关或检察机关以执法机关的身份提起公益诉讼是一种由司法机关主导的新型执法方式，在行政部门穷尽现行能力之后仍然无法覆盖而代表公益提起的诉求，例如，长期清理污染、自然资源损害赔偿、停产整顿、关闭等。因此赋予行政机关或检察机关环境公益诉讼资格，应该能够探索新的出路。

新《民事诉讼法》创立的民事公益诉讼制度是在我国立法中落实科学发展观的重要体现，是创新社会管理的一个重要方面，[②] 若《环境保护法》的修订对民事公益诉讼的进一步构建形成限制，无疑是一种倒退。党的十八大三中全会提出：“建设生态文明，必须建立系统完整的生态文明制度体系，用制度保护生态环境。”民事公益诉讼制度是我国改革生态环境保护管理体制的重要组成部分。2014 年人大常委会将对《环境保护法》修订草案进行第四次审议，关注环境保护的各界人士都应向委员们提建议，进一步扩大环境公益诉讼的主体资

① 胡静：《关于环境公益诉讼构建的设想》，2013 年 5 月 17 日在环境公益诉讼研讨会——以曲靖铬渣污染案为例的发言。

② 高民智：《关于民事公益诉讼的理解与适用》，2012 年 12 月 7 日《人民法院报》。

格，勿将刚诞生的创新制度扼杀在摇篮中。①

除了《环境保护法》的修订外，另一个不可忽略的使环境公益诉讼入法的机遇是《行政诉讼法》的修改。《行政诉讼法》的修改被纳入本届人大常委会的一类立法项目，有望在五年内提请审议并通过。② 此次行政诉讼法修改将致力解决的一个关键文件是“敞开行政诉讼之门，让行政争议能够顺利进入司法审判”，包括扩大行政诉讼受案范围、原告资格，增加行政公益诉讼等规定。③

现行《行政诉讼法》规定可以起诉的范围基本上限于侵犯公民、法人或者其他组织的人身权和财产权，对原告资格进行了严格的限制。④ 人身权、财产权以外的其他合法权益，如劳动权、环境权、休息权、受教育权、宗教信仰权、平等参与权、参与权、表达权等政治权利等，除非有单行立法的规定，否则这些权益受到侵害的公民、法人或者其他组织无法依据现行的《行政诉讼法》提起诉讼。大多数专家认为这种以权利类别作为区分的规定，已经不合时宜，亟待修改，建议新的《行政诉讼法》规定“凡与行政行为有法律上利害关系的公民、法人或者其他组织，对该行政行为不服的，都可以提起诉讼”。⑤ 目前公民、法人和其他组织在推动行政部门执行环境法、获取环境信息、参与环境影响评价、规划过程中遭到行政部门的不作为或乱作为，常常因为还没有遭受到人身权和财权权的侵害而不能寻求司法救济。若新的《行政诉讼法》能够扩大原告的资格，涵盖环境权、参与权、知情权等合法权益，将会有力地促进公民运用法律手段保护环境。

除此以外，专家还建议《行政诉讼法》的修改应建立行政公益诉讼制度。

---

① 据内部人士估计2013年12月底不会对环保法进行四审，可能需要等到明年。12月人大会后需要对这一立法进行修改。

② 姜洪：《全国人大公布立法规划 修改人民检察院组织法被纳入》，2013年11月4日《检察日报》。

③ 应松年：《完善行政诉讼制度——行政诉讼法修改核心问题探讨》，《广东社会科学》2013年第1期。

④ 《行政诉讼法》第2条规定公民、法人或者其他组织若认为具体行政行为侵犯其“合法权益”则有权起诉，但第11条所列举的案件却只限于是“人身权、财产权”受侵害的案件。这产生了两个问题：在立法技术上第11条与第2条的规定不完全一致，第11条所列举的人身权、财产权案件实际上限制了第2条规定的“合法权益”所具有的广泛内涵。近年公民依据《政府信息公开条例》规定提起的侵犯知情权的案件也有不少获得受理。

⑤ 应松年：《完善行政诉讼制度——行政诉讼法修改核心问题探讨》，《广东社会科学》2013年第1期；蒋安杰：关注《行政诉讼法》修改完善行政诉讼制度，2012年3月21日《法制日报》。

参考新《民事诉讼法》的规定，通过循序渐进的方式逐步推进环境公益诉讼，划定关系公众生命健康等重大公共利益的自然资源、生态环境、食品安全、行政垄断等领域进行公益诉讼，并把公益诉讼主体限制在一定范围内。[1] 以新《民事诉讼法》2013 年的实践为鉴，《行政诉讼法》对公益诉讼主体的限定不要再给其他法律留出“填空题”，应该在经过详细论证和公开征求意见后，直接确定。

三　艰难的环境公益诉讼

1. 2013 年等待受理的环境公益诉讼

截至 2013 年 11 月，中华环保联合会在 2013 年提起了 6 起环境公益诉讼。民间环保组织北京市朝阳区自然之友环境研究所（以下简称“自然之友”）、北京市丰台区源头爱好者环境研究所（以下简称“自然大学”）在 2013 年 7 月和 9 月分别向北京市东城区人民法院和内蒙古鄂尔多斯中级人民法院起诉中国神华煤制油化工有限公司、中国神华煤制油化工公司鄂尔多斯煤制油分公司超采地下水、排放污水严重污染案。环保组织 2013 年提起的环境公益诉讼，迄今还没有一起得到受理。详细的案情请参见表 2。

这些案件为什么没有获得受理值得深思。新《民事诉讼法》实施前，环保组织依据一些政策和地方法规的规定，如《国务院关于落实科学发展观加强环境保护的决定》（国发〔2005〕39 号）等提起环境公益诉讼，各地法院迄今受理了 12 起。其中除了一起还在审理中外，所有诉讼均以环保组织胜诉或原告撤诉、双方达成调解协议而结案，均收到不错的法律和社会效果。新《民事诉讼法》实施后，虽说主体资格的规定仍有争议，但环境公益诉讼是于法有据的，然而现实中，除了本身允许环境公益诉讼实践的贵阳清镇市环保法庭以外，没有法院受理环保组织提起的公益诉讼，令人费解。笔者认为，法院以主体资格的问题驳回起诉只是表面的理由，地方法院就如何通过审理环境公益诉讼介入环境执法，维护公众利益，在环境问题中如何处理与当地环保局、政府的关系等方面还没有准备好，才是真正的原因。

---

① 应松年：《完善行政诉讼制度——行政诉讼法修改核心问题探讨》，《广东社会科学》2013 年第 1 期。应教授建议将检察机关和经批准的社会组织作为主体提起行政公益诉讼。

表 2　由有关组织提起未被受理的环境公益诉讼*

起诉时间（2013 年）	法院	当事人		案情及诉讼请求	驳回起诉的理由
		原告	被告		
3 月	山东潍坊市中级人民法院	中华环保联合会	潍坊乐港食品股份有限公司第三猪场	原告称被告没有运行污水处理设施，超标排污，导致地下水受到严重污染。原告要求被告立即停止污染行为，并提出索赔 700 余万元，以用于环境污染治理和修复①	法院既未裁定驳回诉讼请求，也未对之进行立案
3 月	山西忻州市中级人民法院	中华环保联合会	山西省原平市住建局	原告称被告在修建当地一条公路时未妥善处理好排污管网问题，导致上游地区的生活污水和部分企业的排污废水直接排放到该市新原乡柳巷村，对该村环境造成了破坏。原告要求被告立即停止侵害，采取有效措施消除污水排放造成的破坏②	法院认为最高法对环境公益诉讼原告主体资格的问题无司法解释，因此不予立案
5 月	重庆市第四中级人民法院	中华环保联合会	重庆市双庆硫酸钡有限责任公司	原告称被告所排工业废水直接污染彭水县的饮用水源地郁江，且多项污染物严重超标。原告请求法院立即停止被告的违法排污行为；请求法院判决双庆公司采取有效措施对厂区周围环境进行治理，包括土壤、道路及清除废渣；消除对郁江的污染以及对周围居民身体健康的危害③	法院未发不予立案的裁定，不受理
5 月	重庆海事法庭	重庆两江志愿发展中心 自然之友	重庆红蝶锶业有限公司	1994 ~ 2008 年，被告所排出的废渣全部堆放在涪江水边，截至目前，该废渣已形成一座占地面积约 50 亩的渣山。经检测证明，废渣中含有大量的硫化物和砷等有害物质及其他重金属。每逢降雨或者涪江涨水之际，整座渣山浸泡在涪江里，废渣中大量的有害有毒物质就这样直接地及常年地渗透进入涪江，然后流到长江 请求法院判令被告对其堆放在重庆铜梁安居镇象山村五组涪江水边的废渣采取有效措施消除危害，即消除其倾倒的废渣对涪江、长江水体的污染及危害	法院认为陆源污染是否由海事法院管辖目前无论是在法理还是实务中均存在争议，相应的司法解释规定得也不清楚，因此不予立案

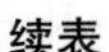
续表

起诉时间（2013）	法院	当事人		案情及诉讼请求	驳回起诉的理由
		原告	被告		
6月	海南省海口市中级人民法院	中华环保联合会	海南罗牛山种猪育种有限公司	原告称被告常年向厂区外排放废水，严重影响周边居民的生产生活、身体健康和环境公共利益，并且超标废水在无任何防渗措施情况下先通过坑塘下泄，对土壤和地下水都造成了严重污染和风险，且威胁到罗牛河和国家级红树林保护区安全。请求判令罗牛山公司消除对排污沿岸、储水坑塘周边及下游红树林保护区造成的危险，采取修复措施减轻长期以来造成的污染，并赔偿污染赔偿款1399万元④	法院以“中华环保联合会作为民事公益诉讼原告主体资格不适格”驳回起诉
6月	海南省海口市中级人民法院	中华环保联合会	海南天工生物工程公司	原告称被告超标排污，对土壤和地下水都造成了严重污染和风险，且威胁到罗牛河和国家级红树林保护区安全。请求天工生物工程公司支付污染赔偿款233万元⑤	法院以“中华环保联合会作为民事公益诉讼原告主体资格不适格”驳回起诉
7月	北京市东城区人民法院	自然之友、自然大学	中国神华煤制油化工有限公司、中国神华煤制油化工公司鄂尔多斯煤制油分公司	原告称被告2006年开始抽取地下水，日抽水量可达数万立方米。被告多来年来持续抽取地下水的行为导致目前草原地下水位严重下降。被告在生产过程中，有向厂区附近河道和沙地排放工业废水的行为。在距离被告生产区500米左右的沙地上已形成一片大面积的废水渗坑，废水经检测含有大量有毒有害物质。原告请求判令被告停止向沙地排放废水的侵害行为，并对其已经排放到沙地形成的废水渗坑采取有效的治理措施，恢复其原有的生态功能；请求判令被告停止从鄂尔多斯浩勒报吉水源地抽取地下水的侵害行为；由被告承担本案的全部诉讼费、律师费等⑥	2013年8月30日，北京东城区法院电话告知律师不予立案，理由是：虽然民诉法有55条的规定，但到底什么样的原告能提起环境公益诉讼，法律规定得不清楚。法院没有下达裁定书

续表

起诉时间（2013）	法院	当事人		案情及诉讼请求	驳回起诉的理由
		原告	被告		
8月	北京市第一中级人民法院	中华环保联合会	国家海洋局	2013年2月16日，国家海洋局宣布，该事故油田已经具备正常作业条件，同意其逐步恢复生产。中华环保联合会认为国家海洋局在发出复产的审批前，既没有经过专家论证，也没有进行公开听证，因此中华环保联合会提起了行政复议，但是国家海洋局并没有受理行政复议。中华环保联合会于2013年8月提起了行政诉讼。要求法院判定被告违法批准康菲公司复产，并要求被告依法对康菲公司的复产重新做出审批⑦	2013年8月13日，北京市第一中级人民法院认为国家海洋局做出的716号批复的具体行政行为未侵犯中华环保联合会的合法权益，故中华环保联合不具备行政诉讼的原告主体资格，裁定驳回
9月	鄂尔多斯中级人民法院	同7月	同7月	同7月	2013年9月13日鄂尔多斯中级人民法院退回立案材料。

*表格的数据来源于公开的媒体报道，未必完全。

① 郄建荣：《中华环保联合会三起环境公益诉讼被搁置》，2013年6月20日《法制日报》。

② 郄建荣：《中华环保联合会三起环境公益诉讼被搁置》，2013年6月20日《法制日报》。

③ 郄建荣：《政府引污染企业入驻村民拿着污染蔬菜告状无果》，2013年9月18日《法制日报》。

④ 郄建荣：《新民诉法实施后法院未受理一起公益诉讼》，2013年8月8日《法制日报》。

⑤ 郄建荣：《新民诉法实施后法院未受理一起公益诉讼》，2013年8月8日《法制日报》。

⑥ 胡少波：《自然之友、自然大学诉中国神华煤制油化工有限公司和中国神华煤制油化工公司鄂尔多斯煤制油分公司公益诉讼研讨会报告》。

⑦ 张棉棉：《中华环保联合会状告国家海洋局，质疑康菲复产违规》，中国广播网，2013年08月04日，http：//www.chinanews.com/gn/2013/08－04/5119787.shtml。

2. 2013年审理/审结的环境公益诉讼案件

2011年10月，民间环保组织自然之友和重庆市绿色志愿者联合会在云南曲靖针对铬渣污染一案提起了环境公益诉讼，起诉云南省陆良化工实业有限公司和云南省陆良和平科技有限公司。[①] 该案是迄今为止唯一获得受理的由民间环保组织发起的环境公益诉讼。[②] 历经两年漫长的等待、艰辛的取证和谈判过程，原告、被告双方原定于2013年1月达成调解。该调解协议确定了被告对铬渣造成的污染进行治理修复的责任、范围和程序，引入了由原告以直接参与、委托第三方审核等多种方式监督的机制，以及设立“铬渣治理公关公益金账户”等多项创新解决方案。这次调解若能达成并执行，本可以成为环境公益诉讼的典范，[③] 但是很可惜，2013年4月18日，被告正式向法院表示，拒绝签署调解书，法院主持的调解谈判正式破裂，案件进入庭审程序。[④] 为了提出充分的证据，作为原告之一的自然之友在2013年6月，会同中国环境科学学会环境污染损害鉴定评估中心和环境保护部环境规划院环境风险与损害鉴定评估研究中心的专家，赴云南曲靖调研铬渣污染场地，以确定云南曲靖铬渣污染环境公益诉讼案的环境损害鉴定方案。[⑤] 截至2013年11月，该案的开庭时间仍未确定，估计要等2014年继续推进，只是案件审理可以等，受到铬渣污染威胁的附近村民和生态环境是否还能再等待？

陕西韩城市环保局比环保组织“幸运”。2013年3月22日韩城市人民法院对韩城市环保局2012年提起的诉韩城白矾矿业有限责任公司尾矿渣污染讼案下达了一审判决：判令被告支付环境污染损害费用100.5万元。被告未提起

① 关于曲靖铬渣污染一案的详细案情请参考：《自然之友就铬渣污染事件向云南曲靖中院提起公益诉讼》，2011年9月22日，http：//www. fon. org. cn/content. php? aid = 14622；《自然之友铬渣污染事件公益诉讼案正式立案》，2011年10月20日，http：//www. fon. org. cn/content. php? aid = 14652。

② 本案经受理法院和云南高院的协调，曲靖市环保局作为第三原告共同提起诉讼。另外，2010年中华环保联合会联手贵阳市公众环境教育中心起诉乌当区定扒造纸厂水污染一案中贵阳市公众环境教育中心是没有官方背景的民间环保组织。

③ 杨洋：《云南铬渣公益诉讼案件的历史回顾与目前的进展》，《环境公益诉讼研讨会——以曲靖铬渣污染案为例》，2013年5月17日，会议记录。

④ 刘虹桥、任重远：《云南铬渣案调解破裂将进入庭审程序》，2013年4月18日，财新网，http：//china. caixin. com/2013 - 04 - 19/100516302. html。

⑤ 《自然之友会同鉴定专家赴云南曲靖调研铬渣污染场地》，2013年7月18日，http：//www. fon. org. cn/index. php/index/post/id/1485。

上诉。[①] 之所以提起环境公益诉讼，陕西省环保厅政策法规处处长宋东刚告诉《法制日报》记者："环保部门已经限期治理、停产整顿、行政处罚，依然无法阻止企业破坏生态环境，只能诉诸法律，用法律的手段来制止其环境违法行为。"[②] 此外，行政处罚不能代替生态修复，提起环境公益诉讼能够追究违法者"弥补公共环境损害"的责任。[③] 该案的庭审是在 2012 年 12 月 4 日进行的，即新《民事诉讼法》生效之前，虽然被告质疑韩城市环保局提起环境公益诉讼的资格，但法院采纳原告的意见。原告韩城市环保局认为"现行环境保护法第六条规定：一切单位和个人都有保护环境的义务，并有权对污染和破坏环境的单位和个人进行检举和控告。因此，从法律角度来看，任何单位或个人成为环境民事公益诉讼资格主体都是应该的。其次从实践层面来看，放宽环境民事公益诉讼原告资格主体，是国家公共管理和法制建设的必然要求。"[④]

除了以上两起案件以外，《福建日报》还报道了泉州市永春县人民法院受理的一起由东平镇经济社会事务服务中心诉李某无证养殖户水污染一案，据称此为福建省首例环境公益诉讼。原告、被告达成调解协议，被告关闭养殖场。[⑤]《黔中早报》也报道了贵州省清镇市生态环保法庭对破坏生态环境屡禁不止的站街镇莲花村大坡砂石厂下达了该市首个《诉前禁止令》，禁止其在开始诉讼前仍对生态环境进行污染破坏。[⑥]

3. 其他环境诉讼的进展

除了环境公益诉讼的实践外，2013 年在司法进入环境治理的其他方面也有了一定的进展。不少民间环保组织提起的环境信息公开行政诉讼得到了受理

① 台建林：《陕西首例环境公益诉讼案始末》，2013 年 4 月 10 日《法制日报》。

② 台建林：《陕西首例环境公益诉讼案始末》，2013 年 4 月 10 日《法制日报》。

③ 台建林：《陕西首例环境公益诉讼案始末》，2013 年 4 月 10 日《法制日报》。

④ 台建林：《陕西首例环境公益诉讼案始末》，2013 年 4 月 10 日《法制日报》。

⑤ 徐占升、施由森、吴志文：《养殖场污水排入河流，镇政府提生态公益诉讼后胜诉》，《福建日报》，2013 年 5 月 22 日，http://fjrb.fjsen.com/fjrb/html/2013-05/22/content_627458.htm?div=-1。

⑥ 龙香、邵培佳：《清镇市生态环境保护法庭下达首个〈诉前禁止令〉》，2013 年 3 月 2 日《黔中早报》。

或审结[1]。中国红树林保育联盟（CMCN）经过了为期8个月的行政诉讼，于2013年7月7日得到了广西壮族自治区防城港环保局提供的广西东湾大道工程环境影响评价报告全本的复印件（扣除商业秘密和国家秘密部分）。[2]环保爱好者陈立雯2013年3月起诉广州市环保局，请求法院判决其公开李坑垃圾焚烧厂一期环评报告等内容的案件得到受理，并且广州越秀区法院的一审和广州中级人民法院的二审都认定广州市环保局逾期不答复为违法。广州市环保局已经履行职责，并且广东省环保厅已向陈立雯公开了李坑垃圾焚烧厂二期的环评报告。[3] 自然大学起诉北京密云县环保局、北京市环保局以及四川省环保厅等的多起环境信息公开案件都得到受理，并在审理中。绿色昆明、绿满江淮等民间环保组织均表示通过提起行政复议或向行政机关表示会提起政府信息公开诉讼，基本上获得了要求公开的信息，其中包括腾冲县北海湿地旅游建设项目环境影响评价报告书，以及全国31个省、直辖市和自治区二噁英排放企业名单。鉴于公民和环保组织申请环境信息公开的努力和胜诉的案件，环境保护部于2013年11月14日颁布了《建设项目环境影响评价政府信息公开指南（试行）》，该指南要求环境保护主管部门应主动公开环境影响评价报告表的全本（除涉及国家秘密和商业秘密等内容外）及其他相关信息。[4]

2013年6月18日，最高人民法院、最高人民检察院公布了《关于办理环

---

① 虽然环保组织提起的环境信息公开诉讼是为了公益的目的获得信息，获得信息后也会向公众公开，本文不把环境信息公开诉讼列为环境公益诉讼。主要理由是根据《政府信息公开条例》第三十三条第二款规定（公民、法人或者其他组织认为行政机关在政府信息公开工作中的具体行政行为侵犯其合法权益的，可以依法申请行政复议或者提起行政诉讼），只要依法向行政机关申请获取政府信息的申请人，而遭到拒绝或逾期不答复或者不符合要求的，都具备了原告资格（行政机关的行为侵犯其知情权），因此不属于新《民事诉讼法》和拟修改的行政诉讼法所要建立的公益诉讼制度。

李广宇：《政府信息公开诉讼——理念、方法与案例》，法律出版社，2009，第33~35页。

② 《防城港红树林信息公开诉讼结束》，2013年7月20日，http://www.china-mangrove.org/page/3971。

③ 陈万如：《陈立雯告市环保局二审维持原判》，2013年9月12日《南方都市报》。

④ 环境保护部办公厅文件环办〔2013〕103号：关于印发《建设项目环境影响评价政府信息公开指南（试行）》的通知，2013年11月14日，http://www.zhb.gov.cn/gkml/hbb/bgt/201311/t20131118_263486.htm。

境污染刑事案件适用法律若干问题的解释》。[①] 该司法解释界定了"严重污染环境"的14条认定标准，第一次确认5种污染行为，[②] 只要实施即属于"严重污染环境"，而无须有致使财产重大损失或人员伤亡等严重后果。这样的规定不仅是将污染环境罪由结果犯变为了行为犯，还对何谓"严重污染环境"作了解释，对《侵权责任法》第六十五条中的"污染环境致损害的"和新《民事诉讼法》第五十五条中的"污染环境"的解释与适用都会有借鉴意义，有助于《环境公益诉讼法》在实体法上的进展。该解释的第十一条还规范了环境污染案件的鉴定机构及程序问题："对案件所涉及的环境污染专门性问题难以确定的，由司法鉴定机构出具鉴定意见，或者由国务院环境保护部门指定的机构出具检验报告。县级以上环境保护部门及其所属监测机构出具的监测数据，经省级以上环境保护部门认可的，可以作为证据使用。"这样的规定有助于解决环境诉讼取证难、鉴定难的困境。

四 路在何方

2013年1月1日确立公益诉讼制度的新《民事诉讼法》正式实施，环境公益诉讼实践却被打入冷宫，令人始料不及。人大常委会年中公布的环保法修正案二审稿更是使人对该制度的前景感到忧虑。虽然经过多方的呼吁呐喊，人大常委会提请审议的三审稿修改了二审稿的规定，但仍是对主体资格进行严格

① 2011年5月1日起施行的《刑法修正案（八）》对1997年刑法规定的"重大环境污染事故罪"作了重大修改：一是扩大了污染物的范围，将原来规定的"其他危险废物"修改为"其他有害物质"；二是降低了入罪门槛，将"造成重大环境污染事故，致使公私财产遭受重大损失或者人身伤亡的严重后果"修改为"严重污染环境"。修改后，罪名由原来的"重大环境污染事故罪"相应调整为"污染环境罪"。

② 这5种污染行为是：①在饮用水水源一级保护区、自然保护区核心区排放、倾倒、处置有放射性的废物、含传染病病原体的废物、有毒物质的；②非法排放、倾倒、处置危险废物三吨以上的；③非法排放含重金属、持久性有机污染物等严重危害环境、损害人体健康的污染物超过国家污染物排放标准或者省、自治区、直辖市人民政府根据法律授权制定的污染物排放标准三倍以上的；④私设暗管或者利用渗井、渗坑、裂隙、溶洞等排放、倾倒、处置有放射性的废物、含传染病病原体的废物、有毒物质的；⑤两年内曾因违反国家规定，排放、倾倒、处置有放射性的废物、含传染病病原体的废物、有毒物质受过两次以上行政处罚，又实施前列行为的。

限制，却没有任何推动措施，令人失望。

美国资深环境律师菲利普·伯克赛尔（PhilipBoxell）在三联韬奋书店图书馆的一次环境公益诉讼研讨会上说："不要失去你内心的信念，因为在隧道的尽头肯定是有光的。"是的，当我们行走在隧道中，不要因为还没看到光，就半途而废。[①]

对于广大关心环保的公民和环保组织，推动环境公益诉讼的路在脚下。在2014年，应积极参与两个"战场"的战斗。第一个战场是立法。正如本文第二部分提到的，环境公益诉讼的出路可能会出现在《环保法修正案》的四审稿以及《行政诉讼法》的修正案上，2014年将会是关键的一年。公民和环保组织应该继续深入与专家、人大代表合作参与各种立法、司法解释的论证和研讨，并且及时地把相关信息通过媒体传达给公众，使环境公益诉讼作为新的环保公众参与制度深入民心。

立法者对于放开环境公益诉讼主体资格的范围如此小心翼翼，虽说是担心"滥诉"，但自2007年一些地方大胆尝试环境公益诉讼以来，实现社会效果、法律效果和环境效果多赢的案件和拟提起的案件不多，可能也是原因之一。环境信息公开诉讼的成功经验表明，公民、环保组织和律师有策略地提起案件有助于推动新制度（环境信息公开制度）的建立和完善。截至2013年9月31日，全国各地法院已经成立了156家专门的环境保护审判组织（包括环境保护审判庭、合议庭、派出法庭和巡回法庭），[②]虽然不少环保法庭可能只是花架子，但应该有环保法官希望有所作为，可以成为环境公益诉讼的实验平台。另外，不要小看"小案子"，对于资源有限的民间环保组织，可以针对一些"三无"污染小作坊向环保机关提起执法申请或者向法院提起公益诉讼，同时在提起公益诉讼时，根据新《民事诉讼法》的第八十一条和一百条申请证据保全和临时禁令，及时禁止违法企业或个人污染或破坏环境的行为。另外，除了提起新《民事诉讼法》规定的环境公益诉讼，环保组织还可以自行提起或支持有利害关系的公民提起行政诉讼案件，包括不服行政机关颁发的排污许可

---

① 李蒙：《环境诉讼这半年》，2013年8月5日《民主与法制》。

② 张宝：《中国环境保护审判组织概览》，法律博客，2008年11月17日，http：//ahlawyers.fyfz.cn/b/172083。

证、环境影响评价许可等行政许可行为和在申请行政机关作为无果时诉行政机关不作为。

十八大三中全会通过的《中共中央关于全面深化改革若干重大问题的决定》，要求推进法治中国建设，探索建立与行政区适当分离的司法管辖制度，以保证审判权检察权的独立行使，同时还要求激发社会组织的活力，改革生态环境保护管理体制等诸多改革的措施。这些改革的方向都是环境公益诉讼制度得以发展和成功的必要条件。看到中共中央这样的决心，我们也有理由相信环境公益诉讼的春天终会到来。

G.12

环境诉讼中鉴定制度的困境与突围*

张 宝**

摘 要：

环境污染致害的复杂与不确定性要求必须发挥鉴定人的“法官辅助人”作用，以提升环境司法水平，保障污染受害者的合法权益。但从实践来看，我国鉴定制度有诸多问题，如鉴定机构管理主体不统一、鉴定机构资质混乱和中立性不足、鉴定人聘任与培训存在随机性、收费标准不统一、执业类别不明确、鉴定技术薄弱、有资质的鉴定机构和鉴定人数量偏少或拒绝鉴定。本文分析了我国现行鉴定制度的局限与不足，提出必须完善环境污染损害鉴定管理体制，加强环境监管能力建设。

关键词：

环境污染 鉴定评估 司法鉴定

法庭上的鉴定，由诉讼活动中鉴定人对诉讼涉及的专门性问题进行鉴别和判断并提供鉴定意见。环境污染致害具有高度复杂与不确定性，使法官对鉴定意见具有很强的依赖性。但是，由于缺乏具体可操作的环境污染鉴定技术规范与管理机制，鉴定对司法实践的支撑作用并未有效发挥，限制了通过诉讼实现环境保护的功能。为此，深入了解现行鉴定制度的局限与不足，推动建立环境污染损害鉴定评估技术规范和工作机制，为司法机关审理环境案件提供专业技术支持，乃当务之急。

---

* 国家环保公益性行业科研专项“环境铅、镉污染人群健康危害的法律监管研究”（201109058）的阶段性成果。中南财经政法大学刑事司法学院胡向阳教授等提供了调研报告初稿，谨致谢忱。除特别说明外，文中数据均来自本课题的调研。

** 张宝，中南大学法学院讲师、博士后、硕士生导师。

一　环境污染损害鉴定制度的必要性及法律供给现状

（一）鉴定的必要性：环境污染致害作为“专门性问题”

环境污染物质流布于环境进而造成损害的基本架构，从科学层面观察，大致有三个阶段：①污染源，即污染物质排放至环境的源头；②受体，指人身或财产；③传播途径，指污染物质经由直接接触或由大气、水、土壤、食物等媒介传送到受体。这一从污染源到受体的作用链可以进一步细化为“四阶构造”（见图1）。

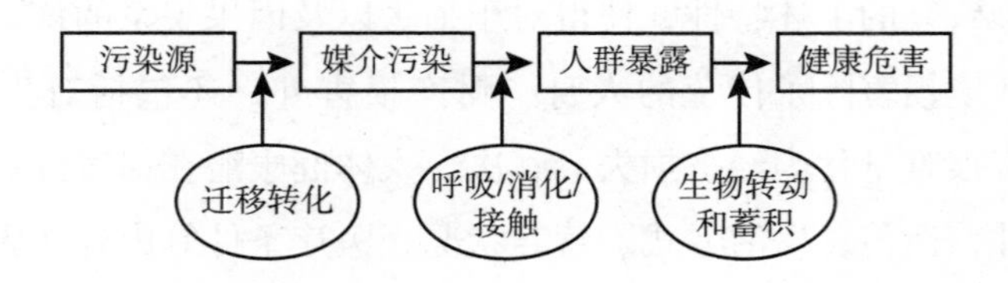

图1　环境污染致人健康损害的“四阶构造”

对此“四阶构造”予以分解，不难看出环境污染致害的高度复杂与不确定性。

首先，污染来源的多元性和媒介污染的交互性。交互性首先体现为单一污染源可以独立造成大气、水、土壤等环境介质的污染，而单一媒介的污染也有可能来源于不同的污染源；其次，单一环境介质被污染之后，可能通过迁移转化作用造成交叉污染和二次污染。以土壤为例，其既可能被下游产品，如废弃的旧电池、冶炼加工过程中产生的工业固体废物以及矿产开采中的尾矿等固体废物所污染，也可能因为大气沉降造成污染，还可能因为水体灌溉、渗漏等因素造成污染；反之，土壤重金属污染又会通过风力作用产生大气扬尘，通过水土流失、渗漏等造成地表水和地下水污染，并可能因吸收、接触等造成生物介质的污染，最终危害人群健康。

其次，损害范围的广泛性和损害后果的潜伏性。环境污染的多元与交互性使得致害范围和损害后果具有典型的时空大尺度性。例如，采矿、冶炼、电

镀、电池等行业的镉废水排放到水体，由于河水流动，重金属在河床中沉降，造成重金属含量下游比上游高、河床底泥中的含量比河水高，并通过灌溉使灌区和下游地区的植物、农作物受到污染；又，依据《铅锌行业准入条件》，铅锌冶炼企业防护距离为1000米，但实践中千米之外的土壤仍然存在超标现象。从时间范围来看，除了在少数情形下大量环境毒物短时间内进入机体所导致的急性危害外，绝大部分环境毒物污染往往是徐徐缓缓、经年累积并经多重孕育形成。排放源所排出的污染物质，往往并非有足够的分量一次性造成他人损害，而是由多次排放后累积的分量，甚至是多个加害人所排放的物质综合作用积累而造成。例如，由于镉的半衰期长达10~30年，镉污染造成的损害往往经过数年，甚至数十年慢性积累后才会出现显著的镉中毒症状。

环境污染致害的上述特性，使得对于损害以及因果关系的认识变得尤为艰难。首先，环境损害除了传统的人身、财产损害外，还包括对生态环境的损害，这些损害很难量化为经济损失。其次，人体健康潜在损害源的多元性，除了环境因素外，遗传、生活方式、营养状况、医疗条件等内外在因素均可能导致健康损害，即便通过流行病学调查建立了特定疾病与污染的一般联系，亦难以确定个体的健康损害究竟是何种特定因素所致；即便能够确定健康损害是由环境因素所致，但鉴于污染的多元性和交互性，很难证明究竟是哪一环节造成了损害，且由于污染致害的长期潜伏性，或者囿于科学认知，损害后果往往几年、十几年甚至几十年后方能显现或被确认，此时很多证据已经湮灭，甚至污染源已不复存在，因果关系认定更是难上加难。这些难题，使环境案件呈现迥异于传统案件的面貌，导致环境诉讼过程中常因缺乏科学证据及相关标准而无法有效鉴别污染源、因果关系及损害后果，进而无法实现违法追究或损害赔偿。此等高度复杂与专业的诉讼类型，已经超出一般当事人的知识范围，以法律为志业的法官亦无法形成心证加以判断，必须仰赖专家及专家鉴定制度作为辅助。

（二）我国有关环境污染损害鉴定制度的法律规定

在鉴定的法律地位上，有“证据方法”与“法官辅助人”两种模式。英美法系多将鉴定视为单纯的证明方法，认为鉴定意见与证人证言具有同等证据

地位，鉴定人实际是诉讼当事人的辅助人；大陆法系则多将鉴定人作为法院或法官辅助人，鉴定实际上是法官事实认知能力的延伸，因而核心在于鉴定人的资质管理。[①] 我国鉴定制度带有浓厚的职权主义色彩，鉴定人在诉讼中扮演着“专门性问题法官”的角色，“鉴定结论”被视为“证据之王”，只要鉴定人具有相应资格，其意见就应当作为定案根据，法官没有选择余地。2012 年修改的《刑事诉讼法》和《民事诉讼法》均将“鉴定结论”修改为“鉴定意见”，意味着鉴定机关做出的鉴定意见不再当然地获得法官采纳，回归了证据本身的平等地位。

在鉴定管理上，现行依据主要是全国人大常务委员会 2005 年颁布实施的《关于司法鉴定管理问题的决定》（下称《决定》），要求司法行政机关对司法鉴定实行统一登记，同时要求司法鉴定机构需经过行业主管部门以及司法行政部门的资质认证才能正式执业。但《决定》明确规定由国家统一管理的司法鉴定业务仅包括法医类鉴定、物证类鉴定及声像资料鉴定三大类，关于环境污染鉴定的管理尚未有明确规定。2011 年，环境保护部发布了《关于开展环境污染损害鉴定评估工作的若干意见》（下称《意见》），阐明了开展环境污染损害鉴定评估工作的重要意义，并提出了指导思想、工作原则和总体目标。[②] 随后，环保部在河北、江苏、山东、河南、湖南、重庆、昆明五省二市开展了环境污染损害鉴定评估试点工作，并发布了《环境污染损害数额计算推荐方法（第 I 版）》，推动了环境污染损害鉴定制度的发展。但毋庸讳言，环境污染鉴定制度无论在法律供给上，还是实务运作上都存在重大缺陷，急需完善。

二　我国环境污染损害鉴定的实践困境与不足

为发现鉴定制度存在的问题，本文将主要依托环保部确立的五省二市试点，辅以其他专门从事环境司法鉴定的机构，来考察环境鉴定机构和鉴定人在管理上存在的问题。经过分析，发现我国鉴定制度主要存在三个层面的问题。

---

① 吴光升：《鉴定人：一个亟待合理定位的诉讼角色》，《中国司法》2008 年第 12 期。

② 环境保护部：《关于开展环境污染损害鉴定评估工作的若干意见》，环发〔2011〕60 号。

（一）法律规定不完善

1. 环境损害赔偿与公益救济机制缺失

只有使污染者造成的私益损害（人身、财产损害）以及公益损害（生态损害）均能通过法律得到救济，才能防止形成违法激励，导致“违法成本低、守法成本高”的悖论。但从现行法律供给看，无论是用以保障公益的行政责任、刑事责任，还是用以救济私益的民事责任，都仍以人身、财产损害为重心，对于环境公益损失的索赔缺乏明确法律支撑，生态环境服务功能损失以及应急和修复等相关费用尚未纳入赔偿范围；即便是私益环境诉讼，仍面临着立案难、审理难、胜诉难、执行难的困境，相较于数以百万计的信访纠纷，进入司法渠道的极为少见（见表1、表2）。其中的重要原因之一，即缺乏具体可操作的环境污染损害鉴定评估技术规范和管理机制，致使经济损失和人身伤害难以量化、污染损害因果关系难以判断、环境损害赔偿标准难以认定。

表1　2001～2010年人民法院受理污染环境犯罪案件数量

单位：件

年度	2001	2002	2003	2004	2005	2006	2007	2008	2009	2010	总计
数量	5	4	1	2	2	4	3	2	3	11	37

表2　2004～2010年环境民事案件与相关数据对比

年份	环境信访来信数量(封)	环境信访来访数量(批)	环境民事一审案件(件)	民事一审案件总数(件)
2004	595852	86892	4453	4303744
2005	608245	88237	1545	4360184
2006	616122	71287	2146	4382407
2007	123357	43909	1085	4682737
2008	705127	43862	1509	5381185
2009	696134	42170	1783	5797160
2010	701073	34683	2033	6090622

2. 环境标准缺失导致鉴定缺乏依据

目前，我国的环境标准体系尚未健全，尤其是一些关系人体健康保障的标

准存在空白或疏漏之处，导致鉴定缺乏必要的前提与依据。如空调器运行产生的振动，虽然振动数据可以检测到，但因没有国家标准，检测数据不能作为审判依据。

（二）鉴定机构和鉴定人管理不统一

1. 鉴定机构管理主体不统一

我国原有司法鉴定机构主要有3种类型：①人民法院和司法行政部门设立的鉴定机构；②侦查机关设立的鉴定机构；③社会鉴定机构。《决定》实施后，明确规定人民法院和司法行政部门不得设立鉴定机构，侦查机关根据侦查工作的需要设立的鉴定机构不得面向社会接受委托从事司法鉴定业务；同时对社会鉴定机构实行审核登记，对侦查机关鉴定机构实行备案登记，从而确立了司法鉴定的统一管理体制。但从环境污染损害鉴定评估机构来看，仅有江苏、昆明与重庆三地的鉴定机构纳入了司法鉴定管理体系中（见表3）。尽管《决定》运行法律对鉴定人和鉴定机构的管理做出另行规定，但由于环境立法未有专门规定，游离于司法鉴定体制之外的鉴定机构仍存在管理和证据效力的问题。

表3 “五省二市”环境污染鉴定试点机构管理情况

鉴定机构名称	鉴定人数量(人)	依托单位	设立时间(年)	司法鉴定资格审批机构
江苏省环境科学学会	25	江苏省环境科学学会	2004	最高人民法院
湖南省环境风险与污染损害鉴定评估中心	9	湖南省环科院	2012	—
山东省环境风险与污染损害鉴定评估中心	4	山东省环科院	2012	—
昆明环境污染损害司法鉴定中心	27	昆明市环保局	2011	云南省司法厅
重庆市环境损害司法鉴定中心	25	市环境监测中心	2012	重庆市司法局
河北省环境损害司法鉴定中心	80	省环境监测中心站	2013	
河南省暂未设立	—	—	—	—

2. 鉴定机构和鉴定人资质不统一

由于诉讼法上的“鉴定意见”需要由具有司法鉴定资质的机构做出，当由不同主体设立的机构做出“鉴定”时，其结果并不属于法定证据种类之一，而是接近于专家证言，法院无法直接依据鉴定意见的程序认定其具有更高的证明力。此外，从实践来看，多数鉴定机构与行政主管部门存在交织关系，鉴定机构的成立和管理具有浓厚的行政色彩，有些鉴定机构还肩负着部分行政职能，案源也主要来自主管部门的委托。除上述试点单位均由环保系统设立外，其他环境司法鉴定机构也多由行业主管部门设立，社会性鉴定机构极为少见。

表 4　全国主要环境司法鉴定机构隶属关系

机构名称	鉴定人数量	依托单位
天津市天环环境保护司法鉴定中心		天津市环境监测站
农业生态环境及农产品质量安全天津市环境监测站司法鉴定中心	—	农业部环境保护科研监测所
国家海洋环境监测中心司法鉴定所	—	国家海洋环境监测中心
山东海洋与渔业司法鉴定中心	—	山东省海洋水产研究所
福建省水产研究所海洋与渔业司法鉴定中心	—	福建省水产研究所
连云港市环境监测中心站司法鉴定所	9	连云港市环境监测中心站
盐城市环境监测中心站司法鉴定所	6	盐城市环境监测中心站
九江绿园环境监测司法鉴定所	—	九江市环境监测站
渤海大学环境监测司法鉴定所	4	渤海大学化工学院
福建力普环境司法鉴定所	7	社会性机构

由于鉴定机构和鉴定人的资质不统一，其中立性和证明力问题往往受到质疑。例如，在云南省首例环境公益诉讼案中，原告昆明市环保局提供了昆明市环境监测中心、市环境科学研究院做出的水质检测报告和环境损害评估报告，而被告则提供了省产品质量监督检验研究院、省疾控中心与之相反的水质检测报告。庭审中双方均质疑对方鉴定机构的资质，被告还质疑对方鉴定机构都是原告的下属部门，与其有“利害关系”。①

3. 鉴定机构收费标准不统一

环境污染鉴定目前没有统一的收费标准。就试点省份看，机构资金主要依靠财政支持，少部分来源于对社会承接业务，以协商收费为主。若涉及环境监

---

① 《云南首例环境公益诉讼案追踪：污染损失认定艰难》，http://news.sohu.com/20101214/n278287207.shtml.

测费用，可以按照发改委规定的全国统一标价大致确定，但其他项目收费并不明确，加之鉴定程序复杂，采样要求高，采样数量存在不确定性，鉴定费用动辄上万元，一些大案、要案鉴定费用甚至高达百万元，诉讼当事人很难承受。[①] 同时，也导致鉴定案件来源偏少，且主要是环保机关或公检法部门委托，对于损害赔偿诉讼的支撑作用并未实现。

表5　2011～2013年试点单位承接案件数量统计

单位：件

省市	昆明	重庆	湖南	山东	江苏	河北	河南
接案	16	3	3	6	35	0	0
被法院采纳	4	3	1	3	35	0	0

以江苏省环境科学学会为例，其鉴定费用主要包括检测鉴定费、专家咨询费、办公费、管理费和合理利润（一般为20%）等。2004～2008年，该会共承接各类鉴定案件30件，承接的案件主要是收费相对较低的生活污染领域，但因当事人未交费而取消鉴定的也接近于案件的30%。[②]

（三）鉴定能力无法满足鉴定需求

1. 鉴定机构和鉴定人数量较少

据调查，2011年我国经司法行政机关核准登记的司法鉴定机构达5000余家，鉴定人约5.3万余名，业务领域覆盖了主要鉴定事项，鉴定数量从2005年的26万件上升到2010年的117万余件。[③] 但专门从事环境司法鉴定的机构仍寥寥可数，在环保部推行环境污染损害鉴定评估试点机构之前，全国有环境司法鉴定资质的机构以个数计，即便加上七家试点单位，这一数量仍然偏少，且已成立的鉴定机构鉴定人数目同样较少，部门鉴定机构

① 例如，自然之友诉陆良化工有限公司铬污染公益诉讼案中，自然之友曾向一家司法鉴定机构提出鉴定请求，该机构报价700万元。后因找不到有资质的鉴定机构，只能将赔偿数额暂定为1000万元。

② 周杰：《环境司法鉴定案例分析与思考》，《环境监测管理与技术》2010年第3期。

③ 《我国司法鉴定机构逾4900家》，http：//www.moj.gov.cn/zgsfjd/content/2011－04/19/content_2604115.htm？node＝6856。

的鉴定人员仅有几位，显然难以满足实践中环境纠纷解决的需要。例如，昆明环境污染损害司法鉴定中心27名鉴定人中，昆明市环保系统的就有23人，其中18人来自昆明市环境科学研究院，在涉及专业领域的人员数量上明显不足。

正是鉴于司法鉴定机构较少、费用昂贵，难以满足实践需要，2013年最高人民法院和最高人民检察院联合出台的《关于办理环境污染刑事案件适用法律若干问题的解释》扩大了对于非属于鉴定意见的技术鉴定报告的认定范围，明确规定“对案件所涉的环境污染专门性问题难以确定的，由司法鉴定机构出具鉴定意见，或者由国务院环境保护部门指定的机构出具检验报告。县级以上环境保护部门及其所属监测机构出具的监测数据，经省级以上环境保护部门认可的，可以作为证据使用”。

2. 鉴定技术薄弱

除了鉴定机构和鉴定人数量难以满足实践需要外，更大的问题是鉴定技术的薄弱。环境污染致害的特点是影响范围广、因果关系难确定、损害评估难度大，特别是非经济损失以及对生态和环境资源本身的损害难以认定，因而需要专门的鉴定技术加以支撑，但目前，有关环境损失范围认定规则、损失计算指南、数额计算标准等技术体系尚未建立，不同机构依据不同的技术与标准得出的鉴定结果往往差异很大，不仅当事人难以信服，法院也无所适从，往往只能重新指定鉴定机构，徒增诉讼成本。

3. 鉴定机构和鉴定人因主客观原因拒绝鉴定

在主观方面，由于有些案件涉及面广、社会敏感度高，一些有资质的专业鉴定机构往往怕陷入长期纷争或慑于上级部门的压力而选择规避或拒绝鉴定。在客观上，鉴定机构可能基于以下问题不愿介入：一是事故发生时与鉴定时的环境状况发生变化，鉴定难度较大；二是当事人对鉴定范围存在争议要求反复鉴定，导致鉴定成本增加；三是当事人缺乏证据保全意识，导致证据灭失无法鉴定；四是某种场合下鉴定实施条件不具备。

综上，不难发现，环境污染损害鉴定工作所存在的诸多问题往往互为因果，难以分割。正如环保部潘岳副部长所总结的：一是部分地方对开展环境污染损害鉴定评估工作心存顾忌，担心影响地方形象而“不想做”；二是因为缺

少统一的工作规程、启动方式、鉴定评估方法和技术规范而“不会做”；三是多数地方既没有建立专门的损害鉴定评估机构，又缺乏专项的鉴定评估经费而“不能做”。[①] 只有推动环境污染损害鉴定体制机制完善，才能走出困境，发挥鉴定评估机制在遏制环境恶化、促进经济发展方式转变、优化环境管理方式和推进环境司法上的重要作用。

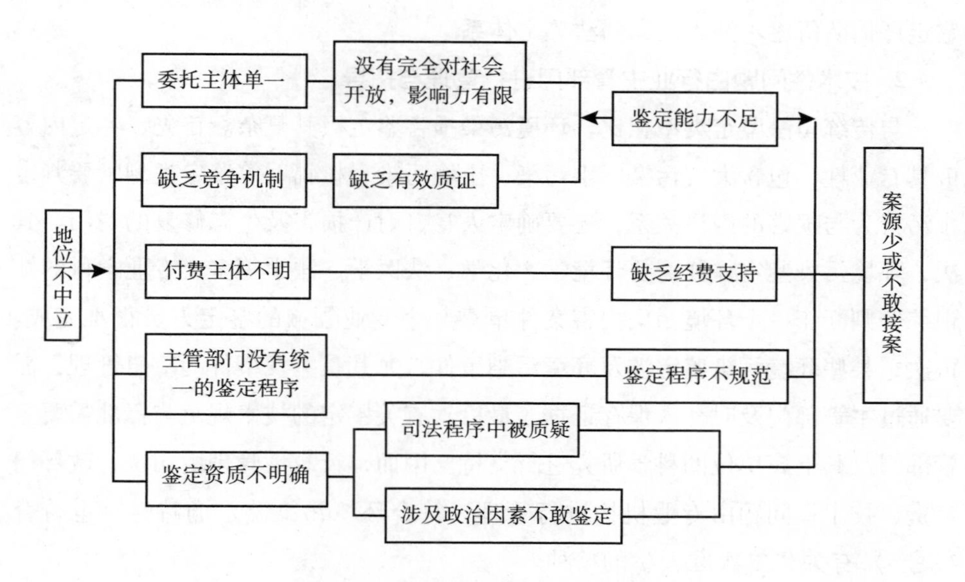

图 2　环境污染损害鉴定问题之间的关系

三　完善我国环境污染损害鉴定制度的建议

（一）推动建立统一的环境司法鉴定管理体制

1. 纳入统一的司法鉴定管理体系

前已述及，《决定》规定司法鉴定实行行政管理和行业管理相结合的管理模式，即由司法鉴定行业协会与司法行政部门共同管理；具体管理上采用“二次准入”制度，即司法鉴定机构需先后经过行业主管部门以及司法行政部

① 《环保部：部分地方对环境污染损害鉴定评估存顾忌》，http：//www. chinanews. com/gn/2012/04 - 20/3834485. shtml。

门的资质认证才能正式执业。环境污染损害鉴定显然不属于传统的法医类、物证类或声像资料鉴定，当前也无法律层级的专门立法进行规范，因此应将其归为“根据诉讼需要由国务院司法行政部门商最高人民法院、最高人民检察院确定的其他应当对鉴定人和鉴定机构实行登记管理的鉴定事项”，纳入统一司法鉴定管理体制之中。事实上，《意见》也明确指出，要“推动环境污染损害鉴定评估队伍逐步纳入国家司法鉴定体系”。

2. 技术性问题由行业主管部门进行管理与指导

与传统司法鉴定类型相比，环境污染损害鉴定极其复杂。首先，鉴定内容极具专业性，包含大气污染、水污染、土壤污染、核辐射等鉴定类型，要判定排污行为与损害的因果关系，还要确定人身、财产损害及生态修复的费用。其次，环境污染鉴定往往需要环境学、化学、法医学、法学等多个专业学科的知识综合判断，一个环境污染损害案件单靠某个专业领域的鉴定人员很难完成。再次，某些环境污染鉴定涉及环境污染事件，尤其是突发事件的应急管理，需要通过主管部门及时介入保存证据。最后，有关鉴定的技术规范与标准需要主管部门及其下属单位的科学研究进行支持。因而，行政性管理由司法行政部门负责，技术性问题由专业机构进行管理，符合环境污染鉴定的特性，也符合《决定》有关“二次准入”的精神。

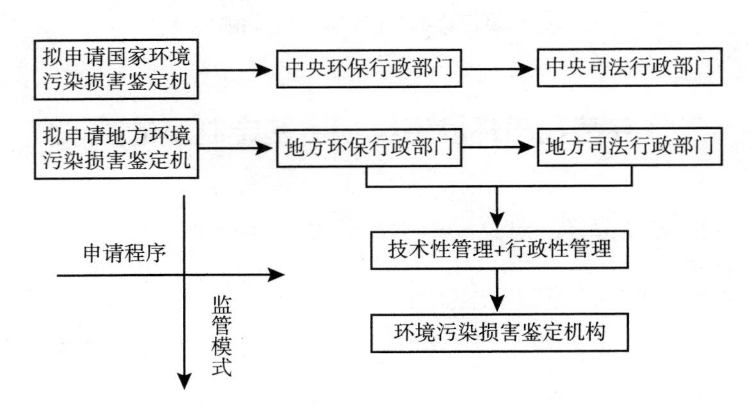

图3　环境污染损害鉴定“两级二元”管理体制

3. 条件成熟时将附属性鉴定评估机构转为中立社会性机构

从目前来看，在环保系统内推动环境污染损害鉴定评估试点工作有其合理

性。一方面，环境污染致害过程非常复杂，环境污染损害鉴定也具有较强的专业性，且鉴定评估工作需要巨大的资金投入。另一方面，由于行政执法需要，环保系统已经进行了大量科学研究，建立了较为普遍的监测网络，积累了大量评估鉴定经验，由环保系统推动鉴定工作具有先天优势，离开这些单位的支撑，仅靠市场与社会力量的推动，恐怕短期内我国环境污染损害鉴定评估体系难以发展起来。

但同时也应看到，设在环保系统内部的环境污染损害鉴定机构无法解决独立性与中立性问题，从而影响到鉴定意见的证据效力。由此，待环境污染损害鉴定工作进展到一定阶段，在鉴定机构数量呈现一定规模、鉴定能力基本满足社会需求、管理体系比较规范的情况下，应有计划有步骤地推进环保系统内部鉴定机构的转制工作，将鉴定机构独立出来，转为社会第三方。

（二）加强环境污染损害鉴定机构的管理

1. 加快内部管理规范的制定

从调研情况看，大部分机构还没有详细的内部管理规定，有的在制订酝酿中，有的直接参照了传统司法鉴定机构的内部规定，缺乏针对性。有必要根据环境污染损害鉴定的特殊性，建立和完善环境污染损害鉴定内部管理机制，如收接案制度、鉴定过程内部审批制度、司法鉴定人回避制度、保密制度、印章管理制度、司法鉴定人出庭制度、财务管理制度等。此外还应包括对外委托管理制度、外聘司法鉴定人管理制度、实验室管理制度等。国家环保主管部门应鼓励地方加强对司法鉴定机构内部管理的指导力度，引导司法鉴定机构实现规范化管理。

2. 完善技术规范与技术标准

缺少技术规范与技术标准，是造成环境污染损害鉴定机构不敢接案、鉴定能力薄弱的重要原因之一。尽管如此，对于技术规范及损失确定方法等规则的推出应持谨慎态度，某些较为成熟的技术领域，可直接颁布鉴定技术规范或者参照规范；不成熟的技术领域，可先颁布技术导则引导司法鉴定机构开展鉴定工作；对尚无规则可依的技术领域，应选取相关专业能力较强的单位（包括各类机构）进行试点，在试点的基础上进行总结，再放到试点单位验证，待方案较为成熟时再行公布。对于技术标准，已经存在国家技术标准的，要保证贯彻实行；不存在国家技术标准的，首先应推动制定行业技术标准，并对取得执业资格的机构与人员是否按照统一的标准与方法开展鉴定工作进行监督。

3. 规范收费标准，建立司法鉴定法律援助机制

司法鉴定收费属服务性收费，是司法鉴定机构接受委托提供司法鉴定服务，向委托人收取的服务报酬。分析环境污染损害鉴定过程，可能产生劳务费、管理费、采样费、检测费等，虽然对整个鉴定费用难以定出标准，但拆解后的各项费用还是有章可循的。如检测费、采样费均可参照相关的收费标准，鉴定机构可在依据相关标准核算各项费用的基础上计算成本，再加上合理利润来确立收费数额。"合理利润"的判断应当按照有利于司法鉴定事业可持续发展和兼顾社会承受能力的原则确定。

同时应建立环境损害赔偿案件中的司法鉴定援助制度。环境污染受害者多为弱势群体，若因经济困难无力支付费用导致无法进行鉴定，将难以通过诉讼维护其合法权益，从而迫使受害者走上街头寻求自力救济，引发群体性事件。因而，应建立对特定受害人的法律援助制度。

（三）尽快形成能够满足司法需求的鉴定能力

1. 要求试点单位加强对鉴定评估工作的支持

客观地讲，目前我国环境污染鉴定损害评估工作面临最紧迫的问题，不是监管体制问题，也不是机构管理与技术规范混乱的问题，而是与巨大社会需求形成强烈反差的鉴定机构少且鉴定能力不足。根据《意见》要求，2011～2012 年为探索试点阶段，重点开展案例研究和试点工作，在国家和试点地区初步形成环境污染损害鉴定评估工作能力。但根据调研情况来看，只能说试点地区部分形成鉴定能力，与司法实践需求还有相当差距。试点工作进展不如预期，一方面与环境污染损害鉴定的复杂性、工作难度大有关；另一方面投入不足也是非常重要的原因。因此，环保主管部门应推动各级地方环保主管部门对试点单位的配套支持，以尽快由点及面地推进环保鉴定工作的开展。

2. 尽快培育新的司法鉴定机构

第一批试点为我国环境污染损害鉴定工作积累了宝贵经验，应尽快推进第二批试点工作，加快环境污染损害鉴定工作在全国范围内的布局，且不应局限

于环保系统内部，而应根据区域及专业领域合理布局：其一，把相关专业能力较强的高校、科研院所及有实力的企业纳入试点单位的候选范围，从而既可以有效利用社会资源，也符合鉴定机构社会化的发展趋势；其二，华南、东北、西北地区尚无试点单位，应根据区域合理布局的原则加强这些区域的鉴定机构培育工作，以满足当地环境诉讼的客观需要；其三，应根据试点单位的优势与特色，指导其发展特定领域的环境污染损害鉴定工作，以形成特色的鉴定项目与领域。同时，也可以借鉴“两高”关于环境犯罪的司法解释，将非属于鉴定意见的监测结论和检验报告的认可范围扩大到民事诉讼领域，以适应环境纠纷解决的需要。

3. 加强司法鉴定人的队伍建设

在传统司法鉴定领域，我国已经出台了对鉴定人出庭、准入等方面的规定，但环境污染损害鉴定是一项涉及领域非常广的专业工作，一个案件的鉴定可能会跨几个专业领域，需要多名鉴定人共同做出鉴定意见。因此，鉴定机构必须要由不同专业领域的人员构成，但鉴于环境污染领域的广泛性，鉴定机构不可能拥有所有专业领域的司法鉴定人员，故“专职 + 兼职”模式较能适应环境污染鉴定的特点。为使环境污染司法鉴定人有章可循，环保部门应联合司法行政部门在《司法鉴定人管理办法》相关规定的基础上明确环境污染损害鉴定人的准入条件和退出机制等。此外还应加强对鉴定人的专业技能、职业道德和出庭技能等方面的培训工作。

G.13

环保法修改由小修变大改

郄建荣*

摘　要：

2013年10月21日提交十二届全国人大常委会第五次会议三审的《环保法》修订草案三审稿建议将《环保法》"修正案草案"修改为"修订草案"，这意味着全国人大立法机关将对这部法律进行全面修改。"由小修变大改"，除了环境公益诉讼之外，包括政策环评、环境信息公开以及公众参与、按日计罚等内容都写入了《环保法》修正案的三审稿。2013年11月14日，环保部印发了《建设项目环境影响评价政府信息公开指南（试行）》，根据指南要求，2014年1月1起，环保部门应公开建设单位环评报告全本。

关键词：

政策环评　环境信息公开　公众参与　环评报告全本公开

一　省级以上政府部门制定经济技术政策应进行环评

《环保法》修正案草案三审稿中规定："国务院有关部门和省、自治区、直辖市人民政府组织拟订经济、技术政策，应当充分考虑对环境的影响，听取有关方面和专家的意见。"这实际是提出了政策环评的要求。而规定政策环评被认为是超前立法。事实上，早在全国人大常委会制定《环境影响评价法》时，就曾有建议要求加入政策环评的内容。

---

* 郄建荣，《法制日报》资深环境记者。

在《环境影响评价法》（下简称《环评法》）实施八周年时，环保部环评司巡视员弁广丰在接受《南方周末》采访时曾透露，环境影响评价法的立法初衷与最终出台的法律之间有一定的出入。《环评法》原本希望从决策的源头就开始论证利弊，如重大政策制定、生产力布局、国土整治和区域开发等。完整的战略环评（SEA）应该包括三个环节，首先是对政策的环评，其次是对规划，最后才是对项目，但我们的环评具有严重的先天不足，体现在《环评法》中就只剩下规划环评和项目环评。[1]

尽管制定《环评法》时就有政策环评的建议，但是，最终出台的《环境影响评价法》并没有将政策环评吸收入法律，这部法律只是要求地区、行业、流域、能源等相关规划要进行环境影响评价。

对于《环保法》修正案三审中要求“国务院有关部门和省、自治区、直辖市人民政府组织拟订经济、技术政策，应当充分考虑对环境的影响，听取有关方面和专家的意见”的规定相对于规划环评确实具有超前意义。这项法律制度可以有效避免政府制定政策时因为没有考虑环境问题而造成对环境的破坏，同时，这条法律规定可以让政府在决策时更好地处理经济发展与环境保护的关系。

二　《环保法》修正案二审稿设“环境信息公开与公众参与”专章

2013 年 7 月 17 日，全国人大常委会在其官网上公开了《环保法》修正案草案二审稿的修改内容。二审稿征求意见稿建议，“增加一章，作为第五章，章名为‘环境信息公开和公众参与’”，同时，二审稿建议，从第四十三条至第四十八条全部为“环境信息公开和公众参与”一章的内容。其中，第四十三条规定：“公民、法人和其他组织依法享有获取环境信息、参与和监督环境保护的权利。”“各级人民政府及其有关部门应当依法公开环境信息、完善公众参与程序，为公民、法人和其他组织参与和监督环境保护提供便利。”

---

① 冯洁：《环评法应增加政策环评》，2011 年 9 月 2 日《南方周末》。

第四十四条规定："国务院环境保护行政主管部门统一发布国家环境质量、重点污染源监测信息及其他重大环境信息。省级以上人民政府环境保护行政主管部门定期发布环境状况公报。""公民、法人和其他组织，可以依照国家有关规定向县级以上人民政府及其环境保护等有关部门申请获取环境信息。"

第四十五条规定："重点排污单位应当向社会公开其主要污染物的名称、排放方式、排放浓度和总量、超标情况，以及污染防治设施的建设和运行情况。"

第四十六条规定："对依法应当编制环境影响报告书的建设项目，建设单位应当在编制时向公众说明情况，征求意见。""环境保护行政主管部门在收到建设项目环境影响报告书后，除涉及国家秘密和商业秘密的事项外，应当予以公开。发现建设项目未充分征求公众意见的，应当责成建设单位征求公众意见。"等。

"环境信息公开和公众参与"一章涉及六条规定，这一建议引起了环保组织的高度关注。环保组织认为，某种意义上，信息公开比罚款更重要。

公众与环境研究中心主任马军就提出："政府应确保发展保护的平衡。但实际上，官员坐在办公室中和少数专家规划设计，找不到平衡点，反而在利益集团的压力下不断牺牲环境社区利益。"马军认为，要遏制类似问题，就需要在环境决策和管理中引入公众参与机制。因此，马军建议，环保法修改时增加"每个公民都有知情、参与和寻求司法救济的权利"的内容。

身为企业家的任志强或许更清楚违法企业怕什么，"如果一个企业污染行为被公布，也许这个企业就活不下去了，所有公众可能都不购买他的产品，所以不能用罚款多少来评价法律好坏，我们也希望提高违法成本，但更重要的是开放社会监督给公众更多诉讼权，利用法律的手段来保护自己"。在任志强看来，罚款不是主要目的，公开比罚款更重要。

中国政法大学环境法学教授王灿发建议，对于企业环境信息的公开，环保部门确实应该建立一个统一的公示平台，让所有的企业环境信息都在同一个平台上公布，这样就可以避免一些企业公开了环境信息，但是公众看不到的情况。

三 《环保法》修正案二审稿未提出公开环评报告全本，环保部出面予以弥补

《环保法》修正案草案二审稿中，虽然设定专章规定环境信息公开，但是，草案稿并没有提出公开环评报告全本。对此，民间环保人士也抓住二审稿公开征求意见的机会提出了他们的建议。马军提出，关于环评的规定要力争有所推进。“有关环评立法，要学习国际经验。环评信息应完整公开，环评过程公众应有充分参与的机会。”他建议，《环评报告书》全本公开，对于重大项目应召开听证会，对于未充分履行公开参与要求的，公众有权寻求司法救济。

“关键是要让《环保法》长出牙齿，能咬住违法者。”自然之友葛枫称，赋予公众环境信息知情权、参与权和诉权，强化公众监督和司法监督等都是《环保法》的锋利牙齿。

如果说，《环保法》修正案草案二审稿没有提出公开环评报告全本是个遗憾的话，环保部2013年11月14日在其官网上公开发布的关于印发《建设项目环境影响评价政府信息公开指南（试行）》（以下简称《指南》）的通知则弥补了这一缺憾。根据环保部发布的《指南》要求，从2014年1月1日起，环保部门应公开建设单位环评报告全本。

环保部印发的这一《指南》要求，各级环境保护主管部门在受理建设项目环境影响报告书、表后向社会公开受理情况，征求公众意见。其中，应公开的内容包括除涉及国家秘密和商业秘密等内容外的环境影响报告书、表全本。此外，环评报告书的受理、审批和验收全过程的信息也应公开。

近年来，环评报告一直是社会监督力量需求最大的一类环境信息。但是，公众要想获得一个建设项目，特别是产生了污染后果的建设项目的环评报告可以说是难上加难，致使一些环保组织或个人不得不通过诉讼的方式请求法院判令环保部门或建设单位公开环评报告，特别是报告全本。

2012年7月20日，民间环保者陈立雯通过广州市环保局网站提交信息公开申请，请求公开包括李坑生活垃圾焚烧厂环境影响评价报告全本在内的四项环境信息。

2013年8月31日，广州市环保局只回复了2009～2011年的烟气数据，其余三项均无实质性回应。陈立雯对此不满，将广州市环保局告上法庭，请求法院判决广州市环保局依法提供全部信息公开申请材料。2013年3月19日，广州市越秀区人民法院对此案做出一审判决，确认广州市环境保护局未依照《信息公开条例》规定的期限，对陈立雯提出的政府信息公开申请予以答复，该行为违法。类似的案例不止陈立雯这一起。有观点认为，《指南》或可以为这种局面的改观带来希望，但是《指南》也有令人担忧的地方。

一方面，环保部发布的《指南》只是一个指导性文件，没有法律的强制力和约束力。如果地方环保部门不执行《指南》，即不公开建设单位的环评报告全本，指南也没有明确的处罚措施。

另一方面，《指南》在要求环保部门公开建设项目环评报告全本的同时也规定，涉及国家秘密和商业秘密的内容可以不公开。而这一点也正是为公众所普遍担忧的地方。以往公众或环保组织在申请公开环评报告时，遇到的最大阻力也莫过于此。因此，公众认为，国家秘密，特别是商业秘密往往会被企业当作其拒绝公开环评报告要害信息的理由。众所周知，一些建设项目只有公开其生产过程或者工艺，监督者特别是公众监督者才能了解其污染产生的原因，也才能判断其造成的污染是否违反了环评报告要求。但是，从以往发生的多起案例看，生产过程以及工艺常常被污染企业以商业秘密为由拒绝公开。而环保部门在收到此类的环境信息公开申请后，也出现过以此为由拒绝公开的情形。因此，《指南》实施后，能不能从根本上杜绝此类问题的发生，仍需要时间做出回答。

四 《环保法》修正案由小修变大改罕见三审未过

2013年10月21日，十二届全国人大常委会第五次会议对《环保法》修正案草案进行了三审。但是，三审稿并未获得大会的通过。一部法律修正案三审未过在历史上并不多见。

我国现行《环保法》是在1979年试行法的基础上于1989年正式颁布实施的，至今已经实施24年。24年才修改一次的《环保法》是大修还是小改曾引

起巨大争议。

2011 年 1 月下旬，全国人大环资委正式委托环保部起草《环保法》修改草案，同时提出要重点对环境影响评价等八个方面的内容进行修改。

2012 年 8 月，十一届全国人大常委会首次审议《环保法》修正案草案。或许出乎全国人大环资委部分专家的意料，一审稿受到了广泛质疑，不仅是学者、公众、环保组织感到失望，据透露，环保部、全国人大常委会法工委，甚至全国人大环资委内部都存在诸多不同意见。《环保法》修改草案征求社会公众意见期间，一个月内共收到 9572 位网民的 11748 条意见，多数网友认为目前修订尚有争议没有解决，不能直接提交二审。

《环保法》修正案草案一审稿引发广泛不满的一个重要原因是，《环保法》实施 24 年来首次迎来修改，但是，来自立法部门包括全国人大环资委部分立法者并不想对《环保法》进行大的修改，而是主张小修小改。“小改”的观点被认为会坐失《环保法》修改的良机。北京大学教授汪劲，中国人民大学教授周珂、李艳梅，中国政法大学教授王灿发，以及吕忠梅、蔡守秋等国内著名学者，曾联名致信全国人大原常务委员会委员长吴邦国，呼吁暂缓审议一审稿。不仅是著名的环境法学家对一审稿提出质疑，就是环保部在其官网上也公开指出，《环保法》修正案草案没有解决四大问题。

显然，小补小修的一审稿没有赢得民心。也因此，一审稿被发回。

2013 年 6 月 26 日至 29 日，十二届全国人大常委会第三次会议举行，在此次会议上，《环保法》修正案草案被二次审议。

与一审稿不同，二审稿将“环境保护是基本国策”写入了修正案草案，同时，增加了对违法排污企业拟“按日计罚”，完善了环境监测制度，增加“建立环境信息共享机制”的规定，此外，二审稿还规定“官员不作为或可引咎辞职”“伪造环保数据或将被撤职”等。

但是，二审稿因为将环境公益诉讼主体确定为中华环保联合会一家而备受指责，也因此引发了公益界、公益律师及法律学者的强烈不满，不仅有舆论质疑中华环保联合会“垄断”了环保公益诉讼的主体资格，而且，中华环保联合会也遇到大揭底——吸收违法企业为会员单位，收受污染企业捐助，是非环保组织，等等。一时间，中华环保联合会被推上舆论的审判席。中华环保联合

会之所以被口诛笔伐，某种程度上是社会把对《环保法》修正案二审稿的不满发泄到了中华环保联合会头上。

《环保法》修正案草案二审稿在2013年6月26日至29日召开的十二届全国人大常委会第三次会议未获得通过，有观点认为，关于环境公益诉讼主体资格的规定引发众怒是重要原因。

2013年10月21日，十二届全国人大常委会第五次会议召开，在这次会议上，全国人大法律委员会副主任委员张鸣起做了关于《环保法》修正案草案修改情况的汇报。《环保法》修正案草案三审稿正式提交十二届全国人大常委会第五次会议审议。三审稿中增加了加大环境保护的财政投入，在拟定经济、技术政策时应充分考虑对环境的影响，赋予环保部门相应执法手段，建立生态补偿长效机制，加强土壤环境保护，积极稳妥推进环保公益诉讼制度，加大对违法行为处罚力度等一系列法律制度规定。但是，与二审稿的命运一样，三审稿未通过十二届全国人大常委会第五次会议审议。

虽然三审稿未过会，但是，三审稿建议将《环保法》“修正案草案”修改为“修订草案”，普遍观点认为，这意味着全国人大立法机关将对这部法律进行全面修改。《环保法》修改由“修正”改为“修订”，虽然只是一字之差，实际上意味着环保法从“小修”到“大改”的跨越。

不过，武汉大学法学院教授、中国环境资源法学研究会会长蔡守秋认为，虽然现在名字从“修正”改为了“修订”，但是“大改”还是“小修”，最终需要看修改的具体内容。在他看来，现在《环保法》修正案草案三审稿内容比此前又取得了一定的进步，但是改动的幅度还不是特别大，还是可以进行更多的讨论，充分考虑，哪怕修法的时间长一点儿也没关系①。

无疑，《环保法》修正案草案是否能通过审议还要看十二届全国人大常委会第六次会议，甚至第七次会议……无论审议过程如何艰难，公众期望看到的是一部能真正体现时代要求并能促进环境保护事业发展的法律，使24年才修改一次的《环保法》不留遗憾，应该是这部法律修改的最终目的。

---

① 宋识径、金煜：《环保法修订案草案三审　政府制定政策要环评》，2013年10月22日《新京报》。

生态保护

Ecological Protection

本期生态保护板块的三篇文章，分别从我国生态保护的战略和实践层面回答了严守生态红线的这个重大问题。正如邹长新在文章中指出的，我国资源、环境与生态的恶化趋势尚未得到逆转，开发建设与生态用地的矛盾日益突出。从国家战略层面而言，划定各类保护地，特别是自然保护区，是维护我国生态安全的最重要的一条生态红线，也是一条一切经济活动都不可逾越的生态底线。然而在实践层面，这条红线或底线却屡屡被各种巧立名目的经济开发项目所蚕食、分解和突破。沈孝辉和朴正吉的两篇文章，正是从实践层面详细地分析了长白山国家级自然保护区这样一个典型的个案。长白山保护区曾有两次被突破红线的经济活动所破坏，造成森林生态系统退化和野生动物种群数量锐减，特别是以东北虎为代表的肉食动物的消亡。然而，自长白山管委会成立后，新一代的自然保护工作者锐意革新，突破传统的部门管理模式，向着现代生态管理转变，终于走出了保护管理工作的低谷，不仅使受到重度人为干扰的森林开始恢复，而且也为消失了30多年的东北虎的回归做好了前期准备。

G.14

生态红线体系的概念、特征与监管

邹长新*

摘　要：

划定并严守生态红线已上升为一项重要的生态保护战略，是改革生态保护管理体制、推进生态文明的重要举措，体现了我国以强制性手段实施严格生态保护的政策导向。本文基于生态红线提出的背景与意义，阐述了生态红线体系的概念、特征以及面临的问题与挑战，并针对如何推动生态红线战略的实施提出了几点建议。

关键词：

生态红线　生态安全　监管机制

一　生态红线划定的背景和意义

2011年，《国务院关于加强环境保护重点工作的意见》（国发〔2011〕35号）明确提出，在重要生态功能区、陆地和海洋生态环境敏感区、脆弱区等区域划定生态红线。这是我国在国家层面上正式提出“生态红线”的概念。2013年5月24日，习近平同志在中共中央政治局第六次集体学习时再次强调，要划定并严守生态红线，牢固树立生态红线的观念。在生态环境保护问题上，就是要不能越雷池一步，否则就应该受到惩罚。划定生态红线实行永久保护，是党中央、国务院站在对历史和人民负责的高度，对生态环境保护工作提

* 邹长新，环境保护部南京环境科学研究所生态中心副主任、区域生态安全研究室室主任、环保部生态红线划定技术组主要成员。近年来主要从事区域生态安全评估预警、生态红线划定与管控等方面的研究工作。

出的新的更高要求，体现了以强制性手段强化生态保护的政策导向与决心。

近年来，随着工业化和城镇化的快速发展，我国资源环境形势日益严峻。尽管我国生态环境保护与建设力度逐年加大，但总体而言，生态问题更加复杂，资源、环境与生态恶化的趋势尚未得到好转。国土空间开发格局与资源环境承载能力不相匹配，区域开发建设活动与生态用地保护的矛盾日益突出，自然保护区等各类已建保护区空间上存在交叉重叠，布局不够合理，生态保护效率不高；重要生态功能区、生态敏感区、脆弱区、生物多样性保护优先区等部分关键生态区域未能得到有效保护，自然灾害多发，威胁人居环境安全，生态服务与调节功能急需改善。总体而言，我国生态环境缺乏整体性保护，尚未形成确保国家与区域生态安全和经济社会协调发展的空间格局。在此背景下，国家提出划定生态保护红线的战略决策，旨在构建和强化国家生态安全格局，遏制生态环境退化趋势，力促人口与资源、环境相均衡，经济社会与生态相统一。

二　国内外主要经验与做法

（一）国际自然保护地管理经验

世界自然保护联盟（IUCN）将保护地（Protected Area）定义为：[①] 一个具有明确范围的，可识别并管理的地理空间，可通过法定的或其他有效方法，实现对其与自然相关的生态系统服务和文化价值的长期保护。根据保护地的特性和保护需要，IUCN 将保护地分为六类，包括严格的自然保护地、荒野保护地、国家公园、自然遗址、栖息地/物种管制区、陆地景观和海洋景观保护地及自然资源可持续利用保护地。

随着人类活动的加剧和自然保护意识的提升，全球自然保护地数量和面积增长速度迅猛，保护范围也从陆域拓展至海域。IUCN 下属的世界保护区委员会（WCPA）收录的 104791 个保护地，覆盖了地球表面超过 2 亿平方公里的

① Guidelines for Applying Protected Area Management Categories, www. iucn. org.

面积。其中，大部分是陆域，约占全球12.2%的陆地面积。海域保护面积仅占地球海洋面积的0.5%。[①] 世界各国陆域保护地占国土面积的比例变化幅度很大，尽管划定类型与面积不一，[②] 但都在保护生物多样性、维持生态调节和文化服务等方面发挥了重要作用。

从国际上自然保护地的管理来看，发达国家十分重视通过立法手段保证环境保护政策措施的顺利执行，有关环境保护方面的立法比较完善，内容十分详尽，可操作性很强。例如，加拿大和新西兰的《国家公园法》、日本和韩国的《自然公园法》、英国的《国家公园与乡土利用法》、澳大利亚的《国家公园与野生生物保护法》、俄罗斯的《特保自然区法》等。[③] 除此以外，发达国家的自然保护地具有相对完善的规划、管理制度与资金投入机制。[④] 尽管国际上尚无生态红线的提法，但明确的保护地体系划分和严格的法律法规体系确保了生态环境得到有效管护。因此，科学统筹划定自然保护地并实施严格管理，建立国家生态安全格局是国际上自然生态保护的主要做法和成功经验。

（二）中国生态保护红线划定工作基础

近年来，中国在自然生态保护地建设方面取得了重大进展，根据职能分工不同，各部门分别建立了自然保护区、森林公园、风景名胜区、湿地公园、世界自然文化遗产、地质公园等。其中，仅就自然保护区而言，全国已建立各种类型、不同级别的自然保护区2669个，面积达14979万公顷，其中陆地自然保护区占陆地总面积的14.94%。[⑤] 上述各类保护地在功能定位、保护目标及

① R. I. Mcdonald et al. Landscape and Urban Planning 93（2009）63－75，www. elsevier. com/locate/landurbplan.

② Pyke，C. R. 2007. The implications of global priorities for biodiversity and ecosystem services associated with protected areas. Ecology and Society 12（1）：4，http：//www. ecologyandsociety. org/vol12/iss1/art4/.

③ 朱广庆，《国外自然保护区立法比较与我国立法的完善》，《环境保护》2006年第11期A版，第10～13页。

④ 王灿发，《国外自然保护区立法比较与我国立法的完善》，《环境保护》2006年第11期A版，第73～78页。

⑤ 《2012年中国环境状况公报》，2013年6月6日，http：//big5. mep. gov. cn/gate/big5/jcs. mep. gov. cn/hjzl/zkgb/2012zkgb/。

管理措施方面相对完善，在维持生物多样性，改善生态功能、文化与景观保护等方面发挥了重要作用。在区域生态保护方面，我国建立了50个国家重要生态功能区、25个国家重点生态功能区和35个生物多样性保护优先区，成为发挥生态服务功能、保障国家生态安全的关键区域。《全国生态脆弱区保护规划纲要》提出了八大生态脆弱区，确定了我国加强生态修复、减缓自然灾害的重点地区。

"红线"一般是指不可逾越的界限。目前，"红线"的概念已被很多管理部门广泛使用。"红线"最早被正式应用于城市规划中，泛称宏观规划用地范围的标志线；《国民经济和社会发展第十一个五年规划纲要》提出了18亿亩耕地红线，从而确保耕地面积不减少；2012年1月，国务院发布了《关于实行最严格水资源管理制度的意见》（国发〔2012〕3号），确定了水资源开发利用控制、用水效率控制和水功能区限制纳污等"三条红线"；2013年7月，国家林业局启动生态红线保护行动，划定林地和森林、湿地、荒漠植被、物种四条红线。可见，"红线"不仅是严格管控事物的空间界线，也包含了数量、比例或限值等方面的管理要求。

此外，各地在空间上强化生态保护方面开展了有益探索与实践。早在2000年，浙江省安吉县生态规划就采用了"红线控制区"的概念；2005年，《珠江三角洲环境保护规划纲要》将自然保护区的核心区和重点水源涵养区等区域划为红线，实行严格保护；① 《深圳市基本生态控制线管理规定》提出了基本生态控制线，即一级水源保护区、风景名胜区和自然保护区等；② 近几年来，昆明、沈阳、武汉、福州等地也先后划定了城市地区重要生态功能区或生态保护红线；2013年，《江苏省生态红线区域保护规划》颁布，成为我国首个划定生态红线的省级行政区。③ 上述工作的开展为国家生态保护红线的提出、划定以及今后的管理工作奠定了重要基础。总体而言，上述区域生态保护红线

① 广东省人民政府，《珠江三角洲环境保护规划纲要（2004～2020年）》，2005年2月18日，http：//www. gd. gov. cn/govpub/zfwj/zfxxgk/gfxwj/yf/200809/t20080916_ 67116. htm。

② 深圳市人民政府，深圳市基本生态控制线管理规定，2005年10月17日，http：//fzj. sz. gov. cn/g145. asp。

③ 《江苏省人民政府关于印发江苏省生态红线区域保护规划的通知》，2013年8月30日，http：//www. jiangsu. gov. cn/jsgov/tj/bgt/201309/t20130923_ 400467. html。

主要是基于现有各类保护区进行划定的，具有较强的可操作性，但在科学性上仍显不足，是需要加强的一项工作。

三 生态红线的概念和特征

在科学研究领域，近年来生态红线的概念主要以“生态红线区”出现，如符娜和李晓兵提出生态红线区是指对于区域生态系统比较脆弱或具有重要的生态功能，必须实施全面保护的区域；[①] 刘雪华等认为，[②] 生态红线区是为保障区域生态安全必须加以严格管理和维护的区域；左志莉认为，[③] 生态红线区是在保持区域生态平衡，确保区域生态安全方面具有重要作用，必须严格保护的区域。

2013 年，中共中央十八届三中全会再次强调了生态红线的重要性，提出“划定生态保护红线，实行资源有偿使用制度和生态补偿制度，改革生态环境保护管理体制”。可见，生态红线的概念和内涵被进一步扩展，成为改革生态环境保护管理体制、推进生态文明制度建设的重要任务。综合上述生态红线相关概念的研究进展与实践经验，基于生态红线提出的特定时代背景和最新形势需求，我们将生态红线定义为：为维护国家生态安全，在提升生态功能、改善环境质量、促进资源高效利用等方面必须实行严格保护的空间边界与管理限值。

生态红线是严格管控的生态空间界线，与其他类型红线不同，生态红线划定后须具备以下三个属性特征或者保证以下目标得以实现。一是保护性质不改变。生态红线保护对象是具有重要生态功能或急需保护的生态系统，具有地域差异性、功能特定性及保护对象的不可替代性。生态红线一经划定，其主体功能和性质不可随意改变。二是生态功能不降低。生态环境是人和社会持续发展

① 符娜、李晓兵：《土地利用规划的生态红线区划分方法研究初探》，《中国地理学会 2007 年学术年会论文摘要集》，2007 年。

② 刘雪华、程迁、刘琳、彭羽、武鹏峰、石翠玉、朱洪辉：《区域产业布局的生态红线区划定方法研究——以环渤海地区重点产业发展生态评价为例》，《2010 中国环境科学学会学术年会论文集（第一卷）》，2010 年。

③ 左志莉：《基于生态红线区划分的土地利用布局研究》，广西师范学院硕士论文，2010 年。

的根本基础，作为国家和区域生态安全的底线，生态红线区域应具备完整的生态结构及稳定发挥的生态系统服务，提高生态产品的生产能力，逐步改善生态功能。三是管理要求不放宽。生态红线的空间界线应相对固定，但生态红线划定后并非一成不变，为适应经济社会发展与生态保护的最新形势需求，生态红线边界及其管控要求可适当调整。但必须强调的是，生态红线面积只能增加，不能减少，生态红线管理只能更严，不能放宽。

四 存在的问题和挑战

目前在生态红线划定方面还存在一些问题和挑战，主要有以下几点。

一是地方政府对生态红线的认识还有待提高。由于生态红线划定后将实行严格保护与管理，地方政府担心划定生态红线打破了现有开发利用格局，会在一定程度上阻碍经济发展。因此，生态红线划定工作的推进还需要处理好保护与发展的关系、眼前利益与长远利益的关系。

二是生态红线划定工作组织实施相对复杂。生态红线划定的空间范围分布广，自然生态系统类型多样，其管理涉及环保、国土、农业、林业、水利、海洋等多个部门。现行的生态环境管理体制尚缺乏综合性、权威性的中央协调机构，部门立法、利益分割的问题依然存在，不利于生态保护红线划定工作的统一部署与实施。

三是生态保护红线落地工作量大。只有具备明确的空间边界或数量限制，生态保护红线才能得到实质性管护。从技术层面而言，把红线由“虚线”变成“实线”需要开展大量的实地勘查工作。生态红线在落地过程中可能会与地方现有的开发利用规划产生不一致现象，需要与相关部门进行协调，进一步科学论证与调研，保证生态红线的边界明确、管控合理。

四是生态红线的管控要求和配套政策尚未完善。目前，尽管生态保护红线已上升到国家战略高度，但尚未对其在法律法规上予以限定。国家对于生态红线的具体分类、分区、分级标准及管控要求尚未明确，与生态红线相适应的经济社会配套政策也尚未出台，需要处理好生态红线与现有管理制度的衔接问题。

五　几点建议

一是要加大对生态红线的宣传力度。采用新闻媒体、网络平台、公益广告、学术研讨、理论培训等多种形式，切实加大生态保护红线体系的宣传教育力度，使政府官员和社会公众能够充分认识生态红线的重要性，促进共同参与生态红线保护与管理的积极性和主动性。

二是尽快理顺各方面关系。首先，要理顺生态红线划定的具体实施方式，统筹协调各个部门，共同完成生态红线划定工作，尽快把生态红线确定下来。其次，要理顺国家和地方的关系，国家层面应出台划定生态红线的技术标准和原则，加强对地方红线划定的指导。地方上应该发挥自身的领地优势，确定生态红线的实际边界并履行好管理职责。

三是建立起生态红线的监管机制。首先，要整合目前的生态监测资源，建立一套适合生态红线保护的监测技术体系和监测网络，对生态红线能够实施长效监管。其次，针对目前的政策缺失，抓紧研究生态红线管理的对策，出台配套的管理制度和管理办法，从而确保生态红线保护的严格性。最后，要根据“保护者受益”的原则，研究建立生态红线的经济补偿机制，调动保护者和管理者的积极性。

G.15

从传统部门管理走向现代生态管理

——长白山国家级自然保护区考察

沈孝辉*

摘　要：

2012年特大猎熊事件被媒体曝光后，曾使长白山自然保护区备受质疑。长白山自然保护事业是否后继无人？曾经发生的风倒木生产和红松种子产业化经营的两场重度人为干扰停止之后，长白山自然保护区被破坏的生态是否开始恢复？又是如何恢复的？

本文通过新一代自然保护工作者是怎样面对挑战，更新观念，将舆论监督的压力转化为革新的动力；又是怎样锐意进取，励精图治，努力完成从传统部门管理向现代生态管理的转轨，对以上疑问做了初步回答。同时指出，这种生态转轨对于提升我国自然保护区的管理水平，提高自然保护区的有效性和生态系统的质量，具有重大的现实意义。

关键词：

长白山自然保护区　生态管理　模拟自然干扰

2013年，长白山保护开发区管理委员会（以下简称“长白山管委会”）在长白山自然保护区举办了首届“长白山国际生态论坛”，取得空前成功，大大提高了长白山的知名度和影响力。为什么自2007年起连续举办了6年的

* 沈孝辉，中国人与生物圈国家委员会委员，国家林业局高级工程师。长期从事保护地、森林、湿地、荒漠化和野生动物保护生物学的研究与环境保护活动。

"长白山国际旅游节"停办了，一年一度的旅游盛宴变成了生态的盛会？这一主题的变更，是否意味着这是我们久盼的认识的升华、理念的更新，和工作思路、管理模式的根本转变？

就在长白山国际生态论坛举办的前夕，中国人与生物圈国家委员会秘书处和《人与生物圈》编辑部邀请了多学科的学者组成专家组，赴长白山自然保护区实地考察。这次考察，大家看到，在经历了 7 年风倒木生产和 6 年红松子生产两场重度人为干扰后而陷入谷底的自然保护事业，开始艰难振兴，并揭开历史的新篇章。2012 年的猎熊事件，曾引起人们对长白山管委会的质疑和担忧。但是考察者相信，经过一些时间，当次生草地的生态改造成功，当东北虎重新回归山林时，长白山自然保护区将迎来历史上最荣耀的时刻。

一　长白山管委会力挽狂澜

2006 年，当长白山管委会接手自然保护区的资源保护管理工作之时，摆在他们面前的是个乱摊子。

一是，当时因保护经费不足，管护压力大，不得已采取以包代管的措施，效法森工企业竞价拍卖红松种子捡集权，造成保护区几乎全部的红松球果（以下简称"红松塔"）从森林中流失，直接导致取食红松种子的 26 种野生动物的生存危机，种群数量骤减。这种对食物链的重度人为干扰，还引起了整个森林生态系统的连锁反应，造成森林树种构成的改变。显然，如果持续下去，不仅长白山，整个中国也将丧失保存最完整、面积最大的红松天然林。

二是红松种子的产业化经营，使以往非法入区者轻度的人为干扰变成"合法"的重度人为干扰，使无组织的个体和局部的破坏，变成大张旗鼓、有计划有组织的整体生态大破坏。据统计，每逢红松种子成熟季节，全保护区的入山人员高达数万人。他们采取打树枝、削树头的方式野蛮掠取松塔。这种活动每年长达两个月，致使长白山自然保护区中踩出的小路四通八达。围绕着保护区的环区公路，平均每隔 1 公里就有一条深入保护区的小路，全保护区共有入区小路 113 条，其中 20 余条甚至可驶入机动车。

三是由于将自然保护区的生态资源变成了经济资源，将物种基因库、科学

研究和环境监测的基地变成了产业生产基地，自然保护区的管理机构扮演着资源保护管理者和资源出租经营者的双重身份。这种反常的状态无形中助长了部分干部职工或巧立名目、挖肉补疮，或内外勾结、监守自盗，想方设法利用保护区的生态资源寻利谋私。

在这种严峻的形势之下，长白山管委会自成立伊始便当机立断，放弃每年约2000万元的既得利益，停止了保护区红松林的对外承包，实行了全方位封闭式管理。实践证明，这个决策具有深远意义，既拯救了长白山保护区及其周边地区的野生动物，拯救了大面积红松原生林，也纯洁了长白山原本十分朴实的职工队伍。正是以此为起点，长白山自然保护事业经过几年的艰苦调整，终于走出谷底，渐渐步入了蓬勃向上的恢复发展期。

这个案例使我们看到，自然保护区的主管部门能否尊重生态规律，科学决策，在影响着环境盛衰的同时，也会影响到人心的善恶趋势。自然之道与社会之道是相通的，大凡有益于自然系统和谐的做法，也有益于社会系统的和谐。

二　保护中心背水一战

凡事都有其利弊。停止了对红松林的竞价拍卖承包经营，等于断了长白山自然保护区最大的“财路”，但保护管理工作非但没有减少，反而更多。2006年，为进一步规范对保护区的管理，长白山自然保护管理中心（以下简称“保护中心”）应运而生，而面对如此繁重的工作压力，这支新组建的年轻队伍又是如何应对的呢？

1. 队伍建设——铁腕治理，从我做起

“己不正，岂能正人”。保护中心成立以来，严格按照长白山管委会的要求开展保护管理工作。长白山地区的红松种子从10年前的10元1斤攀升到50元1斤。守着满山的红松塔，巨大的利益诱惑曾令一些干部职工身不由己卷入其中，利用职务之便放人进入保护区采集，自己从中分成，或拿“好处费”。保护中心领导干部整顿风气从律己做起，宣布“如果我放过一个，你们可以放过去十个”。这句承诺实际是将自己置于群众监督之下，形成上下制约的机制。之后便定下规则，凡是触犯捡集红松塔红线的，一律严肃处理，绝不姑

息！果然，在严肃处理了几个明知故犯的干部和职工之后，这个几乎是“谁拣走归谁”的20多年的不良风气，终于被刹住了。

如今，在红松种子成熟的季节，当你走进长白山自然保护区的大森林，你会见到满地散落的松塔，还会不时见到野生动物在驻足观望。这是一幅久违了的动人美景。

自然保护管理工作的成效终究要体现在保护区生态系统、生物多样性和生态恢复的局面上。过去人踩车碾形成的100多条入区小道，经封闭后植被已经恢复，长出了茂密的杨桦。林中野生动物种群数量增长明显，仅红外线照相机就拍到了马鹿、野猪、狍子、黑熊、棕熊、水獭、猞猁、紫貂、黄喉貂等种类众多的野生动物，甚至还拍到了自20世纪70年代便消失无踪的梅花鹿。这真是天大的喜讯！

2013年秋季防火期，长白山管委会进行了军警民联合搜山清区行动，出动400多人，分35个分队进山，却没有清出几个人，这在过去是不可想象的。当年，仅白河保护管理站一次例行巡护就曾堵住过180个非法入区人员。而今，大多数居民不再把保护区当作副业生产基地了，相反，他们在当地社区的组织下，投入到保护鸟类、保护环境的行动中来。

2. 观念更新——将舆论监督的压力变成革新的动力

2012年6月，吉林省作家胡东林在网上披露了长白山自然保护区有5头熊被盗猎分子残忍猎杀的照片。多家媒体对此事件进行了报道，批评之声不绝于耳。在舆论压力之下，保护中心的一些干部职工倍感委屈和伤心。他们辛辛苦苦为自然保护做了那么多的工作，为什么媒体和公众都看不见？不给予肯定和报道且不论，为什么出点问题就大做文章，把功绩一笔抹杀呢？

外界是否知道自然保护工作者的无私奉献？一年到头在大林子里巡护、监测，没有节假日，没有双休日，没有上下班的钟点，也没有加班补助费。为了长白山森林资源的安全，他们在野外帐篷里一住就是两三个月。风吹霜打、日晒雨淋、蚊子咬、草爬子（一种壁虱）叮，几乎人人都患有风湿、关节炎、皮肤病和痔疮等职业病……

外界是否知道自然保护工作者遭遇的威胁利诱？有谁没遇到过手持木棒、脚扎子等武器的盗采盗猎分子！有时来软的和你私下交涉：“我整几个人进去

打松子，你给保着，一个月下来就能赚几万”；有时来硬的气势汹汹：“小子！你别下山，下山我就找人揍你”……

难能可贵的是，面对外界批评的声音，保护中心的领导层十分理性和冷静，认为这正是帮助自己查找漏洞、改进工作的契机。

就拿这次引起轩然大波的特大猎熊事件来说吧，它的确是长白山自然保护区建立的六十多年来，最大的一起盗猎野生动物的案件，同时又是一起十分蹊跷的案件。因为历年的反盗猎期是在犯罪分子的最佳作案期——从每年 11 月到翌年 3 月，是长白山大雪覆盖的冬季，野生动物在雪地上留下了踪迹，容易被盗猎者发现，受到追踪捕杀。3 月 15 日以后雪渐渐消融，保护管理工作便转入了紧张的春季防火期，主要是防止人们入区采集山野菜和野外用火。但是，这一次他们遇到的却是一个常年在保护区活动，既熟悉区内的地形地貌及野生动物活动规律，又掌握了保护管理站巡护特点的惯犯。他采取了反季节盗猎的手段，正好钻了巡护工作的空档，竟然一次性杀死了 5 头棕熊和黑熊！

保护中心迅速从中汲取了惨痛教训，针对巡护工作的盲区和死角，重新修改了保护工作方案，将“突出重点，兼顾全区”的工作思路贯穿于全年的巡护管理中。今后，保护区的巡护工作不分季节、不分时段，对野生动物活动的重点区域开展经常性巡护，对非重点区域进行兼顾性常规巡护。同时，与森林公安局共同建立了经常非法入区的狩猎者档案，全面掌握重点人群的活动情况，并经常对他们进行说服教育，做到防患于未然。

自然保护区是生物多样性和生态保护事业的主战场，能否得到社会公众的积极参与和监督，是能否搞好工作的基础。这是保护中心从此次猎熊事件中获得的一个宝贵共识。

三　破解森林退化成次生草地的困局

长白山自然保护区西南坡的次生草地，并非像高山草甸一样，属于天生的景观带，而是 20 年前在保护区的核心区进行风倒木生产，在重度的人为干扰下森林生态系统退化为次生草地的结果。

风倒木本属于森林正常的生态过程和自然演替的必要环节，长白山森林的

更新特征即通过风干扰后的倒木实现更新，曰“风干扰更新”。然而，由于长达七年之久的风倒木生产使森林丧失了林木赖以更新的苗床，而高强度机械化作业又毁掉了大部分幼树幼苗和几乎全部剩余的活立木，直接导致森林生态系统的分崩离析。在这种状况之下，林地裸露，温度升高，湿度下降，风速加大。这有助于具有旺盛生命力的阳性杂草抢占先机，率先侵入，从而排除掉乔木种子扎根生长的条件，终于在长白山的亚高山带演替成集中连片的次生草地群落。据最新调查，总面积不到 1 万公顷的风倒木区，至今未恢复面积高达 8000 公顷。

这种次生草地，不属于自然干扰下的自然演替序列，而属于人为干扰下“偏途演替”的一种“演替后期群落”，也就是人们习惯称之的“转化顶级群落”。凡属演替后期群落，都有一种生态特性，那就是十分稳定。这就是为什么长白山亚高山次生草地具有超强的顽固性，不可能再继续向前演替，自然恢复森林的原因。

在长白山上，人为干扰形成的亚高山次生草地与自然分布的亚高山草甸看似相似，却是性质完全不同的两类生态系统。亚高山草甸生境低洼、潮湿；而次生草地的生境本为林地，相对干旱，加之森林消失后又进一步旱化，而生长茂盛的阳性杂草一岁一枯荣，年复一年积累下丰富的可燃物。草地空旷风大，在这种条件之下，星星之火，即可形成燎原之势。事实上，近二十多年来，在次生草地已经发生过多场较大火灾。只因组织扑救及时才未酿成大祸。

显然，只要长白山亚高山次生草地存在一日，吉林省和长白山自然保护区森林防火的心腹大患就存在一日。

自 20 世纪 80 年代末开始，林业工作者和科研人员就在风倒区开展造林工作，力图营造以长白落叶松为主要造林树种的人工林，但未获成功。实际上，即便强制造林成功，带来护林防火方面的利，也还会造成生态与景观方面的弊。须知在自然保护区的核心区里营造人工林本身就属于“人为干扰”的范畴。在原生林中造出一片整齐划一的人工纯林，是“异质嵌入”，与生物多样性保护的目标相背离，实不可取。

那么，对于人为干扰下形成的亚高山次生草地群落，是否就束手无策呢？当然不是。

常年工作在第一线的巡护员发现，当年为运输风倒木修筑的运材道上，林木自然恢复较好，长出了杨、桦、风桦、水冬瓜和柳树毛子等先锋树种。它们沿着土路延伸，从瞭望台上看，就像一条条铺在次生草地上的翠绿色的带子。

为什么在往昔的运材路上，乔木能够落种和生长？因为修路时破了土。保护中心从中得到启示，开始了利用在风倒区开设的防火隔离带，进行人工破土，促进林木天然更新的试验。

接着，他们又从动物学家与生态学家的研究中获得更为重要的启示。在关于野猪掘土取食活动对乔木更新影响的最新研究中，发现被野猪干扰过3年的地块，乔木幼苗平均更新数量，远远高于野猪未干扰过的地块。这不仅因为野猪的挖掘活动也是“破土”的过程，还因为改变了林地的杂草、灌木和枯枝落叶层的盖度，改善了土壤的光照和土壤微环境等更新的条件，比修路的破土更有助于乔木种源进入土壤，也有助于提高种子在土壤里发芽前期的存活率。

森林动物与森林植物相互依存的生态关系，提示了长白山的保护者，“森林除了通过风干扰过后的倒木进行更新，还能通过野猪掘地干扰过的地块进行更新”这样一个重要的自然规律。那么，在风倒木全部被清理出去，而野猪对次生草地的掘地干扰又不足的情况下，能否使用小型农用机械，模拟野猪掘地破土以促进乔木种源进入次生草地，最终重新恢复森林呢？

干扰生态学告诉我们，自然界中的干扰现象（如台风、地震、火山爆发、海啸等），是普遍发生的，也是必需的。自然干扰尽管对生物群落和生态系统产生不同程度的损毁，但就其生物学意义而言，却是建设性因素，是维持和促进景观多样性与群落中物种多样性以及植被演替的必要前提。而人为干扰（如毁林、铺路、盖房、建水坝等），则常常对自然生态与自然景观起破坏的作用。那么，什么样的人为干扰，或者说，什么样的对自然景观的人为管理，对于生态和环境没有负面影响呢？干扰生态学还告诉我们，人为干扰，只有与自然干扰相一致，才是建设性的。换句话说，凡属正确的人为干扰，都应当有意识地去模拟自然干扰。自然保护区的管理工作，尤其要注重效仿这些自然之道。

长白山新一代的自然保护工作者已经从风倒木生产和红松种子生产的这两项决策失误中，尝到了太多的苦果。只有尊重自然、遵循生态规律办事，才能确保自然保护事业的健康发展。保护中心决定接受生态专家的建议，启动风倒区亚高山草地模拟自然干扰生态恢复森林的工程。

林业人惯常使用人工造林、封山育林来恢复森林，但是这两项工作对于长白山自然保护区次生草地的森林恢复无能为力，也不妥当。保护中心运用生态学理论，模拟自然干扰的方式促使次生草地向森林转化，是一种生态恢复的创新实践，超越了传统部门思维与部门管理的旧模式。它的成功，会为我国自然保护区的生态恢复提供新的范例。

四　从部门管理转向生态管理

现行管理理念或战略属于“部门管理”，而更为现代的理念或战略是“生态管理”。生态管理，或者生态系统管理，是运用生态学、生物学、社会学、经济学、管理学与系统论的原理与现代科学技术，来管理人类活动对生态环境的影响，力图平衡发展与环境保护之间的冲突，谋求社会经济系统与自然生态系统的协调。其要点有以下几个方面。

（1）生态管理要求加强多学科交叉的综合性研究。生态管理涉及自然科学与社会科学交叉的广泛领域，是生态系统和管理科学的有机融合，要求充分利用先进的科学思想、方法和研究成果来指导工作实践。

（2）生态管理要求对生态系统中各种构成之间的相互作用和生态过程有明晰的了解。只有充分认识生态系统的结构、功能和生态过程，才能掌握生态规律并综合社会情况来制定适应性的管理策略，选择相应措施，以维护和恢复生态系统的整体性和可持续性。

（3）生态管理是管理史上的一次深刻的革命。是管理方式从传统的“线性”管理，转向“循环的渐进式”管理，即不断根据试验结果和新信息来更新调整管理方案。这是因为有鉴于人类对生态系统的复杂结构、功能及演化趋势了解的欠缺，所以一开始只能采取“预防为先”的原则制定管理目标和政策，以免造成不可逆的损失；而后随着对自然认知的不断深化，又需要适时对管理目标和政策进行修正和调整。

向生态管理转轨，要求吸取先进的生态学理论指导保护工作。近年，长白山自然保护区加强了与中科院、社科院、中国人与生物圈国家委员会的专家学者的紧密联系，并与俄罗斯和美国的自然保护区建立了国际合作交流的机制。如与俄罗斯锡赫特—阿林保护区签订合作协议，联合开展长白山区东北虎栖息地状况的分析工作，为东北虎回归做准备；根据干扰生态学和动物生态学的研究成果来制定了次生草地的森林恢复方案；等等。

向生态管理转轨，需要提高生态系统管理的科技支撑能力，强化监测与研究。近年，长白山自然保护区完善了斯玛特巡护管理系统，及时录入野生动物和人为活动信息，推动保护区巡护管理规范化。增设150部远红外照相机，对野生动物种群与活动规律实行监测。他们还从国家林业局争取到项目资金，准备在2014年安装森林防火远程视频监控系统、环保护区视频监控系统以及数字通信系统，逐步实现由人力防护向科技防护的转变。

生态管理强调社会公众、环保社团和利益相关者（主要是社区居民）更广泛的参与，它是一种民主的而非保守的管理方式。管理终极目标是提升生态系统的服务能力和潜力，提升人们生活的品质，促进社会与自然的和谐。实现向生态管理的转变，是一个不断自我革新的过程，不可能一蹴而就。长白山自然保护区在迈向生态管理的道路上已经取得了长足的进步，同时必须指出还有一些工作尚待改进。

中科院院士傅伯杰在第五届中国科协年会的报告①上指出："我国生态系统的管理严重滞后。比如我们重视生态系统产品的提供功能，而忽视了生态系统的环境和生态的调节功能、支持功能和文化功能。"中国自然保护区的管理水平，就多数而言一直是比较粗放的。主要原因是归属不同的部门管理，而这些部门又多是注重经济开发建设的部门。自然保护区的干部和职工，也多是从长期从事经济工作（如森工企业的木材与营林生产）的岗位上调过来的。因此，尽管工作性质发生了根本变化，但思维模式、价值观念和工作的习惯与偏好，仍不免保持着经济思维的惯性，并不时地反映到自然保护工作中来。在这种状况之下，保护区的生态目标，也就难免地要为部门的经济目标所左右，作

① 傅伯杰：《生态系统服务与生态系统管理》，人民网，2013年5月25日，http：//scitech.people.com.cn/n/2013/0525/c1007－21613244.html。

出让步、调整乃至牺牲。这样我们就不难解释了，为什么作为国家级和世界生物圈保护区的长白山自然保护区，竟然发生过历时十几年的风倒木生产和红松种子生产如此重度的人为干扰事件。还是傅伯杰院士讲得好："我国森林、草地和湿地生态系统管理的目标，必须尽快从以增加面积为主转向以提高单位面积生态系统服务的质量为主来进行战略转变。"

林业，在我国自然保护区数量和面积的增长上已经做出了巨大的贡献，功不可没；今后工作理当转向不断提高它们的"有效性"——即通过实施生态管理来提高生态系统的服务质量，使自然保护区产生更大的生态和社会效益。我们从长白山自然保护区终于走出了20年（1986~2005年）保护管理工作的低谷，从逆境中奋起的故事，看到了新一代的自然保护工作者在茁壮成长，也看到了我国林业人不乏有识之士。他们努力完成从传统管理理念向现代管理理念的转变，即从部门管理的战略向生态管理的战略转变。

作者注：

对客观事物的认识过程，实际就是不断深化的过程。这是因为我们需要不断修正自己的认识，使之更符合客观实际；而且客观事物的本身，也处于不断发展变化的过程之中。没有人自始至终是永远正确的，但可以是永远虚心谨慎尊重事实，永远孜孜不倦追求真理。这是做人做事的底线。一个人是这样，一个单位、一个部门也应当这样，这样才能不断有所提高、有所进步。

毋庸讳言，对于将长白山自然保护区改变成"保护开发区"的这种做法，我曾持质疑的立场。但是对于将保护区由业务部门主管，变成由政府部门主管的问题，我一直持审慎的态度。我认为如果加大保护力度，拥有社会资源的政府部门会比业务部门做得更好；但是如果加大开发力度，对保护区的破坏也将无以复加。这个观点，我在四年前，中国青年报记者对我的采访中，就已经表述过了。长白山保护开发区管理委员（简称"管委会"）成立之后，加大了对保护区旅游开发的力度，引起我的忧虑。我便协助一位动物专家开展道路生态学的研究，发现了旅游公路的硬质化和网络化对野生动物安全造成负面影响，并造成了栖息地的破碎化和大型野生动物基因隔离。旅游开发中的问题以及对策建议我都直言不讳，写在了自己的《长白山专辑》和三年前的《中国环境

绿皮书》中。我认为如果该做的不做，是政府的责任；那么该说的不说，则是学者的责任。我已经拯救了自己的灵魂，尽了说真话的责任。本以为事情到此结束。

2013 年，人与生物圈国家委员会秘书处请我参加专家组赴长白山自然保护区考察。多年来，为了保持我对长白山研究的独立性，不为权力所左右，我一直避免和长白山管委会的官方接触。但是这又带来一个问题，就是我对这些年他们在资源保护管理方面的工作几乎一无所知。我甚至主观地认为，长白山自然保护区出了风倒木生产和红松子生产的生态破坏，又出了砍树和猎熊事件后，保护事业恐怕已经到了后继无人的地步。但此次考察恰恰提供了一次接触官方的机会，和保护中心领导干部做了充分的交流，填补了我认识中的盲区和空白。特别是长白山保护中心在管委会的领导和支持下，在资源保护管理上做出的大量艰苦努力使我深受感动。其后，为了深入了解和核实情况，我又独自一人重返长白山，走访了五个基层保护管理站……

两次长白山之行，使我痛感自己过去发表的有关长白山的专辑和文章中存在的不足之处与片面性，如不进行弥补，这对于做了大量资源保护工作的长白山管委会是不公正的，也是不负责任的。长白山管委会工作中的问题归问题，成绩归成绩。决不能因为存在一些有待解决的问题就忽视和否定其成绩。正是怀着对长白山新一代自然保护工作者的一种深深歉疚之心，在基层调研和多方了解的基础上，我写了这篇看起来与过去批评的调子完全不同的文章。其实，事物常有两面，只看到一面是不完整的认识。就整体而言，我的这篇文章与过去发表的文章并无矛盾，它们其实是一种“互补”和延续的关系，只会使读者对长白山自然保护区的认识更加立体和更趋完善。

中国环境与发展问题的重要性和复杂性，使我痛感急需建立起一种官方、学者、媒体、社团和民众五者之间对话交流的长期有效渠道和机制。它的存在不但能及时消除彼此之间的不了解和误解，也能及时克服我们工作中存在的矛盾和问题。保护环境是全社会的事情，只有充分、有效地动用全社会力量才能做得好。

G.16

如何在长白山恢复东北虎种群?

朴正吉*

摘　要:

本文通过该区域的森林和人口变化、土地利用、动物丰富度变化及狩猎历史等数据，分析了东北虎消失的原因及未来种群恢复的可能性，以及东北虎缺失引入的生态问题。研究结果表明，东北虎种群在长白山自然保护区消失，主要原因是人类的经济活动和对野生动物的过度盗猎，导致东北虎等猫科动物栖息地急剧减少、食物资源严重匮乏。从目前来看，该区域还拥有东北虎可栖息的大面积森林，也具备东北虎恢复或引入的条件。但要想达到其目的，可能需要建立更大面积的包括非保护区区域的森林保护地。其有效性需要当地各级政府、国家企业、私营企业及全民的支持和参与。本文章还分析了该保护区面临的一些主要问题，并提出了自然保护区管理的建议。

关键词:

东北虎数量变化　濒危机制　恢复的可能性　长白山自然保护区

东北虎是全球十大濒危物种之一，中国一级保护动物。中国野生东北虎数量已不足20只，栖息在黑龙江和吉林两省的东部山地。然而，原有的20只东

---

* 朴正吉，长白山科学研究院正高级工程师，主要从事野生动物生态学研究，长期关注人类活动对野生动物的影响。

北虎中，7只被发现时已经死亡，人为因素是其死亡的主因。这一物种已到生死存亡的紧急关头。

历史上，东北虎曾广泛分布在长白山森林，但到20世纪90年代，已在长白山自然保护区及周边地区消失。许多学者认为，物种的濒危或灭绝，是一个复杂的生物学过程，既有生物内在的因素，也有外部环境的原因。但东北虎种群数量减少和分布区缩小的原因，则是人为活动的直接或间接影响，主要包括森林采伐、道路建设、人口剧增和过度捕杀。

东北虎还能够回归长白山过去的分布地吗？我们需要采取哪些措施才能使它们回归？这是当代人应解决的课题。解决这个问题不仅对重建长白山森林生态系统的平衡稳定有重大意义，也对中国珍稀动物保护事业有着重大的意义。我们通过对该地区森林和人口变化、土地利用及经济活动等历史变量的研究，探讨东北虎未来种群恢复的途径，以及东北虎引入的生态学和社会问题。

一 长白山自然保护区东北虎数量变化

20世纪60年代至80年代初，长白山自然保护区尚有东北虎分布，但数量已极为稀少。据1974～1975年长白山自然保护区珍稀动物调查，发现在头道、头西、黄松蒲有分布。1974年11月18日在头道白河红松阔叶林带河岸遇到新雪踪一只；1975年3月18日，仍在此环境遇新雪踪一只；1981年10月12日，在头道白河岸红松阔叶林中遇见成年虎一只；1987年据说有人在奶头山见过一只；1989年在红石林场区域有人见到两只一大一小的东北虎足迹；1998年有人在横山一带发现了东北虎。

1985～2012年，在长白山自然保护区进行野外动物调查共计433次，调查面积涉及该区总面积的80%。野外调查结果显示，其间再没有见到东北虎的活动踪迹。

综合历年访问调查的结果，共得到虎的信息15件，其中20世纪60年代的信息3件，70年代的信息4件，80～90年代的信息5件，90年代的后期为3件（见表1）。

表1　长白山自然保护区及周边有关东北虎信息的访问调查结果

单位：件

遇见地点	痕迹/实体	数量	见到时间	管辖区域
奶头山	实体	2	60 年代	非保护区
头道白河	足迹	1	1974 年 11 月 18 日	保护区
头道白河	足迹	1	1975 年 3 月 18 日	保护区
大羊岔	足迹	1	1975 年	保护区
白山西大坡	足迹	1	1978 年	保护区
头道白河	足迹	1	1981 年 10 月 12 日	保护区
大羊岔龙头山	足迹	2	1985 年;1969 年	保护区
奶头山	实体	1	1987 年	非保护区
腰团老岭	足迹	1	60 - 80 年代	非保护区
和龙福洞	足迹	1	80 - 90 年代	非保护区
横山	实体	1	90 年代	保护区
红石林场	足迹	2	98 年冬季	非保护区

二　长白山地区历年捕杀东北虎的数量、年代及地点

我们于2008 年5 月至10 月期间，在长白山地区的安图县、和龙县、长白县、抚松县等地进行了虎豹的专项访问调查。共调查45 个乡镇和部门，访问了110 位当地有狩猎经历或有丰富野外经验的居民和保护区工作人员。访问对象中，猎民18 人，当地老居民68 人，保护区工作人员25 人。本次访谈主要了解过去虎豹和其他动物的信息。访问调查得到13 头虎的捕杀信息。从捕杀年代看，20 世纪70 年代及之前捕杀虎个体数为11 头，80 年代捕杀2 头（见表2）。

由此可见，长白山自然保护区及其周边地区在20 世纪六七十年代，至少有10 头东北虎活动。在访问调查中，我们也调查了猎捕东北虎的当事人或了解东北虎死因的知情人，了解到狩猎过程中有误伤、误套和为保护猎狗而击毙的；还有少数人为经济目的而猎捕的。调查结果说明，东北虎种群在20 世纪70 年代前后在长白山已基本消失，消失的种群不管后期如何加大保护力度都没有恢复的迹象。

表 2　长白山林区猎捕东北虎的地点、数量、年代及致死原因

单位：头

猎取地点	猎取数	猎取时间	死亡原因	管辖区域
奶头山大戏台	1	20 世纪 60 年代	猎野猪中误伤，中弹死亡	非保护区
奶头山三队	1	20 世纪 60 年代	进入家畜圈被地枪打死	非保护区
奶头山村部	1	20 世纪 60 年代	被步枪射杀	非保护区
大羊岔龙头山	2	20 世纪 80 年代	枪杀	保护区
老三合水	1	20 世纪 60 年代	不明原因，可能为病死	保护区
清水河	1	20 世纪 70 年代	猎杀	非保护区
两江	1	20 世纪 70 年代	猎杀	非保护区
两江	1	20 世纪 60 年代	猎杀	非保护区
前川林场	1	20 世纪 70 年代	猎杀	非保护区
漫江峰岭	2	20 世纪 60 年代	袭击猎狗而被枪杀	保护区
二道镇水田屯	1	20 世纪 60 年代	不明原因	非保护区

2010 年 11 月在俄罗斯圣彼得堡召开的“保护老虎国际论坛”上的公开信息显示，目前全球野生东北虎仅存不到 500 只，主要分布在俄罗斯远东地区和中国东北山林中。在中国，种群数量不足 20 只的野生东北虎，近 20 年来又有至少 7 只被发现时已死亡，其中在长白山自然保护区及周边地区死亡个体数为两只，均为偷猎者布设的套子所致。①

上述分析表明，长白山自然保护区及周边东北虎消失的主要原因是人类的捕杀。

三　长白山自然保护区及周边东北虎栖息地状况

对东北虎的威胁是从清朝开始，其后经过日俄战争、东北沦为日本殖民地到新中国成立，我国进行了持续一个世纪的大规模森林采伐。在一些地区是集中连片砍伐，甚至开发成农田或斑秃荒山，再加上人类的空间竞争，包括铁路、高速公路、城市等土地利用，东北虎所依赖生存的栖息地——森林发生了

① 辛林霞：《东北虎殇：总量不足 20 只　20 年内竟死 7 只》，新华网，2013 年 7 月 29 日，http：//news. xinhuanet. com/local/2013 - 07/29/c_ 116728283. htm。

结构性变化。目前，只有长白山国家级自然保护区内没有工矿企业和农业用地，土地状况基本上保持原生的自然状态。自然保护区全区面积为196450公顷，森林覆盖率达85.97%；区内有林地面积169244公顷，占总面积的86.2%；疏林地面积8406公顷，占总面积的4.3%；灌木林地4893公顷，占总面积的2.5%；次生草地和沼泽湿地共10956公顷，占总面积的5.6%；其他用地2966公顷，占总面积的1.5%。

1985～2007年，长白山的原生林减少一万多公顷，减少的主要原因是，1986年台风袭击的自然干扰加捡集风倒木人为干扰的双重破坏。位于朝鲜半岛、俄罗斯远东地区和我国长白山地区尚存的红松阔叶林，在生态学和经济学上均占有重要位置，但是在近十几年都遭受过度的开发。松子也是人类食物市场高度需求的产品，且已经变成当地交易的一项重要的财政收入来源。在2006年之前，大部分和全部红松种子被人类从森林移出。红松种子是至少23种野生动物的重要食物来源，过度采摘红松种子对以东北虎为顶级的食物链产生严重的影响。

20世纪60年代开始的在长白山保护区周边大面积的森林采伐，造成了保护区和周围环境间分界明显。斑块状的采伐面积在5～20公顷，使剩下的小部分原生林高度破碎化。原生林砍伐后被结构和组成单一的过伐林、次生林和人工林所取代。

2007年，根据地球资源探测卫星资料，长白山区森林覆盖率为85%。扣除人为干扰的林地后，保存相对完整的天然林覆盖率只有44.9%，另一半已经在开发利用中发生了不同程度的退化。大面积开发利用森林资源，已经对欧亚大陆最具生物多样性的长白山自然保护区的野生动物构成了巨大威胁。

四　长白山自然保护区东北虎的食物资源量变化

长白山自然保护区东北虎主要捕食的有蹄类动物，1980～2000年数量急剧下降，2000～2010年缓慢上升，但幅度不大。有蹄类中，青羊和梅花鹿（近年，梅花鹿似又被重新发现）已消失。马鹿和原麝的数量下降尤为显著，而野猪和狍子的数量有所增长（见图1）。

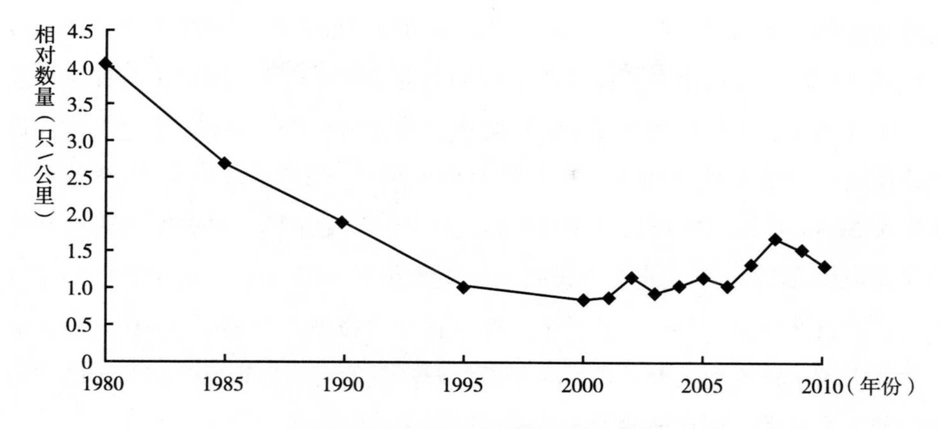

图1　长白山自然保护区有蹄类动物数量动态变化

从历史来看，20 世纪 60 年代开始，长白山自然保护区周边大量流入开垦者，毁林开垦农田，形成许多自然村屯。尤其是森工局的进入，大量采伐森林，修建道路、林场，改变了原来动物栖息地生存环境；更直接的影响是，狩猎活动减少了东北虎维持生存的食物资源。1959 年，林业部发出“关于积极开展狩猎活动的指示”的文件后，长白山林区陆续成立了由森林警察部队、林业部门、县级部门等组成的专业狩猎队，狩猎活动持续到 1976 年。此期间还有当地庞大的以猎捕动物为生的猎民队伍。通过访问当时狩猎队成员了解到，当时年猎捕量在 1000 头左右，主要猎取野猪、狍、马鹿和熊。1970～1975 年，仅一位队员在长白山保护区及周边区域猎捕熊就达 100 多头。当时的狩猎活动之长、猎民之多、猎取量之大均使东北虎食物资源严重消减。

五　长白山自然保护区引入东北虎的可能性分析

作为森林与野生动物保护类型的重要保护区，长白山自 1960 年建区以来，虽然做了大量保护管理工作，但是未能有效维持森林生态系统中食物链顶级的大型猫科动物东北虎的繁衍生存。除了周边林区过度砍伐、对野生动物过度捕杀的因素外，还与保护区面积大小、形状和动物适宜栖息地的条件有关。研究表明，20 世纪 80 年代之前，在我们的研究区域至少有 13 只东北虎构成了稳定的动物种群。[①] 研究还显示，每只东北虎的领域面积约为560平方千米。按领域面积计算，长白山自然保护区能容纳东北虎2~3只。据初步统计，目前长白山自然保护区红松阔叶林带有蹄类动物密度为0.5~1.5头/平方千米，这个密度远低于俄罗斯虎的主要分布区有蹄类密度（3.7~6.8头/平方千米）。如果按Sunquist提出的每只雌虎日食量为5~6千克计算，那么一只虎对食物的年需求量为2000千克左右，说明一年要捕食30~50头有蹄类动物。根据目前长白山自然保护区红松阔叶林带有蹄类密度来推测，可满足5~6只东北虎的食物需求。这说明该地区进行东北虎种群恢复的可能性很大，但关键的问题是如何扩大其适宜栖息地的面积。

东北虎在中国东北地区已处于极度濒危的状态，目前主要依赖于俄罗斯虎种群的扩散。东北虎虽然在长白山自然保护区已消失，但是仍存在有利于种群恢复的条件。第一，长白山尚存留大片天然林，保存着潜在的虎、豹及其猎物种群栖息的较好条件；第二，长白山森林生态系统中，有蹄类动物具有加速种群恢复的条件；第三，在虎豹现有分布区及潜在分布区的人口密度并不高，同俄罗斯相邻边境地带的人口密度相仿；第四，“天然林保护工程”在长白山林区的实施有助于虎豹现有生态环境的保护及有蹄类动物资源的恢复。

六　东北虎回归面临的环境和社会压力

虽然长白山自然保护区具备一些东北虎恢复的自然条件，但是，随着社会经济迅速发展，东北虎的自然恢复或人工引入所面临的环境压力却是十分严峻的，发展与保护的矛盾非常突出。

最大的压力来自人口不断增长的因素。1910~1950年，长白山地区大部分为无人区，只有极少数地段有居民生活，长白山北坡的安图县1910年全县人口不足2000人；与长白山自然保护区相邻的二道白河镇，解放初期只是一个有几十户人家的小村落。近年来随着旅游业的蓬勃兴起，现已发展成为地级

① 辛林霞：《东北虎殇：总量不足20只　20年内竟死7只》，新华网，2013年7月29日，http：//news. xinhuanet. com/local/2013－07/29/c_ 116728283. htm。

市的城镇，常住人口逐年增加，流动人口更是逐年猛增。2010 年年末，全镇户籍总人口为 6.5 万人（见图 2），包括季节性流动人口在内估计有七八万人。目前，约有 30 万人口分布在与长白山自然保护区相邻的周边地区。

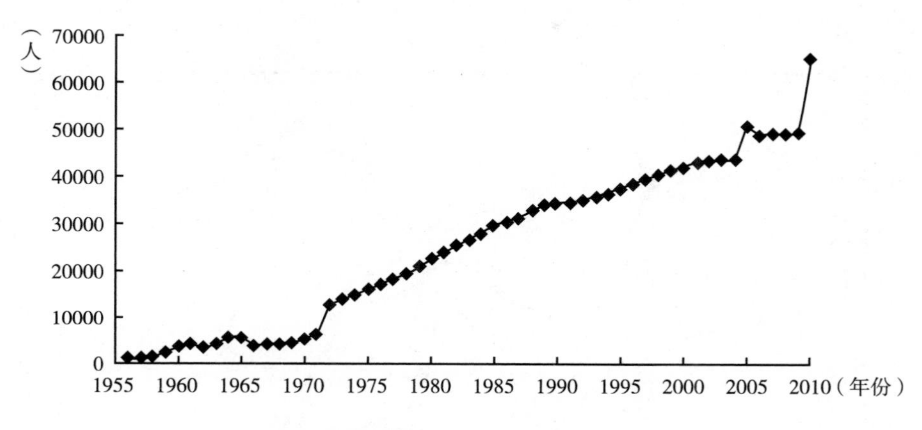

图 2　长白山自然保护区相邻的二道白河镇历年人口变化

随着旅游业的扩张和气候变化，来长白山避暑的人口剧增，预计到 2020 年流动人口将达到 200 万人次，到 2030 年将达到 250 万人次。保护区周边常住人口预计将达到 60 万人，其中，流动性非常住人口将达到 10 万人。未来人口的大幅度增加，将促进长白山地区经济社会发展，同时也将给自然保护区的环境和东北虎的回归带来不小的压力。

随着人口的增加，相应的基础设施也开始高速发展建设。近几年，保护区及周边地区大量修建或扩建公路，已经形成密集的网络。保护区内道路的功能也由过去单一的自然资源保护逐步向物资运输、森林旅游、多种经营等多功能方向转变。保护区公路里程从 1980 年后期的 210 千米已增加到目前的 400 多千米，20 多年间道路里程增加一倍。被道路占据的面积为长白山自然保护区面积（1968.4 平方千米）的 0.3% 左右。目前保护区旅游公路和环区巡护公路约 90% 为混凝土路面。按照近期规划，围绕长白山自然保护区还将建成两条高速公路和高铁。

长白山保护区被三条公路分割成四块（见图 3）。核心区有 70% 的面积属于海拔 1100 米以上的山地。该区域由于地形、地貌、植被和气候条件，不适

宜大型动物在冬季栖息，许多动物进入冬季便向低海拔处移动，集聚在针阔混交林地带。但适宜动物冬季栖息的针阔混交林面积仅占保护区总面积的30%左右，且周边地区人口多，公路网发达，因此该区域受人类活动的影响尤为严重。

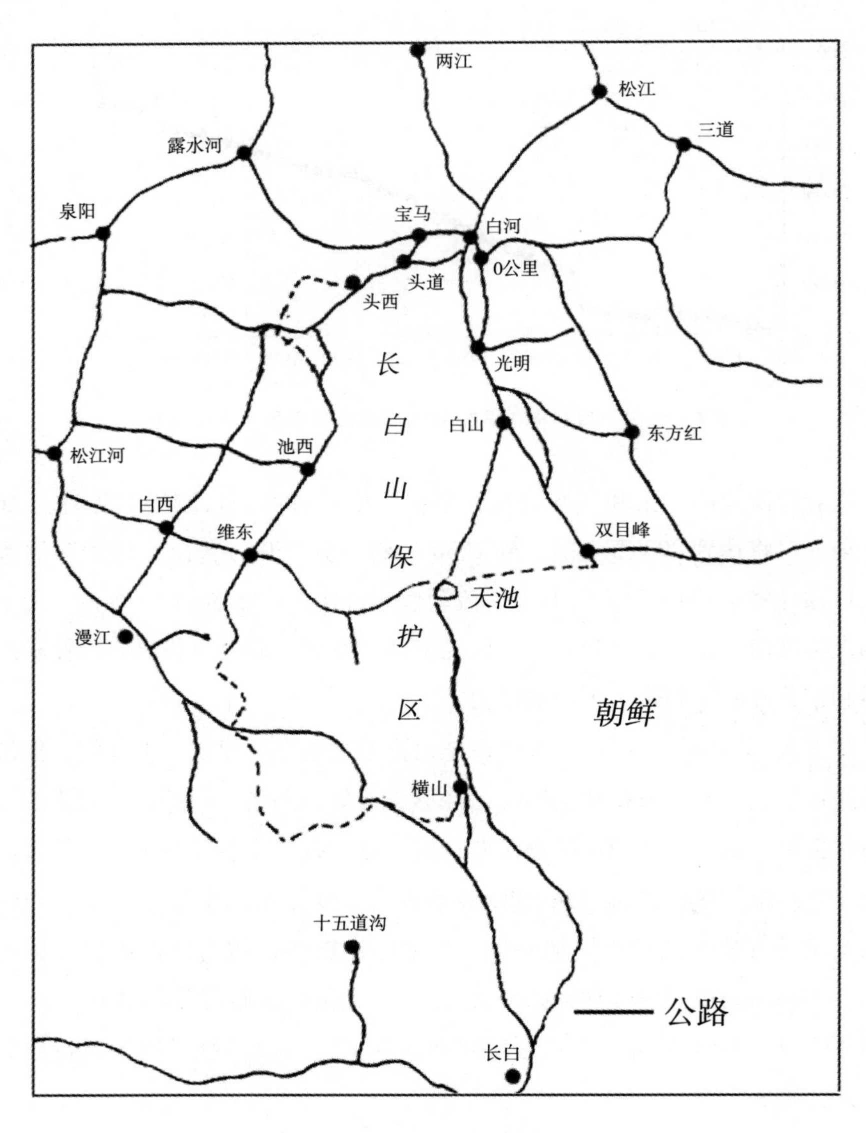

图3　长白山生物区道路分布

长白山自然保护区及相邻地带道路密度过高，导致栖息地分割和破碎化，降低了栖息地间的连接度并增加了人类可达性，阻碍了动物的迁移、种群之间基因交流，并增加了动物道路致死概率和人类捕杀概率。

长白山的旅游从20世纪80年代初开始，旅游接待人数已从开始的几百人上升到目前的上百万人次。旅客人数增长率为10.77%（见图4）。2010年全年平均每天接待1737人，日最高客流量超过2万人次。

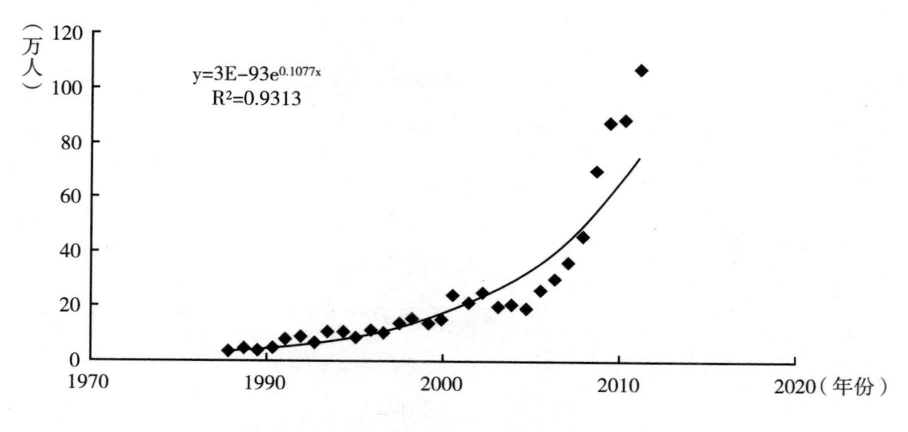

图4　1980～2010年长白山旅游人数动态

长白山自然保护区游客人数的急剧增加，尤其是旅客流量的高度集中，对环境造成极大的压力。景区内及周边的宾馆、饭店、浴池、商店、换乘中心等旅游服务设施及驻区单位，占用了大量的林地和空间（见图5）。旅游业服务设施和公路的纵横交错，提高了人类的可达性和对动物栖息地造成的人为干扰，并起了隔离的作用，降低了生境的连接度，使动物的生境破碎化。

许多旅游设施、旅游地产和其他土地利用方式，已经密集分布在保护区边界地带。预计后期大规模的建设计划也将在保护区周边展开，形成以景点为中心的服务功能带。这些设施和人类活动对野生动物均构成影响，使动物的适宜栖息地进一步减少和被破坏，增加了外来物种侵入的机会，严重阻隔了保护区森林与非保护区森林之间的物种基因交流。

预测未来20年，长白山自然保护区总面积10%左右的土地，将变成旅游

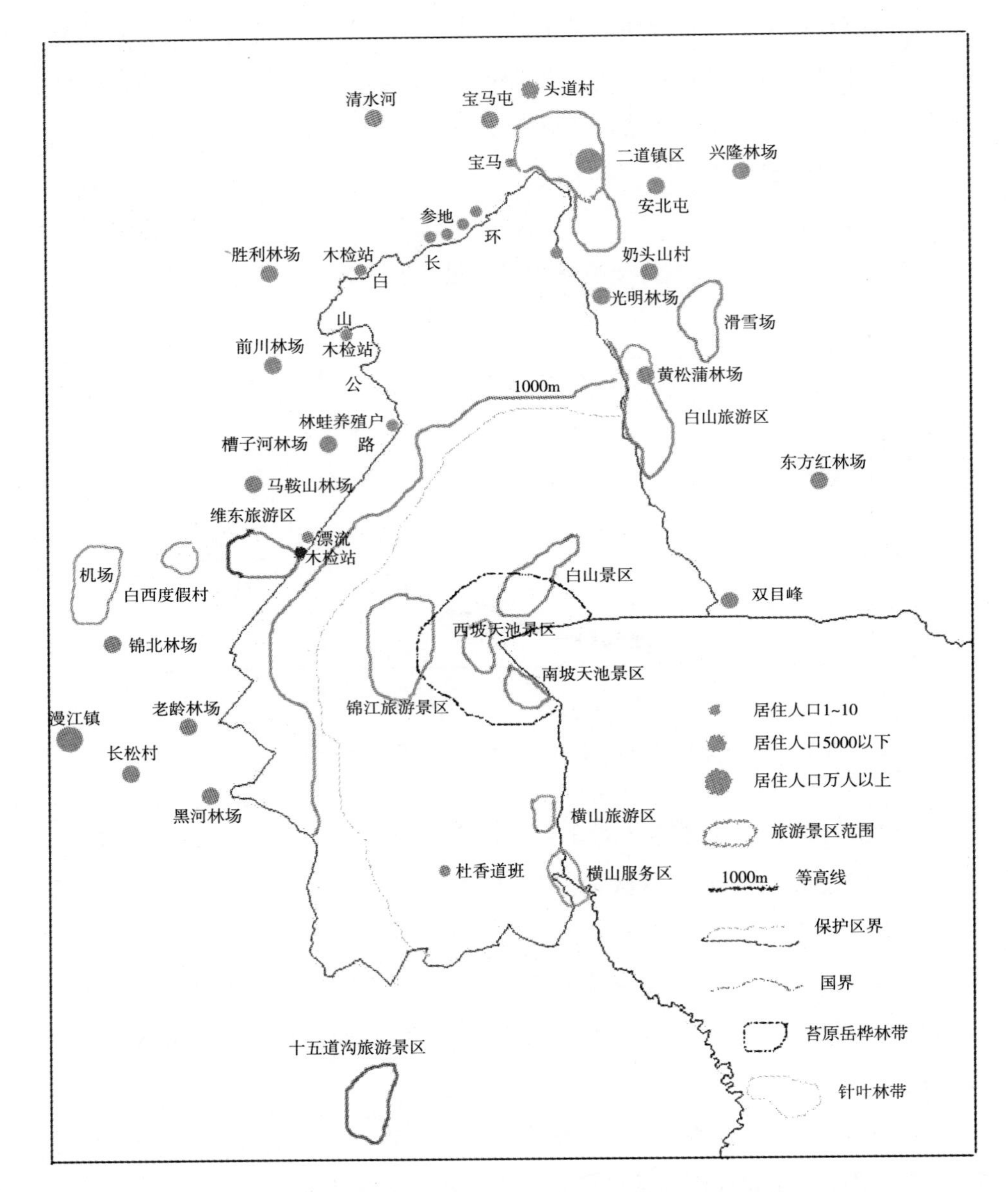

图 5　长白山自然保护区周边人口分布及土地利用格局

景区和旅游服务区的影响域。保护区周边用于旅游、种植、道路、建筑等的土地面积将会比目前扩大 10 倍。

该区域经济开发活动的频度和人口增加，必将造成对森林资源需求的增

加，由此产生对动物产品的需求量增长，结果导致偷猎野生动物的行为可能相应增多。尽管近年来吉林省林区主管部门加强枪支管理，并加大野生动物保护宣传力度，但仍然有少数人使用非法枪支进山偷猎。对狍、野猪和马鹿等有蹄类动物威胁最大的是各林区普遍存在的套猎现象。套子对有蹄类的危害最大：一是因为数量多、分布广；二是因为放置时间长，常年对动物构成威胁。套子不仅威胁着有蹄类动物，同时也威胁着东北虎、豹和猞猁等大中型猫科动物。可以说套子捕杀工具是东北虎恢复种群的最大障碍。

人类过度利用森林资源对赖以生存的大型动物产生的直接影响，会导致许多动物濒临灭绝。如过度长期采伐蒙古栎等大种子乔木，使得许多以种子为食的动物因食物不足而种群数量不断缩减。长白山自然保护区重点保护的马鹿、原麝、熊类资源，在未来10年，将因大量涌入的人群对野味和药用产品的需求，面临区域性濒危或消失。

扭转野生东北虎种群急剧下降的趋势，并使其恢复并不容易。人类同老虎冲突的现实是严峻的。一方面，人类经济开发需要扩张土地，开发老虎的森林栖息地，并将老虎的猎物视为自己的食物；另一方面，当老虎的食物减少，就会不得不铤而走险，捕杀家畜、袭击人类。在这种人虎冲突下，老虎很容易遭到人类的捕杀。由此可见，长白山自然保护区及周边开发区要想让东北虎种群回归，将意味着人类社会必须牺牲一些现实利益。

七　长白山自然保护区东北虎回归后的生态效应

为什么我们要努力尝试让长白山自然保护区恢复东北虎种群呢？是为了重建森林生态系统的食物链和生态平衡，阻止生物多样性的丧失。要知道动物园的异地保护对于自然生态系统的食物链和生态平衡是毫无作用的，生物多样性最需要的是就地保护，特别是在为自然保护而设立的特别保护地里。

东北虎与其他动物密切关联，东北虎的缺失对整个森林生态系统的稳定性关系极大。许多案例表明，如果动物群落中缺失顶级捕食者，那么因没有捕食者的控制，一些动物种群将不能健康繁衍。当一个群落的食物链结构发生改变，可能影响到整个群落的稳定性。出于这一原则，我们应当设法恢复东北虎，保护其猎物及庇护它们的栖息地。且恢复东北虎种群，能够支撑长白山生态旅游业，可以长期为当地居民提供大量的工作机会和其他利益。我们人类还可以从捕食者与被捕食者之间的生存对策中，得到有益的启示。

八　东北虎种群恢复的对策及建议

长白山自然保护区的周边地区森林采伐、城镇建设、旅游开发、林产品生产加工及城镇和公路网建设等一系列社会经济活动，导致了适宜动物栖息环境的面积逐年减少，目前已不能够为大型动物等重要物种提供充分的栖息空间。因此，有必要让更多的社会集团参与进来，把保护与持续发展、自然资源的可持续利用与未来的土地利用规划联系起来，以拓宽保护的范围和保护的有效性，达到在长白山自然保护区恢复东北虎种群的目的。为此提出如下几点建议。

第一，要使东北虎回归长白山自然保护区并长久生存下去，需要有不受干扰的大面积原生栖息地和数量丰富的有蹄类猎物。因此，必须扩大同地方政府、林业系统等参与伙伴的区域合作，加强它们相互之间更广阔的森林景观、社会和经济联系，共同保护野生动物及动物赖以生存的栖息地。

第二，为了确保野生虎生存，必须要有包括 2～5 只处于繁殖期的雌性野生东北虎在内的种群。而且，种群之间需要建立起景观的连通性，以确保基因交流。因此，需要考虑加大东北虎分布区域之间的绿色通道建设的规模。

第三，加强保护和繁育有蹄类动物，严格控制任何非法偷猎活动。在现有的管理机构基础上，专门设立长白山自然保护区反盗猎行动委员会，统一领导自然保护区、保护管理站、森林公安和武警，集中力量开展反盗猎行动。还要经常及时收集保护区有关动物数量及分布、狩猎活动规律（狩猎对象、狩猎地点、时间及狩猎手段）、市场交易情况等信息，以研究反盗猎对策并提出行动计划。

第四，加强对保护区内外的生态环境和社会经济的长期监测，定期获取定量数据和收集相关信息，以评价保护区实现其管理目标的工作效果。加强保护

区管理能力方面的建设，改善技术人员不足的问题，努力改进和加强保护区的有效性。

第五，加强现行法律的执行力度，通过公众宣传活动，增强公众对其工作的了解，增加执法机关所需的人员、设备及资金，提高公众遵守规章的意识和保护生物多样性的觉悟。

城市环境

Urban Environment

随着城镇化发展及城市的扩张，很多城市周边的化工企业已经呈现“围城”的趋势，化工厂给城市安全带来极大的风险，青岛“11·22”输油管道爆炸就给我们敲响了警钟：诸多城市存在严重的石化化工布局性环境风险，如果不采取有效风险防范措施，将无法遏制突发性环境事故的激增势头。如何破解“化工围城”的难局，《化工围城：哀恸未远，如何解连环?》一文做了分析，认为破解化工围城，仍需从城市规划上着力。

垃圾问题一直也是备受关注的城市环境问题，2000 年，建设部确定 8 个城市为“生活垃圾分类收集试点城市”，实施 10 年实效却并不乐观，且逐渐销声匿迹，近几年随着“垃圾围城”“焚烧事件”的出现，垃圾问题被重新重视，国家和地方相继出台了政策，希望能提高垃圾分类率，但仍然存在不少问题。《垃圾分类面临的机遇和问题》一文分析了垃圾分类遇到的难处、问题与挑战。认为必须建立监管机制和全过程信息平台，并将垃圾分类纳入考核管理。未来，垃圾分类依然有很长的路要走。

G.17

化工围城：哀恸未远，如何解连环？

彭利国*

摘　要：

青岛“11·22”输油管道爆炸声提示了一个触目惊心的事实：中国诸多城市存在严重的石化化工布局性环境风险，如果不采取有效风险防范措施，将无法遏制突发性环境事故的激增势头。要破解“化工围城”的难局，强化规划环评乃至更大范围的战略环评非常必要。

关键词：

化工围城　环境风险　石化化工行业布局　规划环评

举国震惊的青岛“11·22”输油管道爆炸声已远，在媒体视野中，风暴核心的黄岛已经没有新闻可写。这起酿成62人死亡、136人受伤、直接经济损失逾七亿元的特别重大事故，为2013年画上了一个沉痛的休止符。62个生命的逝去，换来的是启动黄岛石化基地周边安全和环境影响专项评价，启动黄岛石化基地重大功能调整的规划修编。

“双启动”表面只指黄岛，但所触碰的却是几乎所有中国城市的痛处：化工围城。事实上，2013年，困扰中国多地的“化工围城”“城围化工”隐疾再现，如何解连环，成为从政府到石化业界都不得不正视的问题。

一　率土之滨，莫非石化

青岛爆炸事故发生50天之后，国务院青岛“11·22”爆炸事故调查组公

* 彭利国，《南方周末》资深记者。

布了调查报告。报告指出青岛开发区控制性规划不合理，规划审批工作把关不严。而且，事故发生区域危险化学品企业、油气管道与居民区、学校等近距离或交叉布置，造成严重安全隐患。

其实，与诸多化工项目毗邻，青岛开发区居民对此抱怨已久，惜未能引起重视。例如，青岛丽东化工的芳烃项目距离最近的居民区仅有600米左右。

其实这是普遍现象。上海金山石化的芳烃装置与最近居民区的距离为1000米；洛阳石化厂区与东杨村仅一墙之隔，一两百米外，就是居住地和家属宿舍；金陵石化与居民区隔200~300米，扬子石化与居民区隔500~600米……

格局早已如此。2006年，原国家环保总局统计发现，在当年排查的全部7555个项目中，布设于城市附近或人口稠密区的有2489个，占32.4%。

这还仅仅是点上的情况。据中国农工民主党中央的调研数据，若将未来10年各地石化化工等重点行业布局进行空间叠加，环渤海地区13个沿海地市，除秦皇岛外，都将发展临港石化产业作为重点产业。

仅以炼油、乙烯为例，从大连、营口、天津、东营、青岛、上海、连云港、宁波、福建，到惠州、茂名、湛江，北海、钦州，二十多个沿海省市，莫不布局。内地也不逊色，武汉、成都、重庆、南京、兰州等，均已是石化重镇，沿江、沿河而建的石化项目亦比比皆是。

率土之滨，莫非石化，事故难断绝，也就自不待言。即便石化行业自身，也不讳言当下中国石化项目布局分散、混乱、无序的现状。2012年的全国两会上，农工党中央在《关于优化我国石化产业发展布局，降低环境风险》的提案中称，“我国石化产业布局不合理加剧了生态环境风险，也决定了环境事故频发现象难以从根本上杜绝”。

这已是共识。早在2006年，国家环保部副部长潘岳就曾指出：“我国的化工石化行业存在严重的布局性环境风险，这种情况如果不采取有效风险防范措施，将无法遏制突发性环境事故的激增势头。”

二　“化工恐慌”的举国公关

化工围城之下，化工恐慌在2013年愈演愈烈。2013年四五月间，昆明和

成都相继爆发针对石化项目的群体性事件。昆明人质疑的是云南炼化一体化项目，成都人针对的仍是彭州石化，尤其是其中所包含的PX项目。

在这两次事件发生前后，一场针对化工恐慌尤其是PX项目的举国公关显现，这亦是官方在2013年力图破解化工围城的努力之一，尽管只是表面功夫。

2013年中，中共中央办公厅致函要求漳州介绍PX项目落地建设的经验，重点是介绍如何做群众工作，“公众广泛参与环评、石化专家做报告、干部进村入户、包机赴国内外石化实地、正面宣传……”在这份写于2013年5月6日的呈报中共中央办公厅的汇报材料里，漳州经验被如是概括。

此后，漳州式公关在昆明、成都等地上演。昆明抗议发生后，云南电视台联播了四期介绍日本PX项目的节目，介绍日本PX项目如何实现环境与工业共生、“建成二十年里没有发生过任何安全事故”、信息如何透明等信息。此外，还派市民代表赴国内石化企业参观，以求解疑释惑。

成都彭州石化亦向公众敞开大门，从2013年初开始，成都各界代表获邀进入彭州石化厂区参观，是年，这样的参观团共组织了50余批，涉及成都市人大代表、政协委员、机关干部、人武部官兵、居民代表、女企业家协会代表等。

早在昆明和成都的PX事件发酵之前，针对为PX正名、消除化工恐慌的尝试就已经在政府各个层面展开。2013年的全国“两会”上，中国工程院院士曹湘洪提交了“消除化工恐惧症”的提案，建议国家设立专项资金，加强对公众进行包括PX在内的化工基础知识的宣传教育。浙江省“两会”上，包括公安厅厅长刘力伟在内的多位政界代表亦呼吁为PX“去妖魔化”。

此外，中央电视台、《人民日报》、新华社等官方媒体也陆续刊发了多则报道，中国工程院院士、清华大学教授金涌以及曹湘洪等专家纷纷献身科普，力图为PX项目正名。

行业协会也不甘沉默。2013年5月16日，中国石油和化学工业联合会主办的“美丽化工”大型宣传活动启幕，通过举办主题论坛、高校演讲等活动，旨在“重塑行业形象，改善公众认知”。

笔者曾经采访过多位业界专家，他们均表示，这样密集的正名从未有过。有媒体认为，当下的PX正名潮，已不仅是在为昨天的错误埋单，为今天的稳定张目，更是在为明天的PX重装上阵铺路。

三 管不住的事故

公关只是治标之举。问题是，世界范围内，石化化工行业临海、临江、临河布局是常态，这是由石化产品大宗、吞吐量大、沿江沿海布局运输成本低，且距市场近等行业特性所决定的。而中国石化事故层出不穷，传统的思维都指向管理出了问题。

2014 年 1 月中旬公布的青岛爆炸事故调查报告中，这样归纳中石化的责任："安全生产大检查存在死角、盲区，特别是在全国集中开展的安全生产大检查中，隐患排查工作不深入、不细致，未发现事故段管道安全隐患，也未对事故段管道采取任何保护措施。"

事实上，大检查是预防石化事故惯用的手段。近几年，凡有重大石化事故发生，必有一轮举国检查。殷鉴不远，此次青岛爆炸事故之后如是，2013 年的中石油大连"6·2"火灾、2010 年南京"7·28"丙烯管道爆炸、2010 年紫金矿业污染和吉林化工原料桶冲入松花江等事故之后，都引发了一轮全国安检。

然而仅就 2013 年石化界的管理状况而论，这样的检查起到的效果有限。笔者查阅国务院安委会历次重大石化事故的调查报告后发现，"生产管理制度不健全、违规承揽业务、原油接卸过程中安全管理存在漏洞、指挥协调不力、管理混乱、信息不畅、施工安全管理缺失……"，这样的管理沉疴比比皆是。

青岛爆炸事故发生后，浙江省安监局检查中石化在浙管道时发现，管线管理单位下属的南京输油处甚至不具备法人资格，而且部分站库至今未申办危险化学品经营许可证和危险化学品重大危险源备案。

2013 年另一个引发广泛关注的石化项目是位于福建漳州的腾龙芳烃 PX。按理说，PX 项目近年来已经成了举国上下的敏感词，况且这一项目还有着引发厦门人"散步"的案底，理应在管理、安全、环保的诸多层面都倍加谨慎，可该项目先是年初被爆环评违规，后是"7·30"闪燃事故，令人唏嘘之余再添对 PX 项目的担忧。笔者曾采访漳州当地官员，据其称，闪燃发生时恰逢中石化的一个专家组在场，处置得当，才未酿成更大的灾难，实属侥幸。

2013 年，国务院安委会曾派出多个督查组赴各地石化企业调研，暴露出的问题亦是触目惊心。在江苏、福建、辽宁等地，督查组人员发现，业界重大事故的教训并未被企业管理人员充分吸取，跑冒滴漏、分包转包、野蛮施工屡见不鲜，一位督查组人员直称："越看越不放心、越看越难容忍。"

四　规划破题

2013 年，一个更为管理者和行业人士所认可的观点是，破解化工围城，仍需从城市规划上着力。

农工党中央 2012 年的提案曾建议，对全国石化产业进行统筹规划，全面实施战略环评。对石化产业的整体布局进行反思，在充分考虑资源环境承载力的基础上，与主体功能区划相结合，利用沿海、沿江布局石化产业运输便利等优点，在沿海集中布局两到三个石化产业基地，并做大做强，其他区域严禁规划和新建石化项目。

2013 年底，笔者曾致函农工党中央询问 2012 年提案的办理情况，农工党中央回复称，工信部、能源局等部委基本同意该提案的建议，已着手改变石化项目"遍地开花"的局面。

工信部编制发布的《石化和化学工业"十二五"发展规划》明确要求，石化产业布局要坚持基地化、一体化、园区化、集约化发展模式，立足现有企业，严格控制项目新布点……要求化工园区布局须按照主体功能区定位及城市发展规划，结合危险化学品分布及产业特点，统筹区域危险化学品发展规划及化工园区布局，与城市发展和环境保护相协调。

青岛的"双启动"也是力求在规划上求解。这亦是继 2008 年厦门 PX 事件之后，又一起典型的对全区域进行环评的案例。

"亡羊补牢，为时未晚"，强化规划环评乃至更大范围的战略环评，至少对避免新的石化围城窘境有一定的作用。2009 年起，环保部启动了对环渤海等五大区域的战略环评，目前，五大区域战略环评成果发布。据环保部人士介绍，该部已经就此给各地下发了指导意见，其中一条即建议各地要统筹石化项目的集中布局。

然而，这对已然成定局的“化工围城”“城围化工”而言，似乎仍旧难解。搬居民区还是搬石化区，这道谁去谁留的选择题横亘在多个城市面前。

搬石化区代价不菲。已有先例，2011 年大连福佳大化 PX 项目引发市民“散步”之后，大连市官方宣布福佳大化 PX 立即停产并搬迁，福佳大化亦承诺坚决执行市委、市政府的决定，然而，两年过去了，搬迁仍未实现。

搬居民区亦不轻松。以广东茂名为例，2012 年 3 月，因茂名市政府在中石化茂名公司卫生防护区内的居民搬迁工作不力，被广东省环保厅提请环保部挂牌督办。

早在2006 年，环保部副部长潘岳就曾指出：“被动的补救措施远不足以遏制目前突发性环境事故的激增势头。”石化行业积弊已久，只能通过加强环境安全防范措施，调整产业结构逐步予以补救。

石化行业自身也在努力求解。2012 年底，中国石油和化学工业联合会组织业内人士召开了一次“石化企业与社区协调发展座谈会”，会议的意见之一，即是希望大型石化基地规划与城市发展规划统筹衔接。新的功能规划对已有大型石化基地，要尽可能避让；对新扩建项目，充分环评、稳评，甚至希望地方政府以法规的形式对布局规划调整进行必要的约束。

G.18

垃圾分类面临的机遇和问题

徐琬莹*

摘　要：

2000年，建设部确定8个城市为“生活垃圾分类收集试点城市”，10年间实效不乐观，并逐渐销声匿迹。近几年，随着“垃圾围城”“焚烧事件”的出现，垃圾分类被重新重视，国家和地方相继出台了政策，希望能提高垃圾分类率，但仍然存在不少问题，如居民知晓程度低、宣传单一且不持久、无激励无惩罚、未建立监管机制、垃圾分类各环节衔接不明、前端输入少、试点面过宽等。未来，垃圾分类依然有一条很长的路要走。

关键词：

垃圾分类　机遇　问题分析

一　垃圾分类十年效果回顾

2000年，建设部确定北京、上海、广州、深圳、南京、杭州、厦门、桂林8个城市为“生活垃圾分类收集试点城市”。[①] 其间各个城市试图探索适宜的垃圾分类收集管理模式，但10多年过去了，垃圾分类收集的效果仍不乐观。回顾中国垃圾分类10年，基本为“前分后混”，除了价值高、易收集、比例

---

* 徐琬莹，中国科学院生态环境研究中心博士生，主要研究方向为固体废弃物处理技术、评价及管理。

① 建设部城市建设司：《关于公布生活垃圾分类收集试点城市的通知》，中华人民共和国住房和城乡建设部官方网站，http：//www. mohurd. gov. cn/zcfg/jsbwj_ 0/jsbwjcsjs/200611/t20061101_156932. html，2000年6月1日。

低的可回收垃圾外，剩下比例高、污染大的厨余和其他垃圾“多数填埋”，北京市仅4.4%的社区做到按标准分类投放。[①]

近年来，“垃圾围城”迫在眉睫，特别是一系列焚烧厂建设项目启动后，[②]垃圾分类越来越受到政府和公民关注，但总体呈现“雷声大雨点小”、虎头蛇尾的局面，分类效果并不尽如人意。2010～2012年，北京各区县陆续选择2400个社区开展垃圾分类试点，但自然之友2011年《北京市垃圾真实履历报告》显示，2011年试点社区中75.6%都是依靠二次分拣，[③]真正实践垃圾分类的居民数量较少。早在1996年，上海市垃圾分类就开始启动，在分类标准多次更替后，确定为现在使用的四种颜色的垃圾桶，2011年在全市1050多个社区推行了试点，2012年新增了500个，[④]但能自觉分类的居民也较少，70%以上都需要进行二次分拣。[⑤]2010年1月，广州将越秀区东湖街、荔湾区芳村花园、番禺海龙湾和华景新城等社区作为全面推广垃圾分类的试点，但经历过最初几个月热潮之后，已经“打回原形”。[⑥]2012年，广州又推陈出新，积极探索有效的、可持续的垃圾分类管理方法，在一些社区采取“垃圾不落地”“按袋计量收费”“专袋投放”分类试点，[⑦]形成了东湖、广卫、万科、南华等模式，[⑧]目前虽然取得了一定成效，[⑨]但是否持续有效，还需长期检验。

十年间，深圳、南京、杭州也努力制定各种分类管理办法，但最后均以失败告终。早在2000年，深圳市制定了《深圳市城市垃圾分类收集总体规划(2000年～2010年)》，计划用10年时间，实现90%的垃圾分类收集率，但2010年一家民间调查机构的调查显示，实施效果并不尽如人意，垃圾分类的

---

① 赵川：《北京垃圾分类10年“前分后混”仅4.4%社区达标》，21世纪网，http://www.21cbh.com/HTML/2012-2-21/1NMDY5XzQwMzM1NQ.html，2012年2月21日。

② 搜狐绿色频道：《破解“垃圾围城”：先分类后焚烧》，搜狐，http://green.sohu.com/s2012/refuse-incineration/，2012年7月。

③ 刘念：《北京社区垃圾分类遭遇履行难》，《人民日报》2012年3月29日。

④ 樊姝倩：《上海今年将扩大小区垃圾分类试点范围》，东方网，http://sh.eastday.com/m/20120606/u1a6604394.html，2012年6月6日。

⑤ 王海燕：《七成垃圾二次分拣　物业部门不堪重负》，《解放日报》2011年11月18日。

⑥ 陆璟、成小珍、黄熙灯：《四大试点社区已“打回原形”》，《信息时报》2011年2月20日。

⑦ 黄少宏、蒲美辰：《广州垃圾分类多种试点落地》，《南方日报》2012年7月24日。

⑧ 裘萍、余思毅、李健：《垃圾分类　鼓励试点　百花齐放》，《南方都市报》2012年4月13日。

⑨《垃圾分类试点百日厨余垃圾专袋投放最有效》，《广州日报》2012年10月22日。

"10年规划"几乎成为废纸一张。[①] 2012年，深圳市再次启动垃圾分类，在政府机关、企事业单位、学校和居民社区等创建500个示范单位，按照标准配置垃圾分类、收集设施。[②] "定时定点相对集中投放"和"低碳办公、绿色就餐"的模式在极少数社区和机关事业单位取得一定成效，[③] 但是，至2013年年中全市垃圾分类试点推进依然缓慢，宝安区70个试点中有19个未启动，整体进度尚未超过50%，并且大部分居民垃圾分类意识仍然无提高，2013年7月"南都深圳读本"官方微博及南都网络问卷调查显示，只有约24.5%的受访居民能正确区分可回收和不可回收垃圾。[④] 另外一些调查显示，南京和杭州的垃圾分类困难重重，没有成效，基本情况仍为混合或是二次分拣。[⑤] 厦门和桂林垃圾分类动力明显不足，起步较其他6个城市慢一些。2012年5月厦门初步确定20个社区为试点，思明区、湖里区各5个，集美区、海沧区、同安区、翔安区、鼓浪屿各2个[⑥]；桂林市到2013年中下旬才启动了垃圾分类试点[⑦]。

二　垃圾分类的机遇

20世纪90年代，垃圾分类先被提出，后销声匿迹，近几年又被重新重视。原因之一是填埋为主所带来的"垃圾围城"及其污染问题日趋严重，例如渗滤液、温室气体和土壤污染等。[⑧] 所以管理部门不得不另寻其他解决

---

① 霍敏、姜梦诗：《垃圾分类十年规划成鸡肋》，《晶报》2010年12月19日。

② 刘晶：《深圳试点垃圾分类》，《中国环境报》2012年8月8日。

③ 文灿、郭仪：《深圳探索垃圾减量分类全新模式》，《深圳商报》2013年9月23日。

④ 《垃圾分类试点一年，过半市民"蒙查查"》，《南方都市报》2013年7月16日。

⑤ 仲崇山：《南京垃圾分类试点磕磕绊绊》，龙虎网，http：//news. longhoo. net/js/content/2013－01/11/content_ 10405400. htm，2013年1月11日；张冰、张威：《杭州垃圾分类试点社区差距大　居民混着扔垃圾二次分拣难》，浙江在线新闻网，http：//08ms. zjol. com. cn/08ms/system/2013/08/29/019564625. shtml，2013年8月29日。

⑥ 黄智敏：《厦门垃圾分类增20个试点小区和单位　政府机关带头》，东南网，http：//www. fjsen. com/d/2012－05/17/content_ 8403229. htm，2012年5月17日。

⑦ 蔡志军：《十个小区将试行生活垃圾分类》，《北海日报》2013年10月25日。

⑧ 百度百科：《垃圾围城词条—市政难题》，百度网，2009年至今，http：//baike. baidu. com/link？url＝FaDKBKGVmeMDkSneKPcXF2dm－ZkHWWa5TVBf78RJEfQySu29qGlVpgn80wtdRz35zyuSuNXPsHNV7－WtLo9SsK。

之路——焚烧。但是，高安屯、阿苏卫、江桥、番禺、东港等新规划的垃圾焚烧项目引发了一系列群体事件，公众对焚烧后的污染排放及政府监管表示质疑。[①] 公众对焚烧的担忧确实不无根据，垃圾燃烧所释放的有毒化学物质二噁英，可以破坏人类免疫系统和神经系统，甚至引发癌症和遗传疾病。[②]

以中国城市发展研究所总工程师徐海云为代表的焚烧支持派，争辩道：技术上完全可以将二噁英降低到对人类健康不构成威胁的水平，国际、中国台湾和澳门的成功案例可以说明这一点。[③] 但是，以中国现状进行垃圾焚烧确实存在很多问题。

（1）垃圾分类效果差，以厨余为主的生活垃圾含水率过高，一般为50%～70%，不符合国际上焚烧所规定的热值标准，导致更多温室气体排放，而且大量含重金属的分散源危险废物混入垃圾物流之中，如镍镉电池、含汞电池、荧光灯管、体温计等，增加焚烧污染风险。

（2）现有焚烧厂运营模式以BOT、BOO为主，使得焚烧厂在运营过程中出现偷工减料现象，尾气难以达标排放。

（3）我国新建垃圾焚烧发电厂基本以进口设备为主，但是操作人员素质太低，人机不匹配。

（4）目前我国没有专门机构和专业人员对焚烧厂的运行进行有效监管，也没有专业的检测设备。[④] 这也是垃圾分类被重新重视的另一个原因。希望通过垃圾分类再利用，尽可能减少垃圾焚烧处理量，从而减少新建焚烧厂数量、降低焚烧污染风险。

近两年国家和地方日渐重视垃圾分类，逐步制定了一些条例和管理办法。

---

① 《2009年六大垃圾焚烧群体性事件》，《瞭望》2010年第9期；鹰宇：《垃圾焚烧的危害》，新浪博客，http://blog.sina.com.cn/s/blog_59a735590100eyjg.html，2009年9月22日；陈阳：《大众媒体、集体行动和当代中国的环境议题——以番禺垃圾焚烧发电厂事件为例》，《国际新闻界》2010年第7期。

② 百度百科：《二噁英词条》，百度网，2006年至今，http://baike.baidu.com/link?url=D_bQBF2ZEQRr7rOKGC_5A5y9qfLqP20ziOkCv2sfUXIb4sH3BWmFiQL2h9_ _sNAr。

③ 谢艳梅：《垃圾焚烧问题的“北京僵局”》，搜狐网，http://green.sohu.com/20100224/n270409265.shtml，2010年2月24日。

④ 刘阳生：《我国垃圾焚烧存在的问题》，中国固废网，http://news.solidwaste.com.cn/view/id_30392，2010年7月30日。

2011 年 4 月国务院转批《关于进一步加强城市生活垃圾处理工作的意见》，要求每个省（区）建成一个以上生活垃圾分类示范城市，到 2030 年，全面实行生活垃圾分类的收集和处置。[①] 2012 年 4 月，国务院办公厅《关于印发“十二五”全国城镇生活垃圾无害化处理设施建设规划的通知》中，将“政府主导，社会参与”作为基本原则之一，鼓励全民参与生活垃圾分类和处理工作，[②] 并第一次将“推行垃圾分类”作为一项独立的主要任务提出。这些国家政策将垃圾分类提到一个重要的位置，开始重视垃圾分类从产生、运输到最终处置的连续性，以及社会全民参与的重要性。2012 年 4 月，七大部门联合印发了《废物资源化科技工程十二五专项规划》，将城市垃圾分类回收和废弃物资源化全过程控制作为重点技术研究之一，反映出了垃圾分类及全过程管理日渐突出的重要性。[③]

地方政府也积极响应国家政策，针对垃圾分类提出管理办法和条例。广州市最先制定了垃圾分类管理规定，在 2011 年 4 月施行了《广州城市生活垃圾分类管理暂行规定》，提出了干湿分离、罚款及家庭宣传等具体措施。[④] 规定颁布后，罚款这一项措施受到广大公众的争议，结果也就不了了之。2013 年 1 月征求多方建议后广州市对该规定进行了修改，提出“先易后难、循序渐进、分步实施”的分类原则，并发动全市媒体加强对垃圾分类的公益宣传，鼓励社区居民委员会、物业动员公民积极参与垃圾分类工作，逐步实现计量收费。修改版呈现出更强的可操作性和实践性。[⑤] 北京市虽然没有单独颁布垃圾分类

---

① 国务院：《国务院批转住房城乡建设部等部门关于进一步加强城市生活垃圾处理工作意见的通知》，中华人民共和国中央人民政府网，http：//www. gov. cn/zwgk/2011 - 04/25/content_1851821. htm，2011 年 4 月 11 日。

② 国务院：《国务院办公厅关于印发“十二五”全国城镇生活垃圾无害化处理设施建设规划的通知》，中华人民共和国中央人民政府网，http：//www. gov. cn/zwgk/2012 - 05/04/content_2129302. htm，2012 年 4 月 19 日。

③ 七大部委：《关于印发“废物资源化科技工程十二五专项规划”的通知》，中华人民共和国环境保护部，http：//www. zhb. gov. cn/gkml/hbb/gwy/201206/t20120619_ 231910. htm，2012 年 4 月 13 日。

④ 《生活垃圾不分类 4 月开罚》，《广州日报》2011 年 2 月 18 日；何颖思：《广州“城市生活垃圾分类管理暂行规定”》，广州政府网，http：//www. gz. gov. cn/publicfiles/business/htmlfiles/gzgov/s2342/201102/766082. html，2011 年 2 月 18 日。

⑤ 广州市城市管理委员会：《广州市城市生活垃圾分类管理规定征示意见》，广州市物业管理行业协会网，http：//www. gzpma. com/showcate. asp？ tid = 18&cid = 39&newsid = 2799，2013 年 9 月。

管理办法，但在2011年11月8日通过的《北京市生活垃圾管理条例》中提到，配套垃圾分类设施，按照全程管理对生活垃圾实行分类投放、分类收集、分类运输、分类处理，并实行生活垃圾分类管理责任人制度，[①] 垃圾分类应该会更快提上日程。2012～2013年，上海也草拟了《上海市城市生活垃圾分类管理办法（草案）》[②] 和《上海市促进生活垃圾分类减量办法（草案）》[③]，广泛征求公众建议，取得很大反响。

三 垃圾分类的问题与挑战

政府、公众和社会各界人士都关注、支持垃圾分类，并且这是一件利国利民的事情，究竟是什么原因导致了其实践过程曲折，效果不理想呢？现在，废弃物管理部门责备居民素质不高，居民埋怨政府配套和宣传不到位，似乎进入了恶性循环，呈现一种相互指责的局面。的确，一个社会垃圾分类行为习惯的改变需要长期的管理过程，肯定会有许多的问题存在。根据北京市政管委2010年底和自然之友2011年、2012年调研分析，总体主要有如下一些问题。

1. 宣传手段单调，公众知晓度不高

2010年年底，通过对北京市垃圾分类实施一年后600个试点社区进行垃圾分类现状调查发现，分类知晓率（非常了解分类）只有15.5%，社区大部分居民（约60.1%）对于垃圾分类知识的知晓程度只停留在初步知晓阶段，对分类类别标准及如何操作等知晓情况较差，而24.4%的居民不知道垃圾分类，其中9.5%的居民完全不清楚。多数社区宣传方法以海报、小手册、横幅为主，而且多为“口号式”模式，例如，“垃圾分类从我做起”“垃圾分类一小步、健康文明一大步”等，比较好的宣传中虽然标注垃圾具体分哪几类，

---

① 北京市政市容管理委员会：《北京市生活垃圾管理条例》，北京市房山区商务委员会网，http：//shangwu. bjfsh. gov. cn/E_ ReadNews. asp? NewsID = 476，2012年3月13日。

② 魏建、卢卫民：《关于尽快制定“上海市城市生活垃圾分类管理办法”的建议》，上海政协网，http：//shszx. eastday. com/node2/node4810/node4836/node4838/userobject1ai53216. html， 2012年5月28日。

③ 陈莹雪：《上海市促进生活垃圾分类减量办法（草案）》，东方网，http：//sh. eastday. com/m/20130924/u1a7678176. html，2013年9月24日。

包括哪些垃圾，[①] 但是形式单一，缺少实践指导，没有达到通俗易懂和吸引人的效果。2012 年调查得知，13% 的居民表示参加过社区宣传活动，39% 的居民表示没有看到和参加过任何宣传活动，宣传活动大多以发垃圾桶、讲座、拉横幅海报的形式开展，缺乏创新手段。[②] 此外，2010 年调查得知，社区居民获取垃圾分类信息的渠道主要为电视、入户宣传、政府资料，约占 68. 1% ，其中电视最高为 25. 4% ，[③] 在分类收集知识普及上，占主导的媒体并没有发挥主要作用。这也是影响推广垃圾分类的关键问题之一。

2. 实践指导性较差，不能落实到行为改善

在分类收集操作实践的测试中，情况更是不容乐观，总体仅有 6. 7% 的居民能够对日常可回收垃圾进行正确的分类，厨余垃圾正确分类率非常低，仅有 2. 5% 。[④] 2012 年底，自然之友在北京市第一批分类试点 600 个社区中抽 60 个进行回访调查，关于厨余垃圾分类选择测试，也只有 24% 的受访者能够完全正确回答。[⑤] 效果不彰的重要原因是缺少公众参与的日常训练和功能广泛的社区自治组织，无法在促进居民环境行为改善这一方面长期着力，找到有效的工作方法。垃圾分类习惯的养成往往需要若干年的时间，短期内可能很难见到成效，政府部门、社会团体在推广垃圾分类收集时往往更注重宣教工作的覆盖面，而持久、反复的宣教和指导开展得还不够。

3. 一时“作秀”，虎头蛇尾，长期监管机制缺失

在全世界，垃圾分类的开展都不能操之过急，要经过 10 ~ 20 年的努力。即使这样，“日本的垃圾分类做了 23 年，到现在还有 17% 的人不按规矩倒；德国做了 20 年，到现在还有 22% 的人不按规矩倒”。[⑥] 而在国内，很多社区

---

① 《鼓楼区云南路社区积极做好垃圾分类宣传海报张贴工作》，南京市环境保护局网，http：// www. njhb. gov. cn/art/2013/11/1/art_ 252_ 48164. html，2013 年 11 月 1 日。

② 自然之友：《2012 年北京垃圾分类试点小区调研报告》，2013 年 4 月。

③ 邓俊、徐琬莹、周传斌：《北京市社区生活垃圾分类收集实效调查及其长效管理机制研究》，《环境科学》2013 第 1 期。

④ 邓俊、徐琬莹、周传斌：《北京市社区生活垃圾分类收集实效调查及其长效管理机制研究》，《环境科学》2013 第 1 期。

⑤ 自然之友：《2012 年北京垃圾分类试点小区调研报告》，2013 年 4 月。

⑥ 王维平：《城市垃圾分类为何难推动》，新浪网，http：//news. sina. cn/？ sa = t124d9035701v71&page = 2&pwt = rest2&vt =4，2013 年 6 月 21 日。

垃圾分类工作都开展得虎头蛇尾，开始非常积极热情，但受到资金、人事变动、精力分散到其他项目等因素影响，垃圾分类逐渐变成过眼云烟。此外，在2010年600个社区调查中，认为需要加强垃圾分类正确投放监督的社区比例高达35.4%，也有的社区18.8%的居民认为应加强社区垃圾分类管理。[①] 居民自律还需由行政管理手段来辅助，但国内目前并未实施任何激励和惩罚措施，也没有建立长期监管制度。单靠居民的自愿自觉，缺少相关的激励、管理、处理等环节，难以保持持久性，很难跳出“前分后混、分也白分”的怪圈。[②]

4. 操之过急，“二次分拣”形成依赖路径

在2010年600个试点社区中，全部都是定点、非定时排放，部分分类指导员“绿袖标”的工作转变为职业的二次分拣工，指导、教育和监督的职能无法实现。[③] 2010年北京市生活垃圾日产生量降低，转为负增长，归功于垃圾分类指导员和保洁员的二次分拣，正确实践垃圾分类及投放的居民较少。2012年的回访调查中，这种现象仍然没有改善，目前大部分分类指导员都已变成社区二次分拣员，而且很多都是由保洁物业承担。[④] 这样，反过来形成了对“二次分拣”的依赖，前端分类的热情更加下降。

5. 工作重心偏向末端处理，软硬件投入比例失衡

以北京市为例，虽然开展了“垃圾减量日”和2400个社区垃圾分类的试点，但对于“促减量”的重视程度以及人力、物力、财力投入仍然相对不足。北京仅有5%的垃圾处理经费用于垃圾源头减量，同发达国家60%以上的源头减量投入相差甚远。2009年北京市安排的100亿元垃圾处理专项资金中95%用于新建、改建40余座垃圾处理设施，[⑤] 工作重心依旧放在垃圾处理末端。

---

① 邓俊、徐琬莹、周传斌：《北京市社区生活垃圾分类收集实效调查及其长效管理机制研究》，《环境科学》2013第1期。

② CCTV经济半小时：《城市垃圾分类名存实亡　媒体：政府工作流于形式》，人民网，http：//society. people. com. cn/n/2013/0727/c1008 - 22346044 - 4. html，2013年7月27日。

③ 邓俊、徐琬莹、周传斌：《北京市社区生活垃圾分类收集实效调查及其长效管理机制研究》，《环境科学》2013第1期。

④ 自然之友：《2012年北京垃圾分类试点小区调研报告》，2013年4月。

⑤ 墨玟：《北京垃圾处理形势堪忧　垃圾填埋年“吞”地500亩》，中国城乡环卫网，http：//www. cncxhw. com/intecontent. aspx？id =2316，2011年12月13日。

2012 年调查中，1% 的试点社区也因为“绿袖标”资金不到位，停止了社区垃圾分类指导工作。此外，社区分类绩效考核也都多数侧重设施、人员、操作规范等硬件指标，居民知晓率、垃圾正确分类率和投放率等“软指标”在考核中仅占 20 分，[①] 因此，只有 50% 的分类达标率也不奇怪。[②]

6. 分类运输环节管理粗放，衔接不顺畅

即使在开展垃圾分类的社区中，垃圾前分后混的现象也很常见，[③] 久而久之，居民对政府抱有一种不信任的态度。2010 年，北京市垃圾分类试点社区有 600 个，2012 年在这 600 个中抽样调查了 48 个社区，其中，有 42 个小区完善了厨余垃圾单独运输制度，覆盖率达到 88%，但在有厨余分类运输的社区里，只有 38% 的居民知道自己的社区有分类运输，其他的居民均表示不清楚，或者认为没有分类运输。与 2010 年 47.7% 的居民知晓率相比，下降近 10%。说明政府虽然在硬件上投入增加，但由于社区宣传不到位、分类运输时间、分类运输措施等因素，部分居民认为垃圾仍混合运输，影响居民主动分类意愿。

7. 分类试点分布散面过宽，未进行全过程系统设计

2010 年，北京市垃圾分类试点社区有 600 个，2012 年，增至 2400 个，2013 年将达到 2900 个，占到北京 4000 个社区的近 3/4，遍布全市 14 个区县。2011 年，上海市在 1050 多个社区推行了试点，2012 年新增了 500 个，也是全面铺开。2010 年，广州市选定越秀区东湖街和白云区同德街作为全市先行进行垃圾分类试点，[④] 2011 年，广州将垃圾分类推广街道增至 50 条，并争创 100 个垃圾分类先行推广实施生活社区，[⑤] 2012 年底，垃圾分类的街道增加至 131 条。[⑥] 垃圾分类是一项全过程的系统工程，不仅要考虑前端分类，也要考虑分

---

① 自然之友：《2012 年北京垃圾分类试点小区调研报告》，2013 年 4 月。

② 饶沛、王佳琳、吴鹏：《今年生活垃圾分类达标率达 50%》，《新京报》2012 年 2 月 25 日。

③ 杨菁：《“垃圾分类”要避免“先分后混”》，长江网，http：//news.cjn.cn/cjsp/gc/201304/t2251821.htm，2013 年 4 月 17 日。

④ 赖伟行：《广州市开展垃圾分类试点》，《中国建设报》2010 年 1 月 15 日。

⑤ 周舒曼：《穗年内争创推广小区 100 个　推广街道增至 50 条》，大洋网，http：//news.dayoo.com/guangzhou/201108/20/73437_18731475.htm，2011 年 8 月 20 日。

⑥ 吴斌：《热点解读：广州扩大垃圾分类试点》，人民网，http：//cpc.people.com.cn/n/2012/0711/c83083-18490007.html，2012 年 7 月 11 日。

类运输、末端各种产业（再生企业、肥料厂、焚烧厂、填埋场）的衔接，而目前试点分布散面过宽的局势，导致了资金、精力、分类运输及末端产业的不足，同时也导致了成本上升、效果不佳的后果。

中国的垃圾分类依然有很长的路要走，可能是10年，也可能是20年，但绝对不是三五年。希望我们能沉着下来，脚踏实地一步一个脚印地往前走，而不是昙花一现般地作秀，要不断改善现有的工作机制和方法，认真培育社区层面的志愿组织，激发居民热爱家园、参与家园建设的热情和行动。只要持续努力，冲出“垃圾围城”困境的目标一定会实现。

调查报告

Investigation Reports

G.19 瓶颈·突破

——2012 年 PITI 报告

公众环境研究中心、自然资源保护协会联合发布*

一　概要

自 2009 年以来，公众环境研究中心（IPE）与自然资源保护协会（NRDC）连续 4 年对全国 113 个城市的污染源监管信息公开状况进行评价。在 2012 年度评价中，113 个城市污染源监管信息公开的平均分达到 42.73 分，连续第三次增长。

虽然环境信息公开继续有所扩大，但年度增幅却呈明显的下降趋势，公开的势头逐年放缓。在 2012 年度评价中，出现退步的城市所占的比例为三年来

* 编写组成员：公众环境研究中心（IPE）：马军、王晶晶、张一、沈苏南、戚宇、贺静、李杰。自然资源保护协会（NRDC）：王彦、吴琪、张西雅、梅兰、Tim Quijano，John Kuo。中国政法大学：杨素娟。公众环境研究中心王晶晶按照绿皮书格式对原文进行节选编写。

最高；一直引领环境信息公开的东部地区，在此次评价中乏善可陈；而多数城市日常监管、企业排放和环评文件等关键信息的公开无实质进展，显示污染源监管信息公开正遭遇瓶颈。

二　2012 年度 PITI 评价结果

自 2009 年以来，公众环境研究中心与国际自然资源保护协会连续 4 年对 113 个城市的污染源监管信息公开状况进行了评价①。2012 年，两家环保组织第四次对 113 个环保重点城市污染源监管信息公开情况进行评价。

2012 年度 113 个城市的污染源监管信息公开状况见表 1。

表 1　2012 年度 113 个城市 PITI 评价结果总排名

排名	城　市	PITI 指数总分	与前一年度比较	排名	城　市	PITI 指数总分	与前一年度比较
1	宁　波	85. 3	平	20	常　州	60. 3	降
2	东　莞	74. 9	平	21	台　州	58. 1	降
3	青　岛	74. 4	升	22	无　锡	57. 7	平
4	深　圳	73. 1	降	23	天　津	57. 5	升
5	扬　州	73	升	24	洛　阳	57. 1	平
6	北　京	72. 9	平	25	合　肥	57. 1	平
7	广　州	71. 4	升	26	柳　州	55. 7	升
8	杭　州	70. 8	升	27	韶　关	54. 6	升
9	重　庆	70. 7	升	28	西　宁	53. 6	升
10	温　州	70. 4	平	29	佛　山	53. 5	降
11	宜　昌	67. 9	升	30	焦　作	52. 6	升
12	福　州	67. 4	平	31	武　汉	52. 5	降
13	嘉　兴	66. 9	升	32	沈　阳	52	升
14	上　海	65. 6	降	33	牡丹江	51. 9	平
15	南　京	65. 5	平	34	荆　州	51. 4	升
16	泉　州	65. 4	升	35	烟　台	51. 3	升
17	南　通	63. 8	平	36	绵　阳	50. 8	升
18	苏　州	63. 8	升	37	石家庄	50. 4	降
19	中　山	63. 8	降	38	昆　明	49. 6	升

① 前三年评价报告见 http://www.ipe.org.cn/about/report.aspx；评价标准见 http://www.ipe.org.cn/UserFiles/File/PITI.pdf。

续表

排名	城　市	PITI 指数总分	与前一年度比较	排名	城　市	PITI 指数总分	与前一年度比较
39	湖　州	49.1	升	77	长　沙	32	升
40	郑　州	49.1	升	78	株　洲	31.9	升
41	太　原	48.7	平	79	保　定	31.2	降
42	成　都	47.8	升	80	曲　靖	30.9	升
43	绍　兴	47.8	平	81	九　江	30.7	升
44	南　宁	47.7	降	82	大　庆	30.7	降
45	本　溪	46.2	升	83	攀枝花	30.6	升
46	湛　江	45.6	升	84	珠　海	30.2	降
47	徐　州	45.2	升	85	赤　峰	30	升
48	马鞍山	44.9	降	86	齐齐哈尔	29.4	升
49	连云港	42.9	升	87	金　昌	28.6	升
50	威　海	42.7	平	88	秦皇岛	28.4	升
51	盐　城	42	平	89	哈尔滨	28.2	降
52	湘　潭	41.8	平	90	延　安	27.7	升
53	抚　顺	41.5	升	91	包　头	27.4	平
54	邯　郸	40.8	升	92	安　阳	27.2	平
55	淄　博	40.2	升	93	遵　义	27.2	升
56	宝　鸡	40	升	94	厦　门	27	平
57	大　连	39.7	降	95	临　汾	26.8	升
58	银　川	39.4	降	96	呼和浩特	26.3	升
59	日　照	39.1	升	97	兰　州	26	降
60	长　治	39.1	降	98	泰　安	25.6	升
61	济　南	38.7	升	99	鞍　山	25.2	降
62	唐　山	38.3	升	100	铜　川	24.5	降
63	南　昌	38.2	升	101	济　宁	24.2	平
64	乌鲁木齐	37.6	平	102	潍　坊	24	降
65	桂　林	36.6	降	103	宜　宾	23.6	升
66	汕　头	36.5	降	104	鄂尔多斯	22.6	平
67	岳　阳	36.4	升	105	锦　州	22	升
68	西　安	35.8	升	106	阳　泉	21.8	降
69	贵　阳	35	降	107	张家界	21.6	升
70	芜　湖	34.6	升	108	吉　林	20.2	平
71	北　海	34.2	降	109	长　春	20	降
72	开　封	33.8	升	110	克拉玛依	19	平
73	平顶山	33.4	升	111	咸　阳	19	降
74	泸　州	33.1	平	112	大　同	12.2	降
75	常　德	32.5	降	113	枣　庄	12	降
76	石嘴山	32.4	降				

在113个城市中，排名前10名的城市分别是：宁波、东莞、青岛、深圳、扬州、北京、广州、杭州、重庆、温州，前10名城市的平均分达到73.69分，超出113个城市平均分30.96分。

在113个城市中，排名后10名的城市分别是：枣庄、大同、咸阳、克拉玛依、长春、吉林、张家界、阳泉、锦州、鄂尔多斯，后10名城市的平均分仅为19.04分，低于113个城市平均分23.69分。

三　分析：污染源监管信息公开进展放缓

（一）整体继续提升，但进展放缓

在连续4个年度的PITI评价中，113个城市的平均分从31.06分增加到42.73分（见图1）。

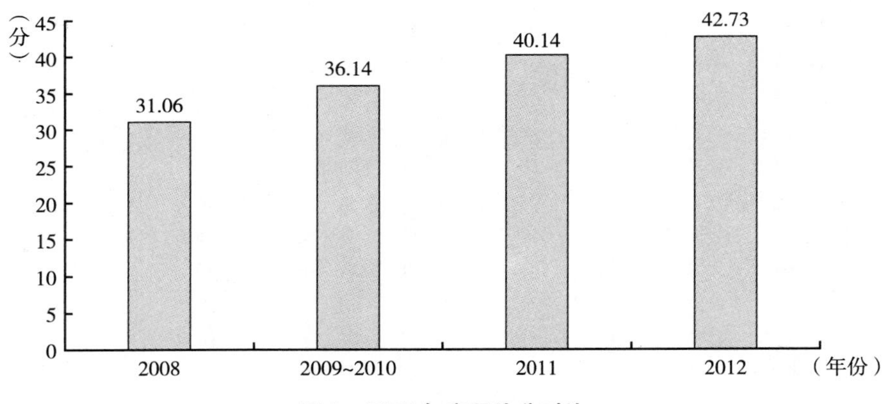

图1　PITI年度平均分对比

在后3个年度的评价中，113个城市的平均分年度增幅分别为16.36%、11.07%和6.45%，呈逐渐下降趋势。

进展放缓的一个原因，在于一批城市不进反退。在2012年度的评价中，出现退步的城市所占的比例是三年来最高的，达到了28%。

（二）东中西部信息公开呈现低水平趋同态势

从图2可以看到，西部地区的增长速度超过了中部，而中部又超过了东部。

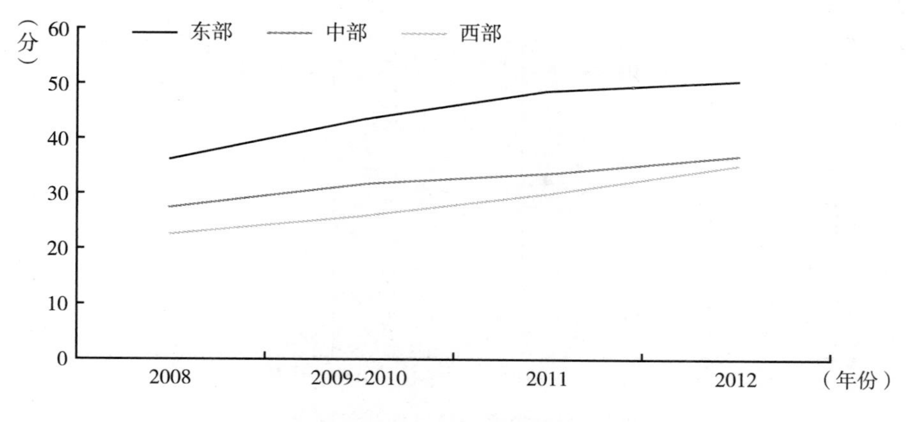

图 2　东中西部四年平均分对比

环境信息公开水平趋向一致，本来应该是件令人欣慰的事情。但 2012 年度评价结果的趋同，却是在低水平状态下的趋同。

在过去三年的评价中，东部地区在每一次的评价中都有多地创造最佳案例。而在 2012 年度的评价中，东部地区的进展基本乏善可陈。

（三）三大关键信息的公开少有进展

多数城市日常监管、企业排放和环评报告等关键信息的公开无实质进展，显示污染源监管信息公开正遭遇瓶颈。

1. 日常监管信息披露，增长十分有限

日常监管信息，包括企业超标、超总量排放信息和环保行政处罚记录，涉及企业是否遵守环保法规，是最为重要的信息。而在 2008 年开始的历次评价中，113 个城市在这方面的平均得分都十分低。日常监管信息 113 个城市的平均分三年涨幅不到 2 分，而在 2012 年也仅仅得到 10. 20 分（见图 3）。此次评价中，仍有 55 个城市仅能勉强达到最低一档得分。

2. 排放数据，依然少有公开

排放数据的公开，在主要工业化国家已经成为惯例。美加、欧盟、日韩等地企业，必须定期向社会公布其排放的有害物质的种类和数量。而在中国，虽有 2003 年的《清洁生产促进法》和 2008 年的《环境信息公开办法（试行）》对部分企业的排放情况披露做出了要求，但执行相当有限。

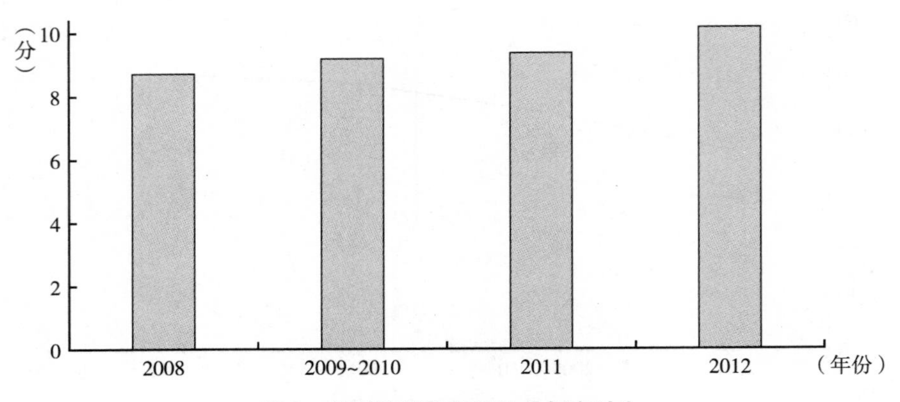

图 3　日常监管信息平均分年度对比

此次 PITI 评价发现，仅有湖北省和常州、柳州、宜昌、北海、武汉、大庆等城市及重庆的多个区县对部分企业排放数据做出公布，且公布数据的种类通常十分有限。

3. 环评信息，依然缺乏实质公开

中国借鉴和实施环境影响评价制度已 30 余年，但总体看来，未能如西方同类制度一样，起到有效防止污染和生态破坏严重项目的批准和建设的作用。在环评的技术环节上，中国与发达国家并无本质差别，但在程序上却有着重大的不同。最核心的差别，在于缺乏信息公开和公众参与。在本年度的评价中，我们依然没有看到有城市对环评报告书全本进行公布，依然没有看到有城市通过环评听证会，让公众可以充分获取信息。

四　建议：实施污染源监管信息的全面公开

我们认为，回应公众遏制污染的强烈诉求，必须大幅度扩大污染源监管信息公开。而互联网的快速普及，中国多地的良好实践，以及主要工业化国家的成功经验，为扩大污染源监管信息公开提供了条件。据此我们建议，尽快实施污染源监管信息的全面公开。

（一）背景：严重污染引发社会广泛不安

2011 年以来，中国多地遭遇了大范围、长时间的雾霾天气，对数亿居民的生活造成了影响。而相对城市居民最易察觉的空气污染，困扰更广大地区的水污染、垃圾污染，以及更具隐蔽性的土壤、地下水和近海污染，则可能给民众带来更长期的损害。

为回应民众的强烈呼声，自2011年底以来，中国在空气质量信息公开方面取得了历史性进步，2013年开始，80个城市空气质量信息的实时发布，让公众有机会了解污染状况，进行自我防护。

相对空气质量信息公开的巨大进展，本次评价结果显示，中国污染源监管信息的披露还十分有限，零散、滞后、不完整、不易获取。要遏制空气、水和土壤污染，必须要实现污染物大规模减排；而要减排，首先要识别污染的源头，并借鉴欧美工业化国家的成功经验，将污染源置于公众监督之下。

（二）从PM2.5信息公开到污染源信息公开的重要启示

1. PM2.5信息公开的重要启示

在中国现有的条件下，污染源监管信息公开是否有可能实现？什么才是有效的污染源监管信息公开？研究PM2.5信息公开的成功经验，可以给我们很多的启示。

具体来说，PM2.5信息公开在以下四个方向上取得了突破：

①系统公开：包含所有监测点位，涵盖全年监测数据；

②及时公开：实现各主要污染物的每小时报告；

③完整公开：不仅有指数，也有各个污染物的具体浓度值；

④用户友好公开：监测点结合电子地图发布，同时用颜色凸显污染程度。

我们确信，推动减排，也必须对全部重点污染排放企业全年的监测、监管和排放数据，进行系统、及时、完整和用户友好地公开。

2. 污染源信息全面公开从三点入手

污染源监管涉及的相关信息远远多于空气质量监测信息，因此污染源监管信息的全面公开，必然涉及更多的信息类别和数量。基于公众监督和推动减排的需要，本报告建议首先从以下三点入手：

①通过互联网实时发布国控、省控和市控重点污染源企业的在线监测数

据，并提供历史数据查询；

②系统、及时、完整地发布排污企业的行政处罚信息和经确认的投诉举报信息；

③定期公布企业的污染物排放数据，其范围不应少于环评报告中识别的全部特征污染物。

3. 污染源监管信息全面公开的细项建议

污染源监管信息全面公开的细项建议如下（见表2）。

表2　污染源监管信息全面公开的细项建议

类别	系统	及时	完整	友好
监管记录	在线监测应涵盖所有国控、省控和市控重点污染源 监督性监测违规超标记录和其他环境行政处罚信息应全部公开 应包括经确认的投诉举报信息 应提供企业表现的年度评价结果 应包括全部突发环境事件的公开 应公布限期治理、挂牌督办等集中整治的信息 应涵盖全年	在线监测信息应每小时一报 手工监测信息应次日公布 所有信息应及时上网公开 突发污染事件应第一时间公开	应公布监测浓度值和排放标准 应公布废水、废气排放总量 应提供历史数据查询 行政处罚应公布决定书 应有超标因子和倍数 应有总量要求和超总量倍数 纳管企业应包含污水处理厂超标超总量信息及进管超标信息 产生危废的企业应包括委托处理商的违规信息 投诉举报信息应包括投诉信息、确认结果和处理情况 环境突发事件应公开相关部门所掌握的全部信息 限期治理和挂牌督办的信息应包括企业名称、治理原因、治理要求、完成时限等	应将污染源标注到电子地图，实现结合地图的监管信息和排放数据披露 要用颜色凸显超标违规情况 应运用APP等新技术协助公众获取信息 应形成专栏，并提供查询功能 年度评价结果应当以颜色进行标识 应提供便捷有效的依申请公开渠道
排放数据	应包括全部重点监控企业 应提供年度排放量 应提供清洁生产审核的结果	应及时上网公开	排放数据公开要包含各种适用的常规污染物和特征污染物 应提供清晰的计算方法/数据来源 应标明是否经过第三方审计	应形成专栏，并提供查询功能 应提供不同地区、行业的污染源排放数据排名以及排放量变化趋势图 应对各地区污染源排放量可能导致的健康风险提供说明 应提供便捷有效的依申请公开渠道

续表

类别	系统	及时	完整	友好
环评信息	应包括所有需要做环评报告书的项目	应从项目筹备之初开始，并充分提供信息 环评报告书应及时征求意见，确保留出充分的征求意见期	应公开环评报告书的全本 应公开环评批复的全文 应公开所收集的公众意见，以及对公众意见采纳或不采纳的说明 应公开验收报告全本	应形成专栏，并提供查询功能 应提供便捷有效的依申请公开渠道 应通过公开听证会，向公众传播环评相关信息

（三）污染源监管信息全面公开的可行性

污染源监管信息的全面公开，在现实的技术条件下是可行的，原因有以下三点。

①IT 技术的高速发展和互联网的快速普及，大大降低了环境信息公开的门槛；

②自《政府信息公开条例》和《环境信息公开办法（试行）》实施 5 年来，中国环境信息公开已有一定基础，部分省市已形成良好实践；

③美国、欧盟、日本等主要工业化国家已经建立相应体系，有丰富的国际经验可资借鉴。

1. 互联网普及和在线监测的快速推进

- 互联网普及

根据中国互联网络信息中心（CNNIC）与 2012 年初发布的《第 29 次中国互联网络发展状况统计报告》①，截至 2011 年 12 月底，中国网民规模突破 5 亿人，其中手机网民规模达到 3.56 亿人。同时，微博快速崛起，目前有将近半数网民在使用，比例达到 48.7%。

中国互联网基础设施建设的快速发展，上网人数的快速增加，特别是微博

① http：//www.cnnic.net.cn/hlwfzyj/hlwxzbg/201201/P020120709345264469680.pdf.

等社会媒体用户数量的爆炸式增长，为环保部门通过互联网开展信息公开以及后续的公众参与，提供了前所未有的便利条件。

• 在线监测的快速推进

近年来，中国多个省区在线监测工作取得了长足进展。根据《关于加强国控重点污染源自动监控能力建设项目验收、联网和运行管理工作的通知》有关规定，环境保护部建立了国控重点污染源自动监控能力建设项目工作进度的动态调度平台。

依据这一调度平台的统计，截至2013年3月，全国有13326家监控企业已经联网，其中6358家的实时数据正常，8678家已经向此调度平台提供了历史数据（见图4）。

这一平台的建设，为汇总和实时发布全国自动监控企业的监测数据，提供了现实的基础。我们建议，将这一平台收集的数据尽快向社会实时发布。

数年来，中国的环保组织、志愿者和网友一直在开展“随手拍定位污染源”的工作，目前已经有近4000家重点监控企业被定位到了电子地图上（见图5）。我们希望未来的在线监测数据能够结合类似的污染源分布地图进行发布，以利于对排放企业的社会监督。

2. 中国部分地区的良好实践

• 关于在线监测数据的实时公开

首先，在线监测数据的公开，对提升中国的环境执法水平有着极为重大的意义。回应近期国家多个部委对在线监测数据的实时公开提出的要求，以下省市已经形成了良好实践。

i. 江苏省：江苏省环保厅自2013年3月1日上线的1831江苏省重点污染源自动监控系统对国控840家重点污染源企业进行在线监督，每日依据在线监测数据，公布多家国控重点污染源的超标记录，列明超标次数①。

ii. 宁波市：自2013年开始，宁波市环保局对其国控、省控、市控重点污染源的在线监测数据进行每小时一次的报告，其中废水污染源包括pH、COD的浓度值，以及废水的排放量；废气污染源包括二氧化硫、烟尘、NO_x、烟气

① http：//www. jshb. gov. cn：8080/pub/wryyxtb/sthjjk/.

重点污染源自动监控工作进度汇总

重点污染源自动监控工作进度录入 | 重点污染源自动监控工作明细查询 | 2013-03-27 星期三 11:06:41

汇总时间：2013-03-26　指标说明：http://www.envsc.cn/WorkFile/details.aspx?fileid=323

2013-03-26 历史查询 导出

省份	地方自行填报								监控中心服务器自动统计							
	应监控企业数	已监控企业数	完成率	已监控排口数	已验收排口数	验收率	已审核排口数	审核率	监控企业已联网数	监控企业联网率	实时数据正常企业数	历史数据交换企业数	历史数据交换75%企业数	监控中心应联网数	监控中心已联网数	监控中心联网率
全国	6724	9366	>100%	14271	13241	92.78%	12575	88.12%	13326	>100%	6358	8678	7256	356	335	94.10%
北京市	33	33	100.00%	35	34	97.14%	34	97.14%	35	>100%	0	22	19	1	1	100.00%
天津市	50	61	>100%	137	131	95.62%	126	91.97%	89	>100%	62	73	71	1	1	100.00%
河北省	506	549	>100%	1186	1160	97.81%	1134	95.62%	936	>100%	560	658	619	12	12	100.00%
山西省	521	762	>100%	1304	1297	99.46%	1297	99.46%	882	>100%	2	460	397	12	12	100.00%
内蒙古自治区	230	253	>100%	498	436	87.55%	412	82.73%	408	>100%	257	278	234	13	13	100.00%
辽宁省	259	298	>100%	455	399	87.69%	385	84.62%	438	>100%	86	251	212	15	13	86.67%
吉林省	127	170	>100%	280	235	83.93%	225	80.36%	244	>100%	160	138	129	10	10	100.00%
黑龙江省	164	198	>100%	303	289	95.38%	283	93.40%	263	>100%	188	191	187	15	15	100.00%
上海市	57	76	>100%	106	99	93.40%	94	88.68%	129	>100%	35	61	40	1	1	100.00%
江苏省	521	773	>100%	992	943	95.06%	930	93.75%	1406	>100%	504	919	523	14	14	100.00%
浙江省	331	349	>100%	408	401	98.28%	341	83.58%	958	>100%	391	415	404	12	12	100.00%
安徽省	200	247	>100%	418	418	100.00%	418	100.00%	265	>100%	213	216	214	18	18	100.00%
福建省	121	286	>100%	378	327	86.51%	308	81.48%	241	>100%	138	193	186	10	10	100.00%
江西省	198	204	>100%	300	295	98.33%	254	84.67%	229	>100%	174	182	181	12	12	100.00%
山东省	496	788	>100%	1037	1005	96.91%	992	95.66%	596	>100%	492	502	39	18	18	100.00%
河南省	325	597	>100%	1069	1016	95.04%	1007	94.20%	683	>100%	0	490	486	18	18	100.00%
湖北省	279	429	>100%	579	495	85.49%	472	81.52%	648	>100%	271	467	417	14	14	100.00%
湖南省	476	435	91.39%	587	483	82.28%	416	70.87%	640	>100%	459	458	414	15	15	100.00%
广东省	196	501	>100%	677	654	96.60%	616	90.99%	725	>100%	283	485	473	21	21	100.00%
广西壮族自治区	431	524	>100%	680	632	92.94%	614	90.29%	568	>100%	362	395	370	15	15	100.00%
海南省	23	38	>100%	55	52	94.55%	49	89.09%	161	>100%	1	76	75	3	3	100.00%
重庆市	77	132	>100%	175	175	100.00%	175	100.00%	137	>100%	0	0	0	8	0	0.00%
四川省	331	448	>100%	551	514	93.28%	467	84.75%	1007	>100%	666	777	673	21	20	95.24%
贵州省	86	145	>100%	324	290	89.51%	251	77.47%	344	>100%	271	132	102	10	10	100.00%
云南省	97	165	>100%	304	197	64.80%	153	50.33%	259	>100%	204	211	205	15	3	20.00%
陕西省	237	413	>100%	546	447	81.87%	409	74.91%	336	>100%	212	207	175	11	11	100.00%
甘肃省	81	119	>100%	286	277	96.85%	275	96.15%	187	>100%	128	100	99	14	14	100.00%
青海省	48	55	>100%	96	95	98.96%	95	98.96%	93	>100%	63	56	54	5	5	100.00%
宁夏回族自治区	80	97	>100%	146	138	94.52%	136	93.15%	136	>100%	44	107	104	6	5	83.33%
新疆维吾尔自治区	136	205	>100%	335	283	84.48%	196	58.51%	226	>100%	109	126	125	15	15	100.00%
新疆生产建设兵团	7	16	>100%	24	24	100.00%	11	45.83%	55	>100%	23	32	29	1	1	100.00%

图4　重点污染源自动监控工作进度调度平台

资料来源：环境保护部污染源监控中心网站，http：//www.envsc.cn/schedulingplatform/ReportFile/AllProgressSummaryQuery.aspx？regioncode＝0&pNode＝1。

的浓度值，以及废气的排放量。

iii. 武汉市：环保局污染源日报信息分为新旧两版。其旧版可查询2008年至现在的历史数据，每天一个数据，通过图表提供标准值和日均值变动的曲

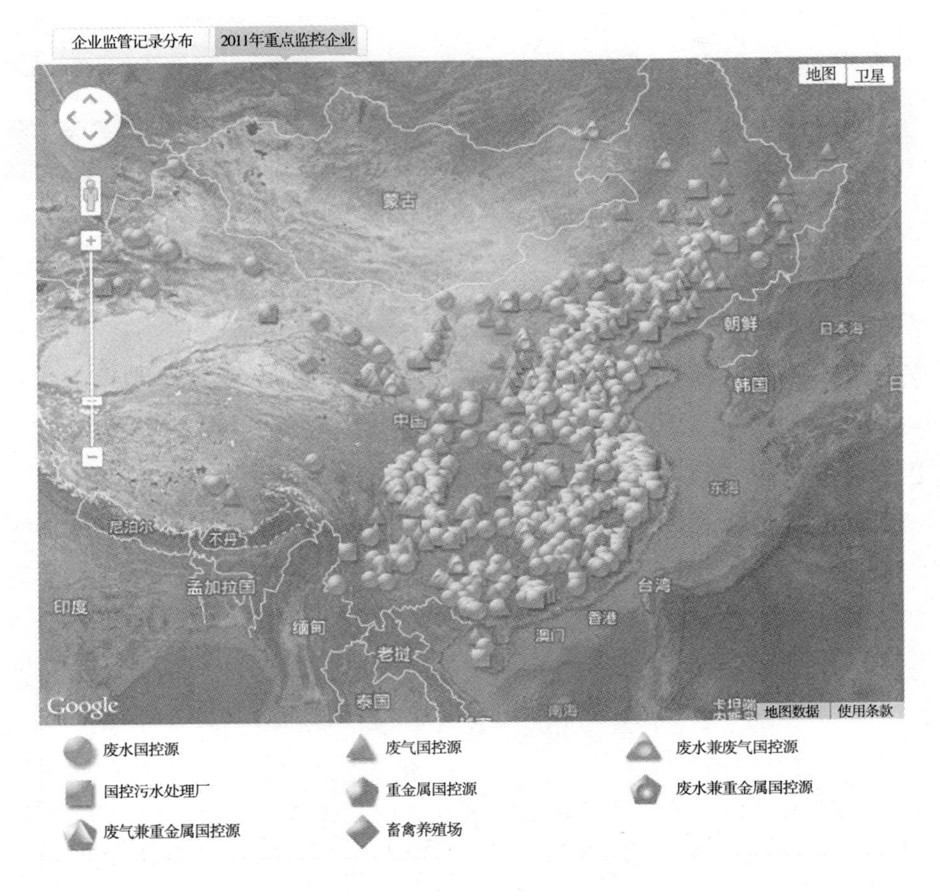

图 5　2011 年重点污染源分布示意

资料来源：中国水污染地图，http：//www. ipe. org. cn/pollution/sources. aspx。

线，可以清楚地看到是否超过报警上限；新版结合地图进行发布，可以选择“市直管”和武汉市各市辖区与开发区，并提供监控摄像。

iv. 浙江省：2012 年 1 月，浙江省环保厅网站增设“污染源在线监测日报”栏目，发布前一日国控重点污染源废水和废气基于在线监测得到的日平均值、日报表。用户可以按污染类型（废水/废气）和城市 - 区县查询。

其次，以上的良好实践，包括江苏省对在线监测超标记录的清晰公布，宁波市对污染物浓度和废水/废气排放量数值的每小时报告，浙江省按照地区进行查询的功能，武汉市新版结合地图的发布以及旧版的历史记录查询功能，如果能将其组合在一起，即可初步实现在线监测数据系统、及时、完整和用户友好地发布。

● 关于违规超标和投诉举报信息的公开

首先，基于监督性监测形成的违规超标记录和其他环境行政处罚信息，属于最为重要的环境监管信息；而经确认的投诉举报信息，也可能对日常监管行动和发布方面的缺陷做出重要弥补。

i. 宁波市：宁波市环保局通过专栏，较为及时地公布各个受到行政处罚的企业名单，系统性、及时性和友好性突出。

ii. 深圳市：深圳市环保局公开的每份罚单形成一个文件，包括企业名称、违法时间、处理意见、具体违反的条例，在违法事实中公布超标因子及倍数，完整性突出。①

iii. 山西省：山西省环保厅按季度发布全省环保不达标生产重点企业名单，包括污染物种类、发现途径、发现时间和超标倍数等。

iv. 东莞市：东莞市环保信访情况公示，发布周报，频率较高且内容完整，包括被投诉企业、时间、内容、环保局现场处理情况等。

其次，以上的良好实践，包括宁波市通过专栏对行政处罚信息进行系统发布，深圳市对每份罚单形成较为完整的文件，山西省对重点企业的超标违规形成季报，以及东莞市对信访情况形成较为全面的周报，如果能将其组合在一起，即可初步实现监管记录较为系统、及时、完整和用户友好地发布。

● 关于定期公布企业的污染物排放数据

首先是公众了解企业排污状况，监督企业减排的最重要途径之一，也可以是政府加强环境管理的重要手段之一。企业排放数据缺少公开，使得与此相关联的总量控制这一重要的手段失去了公众的监督和推动，成为环境管理的短板。

i. 重庆市：部分区县环保局的网站发布清洁生产审核企业产排污状况，

① 深圳市的缺点在于一次性发布整年信息，无成文时间，且发布时间晚，2011 年信息 2012 年 5 月 23 日才发布。

包括主要污染物名称、浓度、年排放量、是否超标超总量、生产中使用和排放的有毒有害物质名称和消耗量/排放量。

ii. 宜昌市：宜昌市环保局公布企业清洁生产审核报告全本，其中对企业近三年污染物排放情况进行总结并公布。

iii. 天津泰达开发区：天津泰达开发区环保局正在与多家中外机构合作开发中国版的污染物排放与转移登记（PRTR）制度，并计划于2013年6月5日推动区内一批企业进行公布。

其次是到目前为止，企业排放数据的公开严重滞后，与保护公众环境权益、推动企业在社会监督下减排的需要还有较大差距。我们期待天津泰达开发区的探索能够为污染源排放数据系统、及时、完整和用户友好地公开开辟通道。

3. 丰富的国际经验可资借鉴

国际经验表明，完善全面的污染源监管信息公开制度及成熟的实施体系，能够加强监管者和公众的交流，促进公众对于环境管理的正确认识和参与、督促企业的自主减排，从而形成对政府部门环境监管的有益补充。污染物排放与转移登记制度是在国际上普遍采用并被证明行之有效的一项环境信息公开制度。PRTR 制度的基本内容是制定一个污染物目录，要求排污企业定期报告列入污染物目录的污染物质的排放和转移数据，该数据向社会公开。最早实行 PRTR 制度的是荷兰，随后美国、欧盟、澳大利亚、日本等国家也相继实施。通过充分的信息公开，有意愿参与环境治理和追求可持续发展目标的社会成员可以形成合力，有效促进环境治理。

G.20

中国江河的“最后”报告*

李 波　姚松乔　于 音　郭乔羽**

2009年哥本哈根气候会议之时，中国政府做出承诺：到2020年，我国单位GDP（国内生产总值）二氧化碳排放量将比2005年下降40%～45%，非化石能源占一次能源消费的15%左右。目前，中国已成为世界上最大的碳排放国，节能减排的承诺不仅仅是内部经济转型的需要，也受到来自于国际舆论的压力，同时，中国的经济发展速度并不能因此而放缓，并且能源消耗总量还会继续上升。在煤炭消耗总量还没有达到峰顶，可再生能源还在论证技术政策问题时，水电开发成为转变能源结构的“灵丹妙药”，一下被推到“十二五”能源规划的舞台上扮演主角。在福岛事件发生之后，由于国家核电计划减缓，加速开发水电的呼声更加高涨，甚至有人提出水能资源的开发上限应该从60%增加到85%，甚至95%。

摆在我们面前的问题是：天平的一边是能源生产、节能减排和快速遏制空气污染——这一紧迫的阶段性任务，天平的另一边则是恢复和治理中国水资源危机，维护健康的江河生态系统——这一为可持续发展服务的长远目标。水电开发与河川生态保护的公共政策应该说清楚：两者之间应该怎么辨析其利害关系？大坝修建的密度和速度，是否会为国家可持续发展带来预想不到的、不可逆转的、无法承担的生态、社会和经济的后果？

从澜沧江开发的社会和环境影响评价开始，到怒江一库十三级梯级开发的利与弊之争，再到金沙江中游一库八级梯级开发的博弈，直到见证小南海水电

---

* 本报告是十多家环保组织用近一年时间完成的《中国江河的“最后”报告》的删减版，此报告于2013年12月发布。报告下载链接：http：//pan. baidu. com/s/1sjEWhE9。

** 李波，自然之友理事。姚松乔、于音，江河保护独立学者。郭乔羽，大自然保护协会大河伙伴项目顾问。

站反复突破长江上游珍稀特有鱼类生态红线的“无底线”开发实例——中国民间环保组织一个电站一个电站地争取参与的机会，关注、介入中国河流的生态保护已有十多年的时间。在这个过程中，积累了许多经验和教训，多次指出现有水电开发审批制度的缺陷、水电站巨大的生态和社会问题以及在西南活跃地震带上筑坝的风险。现在，这些过往的经验教训还没有完全体现在决策改进中，水电建设又打着“节能减排主力军”的旗号加速进发，使中国的江河处于岌岌可危的境地。

中国的江河已不能等待。没有水坝的流域与江段正在锐减，而且，西南江河中游、上游地区正在被新的城市扩张和新的工业园区污染和截流，导致部分河段季节性断流的危机挥之不去。如果满足电力生产和节能减排的短期需求大大超乎健康江河的多重生态价值——这一无可替代的国家战略利益，子孙后代的生存基础还有什么可指望呢?

本报告是中国民间环保组织针对江河水电开发问题，对2013年初（规划实施第三年）才出台的国家“十二五”能源规划的一次集中回应。我们希望国家能源计划制定应该充分考虑到建设生态文明、保护河流多重价值的必要性；希望以此报告的内容为开端，恳请国家的能源、水利和环保等相关部门在“十二五”剩余时间和“十三五”规划的制定和执行中，关注和回应我们提出的问题和建议，切实保证开发与保护并举，做出符合建设生态文明和美丽中国原则的决策。

一　护江河之惠

涓涓不壅，终为江河。大江大河是古老复杂的生态系统，所蕴含的是比发电效益大得多的资源和多重价值：维持生态系统的健康，提供多种生态服务，哺育伟大古老的文化，并且带来巨大的经济价值。保护河流和利用河流的分歧根本在于对河流价值的不同认识。让河流服务于发电效益最大化的开发与管理目标，已经是早期流域综合规划的过时思路。大坝建设和水电生产对河流的负面影响已是国际普遍认可的事实。我们不能再遵循陈旧的价值观，酿成更大的水危机！

二　疗江河之伤

过去十多年来，中国民间环保组织采取过许多直接行动，并指出了过往水电开发中的许多经验教训。在上一届政府执政期间，各界对水电无序开发的诸多问题已经有很多讨论。总的来说，上一届政府采取了慎重的态度，一直在认真权衡和研究水电和生态的复杂关系。上一届政府总理曾经两次对怒江水利开发做出批示，对金沙江中游龙头电站的开发矛盾也有所指示。但是，与此同时，水电开发依然存在众多消极影响和教训。

首先是电站的决策和审批缺乏制度保障，具体表现在三个方面。一是审批过程中本末倒置。江河流域综合规划的出台，以及流域综合规划的环评过程一直滞后于单体电站上马的速度，始终没有对过热的电站开发项目发挥及时的指导和管理作用。审批决策中多采用老规划，而即使其他的规划制度如《国家生态功能区划》对单个电站也没有具体实质的约束力。二是公众参与的价值、渠道与方法都没有得到应有的重视，江河水电开发决策中环保组织和公众的声音被严重边缘化。对于有争议的项目，公布的环评报告简本上的信息非常有限，申请公众听证会等请求石沉大海。三是“三通一平”开工规定的制度缺陷造成了大多数水电站未批先建的乱象，“三通一平”实际上已经变成电站项目“先上车后买票”的“许可证”，“绑架”了项目审批的过程。在金沙江中游一库八级的梯级开发中，8 个电站有 7 个亮了公众参与的“红灯”，而其中有 3 个是“三通一平”造成的。此前 2005 年还存在金沙江下游梯级中的溪洛渡和向家坝电站未批先建的问题。

其次，移民的妥善安置及其公平和可持续发展的问题是一直困扰水电行业的重要问题。移民为水电集团做出牺牲，而得到的补偿标准仍然很低，甚至能不能拿到补偿也是问题。在搬迁和安置过程中，使用恐吓、威胁和其他侵犯公民权益的简单粗暴手段，导致了移民社区对政府和社会的不满情绪。“十二五”和未来的开发计划中，水电发展将向江河上游和西部腹心地带推进，进入少数民族集居区域时，民族和谐稳定与水电开发的矛盾势必将增加移民工作的难度。《宪法》和《民族区域自治法》保护少数民族的公民权利和特殊文化

实践的权益，他们的世居文化传统和生计来源与自然资源的集体使用和集体管理有千丝万缕的联系。可是，对移民的补偿是按照现代私有产权的概念来制定和执行的。这种差异，不仅带来移民工作沟通中的误解，出现不平等的文化冲突，还在计量移民补偿时，对迁出社区造成重大的经济损失。迁入地如何让移民社区安居乐业，在心理、就业、教育、养老、文化传承和社会资本重建等方面，都存在不小的挑战。总之，西南江河上游的水电开发必须重视解决民族地区和谐稳定的重要问题。

再次，中国河流的生态系统已经受到严重破坏，水坝建设改变了河流天然的流水生境，直接导致了珍稀鱼类的减少和灭绝。上游水电开发蓄水也造成了下游河道干涸、湖泊干旱的结果。在西南地区建造的水坝淹没了大量肥沃的河谷土地，并且由于河流丧失自净能力，库区的污染严重。梯级大坝的累计影响，使生物灭绝，有河无流，最终会影响到食物链最上层的人类。不仅如此，水电站的生态补救措施也形同虚设，金沙江水洛河的开发以及小南海电站的上马说明了河流生态系统受到侵犯，不仅仅是水电站的消极影响，也是无序决策、有法不行的结果。

在金沙江中游梯级开发中，阿海和梨园作为两个金沙江干流上的水电站，都计划把一级支流水洛河作为就地保护珍稀特有鱼类的重要生态环境。但事实上水洛河上一库十一级的水电建设几乎和两个干流电站同时开始，金矿开采也处于失控状态。怒江也同样面临着支流的全面开发，不给干流电站规划留下任何“生态退路”。即便是长江上游珍稀特有鱼类国家级保护区——这一明确标出生态红线的保护区，2005 年和 2010 年分别因为给向家坝、溪洛渡电站和小南海电站让路而修改边界，为减轻三峡大坝影响的鱼类保护区名存实亡，江河生态系统的尴尬现状不言而喻。

另外，中国西南的地震风险不容忽视。中国西南作为地质和地震活跃带上的高风险区域，敬畏自然显得尤为重要。在地震风险分析的专业领域内，一直存在不同的意见。野外地质考察的资料也证实，西南江河由于特殊地质构造、恶劣的地质环境和地震频发的特点，曾经发生过多次震级较高的地震并引发众多的大型塌陷，造成河流改道和堰塞湖的危害。水坝既是触发因素同时也是受害者，更可怕的是，个别大坝在梯级电站中可能引发的连锁反应。西南水电的地质风险是个存在巨大争议的话题，应该让不同的意见都有充分的表达机会，并公开国家中长期地震预测的资料。在地震与水电开发的决策过程中，多多考虑预先审慎的科学原则。

最后，水电大坝管理的任务将日益加重。中国应该尽早停止在河流险滩和上游继续开发新水电的步伐，在已建大坝群中挖掘新的潜力，同时维护大坝的安全，消除各种隐患和风险，减少大坝的生态影响，尽可能恢复和维持生态流及其生态服务，帮助大坝移民社区重新安居乐业等。中国在“十一五”计划之后，无论是水坝总数、高库大坝总数，还是水电装机的总量，早已鹤立鸡群①，而这些高库大坝全周期的成本和代价，恐怕要纳税人甚至子孙后代帮助水电公司来承担了。

三　守江河之眼

十八届三中全会的召开，指明了生态文明建设成为体制改革的亮点和环境保护制度化的方向。对重新审视江河开发与保护，重视江河水资源恢复的国策，环保组织寄予了新的期望。中国江河的流域管理和综合规划必须建立在清晰完整的生态红线基础之上。西南地区的长江（金沙江）、澜沧江及怒江流域的淡水生态系统生物多样性面临多重威胁，应确定需要优先保护的重点区域，为下一步具体该在哪些重要地区开展保护行动提供基础支持。

四　建江河之盟

在非水能可替代能源的技术和市场都在井喷式发展的情况下，以挖掘节能

① 根据1950年国际大坝委员会统计资料，全球5268座水库大坝中，中国仅有22座。根据2008年中国大坝协会秘书处的报告统计，人口世界第一的中国，其河川年径流量为世界第六位（2.8万亿），排在巴西（8万亿）、俄罗斯（4.3万亿）、美国（3万亿）、加拿大（2.9万亿）、印尼（2.84万亿）之后。但是，到2008年中国已建和在建的30米以上大坝数量已经高达4685个，远远高于前十的其他九国。2013年《第一次全国水利普查公报》的数据显示，我国共有水库98002座，共有水电站46758座。2011年媒体报道过的数据显示中国已建和在建的30米以上的大坝约5200余座，其中坝高100米以上的大坝有140多座。

减排潜力为理由，过热过快上马水电工程的生态风险相对较高；同时，忽略水电与两高产业（高耗能、高污染）中间的供给关系，孤立地谈论水电对节能减排的贡献也是不科学的。非水能可替代能源的发展潜力在“十二五”能源规划之前，一直被严重低估。“十二五”之后，非水能可替代能源被赋予更多的增长空间，部分替代水能开发，减轻江河水电开发的压力，是有可能的。在“十二五”能源规划中，可再生能源的目标分解已经出现了一个有趣的现象：风能发电与水电的新增装机容量分别是6900万千瓦和7000万千瓦。太阳能发电装机规模达到2100万千瓦，太阳能和风能预计2015年的总装机容量将达到1.21亿千瓦，已经超过水电在“十二五”时期的新增装机容量。这种趋势还没有能够反映在中国能源与减排的宏观情景分析中。

由于制度性问题，中国各省的高污染高耗能垄断产业，如钢铁、水泥、有色金属等，长期冲动上马新产能，连续十多年深受结构性产能过剩和生产过剩的困扰。野外考察发现：众多的支流电站和河流两岸的矿产开发与极其严重的污染问题互为因果，而且其规划和审批的过程比干流电站的审批更隐秘，基本脱离了公众参与的视线。高污染高耗能产业园区在江河上游的布局存在环境容量和污染排放超标的重大问题。例如，中石油安宁1000万吨/年所带动的石化工业园区发展规划，不仅仅在腾挪环境容量的问题上遭社会诟病，2012年的污染总量减排目标因没有达标而遭环保部环评限批[①]，而且其工业废水进入金沙江一级支流螳螂川的排放措施也让长江委头痛。从流域全局出发，在分析和解决此类复杂问题时，不能只看水电理论上替代火电对节能减排的作用。尤其是当前新一轮的城镇化和工业化扩张已经在西南河流中上游地区呈现遍地开花的态势，问题变得更加复杂。

中国的能源问题，一方面需要切实优化产业结构，形成加快转变经济发展方式的倒逼机制，建立健全有效的激励和约束机制，从而降低GDP能耗[②]，在

① “两桶油”减排不达标遭环评限批，http://finance.people.com.cn/n/2013/0830/c1004-22744740.html。

② 中国每增加单位GDP的废水排放量比发达国家高4倍，单位工业产值产生的固体废弃物比发达国家高10多倍。中国单位GDP的能耗是日本的7倍、美国的6倍，甚至是印度的2.8倍，http://news.qq.com/a/20120904/000754.htm。

工业生产和民用两方面大力推行节能降耗的有效措施，最终把需求端的能耗降下来；另一方面需要在新的经济增长方式和激励机制下，挖掘和开发可再生能源的技术和市场潜力，实现2015年和2020年非化石能源占一次能源消费比重的11.4%和15%的目标，并努力推动非化石能源在2030～2050年逐渐走上主流能源的道路。但是，无论是发展低碳经济和绿色经济，或是努力实现中国对世界承诺的减排目标，国家发展的前提仍然离不开本国自然资源的禀赋，而水资源和淡水生态系统是最重要的生态底线之一。

五　寻护河之荐

世界多数发达国家的水电已逐渐失去吸引力，而美国、挪威、加拿大和澳大利亚等国已经采取了不同的河流保护措施。从近20年的能源生产结构来看，尽管美、德，尤其是美国仍然有水能开发的空间，但两国的水电资源并不是可再生能源行业的增长重点。由于中国的人口众多，依赖河流生存的产业布局明显，我们在水电开发的时候，应该严格依照本国国情，借鉴世界上其他国家关于河流保护立法的实践，强调河流生态红线的严肃性，立法确保野生自然的江河形态不会彻底被水利开发的项目毁灭，在水电开发决策中坚守生态红线一票否决的标准。

中国河流有一个显著的特点：以澜沧江、怒江、雅鲁藏布江和黑龙江为主的大河流域多为国际河流。西南江河中，中国作为上游的发展中大国，在水利开发的问题上总会遭遇下游国家的各种意见和指责。中国的水电公司在协助下游国家开发其水利资源时，也面临着社区的种种冲突。我们认为：友好近邻、相互尊重、互利互惠的跨国外交政策一定是高于水电公司经济利益的国家利益所在。希望在具体的执行中，不要出现本末倒置的效果。我们的发展不能离开水资源，邻国也一样。国家应该实施采纳高标准的社会环境影响评价制度、公众参与制度和环境信息公开制度，内外一致地推广和采用这些准则。

六　推治河之计

民间组织建议和呼吁决策者能够从多年水电开发的教训中吸取经验，不再

重复过去的错误，不再使江河成为无序开发、政策缺陷的牺牲品，同时要采取积极措施，划定生态红线，发展可再生能源和推动河流保护立法。

为了贯彻十八大三中全会的精神，在江河治理的工作中落实生态文明体制改革的指导思想，应该树立有利于江河生态恢复和可持续发展的江河生态文明观以及和谐的、有底线的、公正的流域大局观。建立和完善江河治理和水电开发决策中的公众参与制度，必须保证江河流域的综合规划及其规划环评落到实处，必须阻止梯级开发和单体项目审批程序被置于流域规划之前的错误做法；多开展水电开发与地质风险的野外研究，公开论证且多倾听不同意见，让水电开发风险的分析更充分，让公众更信服。水电站项目的决策必须严格执行项目审批的程序，尽快调研公众对“三通一平”的意见，尽快废止早已不合时宜的政策，出台新的审批规定：要求项目必须在主体工程环评审批程序彻底完成之后，方可开工。对于数目庞大的水库大坝群，应尽快完善其管理机制，特别要重视引入水电公司对水库大坝在整个生命周期中的终身责任制和分期申请审批制。水电公司将完整真实的经济责任转嫁给纳税人的行为如果得不到抑制，水电开发加速快上的“热情”就不会消退。同时，江河生态红线的划定必须尽快落实，在已建和未建保护区的河段开展及时、抢救性的研究和红线划定工作。积极发展可再生能源，推动河流的立法保护。

最后，民间组织发出两项特别的呼吁。

第一，考虑到小南海水电站对侵犯江河生态红线的破坏作用，我们呼吁撤销小南海电站项目。同时，恳请国务院撤销环保部最后一次（2011 年）对长江上游珍稀特有鱼类国家级保护区的修边决定，以保证长江上游的保护区生态红线不再面临新的电站建设的威胁。

第二，暂时搁置怒江五个梯级的开发计划，寻求已建电站中增加发电的潜力，同时帮助怒江峡谷的人民寻求与自然、文化更加协调发展的新出路。出台新的河流保护法规，赋予原生态自由流淌的河流和河段新的价值，为中华民族世代继承和享受的河流自然遗产留有余地。

G.21

中国122座垃圾焚烧厂信息申请公开报告*

芜湖生态中心

一 背景

截至2012年5月，全国共有122座已运行生活垃圾焚烧厂，分布在22个省、直辖市①。2012年4月颁布的《“十二五”全国城镇生活垃圾无害化处理设施建设规划》提出：“截止到2015年，全国城镇生活垃圾焚烧处理设施能力达到无害化处理总能力的35%以上，其中东部地区达到48%以上。”专家预测“十二五”期间，中国垃圾焚烧厂总数将超过300座。

一方面是政府、企业大力兴建垃圾焚烧厂，另一方面则是公众对于垃圾焚烧厂不断的质疑与反抗。追究其原因，公众认为我国垃圾未分类就焚烧，且厨余垃圾所占比重大，对因污染物排放导致的环境污染、人体健康问题充满担忧；同时政府对垃圾焚烧厂监管数据极少公开，焚烧厂监管不力，民众很难获知垃圾焚烧厂运营及监管情况。

因此，为了更客观、全面地了解我国垃圾焚烧厂的运行以及政府监管情况，回应公众长存的疑虑，2012年，芜湖生态中心向76个市、区级环保局，申请全国122座已运行垃圾焚烧厂二噁英、烟尘等监管信息，以期从中获悉垃圾焚烧厂的运行及监管情况。

---

* 2012年芜湖生态中心先后向全国31个省/直辖市、76个市/区级环保局，对全国122座已运行垃圾焚烧厂运行情况进行信息公开申请，《中国122座垃圾焚烧厂信息申请公开报告》是在此调研基础上撰写的，本文中所得数据全部来自环保部门信息申请回复结果。芜湖生态中心的岳彩绚以及自然之友的田倩按照绿皮书格式对原文进行节选编写。

① 2012年5月生活垃圾焚烧信息平台：《生活垃圾焚烧信息平台简述》，未统计港澳台地区的数据。

二 申请时间与内容

（1）2012年3~6月，向全国31个省、市环保厅/局、国家环保部申请“2010年、2011年各省/市开展强制性清洁生产审核的二噁英重点排放源企业名单”。

（2）2012年9月，向23个省、直辖市环保厅/局申请122座已运行垃圾焚烧厂“在2010、2011年度运行过程中环保局对其气体排放、飞灰、炉渣、垃圾渗滤液的监测数据和处理报告”。

（3）2012年12月，向76个市、区级环保局重复申请“在2010、2011年度运行过程中环保局对其气体排放、飞灰、炉渣、垃圾渗滤液的监测数据和处理报告”。

三 分析：信息公开回复与垃圾焚烧厂运行情况

（一）122座垃圾焚烧厂信息申请回复结果

1. 环保部门信息回复不积极，仅有1/4公开垃圾焚烧厂污染监测数据

（1）76家环保局，仅18家提供监测数据。

向76个市、区级环保局申请“在2010、2011年度运行过程中环保局对其气体排放、飞灰、炉渣、垃圾渗滤液的监测数据和处理报告”，共45家环保局给予回复，其中18家环保局提供监测数据，27家环保局回复但未提供检测数据，其余31家未给予任何回复。

（2）122座已运行垃圾焚烧厂，仅获得42座监测数据。

环保局提供42座垃圾焚烧厂的污染物监测数据（见表1）；在46座给予回复但未能提供监测数据的垃圾焚烧厂中，除9座因试运行阶段暂不提供外，其余以“不属于公开范围”“需提供研究证明”“无监测数据”“向区级环保局申请”等为理由，不予以提供；另外34座未提供任何回复，多次咨询后无反馈或无人负责信息申请工作。

2. 已获得的42座垃圾焚烧厂监测数据信息不完全

环保局提供的垃圾焚烧厂监测数据多集中于烟尘、SO_2、NO_x、CO、HCL、Hg、NH_3等污染物，信息不完全，且二噁英、飞灰、炉渣等监测数据极少提供。表1数据显示，仅获得10座二噁英、2座飞灰、3座炉渣的监测数据，且二噁英并非每年都进行监测。这显然未达到《关于加强二噁英污染防治的指导意见》（十三）“所在地环保部门……对二噁英的监督性监测应至少每年开展一次”的要求。二噁英具高致癌性，普遍受到关注，但由于监测经费昂贵，监测难度大，一直是监管中的难点，这次二噁英信息回复的结果，也在一定程度上表现出各地方环保部门对于垃圾焚烧厂的监管力度极度缺乏。

表1　42座垃圾焚烧厂提供监测数据的情况

省	市/区	厂名	是否回复	是否提供污染物数据(是:√否:×)										是否属于强制性清洁生产审核二噁英重点排放源企业
				气体排放								飞灰	炉渣	
				二噁英	烟尘	SO_2	NO_x	CO	HCL	NH_3	H_g			
吉林	长春	鑫祥垃圾焚烧发电厂	√	√	√	√	√	√	√	√	√	×	×	√
	吉林	吉林市双嘉环保能源利用有限公司	√	×	√	√	√	×	×	×	×	√	√	√
北京	朝阳区	北京高安屯垃圾焚烧厂	√	×	×	×	×	×	×	×	×	×	×	—
天津	天津	双港垃圾焚烧发电厂	√	×	√	√	√	√	√	√	√	×	×	√
	天津	青光垃圾焚烧发电厂	√	×	√	√	√	√	√	√	√	×	×	√
山东	泰安	泰安市生活垃圾焚烧发电厂	√	×	√	√	√	×	×	×	×	×	×	√
	威海	威海市生活垃圾焚烧厂	√	×	√	√	√	×	√	√	√	×	×	√
	临沂	临沂中环新能源有限公司	√	×	√	√	√	×	×	×	×	×	×	√
河南	郑州	郑州荥锦垃圾焚烧发电厂	√	×	√	√	√	×	×	×	×	×	×	—
	许昌	许昌天健热电有限公司垃圾焚烧发电项目	√	√	√	√	√	×	×	×	×	×	×	—

续表

省	市/区	厂名	是否回复	是否提供污染物数据(是:√否:×)										是否属于强制性清洁生产审核二噁英重点排放源企业
				气体排放								飞灰	炉渣	
				二噁英	烟尘	SO_2	NO_x	CO	HCL	NH_3	H_g			
安徽	铜陵	铜陵海螺水泥公司城市垃圾焚烧项目	√	√	×	×	×	×	×	×	×	×	×	—
湖北	武汉	武汉绿色环保能源有限公司(长山口)	√	√	√	√	√	×	×	×	×	×	×	—
	黄石	黄石市黄金山生活垃圾焚烧发电厂	√	√	√	√	√	√	√	√	√	×	×	—
	荆州	荆州市集美热电生活垃圾焚烧发电厂	√	×	√	√	√	×	√	×	×	×	×	—
云南	昆明	昆明市西郊垃圾焚烧发电厂	√	√	√	√	√	×	×	×	×	×	×	√
	昆明	昆明中电环保电力有限公司	√	√	√	√	√	√	√	√	√	×	√	√
	昆明	安宁市生活垃圾处理中心	√	√	√	√	√	√	√	√	√	√	√	√
重庆		重庆同兴垃圾焚烧发电厂	√	×	√	√	√	√	√	√	√	×	×	—
广东	广州	李坑垃圾焚烧厂一期	√	√	√	√	√	√	×	×	×	×	×	—
	东莞	东莞市博海环保资源开发有限公司	√	×	√	√	√	×	√	×	×	×	×	—
	东莞	东莞中科环保电力有限公司	√	×	√	√	√	×	√	×	×	×	×	—
	东莞	横沥垃圾焚烧发电厂/东莞市科伟环保电力有限公司	√	×	√	√	√	×	√	×	×	×	×	√
广西	来宾	广西来宾垃圾焚烧发电厂	√	×	√	√	√	×	×	×	×	×	×	√
海南	海口	海口市垃圾焚烧发电厂	√	√	√	√	√	×	√	×	×	×	×	√

续表

省	市/区	厂名	是否回复	是否提供污染物数据(是:√否:×)										是否属于强制性清洁生产审核二噁英重点排放源企业
				气体排放								飞灰	炉渣	
				二噁英	烟尘	SO_2	NO_x	CO	HCL	NH_3	H_g			
浙江	杭州	杭州绿能环保发电厂	√	×	√	√	√	×	×	×	×	×	×	√
	杭州	杭州锦江绿色能源有限公司/萧山垃圾发电厂	√	×	√	√	√	×	×	×	×	×	×	√
	杭州	杭州余杭垃圾发电厂/杭州余杭锦江环保能源有限公司	√	×	√	√	√	×	×	×	×	×	×	√
		长兴新城环保有限公司	√	×	√	√	√	×	×	×	×	×	×	√
	湖州	浙江省湖州垃圾焚烧发电工程	√	×	√	√	√	×	×	×	×	×	×	
	湖州	湖州德清佳能垃圾焚烧发电有限公司	√	×	√	√	√	×	×	×	×	×	×	√
	金华	兰溪协鑫环保热能有限公司	√	×	√	√	√	×	×	×	×	×	×	√
	金华	浙江八达金华热电有限公司	√	×	√	√	√	×	×	×	×	×	×	
	嘉兴	嘉兴市绿色能源有限公司垃圾焚烧发电厂/步云垃圾焚烧厂	√	×	√	√	√	×	×	×	×	×	×	√
	嘉兴	平湖垃圾焚烧发电厂/平湖市德力西长江环保有限公司	√	×	√	√	√	×	×	×	×	×	×	√
	嘉兴	浙江新都绿色能源垃圾焚烧厂	√	×	√	√	√	×	×	×	×	×	×	√
	温州	温州市东庄垃圾焚烧发电厂/温州市瓯海伟明垃圾发电有限公司	√	×	√	√	√	×	×	×	×	×	×	√
	温州	温州永强垃圾发电厂	√	×	√	√	√	×	×	×	×	×	×	√
		浙江诸暨八方热电有限责任公司	√	×	√	√	√	×	×	×	×	×	×	—
		苍南县伟明垃圾发电有限公司	√	×	√	√	√	×	×	×	×	×	×	—
	宁波	慈溪中科众茂环保热电有限公司	√	×	√	√	√	×	×	×	×	×	×	√
	宁波	镇海垃圾焚烧发电厂/宁波中科绿色电力有限公司	√	×	√	√	√	×	×	×	×	×	×	√
	绍兴	绍兴市中环再生能源发展有限公司	√	×	√	√	√	×	×	×	×	×	×	√

（二）中国生活垃圾污染控制标准迟迟不更新，且欧盟标准严于中国

2001年发布的《生活垃圾焚烧污染控制标准》（GB18485－2001），规定了10项垃圾焚烧炉大气污染物限值，此10项标准与国际普遍适用的EU2000/76/EC相差较大（见表2）。比较发现，中国标准的上限值远远高于国际普遍适用的欧盟标准，备受关注的二噁英是欧盟标准的10倍。同时，2011年发布的《生活垃圾焚烧污染控制标准征求意见稿》① 对各项污染物上限值虽有调整，但有些仍高于欧盟标准。而2011年新标准的征求意见稿，截止到2013年4月仍未实施。相较于国家推行垃圾焚烧电价补贴等政策，关于垃圾焚烧污染控制的相关法规推进实为缓慢，难免公众会有不断的质疑和担忧。

表2　中国与欧盟生活垃圾焚烧厂污染控制标准比较

污染物名称	单位	GB18485－2001	GB18485－20xx征求意见稿(2011年)	EU2000/76/EC
烟尘	mg/Nm^3	80	20	10
HCL	mg/Nm^3	75	60	10
HF	mg/Nm^3	—	—	1
SO_2	mg/Nm^3	260	100	50
NO_x	mg/Nm^3	400	250	200
CO	mg/Nm^3	150	100	50
TOC	mg/Nm^3	—	—	10
Hg	mg/Nm^3	0.2	0.05	0.05
Cd	mg/Nm^3	0.1	0.05	0.05
Pb	mg/Nm^3	1.6	1.0	≤0.5
其他金属	mg/Nm^3	—	1.0	≤0.5
烟气黑度	林格曼级	1	—	—
二噁英类	$ngTEQ/m^3$	1.0	0.1(单台炉规模为150t/d以上) 0.3(50t/d≤单台炉规模≤150t/d) 0.5(单台炉规模≤50t/d)	0.1

① 2011年《生活垃圾焚烧污染控制标准征求意见稿》尚未启用。

（三）垃圾焚烧厂运行监测数据分析

1. 二噁英监测数据有一半超欧盟标准

122座垃圾焚烧厂中仅获得10座二噁英监测数据，其中5座二噁英的毒性检测超出欧盟标准0.1ngTEQ/m^3（见表3）。虽然10座垃圾焚烧厂均符合我国标准（1.0ngTEQ/m^3），但舆论普遍认为二噁英控制应低于欧盟标准，而非中国标准。我国垃圾焚烧厂二噁英的排放和监测公开情况不容乐观。

表3　10座垃圾焚烧厂二噁英监测数值

<table>
<tr><td colspan="8">二噁英（ngTEQ/m³）</td></tr>
<tr><td rowspan="2">省</td><td rowspan="2">市</td><td rowspan="2">厂名</td><td rowspan="2">2010年</td><td rowspan="2">2011年</td><td rowspan="2">2012年</td><td>是否超GB18485－2001标准</td><td>是否超EU2000/76/EC标准</td></tr>
<tr><td>1.0ngTEQ/m³</td><td>0.1ngTEQ/m³</td></tr>
<tr><td>吉林</td><td>长春</td><td>鑫祥垃圾焚烧发电厂</td><td>—</td><td>—</td><td>0.401</td><td>否</td><td>是</td></tr>
<tr><td rowspan="3">云南</td><td>昆明</td><td>昆明市西郊垃圾焚烧发电厂</td><td>—</td><td>0.167</td><td>—</td><td>否</td><td>是</td></tr>
<tr><td>昆明</td><td>昆明中电环保电力有限公司</td><td>0.063</td><td>0.187</td><td>—</td><td>否</td><td>是</td></tr>
<tr><td>昆明</td><td>安宁市生活垃圾处理中心</td><td>0.247</td><td>—</td><td>—</td><td>否</td><td>是</td></tr>
<tr><td>海南</td><td>海口</td><td>海口市垃圾焚烧发电厂</td><td>—</td><td>—</td><td>0.145</td><td>否</td><td>是</td></tr>
<tr><td>河南</td><td>许昌</td><td>许昌天健热电有限公司垃圾焚烧发电项目</td><td>0.047</td><td>0.048</td><td>—</td><td>否</td><td>否</td></tr>
<tr><td>安徽</td><td>铜陵</td><td>铜陵海螺水泥公司城市垃圾焚烧项目</td><td>0.0376</td><td>0.008</td><td>—</td><td>否</td><td>否</td></tr>
<tr><td rowspan="2">湖北</td><td>武汉</td><td>武汉绿色环保能源有限公司（长山口）</td><td>—</td><td>0.090</td><td>—</td><td>否</td><td>否</td></tr>
<tr><td>黄石</td><td>黄石市黄金山生活垃圾焚烧发电厂</td><td>—</td><td>0.0864</td><td>—</td><td>否</td><td>否</td></tr>
<tr><td>广东</td><td>广州</td><td>李坑垃圾焚烧厂一期</td><td>0.043</td><td>0.088</td><td>—</td><td>否</td><td>否</td></tr>
</table>

2. 烟尘监测数据6座超国家标准，36座超欧盟标准

分析40座垃圾焚烧厂提供的烟尘数据，6座超出GB18485－2001标准，36座超出欧盟标准（见表4）。其中东莞中科环保电力有限公司2010年烟尘浓度高达185.2mg/Nm^3，是国家标准的2倍多。

表4　40座垃圾焚烧厂烟尘监测数值

省	市	厂名	烟尘（mg/Nm^3）				
			2010年	2011年	2012年	是否超GB18485－2001标准 80mg/Nm^3	是否超EU2000/76/EC标准 10mg/Nm^3
山东	临沂	临沂中环新能源有限公司*	85	44	—	是	是
湖北	荆州	荆州市集美热电生活垃圾焚烧发电厂	—	107	—	是	是
广东	东莞	东莞中科环保电力有限公司	185.2	64	—	是	是
浙江	金华	浙江八达金华热电有限公司	—	91.4	12.9	是	是
	温州	温州永强垃圾发电厂	—	—	83	是	是
吉林	长春	鑫祥垃圾焚烧发电厂	77.12	74	—	否	是
	吉林	吉林市双嘉环保能源利用有限公司	78.3	935	80	是	是
天津		天津双港垃圾焚烧发电厂	12.2	7.12	—	否	是
		天津青光垃圾焚烧发电厂	57.4	62.9	—	否	是
山东	泰安	泰安市生活垃圾焚烧发电厂	—	20	—	否	是
	威海	威海市生活垃圾焚烧厂	—	—	14.9	否	是
河南	郑州	郑州荥锦垃圾焚烧发电厂	46	69	—	否	是
	许昌	许昌天健热电有限公司垃圾焚烧发电项目	67	55.3	—	否	是
湖北	武汉	武汉绿色环保能源有限公司（长山口）	26	42	—	否	是
云南	昆明	昆明中电环保电力有限公司	61	—	—	否	是
	昆明	安宁市生活垃圾处理中心	16.1	16.1	16.1	否	是
重庆	—	重庆同兴垃圾焚烧发电厂	33.3	20	—	否	是
广东	广州	李坑垃圾焚烧厂一期	40	16.5	—	否	是
	东莞	东莞市博海环保资源开发有限公司	56.4	59.7	—	否	是
	东莞	横沥垃圾焚烧发电厂/东莞市科伟环保电力有限公司	61.1	54.9	—	否	是

续表

烟尘(mg/Nm³)							
省	市	厂名	2010年	2011年	2012年	是否超GB18485-2001标准	是否超EU2000/76/EC标准
						80mg/Nm³	10mg/Nm³
广西	来宾	广西来宾垃圾焚烧发电厂	—	66	—	否	是
海南	海口	海口市垃圾焚烧发电厂	—	—	36.7	否	是
浙江	杭州	杭州绿能环保发电厂	—	46	24.5	否	是
	杭州	杭州锦江绿色能源有限公司/萧山垃圾发电厂	—	74.8	63.6	否	是
	杭州	杭州余杭垃圾发电厂/杭州余杭锦江环保能源有限公司	—	70.4	28.8	否	是
		长兴新城环保有限公司	—	66.2	10.2	否	是
	湖州	浙江省湖州垃圾焚烧发电工程	—	—	46.7	否	是
	湖州	湖州德清佳能垃圾焚烧发电有限公司	—	54.8	77	否	是
	金华	兰溪协鑫环保热能有限公司	—	12.2	—	否	是
	嘉兴	嘉兴市绿色能源有限公司垃圾焚烧发电厂/步云垃圾焚烧厂	—	40	70.63	否	是
	嘉兴	平湖垃圾焚烧发电厂/平湖市德力西长江环保有限公司	—	53	38	否	是
	嘉兴	浙江新都绿色能源垃圾焚烧厂	—	71.4	39	否	是
		浙江诸暨八方热电有限责任公司	—	70	66.1	否	是
	宁波	慈溪中科众茂环保热电有限公司	—	60	43	否	是
	宁波	镇海垃圾焚烧发电厂/宁波中科绿色电力有限公司	—	40.7	54.7	否	是
	绍兴	绍兴市中环再生能源发展有限公司	—	72.5	70.2	否	是
	嘉兴	苍南县伟明垃圾发电有限公司	—	10	—	否	否
云南	昆明	昆明市西郊垃圾焚烧发电厂	1.23	—	—	否	否

续表

烟尘(mg/Nm³)							
省	市	厂名	2010 年	2011 年	2012 年	是否超 GB18485 - 2001 标准	是否超 EU2000/76/EC 标准
						80mg/Nm³	10mg/Nm³
湖北	黄石	黄石市黄金山生活垃圾焚烧发电厂	—	8.4	—	否	否
浙江	温州	温州市东庄垃圾焚烧发电厂/温州市瓯海伟明垃圾发电有限公司	—	—	<10.0	否	否

* 由于各环保局提供数据方式不一，且数据过多，本报告中数据摘选方法：①直接引用环保局提供的简略数据；②在环保局提供的详细检测报告中，选取每年各季度各焚烧炉检测数据的最大值（下同）。

3. 8座垃圾焚烧厂提供Hg监测数据，2座超欧盟标准

122座垃圾焚烧厂中仅获得8座烟气中Hg浓度的监测数据，除昆明中电环保电力有限公司、安宁市生活垃圾处理中心超出欧盟标准外，其余均远小于欧盟标准规定的浓度（见表5）。

表5　8座垃圾焚烧厂Hg监测数据

Hg(mg/Nm³)							
省	市	厂名	2010 年	2011 年	2012 年	是否超 GB18485 - 2001 标准	是否超 EU2000/76/EC 标准
						0.2mg/Nm³	0.05mg/Nm³
吉林	长春	鑫祥垃圾焚烧发电厂	0.0059	0.0001	0.0003	否	否
天津		天津双港垃圾焚烧发电厂	0.00022	0.00021	—	否	否
		天津青光垃圾焚烧发电厂	0.0003	0.00022	—	否	否
山东	威海	威海市生活垃圾焚烧厂	—	—	8.3×10^{-5}	否	否
湖北	黄石	黄石市黄金山生活垃圾焚烧发电厂	—	未检出	—	否	否
重庆	—	重庆同兴垃圾焚烧发电厂	0.0000847	0.0167	—	否	否
云南	昆明	昆明中电环保电力有限公司	0.13	—	—	否	是
	昆明	安宁市生活垃圾处理中心	0.192	0.192	0.192	否	是

4. NO_x、SO_2、HCL、CO 监测情况

122座已运行垃圾焚烧厂中：①40座提供 NO_x 监测数据，其中1座超出国家标准，31座超欧盟标准；②40座提供 SO_2 监测数值的垃圾焚烧厂中有3座超国家标准，30座超欧盟标准，而我国现有标准是欧盟的5倍之多；③13座提供HCL的监测数值，7座HCL数值超出欧盟标准；④8座垃圾焚烧厂提供CO监测数据，2座超欧盟标准。

从以上数据可知，环保部门、企业信息公开的力度明显不足，污染物排放有超出国家标准的情况，且大部分都超出了欧盟标准。

（四）环保部门落实信息申请公开工作的诸多问题

向政府提出信息申请公开的过程中，出现环保部门拒绝公开、推脱、无人负责、质疑公民申请资格、不熟悉信息公开业务等诸多问题，严重影响了信息公开的回复效率和质量。主要体现在以下几方面。

（1）各级环保部门互相推诿信息公开责任，理由多元，且互相矛盾。

（2）个人申请资格缺失。

信息申请过程中，部分环保部门以个人无资格申请为由拒绝答复。山西太原市认为“外省人员无权申请信息”。这显然不符合《中华人民共和国政府信息公开条例》的规定，“公民、法人或者其他组织还可以根据自身生产、生活、科研等特殊需要，向国务院部门、地方各级人民政府及县级以上地方人民政府部门申请获取相关政府信息”[①]。

（3）市、区级环保局“七无”现象。

信息申请过程中，多个市、区级环保局出现“七无”现象：无网上申请入口、无电话、无地址、无邮箱、无负责人、无信息公开处、无回复，导致公民在信息申请及后期沟通中阻碍重重。

四　建议

综合对垃圾焚烧厂各项信息申请的情况和数据分析，本报告对于垃圾焚烧

① 《中华人民共和国政府信息公开条例》，中华人民共和国国务院令第492号，2008年5月1日实施。

厂污染监管和信息公开提出如下建议：

（1）主动公布垃圾焚烧厂监测数据，加强信息公开力度；

（2）加强垃圾焚烧厂监管与惩罚力度；

（3）加快新的《生活垃圾焚烧污染控制标准》的出台和执行；

（4）鼓励公众参与垃圾焚烧厂的监督；

（5）政府部门加强信息公开的内部建设，确保有效执行。

通过落实生活垃圾焚烧厂信息的全面公开，推进垃圾焚烧厂的清洁运行，提高垃圾焚烧行业污染控制标准，突破对污染企业的地方保护和无监管行为。最为重要的是，将垃圾焚烧厂的运行情况置于公众监督之下是不断提高垃圾焚烧厂清洁运行的动力，同时也能在一定程度上缓解公众的质疑和反对。

大 事 记

Chronicle

G.22

2013 年环境保护大事记

污染事件

2012 年 12 月 31 日 7 时 40 分，山西省长治市发生一起苯胺泄漏事故，5 天之后，1 月 5 日下午，山西省政府才接到报告并对外通报。

修改完善现有《野生动物保护法》

多位法学、伦理学和文化学者、人大代表、政协委员和环境保护、动物保护领域的专业人士参加了会议，共同呼吁根据目前实际情况修改完善现有的野生动物保护法律法规，杜绝对野生动物的滥捕滥杀及野蛮吃用行为。

大气污染防治条例

《北京市大气污染防治条例（草案送审稿）》从 19 日起向社会公开征求意见。

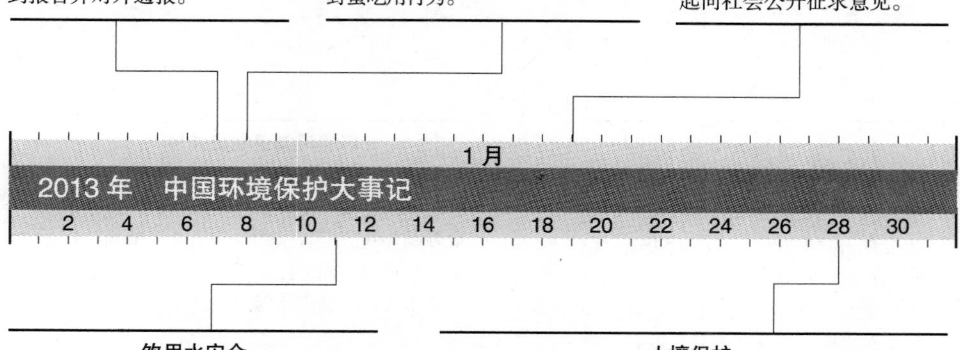

饮用水安全

按《全国农村饮水安全工程“十二五”规划》称，我国在享用公共供水服务的 4.6 亿人口中，有 9800 万人饮用水水质不安全，2.98 亿农村人口和 11.4 万所农村学校饮水安全问题尚未解决。

土壤保护

《国务院办公厅关于印发近期土壤环境保护和综合治理工作安排的通知》，要求“到 2015 年，全面摸清中国土壤环境状况，建立严格的耕地和集中式饮用水水源地土壤环境保护制度，初步遏制土壤污染上升势头”，力争到 2020 年，建成国家土壤环境保护体系，使全国土壤环境质量得到明显改善。

民间行动

针对1月19日在北京市法制办网站公布的《北京市大气污染防治条例（草案送审稿）》征求意见稿，由民间环保组织自然之友、自然大学发起，汇聚业内专家、学者、律师、学生代表、市民等众多群体，对《条例》内容展开讨论，并就解决北京市大气污染提出建议。

大气污染治理

环保部正在拟定涉及19个省份的考核办法，其中包括大气污染治理项目投运率、机动车黄标车淘汰率和尾气检测率等多个指标，并力争对空气质量实施一票否决制。

重金属污染

国家环保部文件指出：我国有3.6万公顷耕地土壤重金属超标，由此每年造成的“粮食污染高达1200万吨，直接经济损失超过200亿元”。

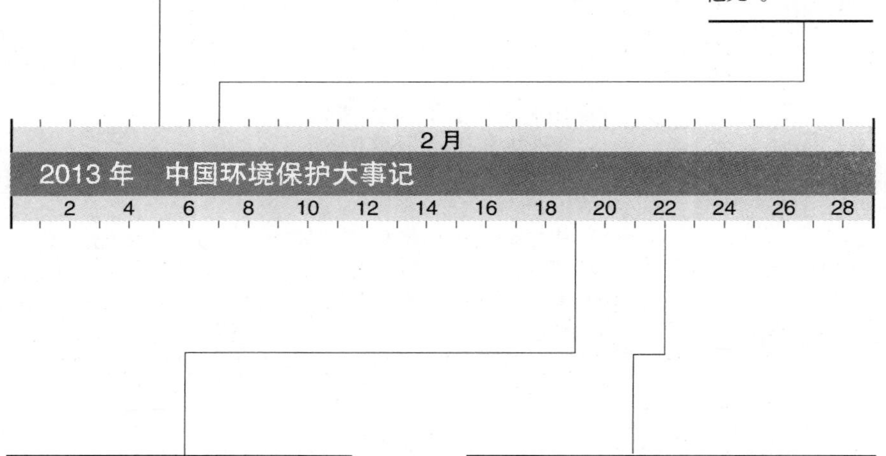

大气治污

环保部19日确定，将对包括19个省（区、市）的47个地级及以上城市在内的重点控制区，对火电、钢铁、石化、水泥、有色、化工六大重污染行业及燃煤工业锅炉的新建项目，对火电、钢铁、石化工业以及燃煤工业锅炉的现有项目，实施特别排放限值。

环境污染强制责任险

涉重金属企业将被强制投保环境污染责任险。这是该项险种试点推进以来，首次采取强制形式。记者从中国保监会了解到，环境保护部与中国保监会联合印发了《关于开展环境污染强制责任保险试点工作的指导意见》。

猪祸黄浦江

万头死猪浮出黄浦江水面，沉在江底，是上海周边的水系污染、河道管理的政出多门、跨界污染、协调乏力等弊端造成的。

政协提案

针对生态保护、空气污染等问题，委员们提出应将环境权写入宪法、治理 PM2.5 应作为考核领导干部政绩的标准等建议。

低碳产品认证制度

中国国家发展和改革委员会联合国家认证认可监督管理委员会 20 日印发《低碳产品认证管理暂行办法》。根据该办法，中国将建立统一的低碳产品认证制度，以规范低碳产品认证活动，引导低碳生产和消费，促进中国低碳产业发展。

3 月

2013 年　中国环境保护大事记

2　4　6　8　10　12　14　16　18　20　22　24　26　28　30

PM2.5

3 月 31 日公布的最新研究报告《2010 年全球疾病负担评估》显示，2010 年，我国因 PM2.5 导致的死亡人数估计为 123.4 万，占当年全国死亡总人数的近 14.9%。

碳披露

北京绿色金融协会与北京、上海、深圳等试点地区的碳交易平台联合发起并启动中国首个企业碳披露项目。项目旨在增强碳排放信息的透明度，建立统一的碳披露规则，促进企业碳管理的正向循环。

空气质量

2013年第一季度，74个城市超标天数为55.6%；空气污染较严重的前10个城市中有6个城市来自河北省，分别是石家庄、邢台、保定、邯郸、唐山和廊坊。

信息公开

3家环保组织向北京、天津市环保局以及河北省环保厅递交了申请书，要求通过互联网实时获取国家废气重点监控企业的在线监测数据。这些企业涉及京津冀三地的169家企业。

生态破坏

抚仙湖附近的湖区红线已被房地产开发商撕开，水土流失严重，这一高原生态系统正在遭到破坏。

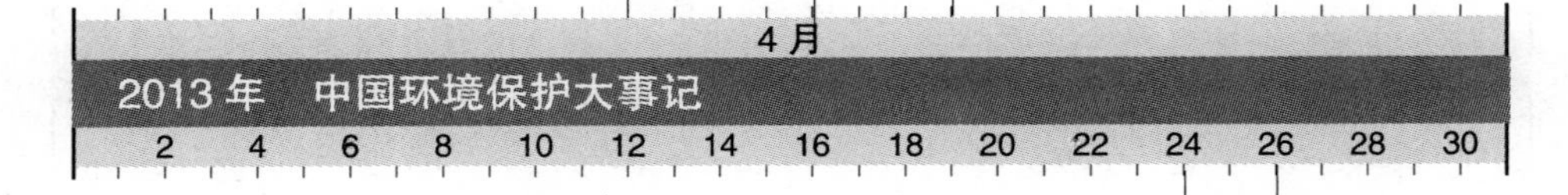

跨省生态补偿

目前，广东一些环保组织通过公益手段，引入企业等社会力量试水跨省生态补偿，并希望通过结对帮扶、共建生态示范村等方式，改变长期以来不能授人以“渔”的传统补偿方式。

信息公开

《全国122座已运行垃圾焚烧厂信息申请公开报告》在京发布。报告的发布者自然之友、芜湖生态中心等称，我国正在运行的垃圾焚烧厂存在信息缺乏主动公开且难以获悉、污染物排放超标屡见不鲜等突出问题。

地下水水质

环境保护部、国土资源部、住房和城乡建设部及水利部近日联合印发《华北平原地下水污染防治工作方案》。方案提出，2015 年初步遏制华北地下水水质恶化趋势，使城镇集中式地下水饮用水源水质状况有所改善。

污染企业信息公开

5 月 14 日环保部悄然发布《国家重点监控企业自行监测及信息公开办法（试行）》（征求意见稿）和《国家重点监控企业污染源监督性监测及信息公开办法（试行）》（征求意见稿），并提示征求意见的截止时间为 2013 年 5 月 24 日。

污染物总量减排核查

5 月 14 日，环境保护部通报了 2012 年度全国主要污染物总量减排核查处罚情况。其中，内蒙古、河南和贵州及中国华电集团的燃煤机组环评暂停；6 座城市因污水处理设施问题被暂停相关建设项目的环评；15 家企业涉及脱硫设施未正常运行、监测数据弄虚作假。

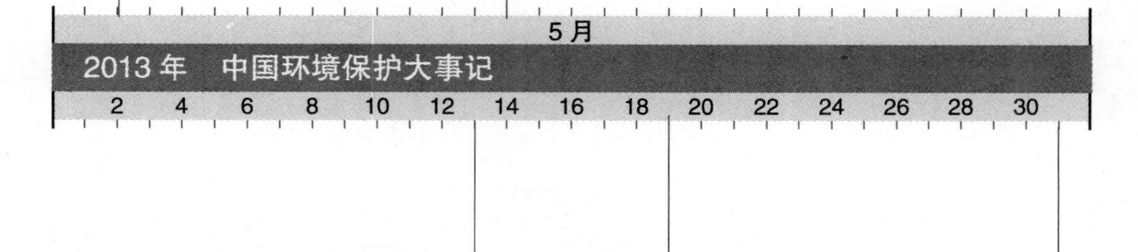

污染治理

广东省监察厅、环保厅 13 日联合表示，今年广东首次推行环保考核，受督办的城市市长整治污染不力，监察部门将对其约谈并通报批评，考核一票否决。

节能减排

审计署 19 日公布了 10 个省份 1139 个节能减排项目审计结果。结果显示，42 家单位（企业）实施的 44 个项目未达到预期节能减排效果，涉及专项资金 15.87 亿元，分别占抽审项目数量的 3.86%和审计资金量的 6.8%。

发泡餐具解禁

5 月 31 日环保组织自然之友向国家发改委发布呼吁，请求建立“一次性发泡塑料餐具的回收再利用的机制”；向国家工信部申请“我国的一次性发泡塑料餐具行业的准入条件以及出台时间”。

电子垃圾

联合国的一份报告中指出，世界生产的大约70%的电子产品最终变成垃圾，并流向中国，中国已经成为世界最大的电子“垃圾场”。

《环保法》修订

《环保法》修正案草案关于环境公益诉讼的条款，首次确立了公益诉讼制度。二审稿规定，环保联合会为环境公益诉讼的唯一合法主体。

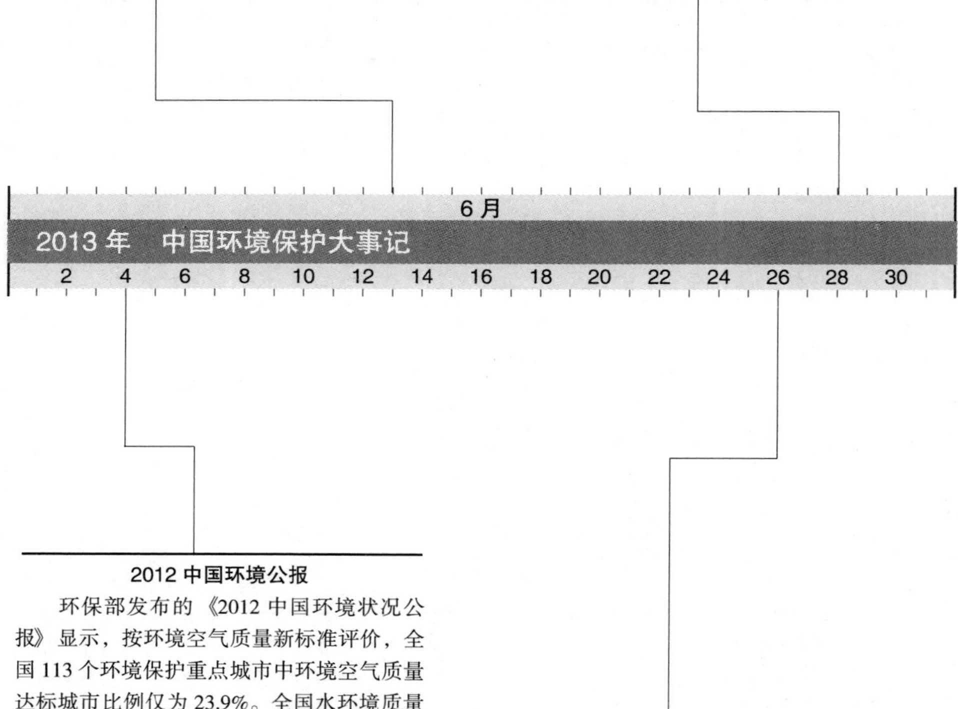

2012中国环境公报

环保部发布的《2012中国环境状况公报》显示，按环境空气质量新标准评价，全国113个环境保护重点城市中环境空气质量达标城市比例仅为23.9%。全国水环境质量不容乐观，在198个城市地下水监测中，较差、极差水质的监测点比例约为57%。

污染企业

继2013年5月神华包头煤化工公司被曝出污水直排黄河后，中国神华另一子公司因环评未批先建被叫停。

可再生能源

2012 年我国可再生能源发电量增长 15.2%，中国成为第二大可再生能源发电国，仅次于美国。

生态破坏

绿色和平的调查报告称高度耗水的神华鄂尔多斯煤制油项目多年来掠夺地下水资源，导致草原严重生态退化。

土壤污染

调研报告称珠三角区内 28%的土地重金属超标，汞的超标最多，其次是镉与砷。问题较重的新会超标过 50%多。

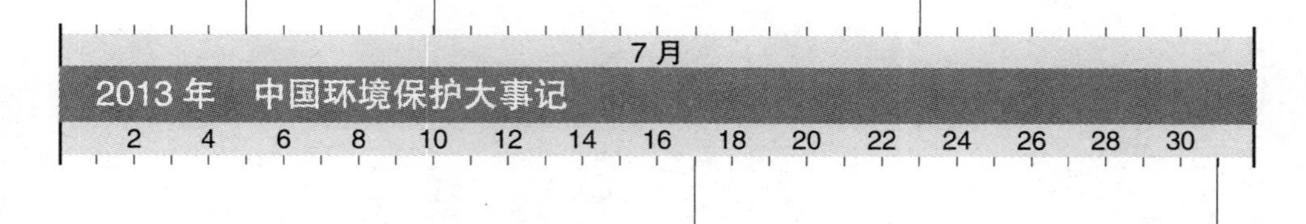

污染源监管信息

环保部下达通知，要求各地方环保部门从 9 月开始，公布国家级和省级控制的重点监控企业的排放数据等信息，其中包括每日排放量的自动监控数据。

环保司法解释

“两高”推出新的环保司法解释，对 2011 年刑法修正案“环境污染罪”定义做了进一步细分，其核心内容是扩大污染物认定范围、降低入罪的门槛和加大处罚力度。

环境事件经济损失评估

为规范突发环境事件应急处置阶段污染损害评估工作，及时确定事件级别，环境保护部日前印发了《突发环境事件应急处置阶段污染损害评估工作程序规定》。

PM2.5

京津冀地区出台大气污染治理行动计划。计划在五年内，将PM2.5浓度降低25%，乃至30%以上。三地普遍就燃煤、工业、机动车等方面采取密集而严厉的措施。

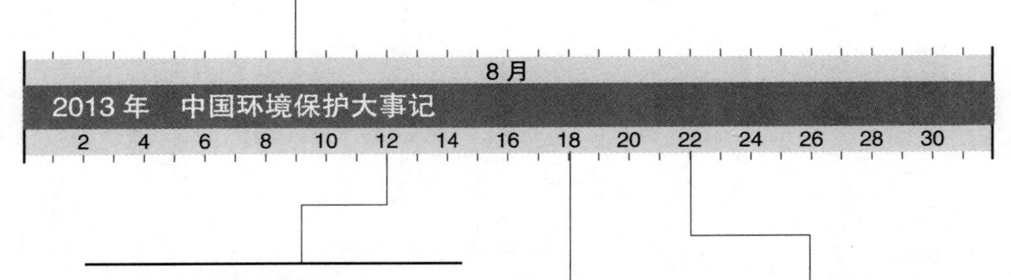

环境监管能力

环境保护部、国家发展改革委、财政部近日联合印发《国家环境监管能力建设“十二五”规划》，以总量减排、质量改善、风险防范、基础完善为着力点，在环境监测、监察、预警、应急、信息、评估、统计、科技、宣教等领域开展能力建设，切实加强环境监管力度。

大气污染防治

北京市人大连日来三次召开座谈会，就《北京市大气污染防治条例（草案）》征集环保组织、专家、市民、企业的意见。“增加公众参与度”或将单独成章，列入条例草案。

生态破坏

8月15日晚上至16日一场百年不遇的暴雨，使吉林森工集团露水河林业局红松林大面积被毁。据悉，这里是亚洲仅存、全国最大的红松母树林。

大气污染防治

国务院发布《大气污染防治行动计划》。这是当前和今后一个时期全国大气污染防治工作的行动指南。

大气污染综合防治

环境保护部日前组织制定并发布了《环境空气细颗粒物污染综合防治技术政策》。提出了防治环境空气细颗粒物污染的相关措施，供各有关方面参照采用。分为 9 个部分，共 39 条细则。

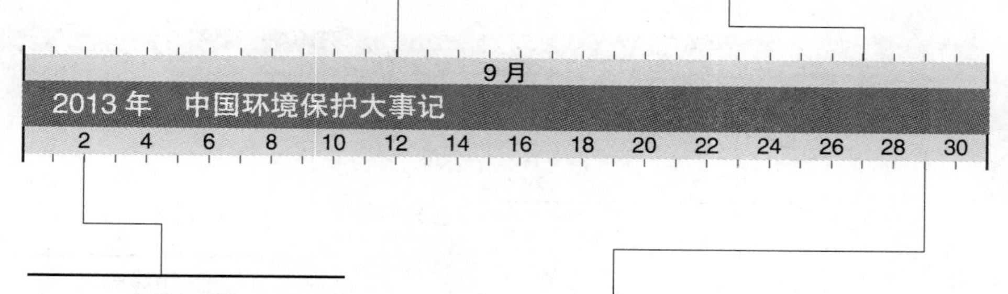

征收拥堵费

按照北京市环保局发布的《北京市 2013~2017 年清洁空气行动计划重点任务分解》，征收交通拥堵费以及扩大差别化停车收费区域范围将作为重要的措施。

空气质量监测

空气质量新标准第二阶段监测实施工作取得阶段性成果，40 个城市共 172 个国家环境空气监测网监测点位已建成或改造完毕，投入监测试运行并发布相关信息。至此，我国共 114 个城市 668 个点位按照空气质量新标准进行监测。

环境违法企业

环境保护部派出督查组开展了环保专项行动情况督查，重点抽查20个省（自治区、直辖市）的30个地市，发现72家企业存在91个环境违法行为，114家企业存在环境管理问题。

2012绿色中国年度焦点人物

大型公益活动2012绿色中国年度焦点人物评选活动颁奖典礼近日在京举办。中国生态文明研究与促进会会长陈宗兴、中国科协副主席陈章良获年度大奖。

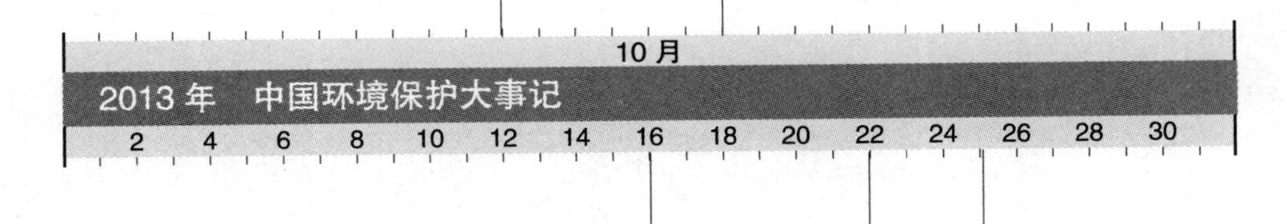

化解产能过剩

国务院近日发布《关于化解产能严重过剩矛盾的指导意见》，对未来五年化解钢铁、水泥、电解铝、平板玻璃、船舶等行业严重产能过剩提出新的目标和要求。

空气污染应急预案

《北京市空气重污染应急预案（试行）》今日正式发布，备受关注的红色预警日实行机动车单双号限行和中小学、幼儿园停课等污染应急措施终被确定。

节能减排

环境保护部有关负责人10月25日向媒体公布了2013年上半年各省、自治区、直辖市主要污染物减排情况。结果表明，全国四项主要污染物排放量均保持下降。

海洋灾害预警

由国家发展和改革委员会、财政部、国家海洋局等 9 部门联合编制完成的《国家适应气候变化战略》在华沙气候大会上正式对外发布。《战略》要求合理规划涉海开发活动、加强沿海生态修复和植被保护及海洋灾害监测预警。

海洋生态红线

山东将首次在渤海建立实施海洋生态红线制度，改善渤海海洋生态环境。到 2020 年，海洋生态红线区内海水水质达标率不低于 80%。

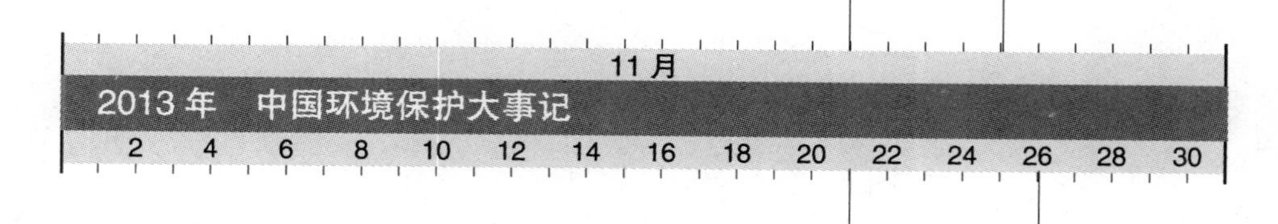

河流入海水质

2013 年上半年，国家海洋局完成 71 条入海河流断面水质状况的监测和 427 个陆源入海排污口的排污状况监测。监测结果表明，6 条河流入海监测断面水质为第五类，50 条河流入海监测断面水质为劣五类。

碳排放权交易

11 月 26 日，上海市碳排放权交易在上海环境能源交易所启动。上海市碳交易的重点排放企业包括钢铁、石化、化工等主要污染行业，以及航空、港口、商场等建筑领域。首批纳入碳排放交易市场的企业有 191 家，约占上海二氧化碳排放总量的 50%以上。

生活垃圾处理费

自2014年1月1日起上调非居民垃圾处理费和排污费标准。排污费方面除提高收费标准外，还将实施阶梯式差别化的收费政策。

大气污染

过去的一周天津、河北、江苏、山东、浙江等地纷纷"爆表"，污染物直冲严重污染的红线。全国20个省份、104个城市都深中"霾伏"，达到重度污染。

生态保护

19家国内民间机构呼吁国务院撤销小南海电站建设项目，并恳请撤销环保部2011年对长江上游珍稀特有鱼类国家级保护区的修边决定。

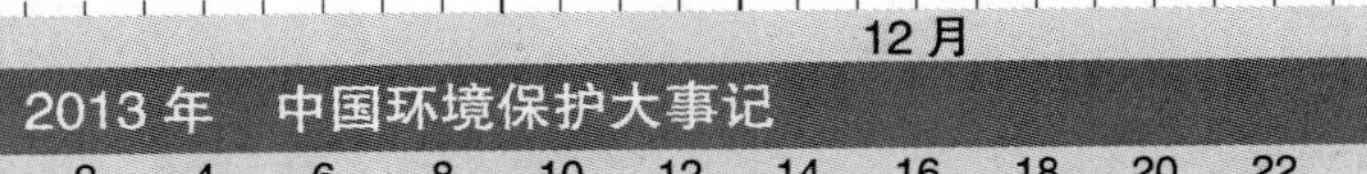

电价惩罚

国家发改委宣布，发改委、工信部决定自明年1月1日起对电解铝行业施行分档式的"阶梯电价"政策，目的是运用价格杠杆加快淘汰落后电解铝产能。严格的申报条件和审查要求，以有效保护国家级自然保护区的环境、资源和生物多样性。

雾霾罚单

《辽宁省环境空气质量考核暂行办法》公布以来，辽宁省首次给8个城市开出"雾霾罚单"，罚缴总计5420万元。

自然保护区

国务院办公厅近日发布《国家级自然保护区调整管理规定》，提高国家级自然保护区调整的门槛，对保护价值较高、珍稀濒危程度高的保护区要求严格限制调整，对因重大工程建设调整保护区提出了更为严格的申报条件和审查要求，以有效保护国家级自然保护区的环境、资源和生物多样性。

附　　录

Appendices

·年度指标及年度排名·

G.23 2013年环境绿皮书年度指标

——中国环境的变化趋势

第一主题　大气

1. 主要污染物总量减排

2012年，主要污染物总量减排目标为：与2011年相比，化学需氧量、二氧化硫排放量均下降2%，氨氮排放量下降1.5%，氮氧化物排放量实现零增长。

2012年，全国化学需氧量排放总量为2423.7万吨，比上年下降3.05%；氨氮排放总量为253.6万吨，比上年下降2.62%；二氧化硫排放总量为2117.6万吨，比上年下降4.52%；氮氧化物排放总量为2337.8万吨，比上年下降2.77%。四项污染物排放量均同比下降。

2. 废气中主要污染物排放量

2012年，二氧化硫排放总量为2117.6万吨，与上年相比下降4.52%；氮氧化物排放总量为2337.8万吨，与上年相比下降2.77%。

表1　2012年全国废气中主要污染物排放量

单位：万吨

SO_2				氮氧化物				
排放总量	工业源	生活源	集中式	排放总量	工业源	生活源	机动车	集中式
2117.6	1911.7	205.6	0.3	2337.8	1658.1	39.3	640	0.4

第二主题　水

1. 河流

长江、黄河、珠江、松花江、淮河、海河、辽河、浙闽片河流、西北诸河和西南诸河十大流域的国控断面中，Ⅰ～Ⅲ类、Ⅳ～Ⅴ类和劣Ⅴ类水质断面比例分别为68.9%、20.9%和10.2%。主要污染指标为化学需氧量、五日生化需氧量和高锰酸盐指数。

表2　2012年全国十大流域水质类别比较

单位：%

水质	长江	黄河	珠江	松花江	淮河	海河	辽河	浙闽片河流	西北诸河	西南诸河
Ⅰ、Ⅱ、Ⅲ类	86.2	60.7	90.7	58.0	47.4	39.1	43.6	80.0	98.0	96.8
Ⅳ、Ⅴ类	9.4	21.3	5.6	36.3	34.7	28.1	41.9	20.0	0.0	3.2
劣Ⅴ类	4.4	18.0	3.7	5.7	17.9	32.8	14.5	0.0	2.0	0.0

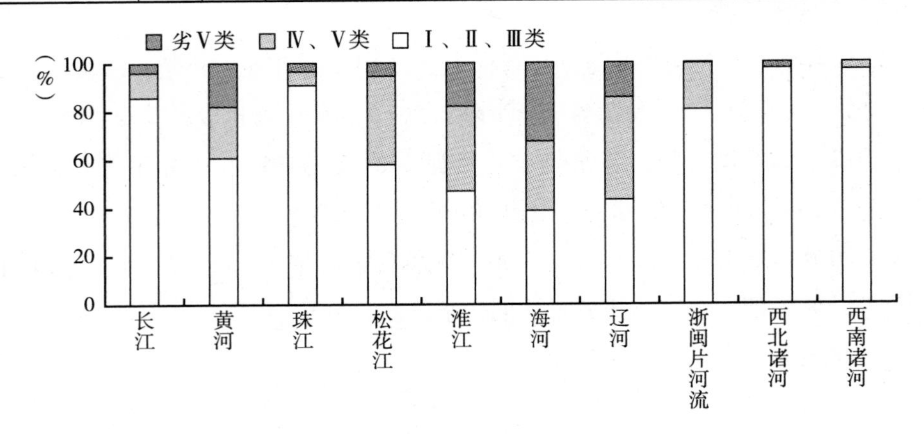

图1　2012年十大流域水质类别比例

2. 湖泊（水库）

2012 年，62 个国控重点湖泊（水库）中，Ⅰ~Ⅲ类、Ⅳ~Ⅴ类和劣Ⅴ类水质的湖泊（水库）比例分别为 61.3%、27.4% 和 11.3%。主要污染指标为总磷、化学需氧量和高锰酸盐指数。

表 3　2012 年重点湖泊（水库）水质状况

单位：个

湖泊(水库)类型	Ⅰ类	Ⅱ类	Ⅲ类	Ⅳ类	Ⅴ类	劣Ⅴ类	主要污染指标
三湖*	0	0	0	2	0	1	总磷、化学需氧量高锰酸盐指数
重要湖泊	2	3	8	12	1	6	
重要水库	3	10	12	2	0	0	
总计	5	13	20	16	1	7	

* 指太湖、滇池和巢湖。

除密云水库和班公错外，对其他 60 个湖泊（水库）开展了营养状态监测。其中，4 个为中度富营养状态，占 6.7%；11 个为轻度富营养状态，占 18.3%；37 个为中营养状态，占 61.7%；8 个为贫营养状态，占 13.3%。

太湖轻度污染。主要污染指标为总磷和化学需氧量。从分布来看，西部沿岸区为中度污染，北部沿岸区、湖心区、东部沿岸区和南部沿岸区均为轻度污染。

滇池　重度污染。主要污染指标为总磷、化学需氧量和高锰酸盐指数。从分布来看，草海和外海均为重度污染。

巢湖　轻度污染。主要污染指标为石油类、总磷和化学需氧量。从分布来看，西半湖为中度污染，东半湖为轻度污染。

重要水库　27 个重要水库中，25 个水质为优良；尼尔基水库和莲花水库为轻度污染，主要污染指标均为总磷。

26 个重要水库的营养状态评价结果表明，崂山水库为轻度富营养状态，其他水库均为中营养或贫营养状态。

表4 2004～2012年国控重点湖泊（水库）水质情况

单位：%

年份	Ⅰ、Ⅱ、Ⅲ类	Ⅳ、Ⅴ类	劣Ⅴ类
2004	26.0	37.0	37.0
2005	28.0	29.0	43.0
2006	29.0	23.0	48.0
2007	49.9	26.5	23.6
2008	21.4	39.3	39.3
2009	23.1	42.3	34.6
2010	23.0	38.5	38.5
2011	42.3	50.0	7.7
2012	61.3	27.4	11.3

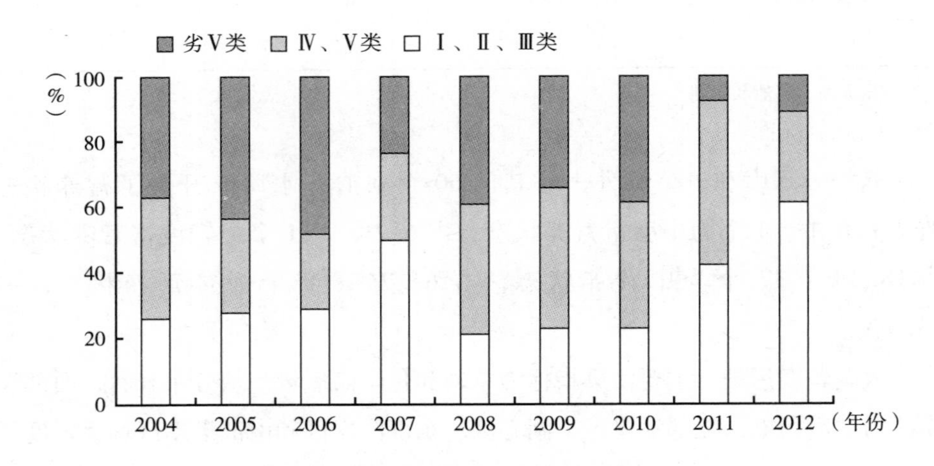

图2 国控重点湖泊（水库）水质情况

3. 重点水利工程

三峡库区　水质良好，监测的3个国控断面均为Ⅲ类水质。

南水北调（东线）南水北调（东线）长江取水口夹江三江营断面为Ⅲ类水质。输水干线京杭运河里运河段、宝应运河段、宿迁运河段、鲁南运河段和韩庄运河段均为Ⅲ类水质；梁济运河段为Ⅳ类水质。洪泽湖湖体为Ⅴ类水质，主要污染指标为总磷，营养状态为轻度富营养状态。骆马湖湖体为Ⅲ类水质，营养状态为中营养状态。汇入骆马湖的沂河为Ⅲ类水质。南四湖湖体为Ⅳ类水质，主要污染指标为总磷和化学需氧量，营养状态为轻度富营养状态。汇入南

四湖的 11 条河流中，老运河（济宁）和光府河为劣Ⅴ类水质，洙赵新河为Ⅴ类水质，泗河、白马河、老运河微山段、西支河、东渔河和洙水河为Ⅳ类水质，沿河和城郭河为Ⅲ类水质。东平湖湖体为Ⅲ类水质，营养状态为中营养状态。汇入东平湖的大汶河为Ⅲ类水质。

南水北调（中线）丹江口水库总体为Ⅱ类水质，营养状态为中营养状态。入丹江口水库的 9 条支流中，汉江、金钱河、天河、堵河、官山河、丹江、淇河和老灌河水质均为优，浪河水质良好。南水北调（中线）取水口陶岔断面为Ⅱ类水质。

4. 地下水环境质量

2012 年，全国 198 个地市级行政区开展了地下水水质监测，监测点总数为 4929 个，其中国家级监测点 800 个。依据《地下水质量标准》（GB/T 14848－93），综合评价结果为水质呈优良级的监测点 580 个，占全部监测点的 11.8%；水质呈良好级的监测点 1348 个，占 27.3%；水质呈较好级的监测点 176 个，占 3.6%；水质呈较差级的监测点 1999 个，占 40.5%；水质呈极差级的监测点 826 个，占 16.8%。主要超标指标为铁、锰、氟化物、“三氮”（亚硝酸盐氮、硝酸盐氮和氨氮）、总硬度、溶解性总固体、硫酸盐、氯化物等，个别监测点存在重（类）金属超标现象。

与上年相比，有连续监测数据的水质监测点总数为 4677 个，分布在 187 个城市，其中水质呈变好趋势的监测点有 793 个，占监测点总数的 17.0%；呈稳定趋势的监测点有 2974 个，占 63.6%；呈变差趋势的监测点有 910 个，占 19.4%。

5. 全国环境保护重点城市主要集中式饮用水源地

2012 年，全国 113 个环境保护重点城市共监测 387 个集中式饮用水源地，其中地表水源地 240 个，地下水源地 147 个。环境保护重点城市年取水总量为 229.6 亿吨，服务人口 1.62 亿，达标水量 218.9 亿吨，水质达标率为 95.3%，与上年相比，上升了 4.7 个百分点。

6. 废水中主要污染物排放量

2012 年，全国废水排放总量为 684.6 亿吨，化学需氧量排放总量为 2423.7 万吨，与上年相比下降 3.05%；氨氮排放总量为 253.6 万吨，与上年相比下降 2.62%。

表5　2012年全国废水中主要污染物排放量

单位：万吨

COD					氨氮				
排放总量	工业源	生活源	农业源	集中式	排放总量	工业源	生活源	农业源	集中式
2423.7	338.5	912.7	1153.8	18.7	253.6	26.4	144.7	80.6	1.9

7. 海水水质

全海海域

全海海域海水中无机氮、活性磷酸盐、石油类和化学需氧量等指标的综合评价结果显示，2012年，中国管辖海域海水环境状况总体较好，符合第一类海水水质标准的海域面积约占中国管辖海域面积的94%。

近岸海域

2012年，全国近岸海域水质总体稳定，水质级别为一般。主要超标指标为无机氮和活性磷酸盐。

按照点位代表面积计算，一类海水面积为94437平方千米，二类为108360平方千米，三类为24565平方千米，四类为9655平方千米，劣四类为43995平方千米。

按照监测点位计算，一、二类海水比例为69.4%，与上年相比，上升了6.6个百分点；三、四类海水比例为12.0%，下降了8.3个百分点；劣四类海水比例为18.6%，上升了1.7个百分点。

表6　2012年近海海域水质比较

单位：%

类别	渤海	黄海	东海	南海
一、二类	67.3	87.0	37.9	90.3
三、四类	20.5	13.0	15.8	3.9
劣四类	12.2	0.0	46.3	5.8

重要海湾

9个重要海湾中，黄河口水质优，北部湾水质良好，辽东湾、胶州湾和闽

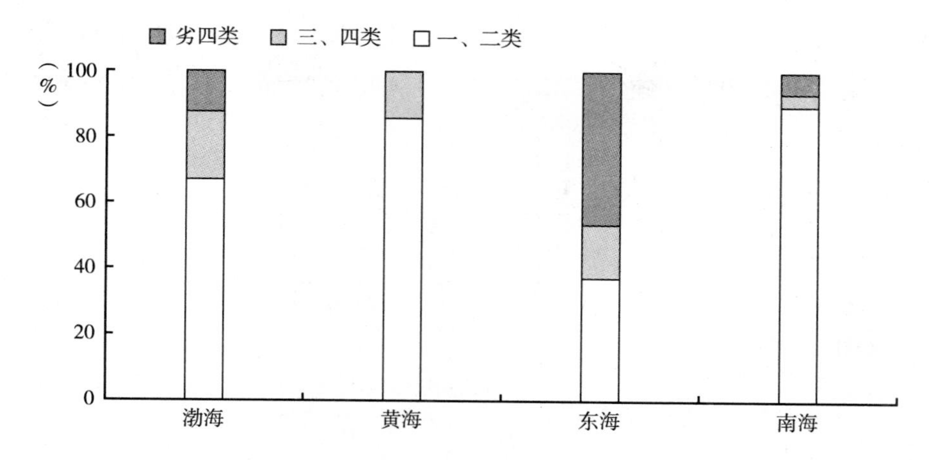

图 3　近海海域水质

江口水质差，渤海湾、长江口、杭州湾和珠江口水质极差。与上年相比，黄河口和闽江口水质变好，其他各海湾水质基本稳定。

远海海域

2012 年，南海中南部中沙群岛及南沙群岛海域水质良好，海水中无机氮、活性磷酸盐、石油类和化学需氧量等指标均符合第一类海水水质标准。

海洋沉积物

2012 年，在中国管辖海域 581 个站位开展了海洋沉积物监测，监测指标包括石油类、重金属、砷、多氯联苯、硫化物和有机碳。监测结果显示，近岸海域沉积物质量状况总体良好。沉积物中铜含量符合第一类海洋沉积物质量标准的站位比例为 85%，其他监测指标含量符合第一类海洋沉积物质量标准的站位比例均在 96% 以上。近岸以外海域沉积物质量状况良好，仅个别站位的部分监测指标含量超过第一类海洋沉积物质量标准。

陆源污染物入海状况

入海河流　2012 年，193 个入海河流断面主要污染物入海总量为：高锰酸盐指数 440. 3 万吨、氨氮 62. 3 万吨、石油类 6. 1 万吨、总氮 369. 4 万吨、总磷 31. 6 万吨。

直排海污染源　2012 年，监测的 425 个日排污水量大于 100 立方米的直排海工业污染源、生活污染源和综合排污口的污水排放总量约为 56. 0 亿吨。

各项污染物排放总量约为：化学需氧量21.8万吨、石油类1026.1吨、氨氮1.7万吨、总磷2920.9吨、汞228.5千克、六价铬2752.7千克、铅4586.9千克、镉826.1千克。

表7　2012年四大海区入海河流污染物排放总量

单位：万吨

海区	高锰酸盐指数	氨氮	石油类	总氮	总磷
渤海	7.1	1.6	0.2	5.0	0.3
黄海	23.4	2.4	0.3	8.8	0.5
东海	306.1	37.7	4.2	272.8	26.9
南海	103.7	20.6	1.5	82.8	3.9

表8　2012年各类直排海污染源排放情况

污染源	废水量（亿吨）	化学需氧量（万吨）	石油类（吨）	氨氮（万吨）	总磷（吨）	汞（千克）	六价铬（千克）	铅（千克）	镉（千克）
工业	17.7	2 .8	105.6	0.1	79.8	2.2	247.1	729.6	10.7
生活	6.9	4.0	225.1	0.4	645.0	16.4	268.0	1216.6	153.5
综合	31.4	15.0	695.4	1.2	2196.1	209.9	2237.6	2640.7	661.9

表9　2012年四大海区直排海污染源污染物情况

海区	废水量(亿吨)	化学需氧量(万吨)	石油类(吨)	氨氮(万吨)	总磷(吨)
渤海	1.8	0.7	35.8	0.1	90.8
黄海	10.5	5.4	102.5	0.4	674.7
东海	34.0	12.3	614.5	0.9	1206.6
南海	9.6	3.4	273.2	0.3	948.7

第三主题　固体废弃物

状　况

2012年，全国工业固体废物产生量为329046万吨，综合利用量（含利用往年储存量）为202384万吨，综合利用率为60.9%。

表 10　2012 年全国工业固体废物产生及利用情况

单位：万吨

产生量	综合利用量	储存量	处置量
329046	202384	70826	59787

表 11　2004 ~ 2011 年全国工业废弃物产生量和排放量

单位：百万吨

年份	2004	2005	2006	2007	2008	2009	2010	2011	2012
产生量	1200	1340	1515	1757	1901	2041	2409. 435	3251. 46	3290. 46
综合利用量	678	770	926	1104	1235	1383	1617. 72	1997. 574	2023. 84

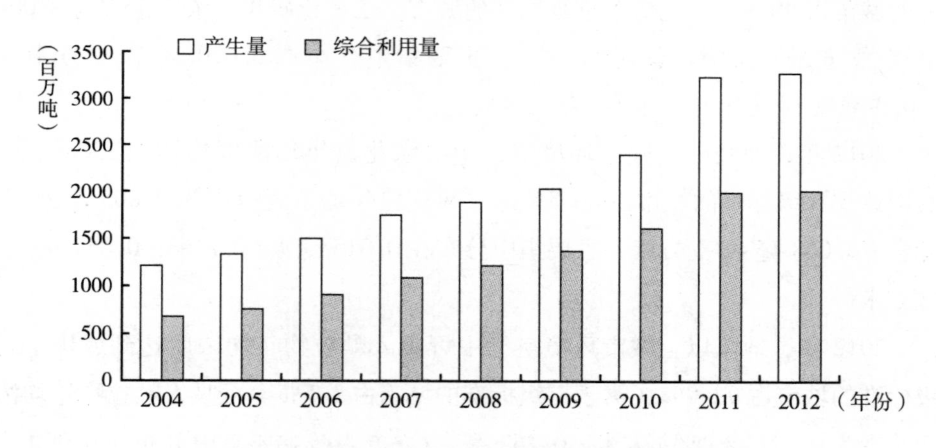

图 4　2004 ~ 2012 年全国工业废弃物产生量和排放量

第四主题　城市环境

按照《环境空气质量标准》（GB 3095 - 1996）①，对 325 个地级及以上城市（含部分地、州、盟所在地和省辖市，以下简称“地级以上城市”）和 113 个环境保护重点城市（以下简称“环保重点城市”）的二氧化硫、

① 按标准实施年限，2012 年仍执行《环境空气质量标准》（GB3095 - 1996），如无特殊说明，均按照此标准进行评价。

二氧化氮和可吸入颗粒物三项污染物进行评价，结果表明：2012 年，全国城市环境空气质量总体保持稳定。全国酸雨污染总体稳定，但程度依然较重。

1. 空气质量

地级以上城市　2012 年，地级以上城市环境空气质量达标（达到或优于二级标准）城市比例为 91.4%，与上年相比上升了 2.4 个百分点。其中，海口、三亚、兴安、梅州、河源、阳江、阿坝、甘孜、普洱、大理、阿勒泰 11 个城市空气质量达到一级。超标（超过二级标准）城市比例为 8.6%。

2012 年，地级以上城市环境空气中二氧化硫年均浓度达到或优于二级标准的城市占 98.8%，无劣于三级标准的城市。二氧化硫年均浓度范围为 0.004 毫克/立方米 ~ 0.087 毫克/立方米，主要集中分布在 0.020 毫克/立方米 ~ 0.050 毫克/立方米。

2012 年，地级以上城市环境空气中二氧化氮年均浓度均达到二级标准，其中达到一级标准的城市占 86.8%。二氧化氮年均浓度范围为 0.005 毫克/立方米 ~ 0.068 毫克/立方米，主要集中分布在 0.015 毫克/立方米 ~ 0.045 毫克/立方米。

2012 年，地级以上城市环境空气中可吸入颗粒物年均浓度达到或优于二级标准的城市占 92.0%，劣于三级标准的城市占 1.5%。可吸入颗粒物年均浓度范围为 0.021 毫克/立方米 ~ 0.262 毫克/立方米，主要集中分布在 0.060 毫克/立方米 ~ 0.100 毫克/立方米。

表 12　2004 ~ 2012 年城市空气质量

单位：%

年份	2004	2005	2006	2007	2008	2009	2010	2011	2012
Ⅱ级以上	38.6	60.3	62.4	60.5	71.6	82.5	82.8	89.0	91.4
Ⅲ级	41.2	29.1	28.5	36.1	26.9	16.2	15.5	9.8	7.1

环保重点城市　2012 年，环保重点城市环境空气质量达标城市比例为 88.5%，与上年相比了上升了 4.4 个百分点。

2012 年，环保重点城市环境空气中二氧化硫、二氧化氮和可吸入颗粒物

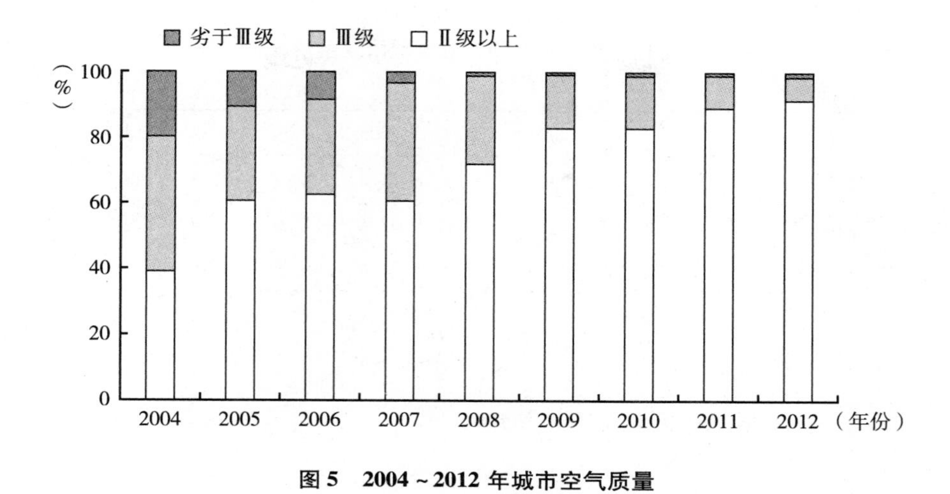

图 5　2004～2012 年城市空气质量

年均浓度分别为 0.037 毫克/立方米、0.035 毫克/立方米和 0.083 毫克/立方米。与上年相比，二氧化硫和可吸入颗粒物年均浓度分别下降 9.8% 和 2.4%，二氧化氮年均浓度持平。

重要说明：2012 年 2 月，《环境空气质量标准》（GB 3095－2012）正式发布，自 2016 年 1 月 1 日起在全国实施。截至 2012 年底，京津冀、长三角、珠三角等重点区域以及直辖市、省会城市和计划单列市共 74 个城市建成符合空气质量新标准的监测网并开始监测。按照新标准对二氧化硫、二氧化氮和可吸入颗粒物评价结果表明，地级以上城市达标比例为 40.9%，下降 50.5 个百分点；环保重点城市达标比例为 23.9%，下降 64.6 个百分点。

地级以上城市中，4 个城市二氧化硫年均浓度超标，占 1.2%；43 个城市二氧化氮年均浓度超标，占 13.2%；186 个城市可吸入颗粒物年均浓度超标，占 57.2%。环保重点城市中，2 个城市二氧化硫年均浓度超标，占 1.8%；31 个城市二氧化氮年均浓度超标，占 27.4%；83 个城市可吸入颗粒物年均浓度超标，占 73.4%。

2. 酸雨

酸雨频率　2012 年，监测的 466 个市（县）中，出现酸雨的市（县）有 215 个，占 46.1%；酸雨频率在 25% 以上的有 133 个，占 28.5%；酸雨频率在 75% 以上的有 56 个，占 12.0%。

表 13　2006～2012 年全国酸雨发生情况

单位：%

年份	2006	2007	2008	2009	2010	2011	2012
出现酸雨的城市比例	54.0	56.2	52.8	52.9	50.4	48.5	46.1
酸雨发生频率在 25% 以上的城市比例	37.8	34.2	34.4	33.6	21.4	29.9	28.5
酸雨发生频率在 75% 以上的城市比例	16.6	13.0	11.5	10.9	11.0	9.4	12.0

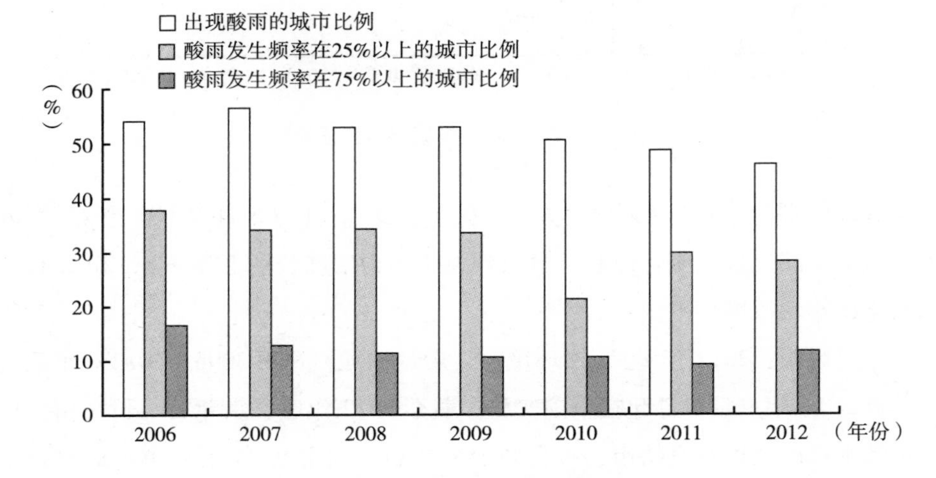

图 6　2006～2012 年全国酸雨发生情况

降水酸度　2012 年，降水 pH 年均值低于 5.6（酸雨）、低于 5.0（较重酸雨）和低于 4.5（重酸雨）的市（县）分别占 30.7%、18.7% 和 5.4%。与上年相比，酸雨、较重酸雨和重酸雨的市（县）比例分别下降 1.1 个百分点、0.5 个百分点和 1.0 个百分点。

化学组成　2012 年，降水中的主要阳离子为钙和铵，分别占离子总当量的 25.4% 和 13.4%；主要阴离子为硫酸根，占离子总当量的 27.6%；硝酸根占离子总当量的 7.9%。硫酸盐为主要致酸物质。

酸雨分布　2012 年，全国酸雨分布区域主要集中在长江沿线及以南－青藏高原以东地区。主要包括浙江、江西、福建、湖南、重庆的大部分地区，以及长三角、珠三角、四川东南部、广西北部地区。酸雨区面积约占国土面积的 12.2%。

3. 声环境

状　况

2012 年，全国城市区域声环境和道路交通声环境质量基本保持稳定；3 类功能区达标率高于其他类功能区，0 类及 4 类功能区夜间噪声超标较严重。

区域声环境　监测的 316 个城市中，区域声环境质量为一级的城市占 3.5%，二级的占 75.9%，三级的占 20.3%，四级的占 0.3%。与上年相比，城市区域声环境质量一级、三级和四级的城市比例分别下降 1.3、1.2 和 0.3 个百分点，二级城市比例上升 2.8 个百分点，环保重点城市区域声环境等效声级范围为 47.6 ~ 57.4dB（A），等效声级面积加权平均值为 54.3dB（A）。区域声环境质量为一级和二级的城市占 77.9%，三级的占 22.1%。

道路交通声环境　监测的 316 个城市中，城市道路交通噪声强度为一级的城市占 75.0%，二级的占 23.1%，三级的占 1.9%。与上年相比，城市道路交通噪声强度为一级、二级和四级的城市比例持平，三级的城市比例上升 0.6 个百分点，五级的城市比例下降 0.6 个百分点。

环保重点城市道路交通噪声平均等效声级范围为 61.9 ~ 71.3dB（A）。道路交通噪声强度为一级的城市占 63.7%，二级的占 34.5%，三级的占 1.8%。

城市功能区声环境　全国各类功能区共监测 16856 点次，昼间、夜间各 8428 点次。各类功能区昼间达标 7668 点次，占昼间监测点次的 91.0%；夜间达标 5865 点次，占夜间监测点次的 69.6%。环保重点城市各类功能区昼间达标率为 90.6%，夜间达标率为 65.4%。

从总体上看，各类功能区昼间达标率高于夜间，3 类功能区达标率高于其他类功能区，0 类及 4 类功能区夜间达标率低于其他类功能区。

表 14　2012 年全国城市功能区监测点位达标情况

功能区类别	0 类		1 类		2 类		3 类		4 类	
	昼	夜	昼	夜	昼	夜	昼	夜	昼	夜
达标点次	83	56	1725	1376	2406	2100	1628	1457	1826	876
监测点次	114	114	1975	1975	2654	2654	1667	1667	2018	2018
达标率(%)	72.8	49.1	87.3	69.7	90.7	79.1	97.7	87.4	90.5	43.4

表 15　2007～2012 年全国城市声环境状况

单位：%

年　份	2007	2008	2009	2010	2011	2012
全国城市区域声环境一、二级比例	72.0	71.7	74.6	73.7	77.9	79.4
环境保护重点城市区域声环境一、二级比例	75.2	75.2	76.1	72.5	76.1	77.9
全国城市道路声环境一、二级比例	58.6	65.3	94.6	97.3	98.1	98.1
环境保护重点城市道路声环境一、二级比例	92.9	93.8	96.5	97.3	99.1	98.2
城市各类功能区昼间达标率	84.7	86.4	87.1	88.4	89.4	90.6
城市各类功能区夜间达标率	64.1	74.7	71.3	72.8	66.4	65.4

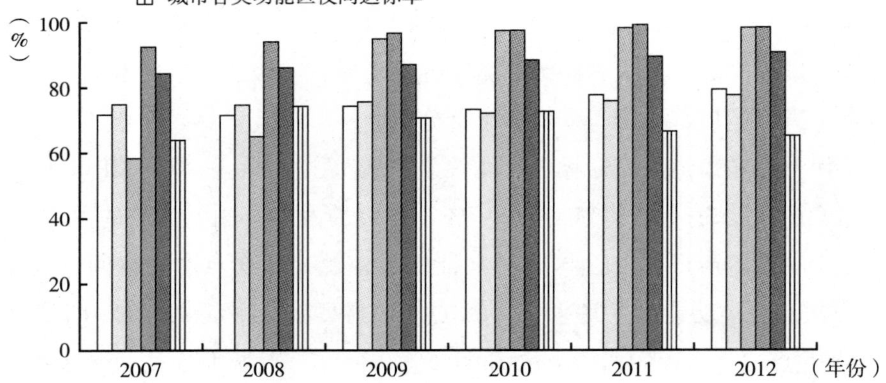

图 7　2007～2012 年全国城市声环境状况

G.24

2013年度全国省会及直辖市城市空气质量排名

排名	城　市	平均值	1月	2月	3月	4月	5月	6月	7月	8月	9月	10月	11月	12月
1	海　口	1.93	4.20	1.62	1.61	1.55	1.48	1.34	1.03	1.15	1.49	2.69	1.99	3.06
2	福　州	2.45	4.40	2.13	2.51	2.81	2.01	2.38	1.92	1.88	1.82	2.12	2.43	2.93
3	拉　萨	2.75	6.30	2.17	2.47	2.76	2.76	2.40	2.01	2.37	2.01	2.77	2.26	2.72
4	昆　明	3.19	6.20	2.85	3.69	3.88	2.59	2.72	1.78	2.34	2.99	3.04	2.93	3.28
5	贵　阳	3.23	8.10	2.45	3.66	2.87	2.66	2.69	1.44	2.21	2.80	3.45	2.56	3.85
6	南　宁	3.58	7.50	2.33	3.33	2.83	2.97	2.51	1.86	2.39	3.34	4.76	3.81	5.27
7	广　州	3.72	7.00	2.94	4.08	3.45	3.12	2.71	2.89	3.31	3.53	4.05	3.31	4.21
8	上　海	3.75	7.50	2.95	3.46	3.61	3.37	2.96	3.46	3.24	2.39	2.57	4.22	5.29
9	重　庆	3.91	7.10	3.75	4.08	3.04	3.17	3.49	3.51	3.81	3.70	4.28	2.95	4.00
10	兰　州	4.04	9.70	3.17	5.24	3.14	3.09	3.33	4.13	3.11	2.26	3.26	4.28	3.79
11	银　川	4.04	11.40	4.06	3.82	3.30	3.08	2.55	1.67	1.88	2.65	3.79	4.89	5.42
12	南　昌	4.11	10.80	3.69	4.59	3.43	3.32	2.86	3.04	2.60	2.95	3.92	3.76	4.40
13	合　肥	4.12	8.70	3.40	3.41	3.31	3.96	3.19	2.48	2.90	3.35	4.17	4.37	6.14
14	杭　州	4.18	8.60	3.21	3.94	4.01	3.71	3.39	2.98	3.19	3.60	3.51	4.36	5.65
15	长　沙	4.32	10.50	3.40	4.33	3.87	3.60	2.82	2.48	2.62	3.52	5.37	4.24	5.04
16	长　春	4.46	13.80	3.92	3.27	3.52	3.70	3.13	2.24	2.79	2.92	5.09	4.02	5.13
17	西　宁	4.47	8.80	4.29	6.11	4.65	3.38	3.36	3.29	3.54	3.62	3.47	4.28	4.79
18	呼和浩特	4.47	11.20	3.84	4.22	3.48	4.05	3.24	3.29	3.20	3.48	4.44	4.07	5.12
19	哈尔滨	4.52	13.90	4.16	3.23	3.20	3.20	2.84	2.20	2.14	2.53	6.12	4.28	6.39
20	南　京	4.69	11.00	3.96	4.29	4.20	4.15	3.76	2.67	3.03	3.51	4.10	5.00	6.62
21	武　汉	4.97	12.50	4.30	4.38	4.03	4.05	3.28	2.49	3.09	4.43	5.68	4.77	6.60
22	成　都	5.08	11.90	5.65	6.81	4.42	3.82	3.52	3.42	3.65	3.27	4.71	3.85	5.89
23	乌鲁木齐	5.08	15.20	7.39	5.29	2.93	3.03	3.16	3.26	3.43	3.88	3.96	5.09	4.35
24	沈　阳	5.09	16.00	4.58	4.15	3.40	4.38	3.40	3.30	3.43	3.31	4.49	4.54	6.09
25	太　原	5.22	10.40	5.22	5.38	4.63	4.56	4.89	3.86	3.80	3.92	5.47	5.15	5.39
26	北　京	5.26	17.00	4.72	4.80	3.54	4.94	4.83	3.70	3.58	4.10	4.06	3.76	4.12
27	天　津	5.64	14.60	5.12	4.84	3.85	4.60	5.20	4.43	4.43	4.66	4.73	5.00	6.24
28	郑　州	5.89	16.20	6.21	4.52	4.48	4.96	5.01	4.06	3.79	4.55	5.65	4.78	6.44
29	西　安	6.02	15.50	7.78	6.92	5.08	3.83	3.38	3.78	3.88	4.58	5.76	3.79	8.00
30	济　南	6.66	19.00	7.18	5.18	4.85	5.50	5.26	5.07	4.78	5.36	6.15	5.17	6.42
31	石家庄	8.72	26.50	9.22	6.93	5.62	6.70	6.54	5.07	5.08	6.25	8.30	7.25	11.22

数据来源：中国环境监测总站京津冀、长三角、珠三角区域及直辖市、省会城市和计划单列市空气质量报告，http：//www.cnemc.cn/publish/totalWebSite/0666/newList_ 1.html。

自2013年1月1日起，各直辖市、省会城市、计划单列市和京津冀、长三角、珠三角区域内的地级以上城市共74个城市，开始执行新的《环境空气质量标准》（GB 3095－2012），并按《环境空气质量指数（AQI）技术规定（试行）》（HJ 633－2012）发布环境空气质量指数（AQI）。

空气质量指数（Air Quality Index，AQI）是定量描述空气质量状况的指数，其数值越大说明空气污染状况越严重，对人体健康的危害也就越大。AQI共分六级，从一级优、二级良、三级轻度污染、四级中度污染，直至五级重度污染、六级严重污染。PM2.5日均值浓度达到150微克/立方米时，AQI即达到200；PM2.5日均浓度达到250微克/立方米时，AQI即达300；PM2.5日均浓度达到500微克/立方米时，对应的AQI指数达到500。

本表排名的数据为环境空气质量综合指数，是描述城市空气质量综合状况的无量纲指数，它综合考虑了细颗粒物（PM2.5）、可吸入颗粒物（PM10）、二氧化硫（SO_2）、二氧化氮（NO_2）、臭氧（O_3）、一氧化碳（CO）六项污染物的污染程度。环境空气质量综合指数越大表明综合污染程度越高，计算时首先计算每项污染物的单项指数，然后将六项污染物的单项指数相加，即得到环境空气质量综合指数。

G.25

2013年度国家新颁布的环境保护相关法律法规列表

表1 行政法规

法律名称	颁布机关	颁布及生效时间
畜禽规模养殖污染防治条例	中华人民共和国国务院	2014年1月1日起施行
城镇排水与污水处理条例	中华人民共和国国务院	2014年1月1日起施行

表2 部门规章

法律名称	颁布机关	颁布及生效时间
国家发展改革委关于修改《产业结构调整指导目录(2011年本)》有关条款的决定	国家发展和改革委员会	2013年2月16日发展改革委令第21号公布自2013年5月1日起施行
生产煤矿回采率管理暂行规定	国家发展和改革委员会	2012年12月9日发展改革委令第17号公布自2013年1月9日起施行

表3 法规性文件

法律名称	颁布机关	颁布及生效时间
国务院关于印发全国资源型城市可持续发展规划(2013~2020年本)的通知	国务院	2013年11月12日国务院文件国发〔2013〕45号发布 自发布之日施行
国务院关于化解产能严重过剩矛盾的指导意见	国务院	2013年10月6日国务院文件国发〔2013〕41号发布 自发布之日施行
国务院关于印发大气污染防治行动计划的通知	国务院	2013年9月10日国务院文件国发〔2013〕37号发布 自发布之日施行
国务院关于加快发展节能环保产业的意见	国务院	2013年8月1日国务院文件国发〔2013〕30号发布 自发布之日施行

续表

法律名称	颁布机关	颁布及生效时间
国务院关于印发循环经济发展战略及近期行动计划的通知	国务院	2013 年 1 月 23 日国务院文件国发〔2013〕5 号发布 自发布之日施行
国务院关于印发能源发展"十二五"规划的通知	国务院	2013 年 1 月 1 日国发〔2013〕2 号发布 自发布之日施行
国务院关于印发国家级自然保护区调整管理规定的通知	国务院	2013 年 12 月 2 日国务院文件国函〔2013〕129 号发布 自发布之日施行
国务院办公厅关于公布辽宁大黑山等 21 处新建国家级自然保护区名单的通知	国务院办公厅	2013 年 6 月 4 日国务院办公厅文件国办发〔2013〕48 号发布 自发布之日施行
国务院办公厅关于加强内燃机工业节能减排的意见	国务院办公厅	2013 年 2 月 6 日国务院办公厅文件国办发〔2013〕12 号发布 自发布之日施行
国务院办公厅关于印发近期土壤环境保护和综合治理工作安排的通知	国务院办公厅	2013 年 1 月 23 日国务院办公厅文件国办发〔2013〕7 号发布 自发布之日施行

G.26 关于《北京市大气污染防治条例（草案送审稿）》的修改意见

尊敬的北京市人民政府法制办：

您好！我们是来自北京的民间环保组织自然之友、公众环境研究中心和自然大学。《北京市大气污染防治条例（草案送审稿）》从1月19日起向社会公开征求意见，在此期间，我们通过“我为北京争口气”、“建言大气污染防治条例”、《北京市大气污染防治条例（草案）》研讨会等公众参与活动，收集学者、市民的建议和意见，形成以下修改意见。

一 将“按日计罚”作为重要条款纳入条例

“违法成本低”使得环境政策规制能力不足，一直以来困扰着国内的防污治污工作。目前的《北京市大气污染防治条例（草案送审稿）》中依然延续了以往的处罚方式。现有“限期改正”“处以XX以上XX以下罚款”等处罚方式，已经被无数环境污染事件证明是无法有效打击环境违法行为的。现行2000年修订施行的《大气污染防治法》虽然尚未将“按日计罚”制度纳入其中，但在《重庆市环境保护条例》《深圳经济特区环境保护条例》等地方性法规中，已经针对比较普遍的具有持续性的超标排污等环境违法现象，规定了“按日计罚”制度，也取得了不错的效果。

北京，作为首都，在环境保护法律法规方面有先锋模范的作用。连日的雾霾天气，更说明了加大力度治理大气污染的紧迫性和必要性，“按日计罚”作为一种更有效力的规制手段，理应被纳入《北京市大气污染防治条例》中，提高惩罚力度。这样才有可能使违法排污者收敛，使环境污染受害者的权益有可能得到法律的保护。

二　加强大气环境信息公开和公众参与

有效畅通的环境信息公开一方面可以提高公众环保意识，另一方面也能够加强社会对企业环境行为的监督。《北京市大气污染防治条例（草案送审稿）》中就企业信息公开、政府部门环境信息部门发布等内容做出了部分规定，我们对此表示赞赏。

但我们仍然看到一些可能成为信息公开障碍的条款。如《北京市大气污染防治条例（草案送审稿）》第二十三条所述“检查部门有义务为被检查单位保守技术秘密和业务秘密”，污染物监测数据、污染物处置信息、项目环境影响评价报告等，都有可能被企业称作“技术秘密”“业务秘密”或“含有技术秘密或业务秘密”而拒绝公开。而这些信息与公众的利益息息相关，这些信息的不透明侵害了公众的环境知情权，也无法保证第八条“任何单位和个人有权对污染大气环境的行为进行举报”的实施。

我们建议在《条例》中加强信息公开，尤其是主动信息公开的条款，并且细化内容，让这一地方性法规走在全国前列。具体包括对公众公开废气污染源的在线监测信息；及时发布日常监测中超标超总量的企业信息及其违规信息；参考污染物排放申报登记制度，规范大气污染源排放信息公布；通过第三方审计确认来源和数据的真实准确性；环保部门对企业排放数据进行收集、整理，建立平台向公众公布。

新空气质量标准出台、PM2.5 监测网络的建立和监测数据的公开，离不开自 2011 年底以来公众力量在环境保护事业中的巨大推动。在大气污染防治中，公众参与不容忽视。我们建议让环保组织通过政府购买服务来推动公众参与，以切实协助和监督政府落实大气污染防治的工作。

三　增加对市民高度关注的高风险排放源和敏感区域的监测和治理

随着北京市城市规模不断扩大，不断激增的垃圾如何处理成了各方关注的

焦点，尤其是垃圾处理所带来的环境污染问题。中国农业大学的孙少艾等人于2012年发表在《环境科学》的一篇论文中显示，北京某垃圾焚烧厂周边大气多环芳烃（PAHs）浓度超标，对人体健康造成潜在威胁。这条信息正好呼应了北京地区居民对垃圾焚烧的忧虑和抗拒。按照本市垃圾焚烧厂建设规划，北京市在2015年之前将建成9座大型垃圾焚烧厂。对于这样的高风险污染源，在造成像灰霾这样严重的污染事件之前，《北京市大气污染防治条例》须早早采取防治措施，增加对包括多环芳烃、重金属和二噁英等高毒性污染物的监测，并提供监测数据供浏览和下载。

同样值得注意的是，在北京郊区很多地方，垃圾处理还是靠原始的露天焚烧，产生的浓烟对周边居民的健康影响是显而易见的，但居民反复举报投诉，却始终无法得到解决。面对这些敏感区域，除了加强监测外，也应该增加环境保护行政主管部门与其他部门（如市政市容委、城管部门）的联勤联动，通过联合执法有效禁止这些违法行为；顺畅公众参与渠道，并将其写入条例。

作为民间环保组织，我们非常关心北京市大气污染防治政策，也愿意参与到实际的大气污染治理工作中。以上建议，望予以采纳！

自然之友
公众环境研究中心
自然大学
2013年2月7日

G.27

污染源信息全面公开倡议

2013年1月，中国在空气质量信息公开方面取得了历史性进步，80个城市空气质量信息的及时发布，让公众有机会了解污染状况，进行自我防护。但如果停留在这里，我们的城市将长期陷入被动应急，市民们将长期与防尘口罩为伴。灰霾中公众的焦虑依旧，因为蓝天依然遥不可及。而相对于城市居民最易察觉的空气污染，困扰更广大地区的水污染、垃圾污染，以及更具隐蔽性的土壤、地下水和近海污染，则可能给民众带来更长期的损害。

扭转这样的被动局面，需要实现污染物大规模减排；而要减排，首先要识别污染的源头，并借鉴欧美工业化国家的成功经验，将污染源置于公众监督之下。因此，必须从PM2.5信息的公开，延伸到污染源信息的公开。

当前对污染源信息的披露还十分有限，零散、滞后、不完整、不易获取，难以促进企业实质减排。依据《清洁生产促进法》《政府信息公开条例》《环境信息公开办法（试行）》，以及新近颁行的《危险化学品环境管理登记办法（试行）》和《“十二五”主要污染物总量减排监测办法》，我们倡议尽快对污染源信息进行全面公开。

污染源信息的全面公开，要求对全部重点污染排放企业全年的监测、监管和排放数据，进行系统、及时、完整和用户友好地公开。基于强化社会监督的需要，建议从以下三点入手。

1. 通过互联网实时发布国控、省控和市控重点污染源企业的在线监测数据，并提供历史数据查询。

2. 系统、及时、完整地发布排污企业的行政处罚信息和经确认的投诉举报信息。

3. 定期公布企业的污染物排放数据，其范围不应少于环评报告中提到的全部特征污染物。

上述信息多数已经由地方环保部门进行监测、采集和存储。这些投入公共资源形成的庞大数据，涉及公众的健康和安全，环保部门应当利用日益普及的互联网技术，便捷高效地向社会进行发布。

当前我国面临的污染形势极其严峻，不仅危及这一代人的健康，也危及子孙后代赖以生存的环境和资源。我们确信，污染源信息全面公开，可以极大地促进公众参与监督，突破对污染企业的地方保护，遏制权力寻租和数据造假，为企业减排创造强大动力。

从全面发布污染源信息开始，让我们开启找回碧水蓝天的艰巨旅程。

签字机构：
阿拉善SEE公益机构
自然之友
山水自然保护中心
自然大学
环友科技
绿色潇湘
南京绿石
重庆两江志愿者服务发展中心
厦门绿十字
苏州工业园区绿色江南公众环境关注中心
陕西省红凤工程志愿者协会
芜湖生态中心
甘肃省绿驼铃环境发展中心
大连市环保志愿者协会
守望家园
淮河卫士
武陵山生态环境保护联合会
福建省环保志愿者协会
欧美同学会2005委员会

中城联盟

数字中国

万通公益基金会

公众环境研究中心

2013 年 3 月 28 日

G.28

多家环保 NGO 回应“解禁一次性 PS 发泡餐具”

作为长期关注城市垃圾管理问题的环保组织，我们认为此次对一次性 PS 发泡餐具的解禁，在制定和发布过程中存在诸多纰漏，并对决策实施后可能出现的问题表示担忧。

一、发改委在至今未对解禁一次性发泡塑料餐具的原因作出明确解释，在没有出台相应的质量标准和管理细则前，就确定执行日期为 2013 年 5 月 1 日，显得太过草率和粗放。在这一具有很大争议的公共政策发布前，未面向社会广泛征求意见，在程序上具有重大瑕疵。

二、PS 发泡餐具作为曾经被大量滥用的一次性用品，本身就应该像塑料购物袋一样被限制生产、流通和使用，此次解禁，政府部门既没有配套措施抑制这类一次性产品的消费，也没有在宣传上强调该类产品不环保的固有属性，反而放任相关产业及其代言人将其曲解为“绿色产品”。而实际上，“绿色产品”称号只能由中国环境标志产品认证委员会秘书处进行认证并授予标志，在没有通过此项认证的情况下，公开宣称某项产品为“绿色产品”，是不严谨并有欺诈嫌疑的行为。

三、在间接了解到的解禁原因中提到，“一次性 PS 发泡塑料餐具有垃圾产生量低”的优点，这也许是以垃圾的重量来衡量的，但从其可能产生的白色污染问题看，垃圾体积才是正确的衡量标准。从这一角度看，一次性 PS 发泡塑料餐具并无任何优势。

四、另有行业代表表示，“一次性 PS 发泡塑料餐具本身并不是造成白色污染的元凶，加强回收管理和再利用才是消除白色污染的根本”。但我们认为，仅靠回收利用并不能从根本上消除白色污染，生产和使用量的减少同样不能缺位。之前由于禁令的存在，一些地区（如北京）PS 发泡餐具已经大幅减少，一次性 PP 餐具的市场秩序在逐步形成。由于其成本较高，商家和公众都已渐渐形成节制地使用一次性餐具的文化氛围。此番解禁，势必将对这样良好的势头形成冲击。何况，在我国还未建立健全废弃物回收体系前，决策部门如何保证一次性 PS 发泡餐具能成为资源回收的表率？

对于以上提出的问题，我们希望决策部门能够一一作出回答，尽快向社会公布解禁一次性 PS 发泡塑料餐具的具体理由，在产品标准、质量安全、市场准入条件，尤其是回收机制发布前不应正式实行。

在制定相关标准和机制时，我们建议将包括 PS 发泡塑料在内的所有一次性餐具纳入《循环经济促进法》的产品强制回收目录中，建立以生产者责任延伸为前提的回收再利用体系。像“限塑令”一样，实行一次性餐具有偿使用制度，即对一次性餐具强制收费；另外制定翔实的针对 PS 一次性塑料餐具生产、使用、回收及处理等环节的检查和公众监督制度。

2013 年 4 月 7 日

联署机构：

零废弃零盟

自然之友

自然大学

达尔问自然求知社

河南绿中原

宜居广州

芜湖生态中心

厦门绿十字

G.29

关于《环境保护法修正案（草案）二次审议稿》的意见

尊敬的全国人大常委会法制工作委员会：

感谢贵委为《环境保护法》的修改所做出的巨大努力！贵委就环保法的修改破例再次向社会公开征求意见，是尊重民意、贯彻公众参与立法的积极举措。

2012年9月，自然之友就曾提交修法建议，我们注意到，二审稿在许多方面有所突破，部分新增内容与我们所提的意见一致。例如，新增了信息公开和公众参与的篇章，加入了排污许可管理制度、按日计罚规定等。但是，我们认为还有可以进一步完善的地方。自然之友结合自身实践及研究，并听取专家的建议，主要对以下几个方面提出了修改建议。

一　增加公民环境权的规定

环境权是公众享有环境权利和参与环境保护的法律基础，不将环境权入法，公众参与环境保护和维护其环境权利就缺少法律依据。因此，建议在第六条中加入："人人有在良好的环境里享受自由、平等和适当生活条件的基本权利。"（摘自1972年斯德哥尔摩国际环境大会的《联合国人类环境会议宣言》，当时中国也派了代表参加。）

二　公益诉讼条款修改意见

自然之友对环境公益诉讼理论进行了深入研究，结合环境公益诉讼实践，总结出了当今中国环境法治的几大困难：

1. 公益诉讼推行困难：虽然环保法庭林立，但大多门可罗雀。诉讼主体当中，环保组织积极性高，但面临专业能力和经费方面的挑战；行政部门和检察部门能力虽强，但不积极。

2. 行政执法本是解决环境问题的第一道闸，然而因受到各种因素钳制而使其作用大大受限。

3. 对公共关注的突发环境事件和造成显著公共利益损失的环境破坏行为的处理，往往虎头蛇尾或者有头无尾，需要彻底的调查评估，并向社会公开，取信于民，但多数形成积怨而未彻底解决。

4. 环境责任分配没能落实“污染者担责”原则。所有大的污染问题都被解释为“历史遗留问题”，污染破坏问题越大，责任越由政府承担、纳税人分摊。

针对上述问题，自然之友提出如下修改意见：

1. 修改四十七条第二款，引入环境行政公益复议和环境行政公益诉讼，通过公众监督，借助司法力量，督促环境执法部门依法行政，解决环境执法部门执法动力不足的问题。

2. 修改第四十八条，将环境民事公益诉讼分为两类：一类是可以由“有关组织”提起的诉讼。该类诉讼请求为“停止侵害、排除妨害、消除危险”。我们称为“止损之诉”。因其举证成本较低，且一定程度上是对行政执法的替代，该类诉讼只能由环保组织充当原告，借助司法力量，弥补行政执法的不足。

另一类为首先应该由损害发生地的环保行政主管部门或有关部门提起的诉讼。该类诉讼请求为“修复环境、赔偿环境损害”。我们称为“救济之诉”。目前行政执法不能实现该类诉讼的目的，因此需要环保行政主管部门或有关部门通过司法途径来实现对环境公益的救济。此类诉讼对证据要求较高，因此辅以环境治理修复基金垫付制度和环境行政损失评估公开制度予以支持。此类公益诉讼应为环保部门法定职责，不可选择性起诉；出现行政部门怠于起诉的情况时，诉权自动过渡给环保组织或检察部门。

3. 在四十一条后新增一条：国家建立环境治理修复基金制度。基金经费承担，依据污染者付费原则、污染责任终身责任制、地方政府对其辖区环境质

量负责的要求依次确定。用于确定环境生态损害赔偿金额而开展的环境损害评估所发生的费用，可向环境治理修复基金申请垫付。环境治理修复基金的管理细则由国务院出台具体规定。

三 完善环境影响评价制度

环境影响评价制度充分体现了预防原则，是防治新污染源产生的重要制度保障。因此，制定完善的环境影响评价制度对于保护环境具有重大意义。我们建议扩大规划环评的范围；国务院和省级人民政府设立由政府以外的环境专家和环境保护社会组织代表等专业人士组成“环境咨询委员会”，列席规划环评的全过程，保证规划环评的科学性与专业性。

建议加强环评中的公众参与。二审稿第四十六条规定了环评的信息公开和公众参与的内容。公众参与在环境影响评价过程中具有重要的意义，可以在早期协调各方利益、化解各种矛盾，避免在后期产生众多环境冲突事件。因此，我们建议，在如下方面对环评中的公众参与进行完善：

1. 要对搜集到的公众意见逐一反馈。

2. 环境保护行政主管部门在收到建设项目环境影响报告书后，应该公开全本。建设单位对涉及国家秘密和商业秘密的部分进行说明并报环境保护行政主管部门核准后可以不公开该涉密部分。

3. 省级以上环境保护行政主管部门应该统一组织建立公布平台，企业应当在该公布平台上公开环境影响评价报告书，环境保护行政主管部门应当在该公布平台上公开审批意见。

4. 环境保护行政主管部门发现建设项目未充分征求公众意见的，不得审批该建设项目的环境影响报告。

四 建立固体废弃物回收体系

当前我国因生活固体废弃物造成的污染和处理过程中的二次污染问题相当严重，亟待设定长期目标并予以切实解决。在第二十九条中，业已就此议题有所表述，但不够完善，亦缺乏可操作性。因此，自然之友针对此条提出修改建议，基于前端分类减量优先的原则，明确生活固体废弃物管理中国家、地方、企业、公众等各方责任义务，并加强可操作性。

五　建立社会环境监督员制度

在企业违法排污成为常态的今天，非常有必要加强对企业违法行为的社会监督。因此，建议新增一条设立社会环境监督员制度。

据我们了解，目前大量环保志愿者活跃在监督污染企业的一线，但是他们的工作却没有法律依据，人身安全也得不到保障。要加强对众多排污企业的监督，单独依靠行政力量远远不够，必须发动更多当地的环保志愿者成为社会环境监督员，在公众的监督下，企业的排污行为才能得到有效监督。

六　统一建立公布平台，公布企业监测信息

为促进环境信息公开，加强公众对排污企业的监督，建议在第四十五条新加入一款：省级以上环境保护行政主管部门应该统一组织建立公布平台，企业应当在该公布平台上公开自行监测信息。

自然之友还对其他条款提出了修改建议。具体的修改意见，详见附表。

希望全国人大常委会更加开放地吸收公众的意见，采纳环境保护工作实践的经验总结，将《环保法》修好，使其在我国环境日益恶化的今天发挥更大的作用，助力实现碧水蓝天的中国梦！

此致

敬礼

自然之友

2013 年 8 月 13 日

G.30

2013 最佳环境报道评选结果揭晓

第四届“最佳环境报道奖”结果于6月5日揭晓。

第一部分　环境报道及公民记者二等奖（13个）

环境报道二等奖（11个）

文华维《南方能源观察》
获奖作品：《火电脱硝观察：硝烟难散》
张欣培《时代周报》
获奖作品：《现代牧业污染触目惊心　七成牛奶供应蒙牛使用》
袁端端、谢丹《南方周末》
获奖作品：《“不能说”的土壤普查秘密》
崔烜《时代周报》
获奖作品：《疯狂虫草：“神药”还能挺多久?》
杨猛《彭博商业周刊》中文版
获奖作品：《中缅水电暗战》
何光伟《南华早报》
获奖作品：《什邡冲突背后的官商瓜葛》
王万春《云南信息报》
获奖作品：《黄金上的村庄》
杨晓红《南方都市报》

获奖作品：《哭泣的天鹅》
卢广、鄢建彪、黄盈盈《Lens 杂志》
获奖作品：《被煤矿改变》
王尔德《21 世纪经济报道》
获奖作品：《“暗战”20 亿市场　PM2.5 监测设备采购玄机》
宋馥李《经济观察报》
获奖作品：《风电门第》

最佳公民记者二等奖（2 位）

“青岛市民”潘琦
陈燕

第二部分　单项特别奖（5 个）

最佳调查报道：
高胜科　王开《财经》杂志
获奖作品：《毒地潜伏》
最佳影响力报道：
李锋　颜家文《长沙晚报》
获奖作品：《哀鸿道——记者亲历湖南千年鸟道捕猎之殇》
最佳独家报道：
刘伊曼　丁舟洋《瞭望东方周刊》《中国环境发展报告 2013》
获奖作品：《小南海水电站：权力膨胀的典型样本》
最佳深度报道奖：
张奇锋　姜淦　肖诗白　刘勋《中国科学探险》
获奖作品：《口腹之欲动物之觞——中国猎食野生动物内幕调查》
年度最佳青年环境记者：
刘虹桥《新世纪》周刊

第三部分　头等奖（2 个）

年度最佳环境记者：

宫靖《新世纪》周刊

年度最佳公民环境记者：

吴柱

G.31

第五届 SEE – TNC 生态奖

2013 年 6 月 5 日，第五届 SEE · TNC 生态奖颁奖典礼在北京望京锐创艺术中心举行，两年来在环保领域做出杰出贡献的 15 位个人、组织和基层政府获此殊荣。

绿色推动者——

邓飞：《凤凰周刊》记者部主任

李卫红：云南省迪庆州德钦县佛山乡古水村农民

刘峻：武钢集团财务公司工程师、自然之友会员

南加：青海共和县倒淌河镇梅雅村村民

朴祥镐：生态和平亚洲中国办事处主任

陶海军：中央电视台经济频道调查记者

解焱：中国科学院动物研究所副研究员

《南方周末》绿版

保卫楠溪江团队

岳阳市江豚保护协会

绿色治理者——

浙江省安吉县人民政府

内蒙古自治区和林格尔县人民政府

评委会特别奖——

潘石屹：SOHO 中国有限公司董事长

绿色选择联盟

G.32

2013 年“地球卫士奖”揭晓

9 月 18 日，联合国环境规划署（以下简称“环境署”）在美国纽约自然历史博物馆举办联合国旗舰环境奖“地球卫士奖”的颁奖典礼，为对环境保护做出重大和积极贡献的先锋和开拓者们颁发这一荣誉。

2013 年“地球卫士奖”获奖名单如下：

政策领导力

巴西环境部部长 Izabella Teixeira 女士

欧盟环境事务专员 Janez Potočnik

商界卓识

谷歌地球副总裁 Brian McClendo

环境系统研究所（ESRI）Jack Dangermond

科学与创新

加州大学圣地亚哥分校 斯克里普斯海洋学研究所教授 Veerabhadran Ramanathan

激励与行动

慢食运动创始人 Carlo Petrini

塞拉利昂戈达生物小组主管 Martha Isabel Ruiz Corzo

G.33

2013 年福特汽车环保奖获奖项目

2013 年 11 月 21 日，以“践行生态文明”为主题的第十四届福特汽车环保奖在上海圆满落幕，共有来自全国各地的 12 个环保团体荣获本年度“自然环境保护——先锋奖”和“自然环境保护——传播奖”两大类共 12 个奖项，另有 12 个组织获得本年度新设立的“社区参与创意奖”。

自然环境保护——先锋奖

一等奖

项目名称：滇金丝猴野外监测巡护项目

项目负责人：张志明

项目地点：云南 - 丽江 - 玉龙

二等奖

项目名称：水环保的绿色汉江模式

项目负责人：运建立 绿色汉江

项目地点：湖北 - 襄阳

项目名称：北京候鸟迁徙项目

项目负责人：李理 黑豹野生动物保护站

项目地点：北京 - 延庆区

三等奖

项目名称：爱传递 · 再生电脑教室

项目负责人：张斌峰

项目地点：上海

项目名称："引水思源"——应对干旱灾害的社区水源林保护行动

项目负责人：孙姗

项目地点：云南

项目名称：应用 SMART 巡护体系提高我国保护区反盗猎执法水平

项目负责人：刘培琦

项目地点：吉林—珲春

入围奖

项目名称：滇西北裸露地表植被恢复研究、示范与监测

项目负责人：方震东

项目地点：云南

项目名称：保护洞庭生态 拯救长江江豚

项目负责人：徐亚平

项目地点：湖南 - 岳阳

项目名称：金沙江水电开发地质与生态风险及对策独立考察研究

项目负责人：杨勇

项目地点：四川、云南、西藏

项目名称：重庆渝西地区"碳酸锶污染"监督及环境维权

项目负责人：骆礼全

项目地点：重庆

自然环境保护——传播奖

一等奖

项目名称：中国西部边远地区影像生物多样性调查

项目负责人：徐健

项目地点：西部六省

二等奖

项目名称：《环保前线》栏目

项目负责人：张国芳

项目地点：北京

项目名称：新疆防沙治沙防治荒漠化公众“绿色中国梦”自然环境保护传播行动

项目负责人：吐地·艾力

项目地点：新疆

三等奖

项目名称：北京观鸟会周三课堂（二期建设）

项目负责人：赵欣如 北京观鸟协会

项目地点：北京－海淀区

项目名称：全民古树保护行动

项目负责人：梅念蜀

项目地点：云南－昆明

项目名称：“爱我生命之源”海滩清洁项目

项目负责人：刘永龙 上海仁渡

项目地点：上海－浦东新区

入围奖

项目名称：“绿色天使在行动”环境教育课程

项目负责人：杨文博 浙江工业大学绿色环保协会

项目地点：浙江－杭州－下城区

项目名称：乌梁素海湿地水质保护倡导项目

项目负责人：滑闻学

项目地点：内蒙古－巴彦淖尔

项目名称：厦门自然教育志愿者（自然引导员）培训项目

项目负责人：严伟韩 厦门自然体验培训营

项目地点：福建－厦门

项目名称：“百乡千村环保科普行”

项目负责人：钟龙 昭通市环境保护志愿者协会

项目地点：云南－邵通

社区参与创意奖

项目名称：环境保护框架下的可持续放牧计划

项目负责人：达林太

项目地点：内蒙古

项目名称：城市食育：唤醒城市社区公众食物安全意识

项目负责人：李海市

项目地点：浙江

项目名称：留住记忆中的美丽沙坡尾——口述历史为社区营造规划提供生境原型

项目负责人：许路

项目地点：福建

项目名称：郝堂青年创业合作社

项目负责人：姜佳佳

项目地点：河南

项目名称：绿梧桐公益计划－促进合理用药，助力社区健康

项目负责人：王晓婕

项目地点：上海

项目名称：宜丰县南垣村生态社区营造

项目负责人：姚慧锋

项目地点：江西

项目名称：环保文艺宣传巡演与生态种植

项目负责人：刘全影

项目地点：安徽

项目名称：换树“1+1”美丽秦岭行动

项目负责人：李翠荣

项目地点：陕西

项目名称：草原社区协议保护项目—内蒙古乌力吉图沙化治理示范项目

项目负责人：王爱民

项目地点：北京

项目名称：关注蓝地图——水资源利用质量指数地图

项目负责人：谭俊雄

项目地点：北京

项目名称：开发《家庭自然活动指南》并在 WiFi 接入平台推广

项目负责人：姜伯尼

项目地点：贵州

项目名称：发展生态农业，打造柳林生态村

项目负责人：钟芳

项目地点：北京

入围奖

项目名称：绿之恋社区参与行动

项目负责人：鄢福生

项目地点：河北

项目名称：我测我水，城乡同行

项目负责人：刘芸

项目地点：云南

项目名称：守望家园计划——推进传统文化与自然永续发展的乡村社区模式

项目负责人：高旋

项目地点：贵州

项目名称：爱易 IExchange 低碳易物公益市集

项目负责人：王敏

项目地点：上海

项目名称：“春泥行动”——家庭厨余堆肥

项目负责人：孙敬华

项目地点：北京

项目名称：北京水源地白河环境调查

项目负责人：宁佐梅

项目地点：北京

项目名称：兰州农夫市集

项目负责人：纪颖

项目地点：甘肃

项目名称：中原全真文化保护及中国化生态社区五位一体建设

项目负责人：刘家全

项目地点：河南

G.34

2013 年度“斯巴鲁生态保护贡献奖”获奖公示名单

中国野生动物保护协会2013 年度“斯巴鲁生态保护贡献奖”经专家评审，共评出“斯巴鲁生态保护特殊贡献奖”5 人，“斯巴鲁生态保护贡献奖”50 人。

斯巴鲁生态保护特殊贡献奖名单

马建章（院士）

东北林业大学野生动物资源学院

赵尔宓（院士）

中国科学院成都生物研究所

郑光美（院士）

北京师范大学生命科学学院

冯祚建（研究员）

中国科学院动物研究所

赵忠祥（主持人）

中央电视台

斯巴鲁生态保护贡献奖名单

孟　沙

国家林业局保护司

宋慧刚

中国野生动物保护协会

蔡炳城

中国野生动物保护协会

吴兆铮

北京动物园

王增年

北京野生动物保护协会

安金如

北京市房山区森林公安局

G.35

后　记

从首部中国环境绿皮书《2005年：中国的环境危局与突围》，到今年的第九卷中国环境绿皮书《中国环境发展报告（2014）》，作为该书的编写方，自然之友始终坚持以公众视角去观察、记录一年来的环境大事，为读者提供有别于政府－国家立场或学院派定位的绿色观察，帮助关心中国环境问题的各界人士较真实地了解一年来中国重要的环境变化、问题、挑战、经验和教训，为中国走向可持续发展的历史性转型留下真实的写照和民间的记录。

近年来中国环境绿皮书以其开创性的工作及独特视角获得了社会各界的认可，这对我们的工作是一种激励，亦是一种挑战。和前几卷绿皮书一样，我们的执笔者仍然是来自工作一线的环保专家、学者、律师、NGO骨干、记者。这些作品是他们对环境问题进行持续研究和认真思考后，为绿皮书所撰写的，他们为此付出了许多的时间和精力。

本书的顺利出版，要感谢那些热心的读者，他们为此书提供了许多宝贵的建议，一些版式方面的调整正是基于读者反馈而做出的，如版块的调整、报告篇幅的精简、图表的增加等。

特别感谢那些为本书提供帮助及支持的人们，基于同样的梦想与目标，基于对“自然之友”的信任，他们不计得失，志愿、义务、热诚地支持和参与了这个项目。特别感谢周勇翻译及校对英文摘要，为本卷绿皮书的编写作出了重要的贡献。

同时，也要感谢社会科学文献出版社的编辑和各位老师，以及广大自然之友会员为本书的顺利出版所提供的无私帮助。

最后，感谢那些长期以来关注环境绿皮书的所有个人和组织，恳请大家继续指出本书的不足之处，提出改进意见，并进一步参与到环保工作中来。这份事业，属于每一位珍爱自然和正视环境责任的公民。

自然之友

2014年2月10日

G.36

自然之友简介

自然之友成立于1994年3月31日，是中国最早注册成立的民间环境保护组织。自然之友的创会会长是全国政协委员、中国文化书院导师梁从诫教授，现任理事长是社会文化和教育专家杨东平教授。自然之友自创立以来一直秉着“真心实意，身体力行”的价值观，通过生态保育和反污染行动、青少年环境教育、公众环境行为改善、环境公共政策倡导、民间环保力量合作与支持等不同方式履行保护环境的使命，并以此向着我们的愿景不断前行——在人与自然和谐的社会中，每个人都能分享安全的资源和美好的环境。

自然之友最近五年的工作重点是回应中国快速城市化进程中日益凸显的城市环境问题，通过推动垃圾前端减量、城市慢行交通系统改善、低碳家庭和社区建设、城市自然体验和环境教育等，探讨和寻找中国的宜居城市建设之路。

作为会员制的环保组织，二十年来，自然之友在全国各地的会员数量达一万余人，其中活跃会员3000余人，团体会员近30家。各地会员热忱地在当地开展各种环境保护工作，在一些城市成立了自然之友会员小组，专门致力于当地环境保护工作。此外，由自然之友会员发起创办的环保组织已有十多家。

自然之友累计获得国内国际各类奖项二十余项，如“亚洲环境奖”“地球奖”“大熊猫奖”“绿色人物奖”和菲律宾“雷蒙·麦格赛赛奖”等，在2009年，自然之友当选“壹基金典范工程”。

历经二十年的不断发展，自然之友已成为中国具备良好公信力和较大影响力的民间环境保护组织，正在为中国环保事业和公民社会的发展做出贡献。

做自然之友志愿者：

批评和抱怨无法解决问题，立即行动成为自然之友志愿者吧！每个人都是保护环境的卫士，为守护我们的家园走在一起。请联系 office@ fonchina. org。

成为自然之友会员：

让我们多一分力量，立即加入我们成为自然之友会员吧！我们的会员越多，越能代表您为守护自然发言，越能表达中国公众爱护环境的决心与要求。请联系 membership @ fonchina. org 或登陆网页 http：//www. fon. org. cn/channal. php？ cid =11。

捐款支持自然之友：

环境破坏的压力日趋严重，改善环境需要更多的经费来支持推动。

账户：北京市朝阳区自然之友环境研究所

账号：0200 2194 0900 6700 325

开户行：工商银行北京地安门支行

联络自然之友

地址：北京市朝阳区裕民路 12 号华展国际公寓 A 座 201

邮编：100029

电子信箱：office@ fonchina. org

网址：www. fon. org. cn

微博：自然之友（新浪、腾讯、搜狐均为实名）

G.37

环境绿皮书调查意见反馈表

尊敬的读者：

这是基于公共利益视角进行年度环境观察、记录与分析的环境绿皮书，谢谢您的支持。希望您能填写下表，通过 E-mail（首选）或邮寄提供反馈意见，帮助提高绿皮书的品质。谢谢您对中国环保事业的支持，谢谢您给自然之友提出的宝贵意见。

请在选项位置打“√”，可多选：

<table>
<tr><td rowspan="4">1. 您对这本书的评价（请按照满意程度进行选择，并陈述基本理由）</td><td colspan="2">1 不满意，理由是：</td></tr>
<tr><td colspan="2">2 一般，理由是：</td></tr>
<tr><td colspan="2">3 不错，理由是：</td></tr>
<tr><td colspan="2">4 很满意，理由是：</td></tr>
<tr><td rowspan="2">2. 您认为绿皮书应在哪些方面进行改进？</td><td colspan="2">1 基本数据和事实的准确性、权威性；2 评论分析的深入和洞察力；3 更全面追踪透视年度热点；4 可读和趣味性；5 更突出重点或年度主题</td></tr>
<tr><td colspan="2">其他（请写明）：</td></tr>
<tr><td>3. 您认为哪几篇（或哪部分）较好？</td><td colspan="2"></td></tr>
<tr><td>4. 您认为哪几篇（或哪部分）很一般或较差？</td><td colspan="2"></td></tr>
<tr><td rowspan="2">5. 您认为绿皮书在哪些方面对您比较有帮助？</td><td colspan="2">1 可以作为参考的工具书；2 了解中国环保问题现状与进程；3 增长见闻；</td></tr>
<tr><td colspan="2">4 了解中国民间环保界的视角；5 其他（请写明）：____）</td></tr>
<tr><td rowspan="5">6. 您的个人信息</td><td colspan="2">您的姓名：</td></tr>
<tr><td colspan="2">您的职业身份是：1 公务员；2 企业人士；3 研究人员；4 学生；5NGO 人士；6 媒体；7 农民；8 其他（________________）</td></tr>
<tr><td colspan="2">所在单位：</td></tr>
<tr><td>联系方式</td><td>通信地址：　　　　　　　邮　　编：
电子邮件：　　　　　　　联系电话：</td></tr>
<tr><td colspan="2">您比较关注哪些领域：</td></tr>
<tr><td>7. 您的其他建议或要求</td><td colspan="2"></td></tr>
</table>

自然之友

网址：www. fon. org. cn

地址：北京市朝阳区裕民路 12 号华展国际公寓 A 座 201

邮编：100029

E-mail：lixiang@ fonchina. org

声明：凡引用、转载、链接都请注明“引自自然之友组织编写的中国环境绿皮书——《中国环境发展报告（2014）》，社会科学文献出版社 2014 年 3 月版”，并请发 E-mail 告知自然之友，谢谢支持与理解。

中国环境绿皮书《中国环境发展报告（2014）》是由民间环境保护组织“自然之友”编撰的中国环境年度报告。

本书正文部分共设六个版块，分别为特别关注、环境与健康、雾霾危机、政策与治理、生态保护、城市环境。全书通过多角度、多方位的观察与分析，呈现出 2013 年中国环境与可持续发展领域的全局态势；用深刻的思考、严谨的数据分析剖析了 2013 年的环境热点事件。附录中收录了来自政府、民间组织以及国际社会的一些文件与报告。

环境绿皮书重视从公共利益的视角记录、审视和思考中国环境状况，主要以数据和事实说话，强调实证性、真实性、专业性，从而建立权威性。英文版环境绿皮书已由荷兰 Brill 出版社面向全球出版发行。

Abstract

China's Green Book of environment, the *Annual Report on Environment Development of China*, is a renowned annual environmental report on China. The *Annual Report on Environment Development of China* (*2014*) is already published the ninth book of this series and its English version will also be published in Europe.

This annual report was compiled by environmental NGO named "*Friends of Nature*" (FON) and written by a number of excellent experts, scholars, environmental workers, government employees and journalists.

In the "General Report" of this book, Mr. Li Dun provides an overview of the environment of China before asking an important question: what have governments and citizens done in such a tough situation? Mr. Li also proposes a new idea that underlies environmental policies: face the effects of pollution and environmental degradation on human health, confirm and protect citizens' health and environmental rights at the highest level of national law; pay attention to, and endeavor to ensure, environmental justice; respect the right to life of all living beings in nature.

In the Green Book of 2013, we argued, for the first time, that the fight for water resources across China is indeed a socio-political crisis. In the "Special Focus" section, Professor Guo Weiqing and his colleagues deepened their research efforts by analyzing two cases of fighting for water resources, before coming to a clear conclusion: the traditional localism-based fight for water resources has evolved into a political economy of water resources that tightly combines water resource projects, political interests and economic development.

Environmental mass incidents keep occurring across China in most recent years, but relevant authorities have never found the best solution to them. Four environmental organizations have got involved, for the first time, in managing environmental conflicts since 2013. In his article, Mr. Li Bo explained how some environmental NGO studied, and intervened in, issues in environmental impact assessment and decision on a ten million tonsperyear petrochemical project of China National

Petroleum Corporation (CNPC) in Anning City, Yunnan province, before making preliminary analysis of how decision on large, environmentally sensitive projects relates to environmental mass incidents. In the meantime, he explored the important role of NGO as participants in managing and preventing environmental conflicts.

With regard to how the environment relates to human health, a report published in 2013 that analyzes changes in the mortality rates of digestive tract tumors in the Huaihe River basin is a major research result. This report confirms, for the very first time by scientific research, that pollution in the Huaihe River basin relates closely to the high incidence of tumors in this area. Yang Gonghuan, who was responsible for this report, said therein that a comparative analysis of changes in human deaths in the Huaihe River basin over the past three decades indicates that the areas where pollution is the most severe and persistent happen to be the one where the mortality rates of digestive tract tumors increase at the fastest rates, which are 3 – 10 times as high as the corresponding national average rates.

Professor Lv Zhongmei and her colleagues studied 63 incidents where lead and cadmium pollution damages human health, before arguing that these incidents have revealed serious problems in China's environmental and health management and proposing that the *Environmental and Health Law* be made.

Legal issues regarding the environment became hot in 2013. The "Policies and Governance" section of the 2014 report focuses on such issues as environmental public interest litigations, the evaluation system in environmental litigations, and amendment to the environmental law.

Mr. Shen Xiaohui has been critical of the Changbaishan National Nature Reserve over the past few years. In a long article in this report, Mr. Shen viewed nature protection in this area from a brand new perspective on the basis of in-depth examination and research, before giving positive comments on its change from traditional department-led management to modern ecological management. And Mr. Piao Zhengji explored, in an entirely new manner, the possibility of restoring the populations of Siberian tigers on the Changbai Mountains.

The Green Book of environment always focuses on recording and considering environmental issues in China from a public interest perspective. Its authority is attributable to the fact that it is objective, impartial and profound, that it speaks with data and facts, and that it is always in pursuit of innovation. And that is what exactly the 2014 report is like.

Contents

G I General Report

Abstract: Changes in relevant measurement and monitoring standards, or heavy metals and toxic, harmful, chemical pollutants that are not covered by these standards and that threaten human health or even life, will draw increasing attention to essential environmental and health issues rather than those described in the Report on the State of the Environment in China. Although policy choices depend on objectives and relevant situations, sustainability is possible only by being oriented toward human beings, not others, and respecting the nature, not conquering or defeating it. The future of human beings will be bright only if civic actions in environmental and ecosystem protection receive evaluation, and citizens, companies and governments work together in this field.

Keywords: Environmental awareness; Environment vs. health; Public policy choice; Public participation

G II Special Focus

Abstract: This paper distinguishes the fight for water resources in the traditional way of regional protectionism from the one in the political-economic sense; it reveals how the former evolves, under such factors as economic development and the political tournament system, into a water resources strategy in the political-economic sense that combines water resources projects, political interest and economic development.

Keywords: Fight for water as resources vs policy-driven fight for water; Political tournament system; Lack of basin management; Water politics

Abstract: The mass protest lead by white-collar communities against the Ximen Para xylene chemical factory project (PX) in 2007 marks a new watershed of environmental civil protest movement in China. However, a sharp rising curve of such crisis events nation-wide after seven years is still crying for sustainable solutions. The governmental predominate abatement measures vividly captured by medias as "the more aggressive the protests by the to-be-affected communities, the larger the compromises by the local government and business owner". In other words, local government and investors typically would follow the same strategy to either cancel or postpone indefinitely the concerned project. But this reactive strategy hardly has resolved the issues of confidence and collaboration from the pubic and there is little lessons learned in new decision making of similar project. The conflicts management studies categorize the nature of environment conflicts as non-constitutional or distributional in financial gains and losses. This is somewhat comparable to the Chinese think-tanks' characterization of environmental mass protests as internal conflicts of the people, therefore it implies that the mass protests of environmental conflicts are typically not motived by anti-government political ideologies, rather it should be only be approached by laws of economic arrangement. This article documents and analyses NGOs' first experience intervening the environmental mass protests against petro-chemical projects in China. In the second half of 2013 for the first time, the coalition of the four Chinese NGOs and core volunteer citizens through research, reviews and retrospective interventions in the decision making and public hearing of the environmental impact assessment of the An Ning 10 million tons/year of Petrochemical Refinery Project in the suburban county, west of Kunming Municipality, aim at making valuable contribution to the sustainable solutions to the environmental mass protests and crises, meanwhile, making an action-based assertion about the indispensible roles and function of civil society organizations in addressing and prevention of the environmental conflicts and crises in China.

Keywords: Management of Environmental Conflicts; Environmental Mass Protests; Environmental NGO's Role and Participation; the Anning Oil Refinery Project of the CNPC

Abstract: Contemporary China has stepped into a risk society. In recent years, environmental issues such as the nuclear fuel project in Heshan, Guangdong Province has triggered a series of collective actions. Yet some of these issues can be characterized as "low-hazard, high outrage". Taking the theoretical framework of "social amplification of risk", this paper explores the mechanisms in the process of social amplification of environmental risks in China. Based on the case studies of Shandong people's opposing Shidaowan Nuclear Power Plant and Rushan Nuclear Power Plant, we have come to a conclusion that environmental risks are amplified during the process of information communication and society response. In the process of information communication, the public debate and the way in which information is constructed by the media, experts and opinion leaders will determine whether risk information is amplified. In the process of social response, whether people attach a stigmating label to a certain issue and whether people interpret information in a confrontational way will also affect the amplification of risk. This study is a theoretical attempt to introduce western theory of "social amplification of risk" into the context of contemporary Chinese society.

Keywords: Environmental Risk; Social Amplification of Risk; Information Communication; Social Response

G Ⅲ Environment and Health

G. 5 Correlation between Water Pollution and Deaths Caused by Digestive Tract Tumors in Huaihe River Basin

Abstract: A comparison of thirty-year trends of death patterns among groups of people in the Huaihe River shows that the most severely and persistently polluted areas, i. e. , such tributaries as the Honghe, Shaying, Wohe and Kuihe Rivers, happen to be the ones with the fastest growing numbers of deaths caused by digestive tract tumors, according to results of analytical research on changes in such deaths in the Huaihe River Basin published in 2013. Those numbers have each been rising at a rate 3 –10 times as high as the average rate at which the number of deaths caused by a corresponding tumor has been rising in China. Spatial analysis results show that severely polluted areas are highly consistent with areas with high incidence of several emerging digestive tract tumors.

Keywords: Water Pollution in Huaihe River; Digestive Tract tumors; Trends; CorrelationX

Abstract: This paper analyzes 63 environmental incidents that occurred from 2004 through 2013 and that harmed human health by lead and cadmium pollution. These incidents occurred across China, especially in the central south and east regions, and harmed mainly rural people. Most of the pollutants were emitted by metal smelting and processing into air and soil before entering the human body, typically causing cumulative harms to health. Behind these incidents are the current lack of a collaboration mechanism between environmental and health management organizations, of sufficient environmental standards, and of applicable laws/regulations in China. It is therefore necessary to pay much attention to making legal arrangements, especially the *Environmental and Health Law*, so as to put China's environmental and health-relevant work under law.

Keywords: Lead and cadmium pollution incidents; Environmental and health management systems; Environmental and health standards; Environmental and health law

Abstract: Garbage incineration continues a sharp increase in 2014, and the resulting environmental pollution and health damages are revealed once and again, leading to a new round of debates. The government's high-profile actions have failed, again, to substantially change the embarrassing stagnation of garbage classification. Relevant authorities have begun to modify the belated pollution control standard, but in such a narrow scope and with such loose limits that they are far from meeting the expectation of establishing a most stringent environmental protection system. Regarding problems in the garbage incineration industry, the tip of the iceberg has been revealed by the illegal disposal of amazingly massive ash in the city of

Wuhan. Garbage incineration is causing an ultra-fast buildup of ecological risks that loom over this industry itself, the environment ecosystem and the entire society.

Keywords: Garbage Incineration; Ultra-fast; Ecological Risk

G Ⅳ Haze Crisis

G. 8 Find a Way Out of the Haze *Liu Xiaoxing* / 119

Abstract: The *Action Plan for Air Pollution Prevention and Control* ("the Action Plan") were issued successively in 10th Sept 2013 by the Sate Counci. All regions and departments implement the Party Central Committee and the State Council's decision. Carry out the policies and made clear their own timetable and roadmap. This paper explains the context where the Chinese government issued the Action Plan and its significance. It also makes an in-depth analysis of difficulties and problems in fighting air pollution and achieving industrial transformation in the Beijing-Tianjin-Hebei region, before providing relevant recommendations.

Keywords: Action Plan for Air Pollution Prevention and Control; Beijing-Tianjin-Hebei; industrial transformation; structural adjustment

G. 9 Haze produces far-reaching health effects *Lin Na* / 130

Abstract: A severe haze appeared unexpectedly in early 2013, when it lasted for days, covered one fourth of China's land area and affected nearly half of its population. While worrying about environmental damages and worsening pollution, people are shifting the focus of attention toward how haze affects their health. Several research reports on the effects of haze on human health published by Chinese and foreign scholars most recently present shocking data and conclusions, which underscore the urgent need for dealing with haze pollution and have made relevant policymakers become a major focus of media coverage.

Keywords: Haze; Incidence of Lung Cancer; Health Effects; Average Life Expectancy

G. 10　London Has Nothing to Teach Beijing on Haze Governance

Abstract: This paper compares the decision processes in which the governments of China and the United Kingdom or responded, to severe air pollution in their respective capitals, thereby presenting differences between different systems and governance traditions in terms of how they perform in handling similar environmental crises. This paper pays extra attention to how different governments reach a consensus on relevant issues and decisions within the administrative system and at the level of society. The Chinese government shows a relatively closed model of political mobilization in making decisions concerning the air pollution crisis in Beijing. There are insufficient discussions throughout this process whether within the government or across society despite that the Chinese government is able to respond rapidly to public concerns and issue relevant policies in a very efficient manner. Moreover, the room for autonomous social mobilization and participation, which were once active, shrinks rapidly since the government played a leading role in dealing with the haze. Since tackling air pollution, in itself, comes with high technological complexity and uncertainties, such a seemingly efficient decision model, with a lack of sufficient discussions and social participation, will most likely bring risks to the implementation stage. The process in which the UK government made decisions concerning the air pollution crisis in London seemed slow, but the UK government paid more attention to reaching a consensus within the legislative and administrative systems and at the level of society, such that more time and room could be left for technical discussions, interest negotiations and autonomous social mobilization. From a long-term perspective, therefore, this was detrimental to reducing the political cost of policy implementation.

Keywords: PM2. 5; Air Pollution; Crisis Decision Making; Consensus Reaching; Mobilization

G V Policies and Governance

G. 11 Environmental PILs returned to the starting point in 2013

Lin Yanmei, *Wang Xiaoxi* / 146

Abstract: New *Civil Procedure Law*, which formally established the public interest litigation (PIL) system, took effect from January 1, 2013 onward. Nonetheless, no breakthroughs have been made in environmental PILs, which suffered a "cold spell" instead. This paper offers a brief review of environmental PIL cases handled by local courts from 2007 through 2013, with a focus on analyzing the obstacles to their handling such cases and the debate on changes made in the *Environmental Protection Law* to the qualifications of parties in environmental PILs. To explore the direction of PILs, it then analyzes environmental PILs that the courts rejected in 2013 as well as the progress of environmental PILs and other environmental lawsuits involving the disclosure of environmental information or environmental crimes that they are hearing.

Keywords: New *Civil Procedure Law*; Environmental PIL; Amendment to the environmental protection law

G. 12 The Evaluation System in Environmental Litigation: Challenges and Solutions

Zhang Bao / 164

Abstract: The complexity and uncertainties of harms caused by environmental pollution require that an evaluator must play a role as an assistant to the judge so as to improve environmental justice and to protect the rights of victims of pollution. From a practical perspective, however, China's evaluation system is faced with numerous problems such as the coexistence of multiple regulators of evaluation organizations, qualification and neutrality problems with evaluation organizations, arbitrary evaluator hiring and training, varying service rates, unclear types of practitioners, inefficient evaluation technologies, insufficient qualified evaluation organizations and evaluators, and refusal of service for various reasons. Relevant authorities must improve the system for managing evaluation on harms caused by environmental pollution, and enhance the capacity of environmental regulation. Only by so doing can they make full use of the evaluation system in alleviating environmental degradation, facilitating changes in the way of economic development, and improving the way of environmental management.

Keywords: Environmental Pollution; Evaluation/assessment; Forensic Evaluation

Abstract: Was proposed in the drafted revision of the *Environmental Protection Law* submitted on October 21, 2013 to the 5th meeting of the Standing Committee of the 12th National People's Congress (NPC) for a third review that the drafted amendment to this law be changed to the drafted revision. This means that the NPC as China's legislature will make comprehensive changes to this law. As part of the move "from minor to major changes", such things as environmental assessment on policies, the disclosure of environmental information, public participation and penalty calculation by day, in addition to environmental public interest litigation (PIL), are all included into the drafted revision of the *Environmental Protection Law* for the third review. On November 14, 2013, the Ministry of Environmental Protection (MEP) issued the *Guide to Disclosing Government Information Regarding Environmental Impact Assessment on Development Projects* (*Trial*), requiring that environmental authorities disclose the full texts of environmental impact assessment (EIA) reports on project owners from January 1, 2014 onward.

Keywords: Environmental Assessment on Policies; Disclosure of environmental information; Public Participation; Disclosure of full texts of EIA reports

ⒼⅥ Ecological Protection

G. 14 Ecological Red Line System: Concept, Characteristics and Regulation

Zou Changxin / 186

Abstract: Defining and sticking to an ecological red line has become an important strategy for protecting ecosystems in China, and important measure in reforming the ecosystem protection management system and advancing eco-friendly civilization. It reflects China's policy orientation of conducting ecosystem protection by compulsory means. This paper explains the ecological red line system in terms of concept, characteristics and problems challenges on the basis of the context where the ecological red line was proposed and of its significance. It also provides recommendations on how to facilitate the implementation of the ecological red line strategy.

Keywords: Ecological Red Line; Ecological Security; Regulatory Mechanism

G. 15 From traditional department-led management to modern ecological management

—Study on Changbaishan Nature Reserve

Shen Xiaohui / 193

Abstract: The Changbaishan Nature Reserve was once challenged after a severe bear hunting incident was reported by the media in 2012. Will the cause of nature protection in the Changbaishan Nature Reserve be likely to stop for a lack of personnel? Has the damaged local ecosystem been restoring since the end of the large-scale trading of trees blown down by winds and of Korean pine seeds, both of which were severe cases of human interference? And how is it restoring?

This paper provides preliminary answers to the above-mentioned questions by describing how a new team of nature protectors faced challenges, changed their thoughts and turned pressure from media monitoring into a driving force for innovation, and how they made aggressive moves and efforts to finish a transition to modern ecological management from traditional department-led management. It also points out that such a transition is significant for improving the management of nature reserves across China and, thus, increasing the effectiveness of these reserves and the quality of the ecosystem.

Keywords: Changbaishan Nature Reserve; ecological management; simulation of natural intervention

Abstract: This paper analyzes the causes for the disappearance of Siberian tigers, the possibility of population recovery in the future, and ecological issues regarding the absence or introduction of such tigers using data about changes in forests, human population and animal abundance, land utilization, and the history of hunting in this area. Some research results show that the disappearance of populations of Siberian tigers from within the Changbaishan Nature Reserve (CNR) was mainly caused by human beings' economic activities and excessive poaching of wildlife, which result in a sharp decrease in the habitats of felines such as Siberian tigers and a severe shortage of their food resources. Today, this area still has forests large enough for Siberian tigers to live in, making it possible to recover or introduce populations of such tigers. To this end, it may be necessary to set larger protected forest zones including some outside the CNR. Their effectiveness requires support and engagement by local governments, state-owned and private enterprises as well as the general public. This paper also analyzes major issues facing the CNR and provides recommendations on how to manage it.

Keywords: Changes in the number of Siberian tigers; Mechanism under which a species becomes endangered; Possibility of recovery; Changbaishan Nature Reserve

G Ⅶ Urban Environment

G. 17 Cities besieged by chemicals: how to find the way out?

Peng Liguo / 219

Abstract: An oil pipeline blast in the city of Qingdao on November 22, 2013 has revealed a startling fact: numerous Chinese cities are faced with high environmental risks caused by an improper distribution of chemical and petrochemical plants and facilities. A sharp increase in the number of sudden environmental incidents would be unavoidable if no effective risk countermeasures were taken. It is necessary to find solutions to the issue of cities besieged by chemicals, and to improve environmental impact assessment (EIA) on relevant development plans and even strategic environmental assessment (SEA) in a broader scope, although no remedy seems to be available for environmental legacy problems.

Keywords: Cities besieged by chemicals; Environmental risks; Distribution of petrochemical and chemical industries; EIA on development plans

G. 18 Garbage sorting: opportunities, challenges and solutions

Xu Wanying / 225

Abstract: In 2000, the then Ministry of Construction (MOC) identified eight cities as the pilot cities for garbage sorting. Unfortunately, this program failed to produce good results in the subsequent decade and gradually disappeared. As incidents like "garbage around the city" and "garbage incineration" redraw attention in most recent years, both the central and local governments have issued policies in a hope to increase the percentage of garbage sorted. Nonetheless, there remain problems including low resident awareness, a lack of diversified and lasting promotion, insufficient incentives penalties, a lack of a regulatory mechanism, unclear relations between steps of garbage sorting, insufficient inputs from the early stage, and too wide coverage of relevant pilot programs. It is recommended that more efforts be

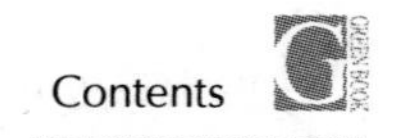

made in terms of promotion, incentives/penalties be duly increased, and a regulatory mechanism and a process information platform be created. When it comes to garbage sorting, China still has a long way to go – it may be one or two more decades, but never only three to five more years.

Keywords: Garbage Sorting; Opportunity; Challenge; Solution

G VIII Investigation Reports

G IX Chronicle

G X Appendices

Public Proposals

Annual Awards and Prizes

中国皮书网

www.pishu.cn

发布皮书研创资讯，传播皮书精彩内容
引领皮书出版潮流，打造皮书服务平台

栏目设置：

- □ 资讯：皮书动态、皮书观点、皮书数据、皮书报道、皮书新书发布会、电子期刊
- □ 标准：皮书评价、皮书研究、皮书规范、皮书专家、编撰团队
- □ 服务：最新皮书、皮书书目、重点推荐、在线购书
- □ 链接：皮书数据库、皮书博客、皮书微博、出版社首页、在线书城
- □ 搜索：资讯、图书、研究动态
- □ 互动：皮书论坛

中国皮书网依托皮书系列“权威、前沿、原创”的优质内容资源，通过文字、图片、音频、视频等多种元素，在皮书研创者、使用者之间搭建了一个成果展示、资源共享的互动平台。

自2005年12月正式上线以来，中国皮书网的IP访问量、PV浏览量与日俱增，受到海内外研究者、公务人员、商务人士以及专业读者的广泛关注。

2008年、2011年中国皮书网均在全国新闻出版业网站荣誉评选中获得“最具商业价值网站”称号。

2012年，中国皮书网在全国新闻出版业网站系列荣誉评选中获得“出版业网站百强”称号。

社会科学文献出版社

皮书系列

“皮书”起源于十七、十八世纪的英国，主要指官方或社会组织正式发表的重要文件或报告，多以“白皮书”命名。在中国，“皮书”这一概念被社会广泛接受，并被成功运作、发展成为一种全新的出版形态，则源于中国社会科学院社会科学文献出版社。

皮书是对中国与世界发展状况和热点问题进行年度监测，以专业的角度、专家的视野和实证研究方法，针对某一领域或区域现状与发展态势展开分析和预测，具备权威性、前沿性、原创性、实证性、时效性等特点的连续性公开出版物，由一系列权威研究报告组成。皮书系列是社会科学文献出版社编辑出版的蓝皮书、绿皮书、黄皮书等的统称。

皮书系列的作者以中国社会科学院、著名高校、地方社会科学院的研究人员为主，多为国内一流研究机构的权威专家学者，他们的看法和观点代表了学界对中国与世界的现实和未来最高水平的解读与分析。

自 20 世纪 90 年代末推出以《经济蓝皮书》为开端的皮书系列以来，社会科学文献出版社至今已累计出版皮书千余部，内容涵盖经济、社会、政法、文化传媒、行业、地方发展、国际形势等领域。皮书系列已成为社会科学文献出版社的著名图书品牌和中国社会科学院的知名学术品牌。

皮书系列在数字出版和国际出版方面成就斐然。皮书数据库被评为“2008~2009 年度数字出版知名品牌”;《经济蓝皮书》《社会蓝皮书》等十几种皮书每年还由国外知名学术出版机构出版英文版、俄文版、韩文版和日文版，面向全球发行。

2011 年，皮书系列正式列入“十二五”国家重点出版规划项目；2012 年，部分重点皮书列入中国社会科学院承担的国家哲学社会科学创新工程项目；2014 年，35 种院外皮书使用“中国社会科学院创新工程学术出版项目”标识。

权威 · 前沿 · 原创

SSAP

社会科学文献出版社

皮书系列

2014年

盘点年度资讯　预测时代前程

社会科学文献出版社 学术传播中心 编制

社会科学文献出版社
SOCIAL SCIENCES ACADEMIC PRESS (CHINA)

社会科学文献出版社成立于1985年，是直属于中国社会科学院的人文社会科学专业学术出版机构。

成立以来，特别是1998年实施第二次创业以来，依托于中国社会科学院丰厚的学术出版和专家学者两大资源，坚持“创社科经典，出传世文献”的出版理念和“权威、前沿、原创”的产品定位，社科文献立足内涵式发展道路，从战略层面推动学术出版的五大能力建设，逐步走上了学术产品的系列化、规模化、数字化、国际化、市场化经营道路。

先后策划出版了著名的图书品牌和学术品牌“皮书”系列、“列国志”、“社科文献精品译库”、“中国史话”、“全球化译丛”、“气候变化与人类发展译丛”“近世中国”等一大批既有学术影响又有市场价值的系列图书。形成了较强的学术出版能力和资源整合能力，年发稿3.5亿字，年出版新书1200余种，承印发行中国社科院院属期刊近70种。

2012年，《社会科学文献出版社学术著作出版规范》修订完成。同年10月，社会科学文献出版社参加了由新闻出版总署召开加强学术著作出版规范座谈会，并代表50多家出版社发起实施学术著作出版规范的倡议。2013年，社会科学文献出版社参与新闻出版总署学术著作规范国家标准的起草工作。

依托于雄厚的出版资源整合能力，社会科学文献出版社长期以来一直致力于从内容资源和数字平台两个方面实现传统出版的再造，并先后推出了皮书数据库、列国志数据库、中国田野调查数据库等一系列数字产品。

在国内原创著作、国外名家经典著作大量出版，数字出版突飞猛进的同时，社会科学文献出版社在学术出版国际化方面也取得了不俗的成绩。先后与荷兰博睿等十余家国际出版机构合作面向海外推出了《经济蓝皮书》《社会蓝皮书》等十余种皮书的英文版、俄文版、日文版等。

此外，社会科学文献出版社积极与中央和地方各类媒体合作，联合大型书店、学术书店、机场书店、网络书店、图书馆，逐步构建起了强大的学术图书的内容传播力和社会影响力，学术图书的媒体曝光率居全国之首，图书馆藏率居于全国出版机构前十位。

作为已经开启第三次创业梦想的人文社会科学学术出版机构，社会科学文献出版社结合社会需求、自身的条件以及行业发展，提出了新的创业目标：精心打造人文社会科学成果推广平台，发展成为一家集图书、期刊、声像电子和数字出版物为一体，面向海内外高端读者和客户，具备独特竞争力的人文社会科学内容资源供应商和海内外知名的专业学术出版机构。

社长致辞

我们是图书出版者，更是人文社会科学内容资源供应商；

我们背靠中国社会科学院，面向中国与世界人文社会科学界，坚持为人文社会科学的繁荣与发展服务；

我们精心打造权威信息资源整合平台，坚持为中国经济与社会的繁荣与发展提供决策咨询服务；

我们以读者定位自身，立志让爱书人读到好书，让求知者获得知识；

我们精心编辑、设计每一本好书以形成品牌张力，以优秀的品牌形象服务读者，开拓市场；

我们始终坚持“创社科经典，出传世文献”的经营理念，坚持“权威、前沿、原创”的产品特色；

我们“以人为本”，提倡阳光下创业，员工与企业共享发展之成果；

我们立足于现实，认真对待我们的优势、劣势，我们更着眼于未来，以不断的学习与创新适应不断变化的世界，以不断的努力提升自己的实力；

我们愿与社会各界友好合作，共享人文社会科学发展之成果，共同推动中国学术出版乃至内容产业的繁荣与发展。

社会科学文献出版社社长

中国社会学会秘书长

谢寿光

2014 年 1 月

“皮书”起源于十七、十八世纪的英国，主要指官方或社会组织正式发表的重要文件或报告，多以“白皮书”命名。在中国，“皮书”这一概念被社会广泛接受，并被成功运作、发展成为一种全新的出版形态，则源于中国社会科学院社会科学文献出版社。

皮书是对中国与世界发展状况和热点问题进行年度监测，以专家和学术的视角，针对某一领域或区域现状与发展态势展开分析和预测，具备权威性、前沿性、原创性、实证性、时效性等特点的连续性公开出版物，由一系列权威研究报告组成。皮书系列是社会科学文献出版社编辑出版的蓝皮书、绿皮书、黄皮书等的统称。

皮书系列的作者以中国社会科学院、著名高校、地方社会科学院的研究人员为主，多为国内一流研究机构的权威专家学者，他们的看法和观点代表了学界对中国与世界的现实和未来最高水平的解读与分析。

自 20 世纪 90 年代末推出以经济蓝皮书为开端的皮书系列以来，至今已出版皮书近 1000 余部，内容涵盖经济、社会、政法、文化传媒、行业、地方发展、国际形势等领域。皮书系列已成为社会科学文献出版社的著名图书品牌和中国社会科学院的知名学术品牌。

皮书系列在数字出版和国际出版方面成就斐然。皮书数据库被评为“2008~2009 年度数字出版知名品牌”；经济蓝皮书、社会蓝皮书等十几种皮书每年还由国外知名学术出版机构出版英文版、俄文版、韩文版和日文版，面向全球发行。

2011 年，皮书系列正式列入“十二五”国家重点出版规划项目，一年一度的皮书年会升格由中国社会科学院主办；2012 年，部分重点皮书列入中国社会科学院承担的国家哲学社会科学创新工程项目。

经 济 类

经济类皮书涵盖宏观经济、城市经济、大区域经济，
提供权威、前沿的分析与预测

经济蓝皮书

2014 年中国经济形势分析与预测（赠阅读卡）

李　扬 / 主编　　2013 年 12 月出版　　估价 :69.00 元

◆　本书课题为“总理基金项目”，由著名经济学家李扬领衔，联合数十家科研机构、国家部委和高等院校的专家共同撰写，对 2013 年中国宏观及微观经济形势，特别是全球金融危机及其对中国经济的影响进行了深入分析，并且提出了 2014 年经济走势的预测。

世界经济黄皮书

2014 年世界经济形势分析与预测（赠阅读卡）

王洛林　张宇燕 / 主编　　2014 年 1 月出版　　估价 :69.00 元

◆　2013 年的世界经济仍旧行进在坎坷复苏的道路上。发达经济体经济复苏继续巩固，美国和日本经济进入低速增长通道，欧元区结束衰退并呈复苏迹象。本书展望 2014 年世界经济，预计全球经济增长仍将维持在中低速的水平上。

工业化蓝皮书

中国工业化进程报告（2014）（赠阅读卡）

黄群慧　吕　铁　李晓华　等 / 著　2014 年 11 月出版　估价 :89.00 元

◆　中国的工业化是事关中华民族复兴的伟大事业，分析跟踪研究中国的工业化进程，无疑具有重大意义。科学评价与客观认识我国的工业化水平，对于我国明确自身发展中的优势和不足，对于经济结构的升级与转型，对于制定经济发展政策，从而提升我国的现代化水平具有重要作用。

金融蓝皮书

中国金融发展报告（2014）（赠阅读卡）

李　扬　王国刚 / 主编　2013 年 12 月出版　　定价 :69.00 元

◆　由中国社会科学院金融研究所组织编写的《中国金融发展报告（2014）》，概括和分析了 2013 年中国金融发展和运行中的各方面情况，研讨和评论了 2013 年发生的主要金融事件。本书由业内专家和青年精英联合编著，有利于读者了解掌握 2013 年中国的金融状况，把握 2014 年中国金融的走势。

城市竞争力蓝皮书

中国城市竞争力报告 No.12（赠阅读卡）

倪鹏飞 / 主编　　2014 年 5 月出版　　估价 :89.00 元

◆　本书由中国社会科学院城市与竞争力研究中心主任倪鹏飞主持编写，汇集了众多研究城市经济问题的专家学者关于城市竞争力研究的最新成果。本报告构建了一套科学的城市竞争力评价指标体系，采用第一手数据材料，对国内重点城市年度竞争力格局变化进行客观分析和综合比较、排名，对研究城市经济及城市竞争力极具参考价值。

中国省域竞争力蓝皮书

中国省域经济综合竞争力发展报告（2012~2013）（赠阅读卡）

李建平　李闽榕　高燕京 / 主编　　2014 年 3 月出版　估价 :188.00 元

◆　本书充分运用数理分析、空间分析、规范分析与实证分析相结合、定性分析与定量分析相结合的方法，建立起比较科学完善、符合中国国情的省域经济综合竞争力指标评价体系及数学模型，对 2011~2012 年中国内地 31 个省、市、区的经济综合竞争力进行全面、深入、科学的总体评价与比较分析。

农村经济绿皮书

中国农村经济形势分析与预测 (2013~2014)（赠阅读卡）

中国社会科学院农村发展研究所　国家统计局农村社会经济调查司 / 著

2014 年 4 月出版　　估价 :59.00 元

◆　本书对 2013 年中国农业和农村经济运行情况进行了系统的分析和评价，对 2014 年中国农业和农村经济发展趋势进行了预测，并提出相应的政策建议，专题部分将围绕某个重大的理论和现实问题进行多维、深入、细致的分析和探讨。

西部蓝皮书

中国西部经济发展报告（2014）（赠阅读卡）

姚慧琴　徐璋勇 / 主编　　2014 年 7 月出版　　估价 :69.00 元

◆　本书由西北大学中国西部经济发展研究中心主编，汇集了源自西部本土以及国内研究西部问题的权威专家的第一手资料，对国家实施西部大开发战略进行年度动态跟踪，并对 2014 年西部经济、社会发展态势进行预测和展望。

气候变化绿皮书

应对气候变化报告（2014）（赠阅读卡）

王伟光　郑国光 / 主编　　2014 年 11 月出版　　估价 :79.00 元

◆　本书由社科院城环所和国家气候中心共同组织编写，各篇报告的作者长期从事气候变化科学问题、社会经济影响，以及国际气候制度等领域的研究工作，密切跟踪国际谈判的进程，参与国家应对气候变化相关政策的咨询，有丰富的理论与实践经验。

就业蓝皮书

2014 年中国大学生就业报告（赠阅读卡）

麦可思研究院 / 编著　王伯庆　郭　娇 / 主审
2014 年 6 月出版　估价 :98.00 元

◆　本书是迄今为止关于中国应届大学毕业生就业、大学毕业生中期职业发展及高等教育人口流动情况的视野最为宽广、资料最为翔实、分类最为精细的实证调查和定量研究；为我国教育主管部门的教育决策提供了极有价值的参考。

企业社会责任蓝皮书

中国企业社会责任研究报告（2014）（赠阅读卡）

黄群慧　彭华岗　钟宏武　张　蒽 / 编著
2014 年 11 月出版　估价 :69.00 元

◆　本书系中国社会科学院经济学部企业社会责任研究中心组织编写的《企业社会责任蓝皮书》2014 年分册。该书在对企业社会责任进行宏观总体研究的基础上，根据 2013 年企业社会责任及相关背景进行了创新研究，在全国企业中观层面对企业健全社会责任管理体系提供了弥足珍贵的丰富信息。

社会政法类

社会政法类皮书聚焦社会发展领域的热点、难点问题，
提供权威、原创的资讯与视点

社会蓝皮书

2014 年中国社会形势分析与预测（赠阅读卡）

李培林　陈光金　张　翼 / 主编　2013 年 12 月出版　估价 :69.00 元

◆　本报告是中国社会科学院“社会形势分析与预测”课题组 2014 年度分析报告，由中国社会科学院社会学研究所组织研究机构专家、高校学者和政府研究人员撰写。对 2013 年中国社会发展的各个方面内容进行了权威解读，同时对 2014 年社会形势发展趋势进行了预测。

法治蓝皮书

中国法治发展报告 No.12（2014）（赠阅读卡）

李　林　田　禾 / 主编　2014 年 2 月出版　估价 :98.00 元

◆　本年度法治蓝皮书一如既往秉承关注中国法治发展进程中的焦点问题的特点，回顾总结了 2013 年度中国法治发展取得的成就和存在的不足，并对 2014 年中国法治发展形势进行了预测和展望。

民间组织蓝皮书

中国民间组织报告（2014）（赠阅读卡）

黄晓勇 / 主编　2014 年 8 月出版　估价 :69.00 元

◆　本报告是中国社会科学院“民间组织与公共治理研究”课题组推出的第五本民间组织蓝皮书。基于国家权威统计数据、实地调研和广泛搜集的资料，本报告对 2012 年以来我国民间组织的发展现状、热点专题、改革趋势等问题进行了深入研究，并提出了相应的政策建议。

社会保障绿皮书

中国社会保障发展报告（2014）No.6（赠阅读卡）

王延中 / 主编　2014 年 9 月出版　估价 :69.00 元

◆　社会保障是调节收入分配的重要工具，随着社会保障制度的不断建立健全、社会保障覆盖面的不断扩大和社会保障资金的不断增加，社会保障在调节收入分配中的重要性不断提高。本书全面评述了 2013 年以来社会保障制度各个主要领域的发展情况。

环境绿皮书

中国环境发展报告（2014）（赠阅读卡）

刘鉴强 / 主编　2014 年 4 月出版　估价 :69.00 元

◆　本书由民间环保组织“自然之友”组织编写，由特别关注、生态保护、宜居城市、可持续消费以及政策与治理等版块构成，以公共利益的视角记录、审视和思考中国环境状况，呈现 2013 年中国环境与可持续发展领域的全局态势，用深刻的思考、科学的数据分析 2013 年的环境热点事件。

教育蓝皮书

中国教育发展报告（2014）（赠阅读卡）

杨东平 / 主编　2014 年 3 月出版　估价 :69.00 元

◆　本书站在教育前沿，突出教育中的问题，特别是对当前教育改革中出现的教育公平、高校教育结构调整、义务教育均衡发展等问题进行了深入分析，从教育的内在发展谈教育，又从外部条件来谈教育，具有重要的现实意义，对我国的教育体制的改革与发展具有一定的学术价值和参考意义。

反腐倡廉蓝皮书

中国反腐倡廉建设报告 No.3（赠阅读卡）

中国社会科学院中国廉政研究中心 / 主编
2013 年 12 月出版　估价 :79.00 元

◆　本书抓住了若干社会热点和焦点问题，全面反映了新时期新阶段中国反腐倡廉面对的严峻局面，以及中国共产党反腐倡廉建设的新实践新成果。根据实地调研、问卷调查和舆情分析，梳理了当下社会普遍关注的与反腐败密切相关的热点问题。

行业报告类

行业报告类皮书立足重点行业、新兴行业领域，
提供及时、前瞻的数据与信息

房地产蓝皮书

中国房地产发展报告 No.11（赠阅读卡）

魏后凯　李景国 / 主编　　2014 年 4 月出版　　估价 :79.00 元

◆　本书由中国社会科学院城市发展与环境研究所组织编写，秉承客观公正、科学中立的原则，深度解析 2013 年中国房地产发展的形势和存在的主要矛盾，并预测 2014 年及未来 10 年或更长时间的房地产发展大势。观点精辟，数据翔实，对关注房地产市场的各阶层人士极具参考价值。

旅游绿皮书

2013~2014 年中国旅游发展分析与预测（赠阅读卡）

宋　瑞 / 主编　　2013 年 12 月出版　　定价 :69.00 元

◆　如何从全球的视野理性审视中国旅游，如何在世界旅游版图上客观定位中国，如何积极有效地推进中国旅游的世界化，如何制定中国实现世界旅游强国梦想的线路图？本年度开始，《旅游绿皮书》将围绕“世界与中国”这一主题进行系列研究，以期为推进中国旅游的长远发展提供科学参考和智力支持。

信息化蓝皮书

中国信息化形势分析与预测（2014）（赠阅读卡）

周宏仁 / 主编　　2014 年 7 月出版　　估价 :98.00 元

◆　本书在以中国信息化发展的分析和预测为重点的同时，反映了过去一年间中国信息化关注的重点和热点，视野宽阔，观点新颖，内容丰富，数据翔实，对中国信息化的发展有很强的指导性，可读性很强。

企业蓝皮书

中国企业竞争力报告（2014）（赠阅读卡）

金　碚 / 主编　　2014 年 11 月出版　　估价 :89.00 元

◆　中国经济正处于新一轮的经济波动中，如何保持稳健的经营心态和经营方式并进一步求发展，对于企业保持并提升核心竞争力至关重要。本书利用上市公司的财务数据，研究上市公司竞争力变化的最新趋势，探索进一步提升中国企业国际竞争力的有效途径，这无论对实践工作者还是理论研究者都具有重大意义。

食品药品蓝皮书

食品药品安全与监管政策研究报告（2014）（赠阅读卡）

唐民皓 / 主编　　2014 年 7 月出版　　估价 :69.00 元

◆　食品药品安全是当下社会关注的焦点问题之一，如何破解食品药品安全监管重点难点问题是需要以社会合力才能解决的系统工程。本书围绕安全热点问题、监管重点问题和政策焦点问题，注重于对食品药品公共政策和行政监管体制的探索和研究。

流通蓝皮书

中国商业发展报告（2013~2014）（赠阅读卡）

荆林波 / 主编　　2014 年 5 月出版　　估价 :89.00 元

◆《中国商业发展报告》是中国社会科学院财经战略研究院与香港利丰研究中心合作的成果，并且在 2010 年开始以中英文版同步在全球发行。蓝皮书从关注中国宏观经济出发，突出中国流通业的宏观背景反映了本年度中国流通业发展的状况。

住房绿皮书

中国住房发展报告（2013~2014）（赠阅读卡）

倪鹏飞 / 主编　　2013 年 12 月出版　　估价 :79.00 元

◆　本报告从宏观背景、市场主体、市场体系、公共政策和年度主题五个方面，对中国住宅市场体系做了全面系统的分析、预测与评价，并给出了相关政策建议，并在评述 2012~2013 年住房及相关市场走势的基础上，预测了 2013~2014 年住房及相关市场的发展变化。

国别与地区类

国别与地区类皮书关注全球重点国家与地区，
提供全面、独特的解读与研究

亚太蓝皮书

亚太地区发展报告（2014）（赠阅读卡）

李向阳 / 主编　　2013 年 12 月出版　　定价 :69.00 元

◆　本书是由中国社会科学院亚太与全球战略研究院精心打造的又一品牌皮书，关注时下亚太地区局势发展动向里隐藏的中长趋势，剖析亚太地区政治与安全格局下的区域形势最新动向以及地区关系发展的热点问题，并对 2014 年亚太地区重大动态作出前瞻性的分析与预测。

日本蓝皮书

日本研究报告（2014）（赠阅读卡）

李　薇 / 主编　　2014 年 2 月出版　　估价 :69.00 元

◆　本书由中华日本学会、中国社会科学院日本研究所合作推出，是以中国社会科学院日本研究所的研究人员为主完成的研究成果。对 2013 年日本的政治、外交、经济、社会文化作了回顾、分析与展望，并收录了该年度日本大事记。

欧洲蓝皮书

欧洲发展报告 (2013~2014)（赠阅读卡）

周　弘 / 主编　　2014 年 3 月出版　　估价 :89.00 元

◆　本年度的欧洲发展报告，对欧洲经济、政治、社会、外交等面的形式进行了跟踪介绍与分析。力求反映作为一个整体的欧盟及 30 多个欧洲国家在 2013 年出现的各种变化。

拉美黄皮书

拉丁美洲和加勒比发展报告（2013~2014）（赠阅读卡）

吴白乙 / 主编　2014 年 4 月出版　估价 :89.00 元

◆　本书是中国社会科学院拉丁美洲研究所的第 13 份关于拉丁美洲和加勒比地区发展形势状况的年度报告。本书对 2013 年拉丁美洲和加勒比地区诸国的政治、经济、社会、外交等方面的发展情况做了系统介绍，对该地区相关国家的热点及焦点问题进行了总结和分析，并在此基础上对该地区各国 2014 年的发展前景做出预测。

澳门蓝皮书

澳门经济社会发展报告（2013~2014）（赠阅读卡）

吴志良　郝雨凡 / 主编　2014 年 3 月出版　估价 :79.00 元

◆　本书集中反映 2013 年本澳各个领域的发展动态，总结评价近年澳门政治、经济、社会的总体变化，同时对 2014 年社会经济情况作初步预测。

日本经济蓝皮书

日本经济与中日经贸关系研究报告（2014）（赠阅读卡）

王洛林　张季风 / 主编　2014 年 5 月出版　估价 :79.00 元

◆　本书对当前日本经济以及中日经济合作的发展动态进行了多角度、全景式的深度分析。本报告回顾并展望了 2013~2014 年度日本宏观经济的运行状况。此外，本报告还收录了大量来自于日本政府权威机构的数据图表，具有极高的参考价值。

美国蓝皮书

美国问题研究报告（2014）（赠阅读卡）

黄　平　倪　峰 / 主编　2014 年 6 月出版　估价 :89.00 元

◆　本书是由中国社会科学院美国所主持完成的研究成果，它回顾了美国 2013 年的经济、政治形势与外交战略，对 2013 年以来美国内政外交发生的重大事件以及重要政策进行了较为全面的回顾和梳理。

地方发展类

地方发展类皮书关注大陆各省份、经济区域，
提供科学、多元的预判与咨政信息

社会建设蓝皮书

2014 年北京社会建设分析报告（赠阅读卡）

宋贵伦 / 主编　2014 年 4 月出版　估价 :69.00 元

◆　本书依据社会学理论框架和分析方法，对北京市的人口、就业、分配、社会阶层以及城乡关系等社会学基本问题进行了广泛调研与分析，对广受社会关注的住房、教育、医疗、养老、交通等社会热点问题做了深刻了解与剖析，对日益显现的征地搬迁、外籍人口管理、群体性心理障碍等进行了有益探讨。

温州蓝皮书

2014 年温州经济社会形势分析与预测（赠阅读卡）

潘忠强　王春光　金　浩 / 主编　2014 年 4 月出版　估价：69.00 元

◆　本书是由中共温州市委党校与中国社会科学院社会学研究所合作推出的第七本“温州经济社会形势分析与预测”年度报告，深入全面分析了 2013 年温州经济、社会、政治、文化发展的主要特点、经验、成效与不足，提出了相应的政策建议。

上海蓝皮书

上海资源环境发展报告（2014）（赠阅读卡）

周冯琦　汤庆合　王利民 / 著　2014 年 1 月出版　估价：59.00 元

◆　本书在上海所面临资源环境风险的来源、程度、成因、对策等方面作了些有益的探索，希望能对有关部门完善上海的资源环境风险防控工作提供一些有价值的参考，也让普通民众更全面地了解上海资源环境风险及其防控的图景。

广州蓝皮书

2014年中国广州社会形势分析与预测（赠阅读卡）

易佐永　杨　秦　顾涧清/主编　　2014年5月出版　　估价:65.00元

◆　本书由广州大学与广州市委宣传部、广州市人力资源和社会保障局联合主编，汇集了广州科研团体、高等院校和政府部门诸多社会问题研究专家、学者和实际部门工作者的最新研究成果，是关于广州社会运行情况和相关专题分析与预测的重要参考资料。

河南经济蓝皮书

2014年河南经济形势分析与预测（赠阅读卡）

胡五岳/主编　2014年4月出版　估价:59.00元

◆　本书由河南省统计局主持编纂。该分析与展望以2013年最新年度统计数据为基础，科学研判河南经济发展的脉络轨迹、分析年度运行态势；以客观翔实、权威资料为特征，突出科学性、前瞻性和可操作性，服务于科学决策和科学发展。

陕西蓝皮书

陕西社会发展报告（2014）（赠阅读卡）

任宗哲　石　英　江　波/主编　2014年1月出版　估价:65.00元

◆　本书系统而全面地描述了陕西省2013年社会发展各个领域所取得的成就、存在的问题、面临的挑战及其应对思路，为更好地思考2014年陕西发展前景、政策指向和工作策略等方面提供了一个较为简洁清晰的参考蓝本。

上海蓝皮书

上海经济发展报告（2014）（赠阅读卡）

沈开艳/主编　2014年1月出版　估价:69.00元

◆　本书系上海社会科学院系列之一，报告对2014年上海经济增长与发展趋势的进行了预测，把握了上海经济发展的脉搏和学术研究的前沿。

广州蓝皮书

广州经济发展报告（2014）（赠阅读卡）

李江涛　刘江华 / 主编　2014 年 6 月出版　估价 :65.00 元

◆　本书是由广州市社会科学院主持编写的“广州蓝皮书”系列之一，本报告对广州 2013 年宏观经济运行情况作了深入分析，对 2014 年宏观经济走势进行了合理预测，并在此基础上提出了相应的政策建议。

文化传媒类

文化传媒类皮书透视文化领域、文化产业，
探索文化大繁荣、大发展的路径

新媒体蓝皮书

中国新媒体发展报告 No.4(2013)（赠阅读卡）

唐绪军 / 主编　2014 年 6 月出版　估价 :69.00 元

◆　本书由中国社会科学院新闻与传播研究所和上海大学合作编写，在构建新媒体发展研究基本框架的基础上，全面梳理 2013 年中国新媒体发展现状，发表最前沿的网络媒体深度调查数据和研究成果，并对新媒体发展的未来趋势做出预测。

舆情蓝皮书

中国社会舆情与危机管理报告（2014）（赠阅读卡）

谢耘耕 / 主编　2014 年 8 月出版　估价 :85.00 元

◆　本书由上海交通大学舆情研究实验室和危机管理研究中心主编，已被列入教育部人文社会科学研究报告培育项目。本书以新媒体环境下的中国社会为立足点，对 2013 年中国社会舆情、分类舆情等进行了深入系统的研究，并预测了 2014 年社会舆情走势。

经济类

产业蓝皮书
中国产业竞争力报告（2014） No.4
著(编)者:张其仔 2014年5月出版 / 估价:79.00元

长三角蓝皮书
2014年率先基本实现现代化的长三角
著(编)者:刘志彪 2014年6月出版 / 估价:120.00元

城市竞争力蓝皮书
中国城市竞争力报告No.12
著(编)者:倪鹏飞 2014年5月出版 / 估价:89.00元

城市蓝皮书
中国城市发展报告No.7
著(编)者:潘家华 魏后凯 2014年7月出版 / 估价:69.00元

城市群蓝皮书
中国城市群发展指数报告(2014)
著(编)者:刘士林 刘新静 2014年10月出版 / 估价:59.00元

城乡统筹蓝皮书
中国城乡统筹发展报告（2014）
著(编)者:程志强、潘晨光 2014年3月出版 / 估价:59.00元

城乡一体化蓝皮书
中国城乡一体化发展报告（2014）
著(编)者:汝信 付崇兰 2014年8月出版 / 估价:59.00元

城镇化蓝皮书
中国城镇化健康发展报告（2014）
著(编)者:张占斌 2014年10月出版 / 估价:69.00元

低碳发展蓝皮书
中国低碳发展报告（2014）
著(编)者:齐晔 2014年7月出版 / 估价:69.00元

低碳经济蓝皮书
中国低碳经济发展报告（2014）
著(编)者:薛进军 赵忠秀 2014年5月出版 / 估价:79.00元

东北蓝皮书
中国东北地区发展报告（2014）
著(编)者:鲍振东 曹晓峰 2014年8月出版 / 估价:79.00元

发展和改革蓝皮书
中国经济发展和体制改革报告No.7
著(编)者:邹东涛 2014年7月出版 / 估价:79.00元

工业化蓝皮书
中国工业化进程报告（2014）
著(编)者: 黄群慧 吕铁 李晓华 等
2014年11月出版 / 估价:89.00元

国际城市蓝皮书
国际城市发展报告（2014）
著(编)者:屠启宇 2014年1月出版 / 估价:69.00元

国家创新蓝皮书
国家创新发展报告（2013~2014）
著(编)者:陈劲 2014年3月出版 / 估价:69.00元

国家竞争力蓝皮书
中国国家竞争力报告No.2
著(编)者:倪鹏飞 2014年10月出版 / 估价:98.00元

宏观经济蓝皮书
中国经济增长报告（2014）
著(编)者:张平 刘霞辉 2014年10月出版 / 估价:69.00元

减贫蓝皮书
中国减贫与社会发展报告
著(编)者:黄承伟 2014年7月出版 / 估价:69.00元

金融蓝皮书
中国金融发展报告（2014）
著(编)者:李扬 王国刚 2013年12月出版 / 定价:69.00元

经济蓝皮书
2014年中国经济形势分析与预测
著(编)者:李扬 2013年12月出版 / 估价:69.00元

经济蓝皮书春季号
中国经济前景分析——2014年春季报告
著(编)者:李扬 2014年4月出版 / 估价:59.00元

经济信息绿皮书
中国与世界经济发展报告（2014）
著(编)者:王长胜 2013年12月出版 / 定价:69.00元

就业蓝皮书
2014年中国大学生就业报告
著(编)者:麦可思研究院 2014年6月出版 / 估价:98.00元

民营经济蓝皮书
中国民营经济发展报告No.10（2013～2014）
著(编)者:黄孟复 2014年9月出版 / 估价:69.00元

民营企业蓝皮书
中国民营企业竞争力报告No.7（2014）
著(编)者:刘迎秋 2014年1月出版 / 估价:79.00元

农村绿皮书
中国农村经济形势分析与预测（2014）
著(编)者:中国社会科学院农村发展研究所
国家统计局农村社会经济调查司 著
2014年4月出版 / 估价:59.00元

企业公民蓝皮书
中国企业公民报告No.4
著(编)者:邹东涛 2014年7月出版 / 估价:69.00元

企业社会责任蓝皮书
中国企业社会责任研究报告（2014）
著(编)者:黄群慧 彭华岗 钟宏武 等
2014年11月出版 / 估价:59.00元

气候变化绿皮书
应对气候变化报告（2014）
著(编)者:王伟光 郑国光 2014年11月出版 / 估价:79.00元

区域蓝皮书
中国区域经济发展报告（2014）
著(编)者:梁昊光 2014年4月出版 / 估价:69.00元

人口与劳动绿皮书
中国人口与劳动问题报告No.15
著(编)者:蔡昉　2014年6月出版 / 估价:69.00元

生态经济（建设）绿皮书
中国经济（建设）发展报告（2013~2014）
著(编)者:黄浩涛　李周　2014年10月出版 / 估价:69.00元

世界经济黄皮书
2014年世界经济形势分析与预测
著(编)者:王洛林 张宇燕　2014年1月出版 / 估价:69.00元

西北蓝皮书
中国西北发展报告（2014）
著(编)者:张进海　陈冬红　段庆林　2014年1月出版 / 定价:65.00元

西部蓝皮书
中国西部发展报告（2014）
著(编)者:姚慧琴 徐璋勇　2014年7月出版 / 估价:69.00元

新型城镇化蓝皮书
新型城镇化发展报告（2014）
著(编)者:沈体雁 李伟 宋敏　2014年3月出版 / 估价:69.00元

新兴经济体蓝皮书
金砖国家发展报告（2014）
著(编)者:林跃勤 周文　2014年3月出版 / 估价:79.00元

循环经济绿皮书
中国循环经济发展报告（2013~2014）
著(编)者:齐建国　2014年12月出版 / 估价:69.00元

中部竞争力蓝皮书
中国中部经济社会竞争力报告（2014）
著(编)者:教育部人文社会科学重点研究基地
南昌大学中国中部经济社会发展研究中心
2014年7月出版 / 估价:59.00元

中部蓝皮书
中国中部地区发展报告（2014）
著(编)者:朱有志　2014年10月出版 / 估价:59.00元

中国科技蓝皮书
中国科技发展报告（2014）
著(编)者:陈劲　2014年4月出版 / 估价:69.00元

中国省域竞争力蓝皮书
中国省域经济综合竞争力发展报告（2012~2013
著(编)者:李建平 李闽榕 高燕京　2014年3月出版 / 估价:18

中三角蓝皮书
长江中游城市群发展报告（2013~2014）
著(编)者:秦尊文　2014年6月出版 / 估价:69.00元

中小城市绿皮书
中国中小城市发展报告（2014）
著(编)者:中国城市经济学会中小城市经济发展委员会
《中国中小城市发展报告》编纂委员会
2014年10月出版 / 估价:98.00元

中原蓝皮书
中原经济区发展报告（2014）
著(编)者:刘怀廉　2014年6月出版 / 估价:68.00元

社会政法类

殡葬绿皮书
中国殡葬事业发展报告（2014）
著(编)者:朱勇 副主编 李伯森　2014年3月出版 / 估价:59.00元

城市创新蓝皮书
中国城市创新报告（2014）
著(编)者:周天勇　旷建伟　2014年7月出版 / 估价:69.00元

城市管理蓝皮书
中国城市管理报告2014
著(编)者:谭维克 刘林　2014年7月出版 / 估价:98.00元

城市生活质量蓝皮书
中国城市生活质量指数报告（2014）
著(编)者:张平　2014年7月出版 / 估价:59.00元

城市政府能力蓝皮书
中国城市政府公共服务能力评估报告（2014）
著(编)者:何艳玲　2014年7月出版 / 估价:59.00元

创新蓝皮书
创新型国家建设报告（2014）
著(编)者:詹正茂　2014年7月出版 / 估价:69.00元

慈善蓝皮书
中国慈善发展报告（2014）
著(编)者:杨团　2014年6月出版 / 估价:69.00元

法治蓝皮书
中国法治发展报告No.12（2014）
著(编)者:李林　田禾　2014年2月出版 / 估价:98.00元

反腐倡廉蓝皮书
中国反腐倡廉建设报告No.3
著(编)者:李秋芳　2013年12月出版 / 估价:79.00元

非传统安全蓝皮书
中国非传统安全研究报告（2014）
著(编)者:余潇枫　2014年5月出版 / 估价:69.00元

妇女发展蓝皮书
福建省妇女发展报告（2014）
著(编)者:刘群英　2014年10月出版 / 估价:58.00元

妇女发展蓝皮书
中国妇女发展报告No.5
著(编)者:王金玲 高小贤　2014年5月出版 / 估价:65.00元

妇女教育蓝皮书
中国妇女教育发展报告No.3
著(编)者:张李玺　2014年10月出版 / 估价:69.00元

公共服务满意度蓝皮书
中国城市公共服务评价报告（2014）
著(编)者:胡伟　2014年11月出版 / 估价:69.00元

公共服务蓝皮书
中国城市基本公共服务力评价（2014）
著(编)者:侯惠勤 辛向阳 易定宏
2014年10月出版 / 估价:55.00元

公民科学素质蓝皮书
中国公民科学素质调查报告（2013~2014）
著(编)者:李群 许佳军　2014年2月出版 / 估价:69.00元

公益蓝皮书
中国公益发展报告（2014）
著(编)者:朱健刚　2014年5月出版 / 估价:78.00元

国际人才蓝皮书
中国海归创业发展报告（2014）No.2
著(编)者:王辉耀 路江涌　2014年10月出版 / 估价:69.00元

国际人才蓝皮书
中国留学发展报告（2014） No.3
著(编)者:王辉耀　2014年9月出版 / 估价:59.00元

行政改革蓝皮书
中国行政体制改革报告（2014）No.3
著(编)者:魏礼群　2014年3月出版 / 估价:69.00元

华侨华人蓝皮书
华侨华人研究报告（2014）
著(编)者:丘进　2014年5月出版 / 估价:128.00元

环境竞争力绿皮书
中国省域环境竞争力发展报告（2014）
著(编)者:李建平 李闽榕 王金南
2014年12月出版 / 估价:148.00元

环境绿皮书
中国环境发展报告（2014）
著(编)者:刘鉴强　2014年4月出版 / 估价:69.00元

基本公共服务蓝皮书
中国省级政府基本公共服务发展报告（2014）
著(编)者:孙德超　2014年1月出版 / 估价:69.00元

基金会透明度蓝皮书
中国基金会透明度发展研究报告（2014）
著(编)者:基金会中心网　2014年7月出版 / 估价:79.00元

教师蓝皮书
中国中小学教师发展报告（2014）
著(编)者:曾晓东　2014年4月出版 / 估价:59.00元

教育蓝皮书
中国教育发展报告（2014）
著(编)者:杨东平　2014年3月出版 / 估价:69.00元

科普蓝皮书
中国科普基础设施发展报告（2014）
著(编)者:任福君　2014年6月出版 / 估价:79.00元

口腔健康蓝皮书
中国口腔健康发展报告（2014）
著(编)者:胡德渝　2014年12月出版 / 估价:59.00元

老龄蓝皮书
中国老龄事业发展报告（2014）
著(编)者:吴玉韶　2014年2月出版 / 估价:59.00元

连片特困区蓝皮书
中国连片特困区发展报告（2014）
著(编)者:丁建军 冷志明 游俊　2014年3月出版 / 估价:79.00元

民间组织蓝皮书
中国民间组织报告（2014）
著(编)者:黄晓勇　2014年8月出版 / 估价:69.00元

民族发展蓝皮书
中国民族区域自治发展报告（2014）
著(编)者:郝时远　2014年6月出版 / 估价:98.00元

女性生活蓝皮书
中国女性生活状况报告No.8（2014）
著(编)者:韩湘景　2014年3月出版 / 估价:78.00元

汽车社会蓝皮书
中国汽车社会发展报告（2014）
著(编)者:王俊秀　2014年1月出版 / 估价:59.00元

青年蓝皮书
中国青年发展报告（2014）No.2
著(编)者:廉思　2014年6月出版 / 估价:59.00元

全球环境竞争力绿皮书
全球环境竞争力发展报告（2014）
著(编)者:李建平 李闽榕 王金南　2014年11月出版 / 估价:69.00元

青少年蓝皮书
中国未成年人新媒体运用报告（2014）
著(编)者:李文革 沈杰 季为民　2014年6月出版 / 估价:69.00元

区域人才蓝皮书
中国区域人才竞争力报告No.2
著(编)者:桂昭明 王辉耀 2014年6月出版 / 估价:69.00元

人才蓝皮书
中国人才发展报告(2014)
著(编)者:潘晨光 2014年10月出版 / 估价:79.00元

人权蓝皮书
中国人权事业发展报告No.4(2014)
著(编)者:李君如 2014年7月出版 / 估价:98.00元

世界人才蓝皮书
全球人才发展报告No.1
著(编)者:孙学玉 张冠梓 2013年12月出版 / 估价:69.00元

社会保障绿皮书
中国社会保障发展报告(2014)No.6
著(编)者:王延中 2014年4月出版 / 估价:69.00元

社会工作蓝皮书
中国社会工作发展报告(2013~2014)
著(编)者:王杰秀 邹文开 2014年8月出版 / 估价:59.00元

社会管理蓝皮书
中国社会管理创新报告No.3
著(编)者:连玉明 2014年9月出版 / 估价:79.00元

社会蓝皮书
2014年中国社会形势分析与预测
著(编)者:李培林 陈光金 张翼 2013年12月出版 / 估价:69.00元

社会体制蓝皮书
中国社会体制改革报告(2014)No.2
著(编)者:龚维斌 2014年5月出版 / 估价:59.00元

社会心态蓝皮书
2014年中国社会心态研究报告
著(编)者:王俊秀 杨宜音 2014年1月出版 / 估价:59.00元

生态城市绿皮书
中国生态城市建设发展报告(2014)
著(编)者:李景源 孙伟平 刘举科 2014年6月出版 / 估价:128.00元

生态文明绿皮书
中国省域生态文明建设评价报告(ECI 2014)
著(编)者:严耕 2014年9月出版 / 估价:98.00元

世界创新竞争力黄皮书
世界创新竞争力发展报告(2014)
著(编)者:李建平 李闽榕 赵新力 2014年11月出版 / 估价:128.

水与发展蓝皮书
中国水风险评估报告(2014)
著(编)者:苏杨 2014年9月出版 / 估价:69.00元

危机管理蓝皮书
中国危机管理报告(2014)
著(编)者:文学国 范正青 2014年8月出版 / 估价:79.00元

小康蓝皮书
中国全面建设小康社会监测报告(2014)
著(编)者:潘璠 2014年11月出版 / 估价:59.00元

形象危机应对蓝皮书
形象危机应对研究报告(2014)
著(编)者:唐钧 2014年9月出版 / 估价:118.00元

政治参与蓝皮书
中国政治参与报告(2014)
著(编)者:房宁 2014年7月出版 / 估价:58.00元

政治发展蓝皮书
中国政治发展报告(2014)
著(编)者:房宁 杨海蛟 2014年6月出版 / 估价:98.00元

宗教蓝皮书
中国宗教报告(2014)
著(编)者:金泽 邱永辉 2014年8月出版 / 估价:59.00元

社会组织蓝皮书
中国社会组织评估报告(2014)
著(编)者:徐家良 2014年3月出版 / 估价:69.00元

政府绩效评估蓝皮书
中国地方政府绩效评估报告(2014)
著(编)者:贠杰 2014年9月出版 / 估价:69.00元

行业报告类

保健蓝皮书
中国保健服务产业发展报告No.2
著(编)者:中国保健协会 中共中央党校
2014年7月出版 / 估价:198.00元

保健蓝皮书
中国保健食品产业发展报告No.2
著(编)者:中国保健协会
中国社会科学院食品药品产业发展与监管研究中心
2014年7月出版 / 估价:198.00元

保健蓝皮书
中国保健用品产业发展报告No.2
著(编)者:中国保健协会 2014年3月出版 / 估价:198.00元

保险蓝皮书
中国保险业竞争力报告(2014)
著(编)者:罗忠敏 2014年1月出版 / 估价:98.00元

餐饮产业蓝皮书
中国餐饮产业发展报告（2014）
著(编)者:中国烹饪协会 中国社会科学院财经战略研究院
2014年5月出版 / 估价:59.00元

测绘地理信息蓝皮书
中国地理信息产业发展报告（2014）
著(编)者:徐德明 2014年12月出版 / 估价:98.00元

茶业蓝皮书
中国茶产业发展报告（2014）
著(编)者:李闽榕 杨江帆 2014年4月出版 / 估价:79.00元

产权市场蓝皮书
中国产权市场发展报告（2014）
著(编)者:曹和平 2014年1月出版 / 估价:69.00元

产业安全蓝皮书
中国出版与传媒安全报告（2014）
著(编)者:北京交通大学中国产业安全研究中心
2014年1月出版 / 估价:59.00元

产业安全蓝皮书
中国医疗产业安全报告（2014）
著(编)者:北京交通大学中国产业安全研究中心
2014年1月出版 / 估价:59.00元

产业安全蓝皮书
中国医疗产业安全报告（2014）
著(编)者:李孟刚 2014年7月出版 / 估价:69.00元

产业安全蓝皮书
中国文化产业安全蓝皮书(2013~2014)
著(编)者:高海涛 刘益 2014年3月出版 / 估价:69.00元

产业安全蓝皮书
中国出版传媒产业安全报告（2014）
著(编)者:孙万军 王玉海 2014年12月出版 / 估价:69.00元

典当业蓝皮书
中国典当行业发展报告（2013~2014）
著(编)者:黄育华 王力 张红地
2014年10月出版 / 估价:69.00元

电子商务蓝皮书
中国城市电子商务影响力报告（2014）
著(编)者:荆林波 2014年5月出版 / 估价:69.00元

电子政务蓝皮书
中国电子政务发展报告（2014）
著(编)者:洪毅 王长胜 2014年2月出版 / 估价:59.00元

杜仲产业绿皮书
中国杜仲橡胶资源与产业发展报告（2014）
著(编)者:杜红岩 胡文臻 俞瑞
2014年9月出版 / 估价:99.00元

房地产蓝皮书
中国房地产发展报告No.11
著(编)者:魏后凯 李景国 2014年4月出版 / 估价:79.00元

服务外包蓝皮书
中国服务外包产业发展报告（2014）
著(编)者:王晓红 李皓 2014年4月出版 / 估价:89.00元

高端消费蓝皮书
中国高端消费市场研究报告
著(编)者:依绍华 王雪峰 2013年12月出版 / 估价:69.00元

会展经济蓝皮书
中国会展经济发展报告（2014）
著(编)者:过聚荣 2014年9月出版 / 估价:65.00元

会展蓝皮书
中外会展业动态评估年度报告（2014）
著(编)者:张敏 2014年8月出版 / 估价:68.00元

基金会绿皮书
中国基金会发展独立研究报告（2014）
著(编)者:基金会中心网 2014年8月出版 / 估价:58.00元

交通运输蓝皮书
中国交通运输服务发展报告（2014）
著(编)者:林晓言 卜伟 武剑红
2014年10月出版 / 估价:69.00元

金融监管蓝皮书
中国金融监管报告（2014）
著(编)者:胡滨 2014年9月出版 / 估价:65.00元

金融蓝皮书
中国金融中心发展报告（2014）
著(编)者:中国社会科学院金融研究所
中国博士后特华科研工作站 王力 黄育华
2014年10月出版 / 估价:59.00元

金融蓝皮书
中国商业银行竞争力报告（2014）
著(编)者:王松奇 2014年5月出版 / 估价:79.00元

金融蓝皮书
中国金融发展报告（2014）
著(编)者:李扬 王国刚 2013年12月出版 / 估价:69.00元

金融蓝皮书
中国金融法治报告（2014）
著(编)者:胡滨 全先银 2014年3月出版 / 估价:65.00元

金融蓝皮书
中国金融产品与服务报告（2014）
著(编)者:殷剑峰 2014年6月出版 / 估价:59.00元

金融信息服务蓝皮书
金融信息服务业发展报告（2014）
著(编)者:鲁广锦 2014年11月出版 / 估价:69.00元

抗衰老医学蓝皮书
抗衰老医学发展报告（2014）
著(编)者:罗伯特·高德曼 罗纳德·科莱兹
尼尔·布什 朱敏 金大鹏 郭弋
2014年3月出版 / 估价:69.00元

客车蓝皮书
中国客车产业发展报告（2014）
著(编)者:姚蔚 2014年12月出版 / 估价:69.00元

科学传播蓝皮书
中国科学传播报告（2014）
著(编)者:詹正茂 2014年4月出版 / 估价:69.00元

流通蓝皮书
中国商业发展报告（2014）
著(编)者:荆林波 2014年5月出版 / 估价:89.00元

旅游安全蓝皮书
中国旅游安全报告（2014）
著(编)者:郑向敏 谢朝武 2014年6月出版 / 估价:79.00元

旅游绿皮书
2013~2014年中国旅游发展分析与预测
著(编)者:宋瑞 2013年12月出版 / 估价:69.00元

旅游城市绿皮书
世界旅游城市发展报告（2013~2014）
著(编)者:张辉 2014年1月出版 / 估价:69.00元

贸易蓝皮书
中国贸易发展报告（2014）
著(编)者:荆林波 2014年5月出版 / 估价:49.00元

民营医院蓝皮书
中国民营医院发展报告（2014）
著(编)者:朱幼棣 2014年10月出版 / 估价:69.00元

闽商蓝皮书
闽商发展报告（2014）
著(编)者:李闽榕 王日根 2014年12月出版 / 估价:69.00元

能源蓝皮书
中国能源发展报告（2014）
著(编)者:崔民选 王军生 陈义和
2014年10月出版 / 估价:59.00元

农产品流通蓝皮书
中国农产品流通产业发展报告（2014）
著(编)者:贾敬敦 王炳南 张玉玺 张鹏毅 陈丽华
2014年9月出版 / 估价:89.00元

期货蓝皮书
中国期货市场发展报告（2014）
著(编)者:荆林波 2014年6月出版 / 估价:98.00元

企业蓝皮书
中国企业竞争力报告（2014）
著(编)者:金碚 2014年11月出版 / 估价:89.00元

汽车安全蓝皮书
中国汽车安全发展报告（2014）
著(编)者:赵福全 孙小端 等 2014年1月出版 / 估价:69.0

汽车蓝皮书
中国汽车产业发展报告（2014）
著(编)者:国务院发展研究中心产业经济研究部
中国汽车工程学会 大众汽车集团（中国）
2014年7月出版 / 估价:79.00元

清洁能源蓝皮书
国际清洁能源发展报告（2014）
著(编)者:国际清洁能源论坛（澳门）
2014年9月出版 / 估价:89.00元

人力资源蓝皮书
中国人力资源发展报告（2014）
著(编)者:吴江 2014年9月出版 / 估价:69.00元

软件和信息服务业蓝皮书
中国软件和信息服务业发展报告（2014）
著(编)者:洪京一 工业和信息化部电子科学技术情报研究所
2014年6月出版 / 估价:98.00元

商会蓝皮书
中国商会发展报告 No.4（2014）
著(编)者:黄孟复 2014年4月出版 / 估价:59.00元

商品市场蓝皮书
中国商品市场发展报告（2014）
著(编)者:荆林波 2014年7月出版 / 估价:59.00元

上市公司蓝皮书
中国上市公司非财务信息披露报告（2014）
著(编)者:钟宏武 张旺 张蒽 等
2014年12月出版 / 估价:59.00元

食品药品蓝皮书
食品药品安全与监管政策研究报告（2014）
著(编)者:唐民皓 2014年7月出版 / 估价:69.00元

世界能源蓝皮书
世界能源发展报告（2014）
著(编)者:黄晓勇 2014年9月出版 / 估价:99.00元

私募市场蓝皮书
中国私募股权市场发展报告（2014）
著(编)者:曹和平 2014年4月出版 / 估价:69.00元

体育蓝皮书
中国体育产业发展报告（2014）
著(编)者:阮伟 钟秉枢 2013年2月出版 / 估价:69.00元

体育蓝皮书·公共体育服务
中国公共体育服务发展报告（2014）
著(编)者:戴健 2014年12月出版 / 估价:69.00元

投资蓝皮书
中国投资发展报告（2014）
著(编)者:杨庆蔚 2014年4月出版 / 估价:79.00元

投资蓝皮书
中国企业海外投资发展报告（2013~2014）
著(编)者:陈文晖 薛誉华 2013年12月出版 / 估价:69.00元

物联网蓝皮书
中国物联网发展报告（2014）
著(编)者:龚六堂 2014年1月出版 / 估价:59.00元

西部工业蓝皮书
中国西部工业发展报告（2014）
著(编)者:方行明 刘方健 姜凌等
2014年9月出版 / 估价:69.00元

西部金融蓝皮书
中国西部金融发展报告（2014）
著(编)者:李忠民 2014年10月出版 / 估价:69.00元

新能源汽车蓝皮书
中国新能源汽车产业发展报告（2014）
著(编)者:中国汽车技术研究中心
日产（中国）投资有限公司
东风汽车有限公司
2014年9月出版 / 估价:69.00元

信托蓝皮书
中国信托业研究报告（2014）
著(编)者:中建投信托研究中心 中国建设建投研究院
2014年9月出版 / 估价:59.00元

信托蓝皮书
中国信托投资报告（2014）
著(编)者:杨金龙 刘屹 2014年7月出版 / 估价:69.00元

信息化蓝皮书
中国信息化形势分析与预测（2014）
著(编)者:周宏仁 2014年7月出版 / 估价:98.00元

信用蓝皮书
中国信用发展报告（2014）
著(编)者:章政 田侃 2014年4月出版 / 估价:69.00元

休闲绿皮书
2014年中国休闲发展报告
著(编)者:刘德谦 唐兵 宋瑞
2014年6月出版 / 估价:59.00元

养老产业蓝皮书
中国养老产业发展报告（2013~2014年）
著(编)者:张车伟 2014年1月出版 / 估价:69.00元

移动互联网蓝皮书
中国移动互联网发展报告（2014）
著(编)者:官建文 2014年5月出版 / 估价:79.00元

医药蓝皮书
中国药品市场报告（2014）
著(编)者:程锦锥 朱恒鹏 2014年12月出版 / 估价:79.00元

中国林业竞争力蓝皮书
中国省域林业竞争力发展报告No.2（2014）（上下册）
著(编)者:郑传芳 李闽榕 张春霞 张会儒
2014年8月出版 / 估价:139.00元

中国农业竞争力蓝皮书
中国省域农业竞争力发展报告No.2（2014）
著(编)者:郑传芳 宋洪远 李闽榕 张春霞
2014年7月出版 / 估价:128.00元

中国信托市场蓝皮书
中国信托业市场报告（2013~2014）
著(编)者:李旸 2014年10月出版 / 估价:69.00元

中国总部经济蓝皮书
中国总部经济发展报告（2014）
著(编)者:赵弘 2014年9月出版 / 估价:69.00元

珠三角流通蓝皮书
珠三角商圈发展研究报告（2014）
著(编)者:王先庆 林至颖 2014年8月出版 / 估价:69.00元

住房绿皮书
中国住房发展报告（2013~2014）
著(编)者:倪鹏飞 2013年12月出版 / 估价:79.00元

资本市场蓝皮书
中国场外交易市场发展报告（2014）
著(编)者:高峦 2014年3月出版 / 估价:79.00元

资产管理蓝皮书
中国信托业发展报告（2014）
著(编)者:智信资产管理研究院 2014年7月出版 / 估价:69.00元

支付清算蓝皮书
中国支付清算发展报告（2014）
著(编)者:杨涛 2014年4月出版 / 估价:45.00元

文化传媒类

传媒蓝皮书
中国传媒产业发展报告（2014）
著(编)者:崔保国　　2014年4月出版 / 估价:79.00元

传媒竞争力蓝皮书
中国传媒国际竞争力研究报告（2014）
著(编)者:李本乾　　2014年9月出版 / 估价:69.00元

创意城市蓝皮书
武汉市文化创意产业发展报告（2014）
著(编)者:张京成　黄永林　　2014年10月出版 / 估价:69.00元

电视蓝皮书
中国电视产业发展报告（2014）
著(编)者:卢斌　　2014年4月出版 / 估价:79.00元

电影蓝皮书
中国电影出版发展报告（2014）
著(编)者:卢斌　　2014年4月出版 / 估价:79.00元

动漫蓝皮书
中国动漫产业发展报告（2014）
著(编)者:卢斌　郑玉明　牛兴侦　　2014年4月出版 / 估价:79.00元

广电蓝皮书
中国广播电影电视发展报告（2014）
著(编)者:庞井君　杨明品　李岚
2014年6月出版 / 估价:88.00元

广告主蓝皮书
中国广告主营销传播趋势报告N0.8
著(编)者:中国传媒大学广告主研究所
中国广告主营销传播创新研究课题组
黄升民　杜国清　邵华冬等
2014年5月出版 / 估价:98.00元

国际传播蓝皮书
中国国际传播发展报告（2014）
著(编)者:胡正荣　李继东　姬德强
2014年1月出版 / 估价:69.00元

纪录片蓝皮书
中国纪录片发展报告（2014）
著(编)者:何苏六　　2014年10月出版 / 估价:89.00元

两岸文化蓝皮书
两岸文化产业合作发展报告（2014）
著(编)者:胡惠林 肖夏勇　　2014年6月出版 / 估价:59.00元

媒介与女性蓝皮书
中国媒介与女性发展报告（2014）
著(编)者:刘利群　　2014年8月出版 / 估价:69.00元

全球传媒蓝皮书
全球传媒产业发展报告（2014）
著(编)者:胡正荣　　2014年12月出版 / 估价:79.00元

视听新媒体蓝皮书
中国视听新媒体发展报告（2014）
著(编)者:庞井君　　2014年6月出版 / 估价:148.00元

文化创新蓝皮书
中国文化创新报告（2014）No.5
著(编)者:于平　傅才武　　2014年7月出版 / 估价:79.00元

文化科技蓝皮书
文化科技融合与创意城市发展报告（2014）
著(编)者:李凤亮　于平　　2014年7月出版 / 估价:79.00元

文化蓝皮书
2014年中国文化产业发展报告
著(编)者:张晓明　胡惠林　章建刚
2014年3月出版 / 估价:69.00元

文化蓝皮书
中国文化产业供需协调增长测评报（2013）
著(编)者:高书生　王亚楠　　2014年5月出版 / 估价:79.00元

文化蓝皮书
中国城镇文化消费需求景气评价报告（2014）
著(编)者:王亚南　张晓明　祁述裕
2014年5月出版 / 估价:79.00元

文化蓝皮书
中国公共文化服务发展报告（2014）
著(编)者:于群 李国新　　2014年10月出版 / 估价:98.00元

文化蓝皮书
中国文化消费需求景气评价报告（2014）
著(编)者:王亚南　　2014年5月出版 / 估价:79.00元

文化蓝皮书
中国乡村文化消费需求景气评价报告（2014）
著(编)者:王亚南　　2014年5月出版 / 估价:79.00元

文化蓝皮书
中国中心城市文化消费需求景气评价报告（2014
著(编)者:王亚南　　2014年5月出版 / 估价:79.00元

文化蓝皮书
中国少数民族文化发展报告（2014）
著(编)者:武翠英 张晓明 张学进
2014年3月出版 / 估价:69.00元

文化建设蓝皮书
中国文化建设发展报告（2014）
著(编)者:江畅　孙伟平　2014年3月出版 / 估价:69.00元

文化品牌蓝皮书
中国文化品牌发展报告（2014）
著(编)者:欧阳友权　2014年5月出版 / 估价:75.00元

文化软实力蓝皮书
中国文化软实力研究报告（2014）
著(编)者:张国祚　2014年7月出版 / 估价:79.00元

文化遗产蓝皮书
中国文化遗产事业发展报告（2014）
著(编)者:刘世锦　2014年3月出版 / 估价:79.00元

文学蓝皮书
中国文情报告（2014）
著(编)者:白烨　2014年5月出版 / 估价:59.00元

新媒体蓝皮书
中国新媒体发展报告No.5（2014）
著(编)者:唐绪军　2014年6月出版 / 估价:69.00元

移动互联网蓝皮书
中国移动互联网发展报告（2014）
著(编)者:官建文　2014年4月出版 / 估价:79.00元

游戏蓝皮书
中国游戏产业发展报告（2014）
著(编)者:卢斌　2014年4月出版 / 估价:79.00元

舆情蓝皮书
中国社会舆情与危机管理报告（2014）
著(编)者:谢耘耕　2014年8月出版 / 估价:85.00元

粤港澳台文化蓝皮书
粤港澳台文化创意产业发展报告（2014）
著(编)者:丁未　2014年4月出版 / 估价:69.00元

地方发展类

安徽蓝皮书
安徽社会发展报告（2014）
著(编)者:程桦　2014年4月出版 / 估价:79.00元

安徽社会建设蓝皮书
安徽社会建设分析报告（2014）
著(编)者:黄家海 王开玉 蔡宪　2014年4月出版 / 估价:69.00元

北京蓝皮书
北京城乡发展报告（2014）
著(编)者:黄序　2014年4月出版 / 估价:59.00元

北京蓝皮书
北京公共服务发展报告（2014）
著(编)者:张耘　2014年3月出版 / 估价:65.00元

北京蓝皮书
北京经济发展报告（2014）
著(编)者:赵弘　2014年4月出版 / 估价:59.00元

北京蓝皮书
北京社会发展报告（2014）
著(编)者:缪青　2014年10月出版 / 估价:59.00元

北京蓝皮书
北京文化发展报告（2014）
著(编)者:李建盛　2014年5月出版 / 估价:69.00元

北京蓝皮书
中国社区发展报告（2014）
著(编)者:于燕燕　2014年8月出版 / 估价:59.00元

北京蓝皮书
北京公共服务发展报告（2014）
著(编)者:施昌奎　2014年8月出版 / 估价:59.00元

北京旅游绿皮书
北京旅游发展报告（2014）
著(编)者:鲁勇　2014年7月出版 / 估价:98.00元

北京律师蓝皮书
北京律师发展报告No.2（2014）
著(编)者:王隽　周塞军　2014年9月出版 / 估价:79.00元

北京人才蓝皮书
北京人才发展报告（2014）
著(编)者:于淼　2014年10月出版 / 估价:89.00元

城乡一体化蓝皮书
中国城乡一体化发展报告·北京卷（2014）
著(编)者:张宝秀 黄序　2014年6月出版 / 估价:59.00元

创意城市蓝皮书
北京文化创意产业发展报告（2014）
著(编)者:张京成 王国华　2014年10月出版 / 估价:69.00元

创意城市蓝皮书
青岛文化创意产业发展报告（2014）
著(编)者:马达　2014年5月出版 / 估价:69.00元

创意城市蓝皮书
无锡文化创意产业发展报告（2014）
著(编)者:庄若江　张鸣年　2014年8月出版 / 估价:75.00元

服务业蓝皮书
广东现代服务业发展报告（2014）
著(编)者:祁明 程晓　2014年1月出版 / 估价:69.00元

甘肃蓝皮书
甘肃舆情分析与预测（2014）
著(编)者:陈双梅 郝树声　2014年1月出版 / 估价:69.00元

甘肃蓝皮书
甘肃县域社会发展评价报告（2014）
著(编)者:魏胜文　2014年1月出版 / 估价:69.00元

甘肃蓝皮书
甘肃经济发展分析与预测（2014）
著(编)者:魏胜文　2014年1月出版 / 估价:69.00元

甘肃蓝皮书
甘肃社会发展分析与预测（2014）
著(编)者:安文华　2014年1月出版 / 估价:69.00元

甘肃蓝皮书
甘肃文化发展分析与预测（2014）
著(编)者:周小华　2014年1月出版 / 估价:69.00元

广东蓝皮书
广东省电子商务发展报告（2014）
著(编)者:黄建明 祁明　2014年11月出版 / 估价:69.00元

广东蓝皮书
广东社会工作发展报告（2014）
著(编)者:罗观翠　2013年12月出版 / 估价:69.00元

广东外经贸蓝皮书
广东对外经济贸易发展研究报告（2014）
著(编)者:陈万灵　2014年3月出版 / 估价:65.00元

广西北部湾经济区蓝皮书
广西北部湾经济区开放开发报告（2014）
著(编)者:广西北部湾经济区规划建设管理委员会办公室
广西社会科学院 广西北部湾发展研究院
2014年7月出版 / 估价:69.00元

广州蓝皮书
2014年中国广州经济形势分析与预测
著(编)者:庾建设 郭志勇 沈奎　2014年6月出版 / 估价:69.00元

广州蓝皮书
2014年中国广州社会形势分析与预测
著(编)者:易佐永 杨秦 顾涧清　2014年5月出版 / 估价:65.00元

广州蓝皮书
广州城市国际化发展报告（2014）
著(编)者:朱名宏　2014年9月出版 / 估价:59.00元

广州蓝皮书
广州创新型城市发展报告（2014）
著(编)者:李江涛　2014年8月出版 / 估价:59.00元

广州蓝皮书
广州经济发展报告（2014）
著(编)者:李江涛 刘江华　2014年6月出版 / 估价:65.00元

广州蓝皮书
广州农村发展报告（2014）
著(编)者:李江涛 汤锦华　2014年8月出版 / 估价:59.00元

广州蓝皮书
广州青年发展报告（2014）
著(编)者:魏国华 张强　2014年9月出版 / 估价:65.00元

广州蓝皮书
广州汽车产业发展报告（2014）
著(编)者:李江涛 杨再高　2014年10月出版 / 估价:69.00元

广州蓝皮书
广州商贸业发展报告（2014）
著(编)者:陈家成 王旭东 荀振英
2014年7月出版 / 估价:69.00元

广州蓝皮书
广州文化创意产业发展报告（2014）
著(编)者:甘新　2014年10月出版 / 估价:59.00元

广州蓝皮书
中国广州城市建设发展报告（2014）
著(编)者:董皞 冼伟雄 李俊夫
2014年8月出版 / 估价:69.00元

广州蓝皮书
中国广州科技与信息化发展报告（2014）
著(编)者:庾建设 谢学宁　2014年8月出版 / 估价:59.00元

广州蓝皮书
中国广州文化创意产业发展报告（2014）
著(编)者:甘新　2014年10月出版 / 估价:59.00元

广州蓝皮书
中国广州文化发展报告（2014）
著(编)者:徐俊忠 汤应武 陆志强
2014年8月出版 / 估价:69.00元

贵州蓝皮书
贵州法治发展报告（2014）
著(编)者:吴大华　2014年3月出版 / 估价:69.00元

贵州蓝皮书
贵州社会发展报告（2014）
著(编)者:王兴骥　2014年3月出版 / 估价:59.00元

贵州蓝皮书
贵州农村扶贫开发报告（2014）
著(编)者:王朝新 宋明　2014年3月出版 / 估价:69.00元

贵州蓝皮书
贵州文化产业发展报告（2014）
著(编)者:李建国　2014年3月出版 / 估价:69.00元

海淀蓝皮书
海淀区文化和科技融合发展报告（2014）
著(编)者:陈名杰 孟景伟　2014年5月出版 / 估价:75.00元

海峡经济区蓝皮书
海峡经济区发展报告（2014）
著(编)者:李闽榕 王秉安 谢明辉（台湾）
2014年10月出版 / 估价:78.00元

海峡西岸蓝皮书
海峡西岸经济区发展报告（2014）
著(编)者:福建省人民政府发展研究中心
2014年9月出版 / 估价:85.00元

杭州蓝皮书
杭州市妇女发展报告（2014）
著(编)者:魏颖 揭爱花　2014年2月出版 / 估价:69.00元

河北蓝皮书
河北省经济发展报告（2014）
著(编)者:马树强 张贵　2013年12月出版 / 估价:69.00元

河北蓝皮书
河北经济社会发展报告（2014）
著(编)者:周文夫　2013年12月出版 / 估价:69.00元

河南经济蓝皮书
2014年河南经济形势分析与预测
著(编)者:胡五岳　2014年3月出版 / 估价:65.00元

河南蓝皮书
2014年河南社会形势分析与预测
著(编)者:刘道兴 牛苏林　2014年1月出版 / 估价:59.00元

河南蓝皮书
河南城市发展报告（2014）
著(编)者:林宪斋 王建国　2014年1月出版 / 估价:69.00元

河南蓝皮书
河南经济发展报告（2014）
著(编)者:喻新安　2014年1月出版 / 估价:59.00元

河南蓝皮书
河南文化发展报告（2014）
著(编)者:谷建全 卫绍生　2014年1月出版 / 估价:69.00元

河南蓝皮书
河南工业发展报告（2014）
著(编)者:龚绍东　2014年1月出版 / 估价:59.00元

黑龙江产业蓝皮书
黑龙江产业发展报告（2014）
著(编)者:于渤　2014年10月出版 / 估价:79.00元

黑龙江蓝皮书
黑龙江经济发展报告（2014）
著(编)者:曲伟　2014年1月出版 / 估价:59.00元

黑龙江蓝皮书
黑龙江社会发展报告（2014）
著(编)者:艾书琴　2014年1月出版 / 估价:69.00元

湖南城市蓝皮书
城市社会管理
著(编)者:罗海藩　2014年10月出版 / 估价:59.00元

湖南蓝皮书
2014年湖南产业发展报告
著(编)者:梁志峰　2014年5月出版 / 估价:89.00元

湖南蓝皮书
2014年湖南法治发展报告
著(编)者:梁志峰　2014年5月出版 / 估价:79.00元

湖南蓝皮书
2014年湖南经济展望
著(编)者:梁志峰　2014年5月出版 / 估价:79.00元

湖南蓝皮书
2014年湖南两型社会发展报告
著(编)者:梁志峰　2014年5月出版 / 估价:79.00元

湖南县域绿皮书
湖南县域发展报告No.2
著(编)者:朱有志 袁准 周小毛　2014年7月出版 / 估价:69.00元

沪港蓝皮书
沪港发展报告（2014）
著(编)者:尤安山　2014年9月出版 / 估价:89.00元

吉林蓝皮书
2014年吉林经济社会形势分析与预测
著(编)者:马克　2014年1月出版 / 估价:69.00元

江苏法治蓝皮书
江苏法治发展报告No.3（2014）
著(编)者:李力 龚廷泰 严海良　2014年8月出版 / 估价:88.00元

京津冀蓝皮书
京津冀区域一体化发展报告（2014）
著(编)者:文魁 祝尔娟　2014年3月出版 / 估价:89.00元

经济特区蓝皮书
中国经济特区发展报告（2014）
著(编)者:陶一桃　2014年3月出版 / 估价:89.00元

辽宁蓝皮书
2014年辽宁经济社会形势分析与预测
著(编)者:曹晓峰 张晶 张卓民　2014年1月出版 / 估价:69.00元

流通蓝皮书
湖南省商贸流通产业发展报告No.2
著(编)者:柳思维　2014年10月出版 / 估价:75.00元

内蒙古蓝皮书
内蒙古经济发展蓝皮书(2013~2014)
著(编)者:黄育华　　2014年7月出版 / 估价:69.00元

内蒙古蓝皮书
内蒙古反腐倡廉建设报告No.1
著(编)者:张志华　无极　　2013年12月出版 / 估价:69.00元

浦东新区蓝皮书
上海浦东经济发展报告（2014）
著(编)者:左学金　陆沪根　　2014年1月出版 / 估价:59.00元

侨乡蓝皮书
中国侨乡发展报告（2014）
著(编)者:郑一省　　2013年12月出版 / 估价:69.00元

青海蓝皮书
2014年青海经济社会形势分析与预测
著(编)者:赵宗福　　2014年2月出版 / 估价:69.00元

人口与健康蓝皮书
深圳人口与健康发展报告（2014）
著(编)者:陆杰华　江捍平　　2014年10月出版 / 估价:98.00元

山西蓝皮书
山西资源型经济转型发展报告（2014）
著(编)者:李志强　容和平　　2014年3月出版 / 估价:79.00元

陕西蓝皮书
陕西经济发展报告（2014）
著(编)者:任宗哲　石英　裴成荣　　2014年3月出版 / 估价:65.00元

陕西蓝皮书
陕西社会发展报告（2014）
著(编)者:任宗哲　石英　江波　　2014年1月出版 / 估价:65.00元

陕西蓝皮书
陕西文化发展报告（2014）
著(编)者:任宗哲　石英　王长寿　　2014年3月出版 / 估价:59.00元

上海蓝皮书
上海传媒发展报告（2014）
著(编)者:强荧　焦雨虹　　2014年1月出版 / 估价:59.00元

上海蓝皮书
上海法治发展报告（2014）
著(编)者:潘世伟　叶青　　2014年1月出版 / 估价:59.00元

上海蓝皮书
上海经济发展报告（2014）
著(编)者:沈开艳　　2014年1月出版 / 估价:69.00元

上海蓝皮书
上海社会发展报告（2014）
著(编)者:卢汉龙　周海旺　　2014年1月出版 / 估价:59.00元

上海蓝皮书
上海文化发展报告（2014）
著(编)者:蒯大申　　2014年1月出版 / 估价:59.00元

上海蓝皮书
上海文学发展报告（2014）
著(编)者:陈圣来　　2014年1月出版 / 估价:59.00元

上海蓝皮书
上海资源环境发展报告（2014）
著(编)者:周冯琦　汤庆合　王利民　　2014年1月出版 / 估价:59

上海社会保障绿皮书
上海社会保障改革与发展报告（2013~2014）
著(编)者:汪泓　　2014年1月出版 / 估价:65.00元

社会建设蓝皮书
2014年北京社会建设分析报告
著(编)者:宋贵伦　　2014年4月出版 / 估价:69.00元

深圳蓝皮书
深圳经济发展报告（2014）
著(编)者:吴忠　　2014年6月出版 / 估价:69.00元

深圳蓝皮书
深圳劳动关系发展报告（2014）
著(编)者:汤庭芬　　2014年6月出版 / 估价:69.00元

深圳蓝皮书
深圳社会发展报告（2014）
著(编)者:吴忠　余智晟　　2014年7月出版 / 估价:69.00元

四川蓝皮书
四川文化产业发展报告（2014）
著(编)者:向宝云　　2014年1月出版 / 估价:69.00元

温州蓝皮书
2014年温州经济社会形势分析与预测
著(编)者:潘忠强　王春光　金浩　　2014年4月出版 / 估价:69.0

温州蓝皮书
浙江温州金融综合改革试验区发展报告（2013~2
著(编)者:钱水土　王去非　李义超
2014年4月出版 / 估价:69.00元

扬州蓝皮书
扬州经济社会发展报告（2014）
著(编)者:张爱军　　2014年1月出版 / 估价:78.00元

义乌蓝皮书
浙江义乌市国际贸易综合改革试验区发展报告（2013~2014）
著(编)者:马淑琴　刘文革　周松强
2014年4月出版 / 估价:69.00元

云南蓝皮书
中国面向西南开放重要桥头堡建设发展报告（20
著(编)者:刘绍怀　　2014年12月出版 / 估价:69.00元

长株潭城市群蓝皮书
长株潭城市群发展报告（2014）
著(编)者:张萍　　2014年10月出版 / 估价:69.00元

郑州蓝皮书
2014年郑州文化发展报告
著(编)者:王哲　　2014年7月出版 / 估价:69.00元

中国省会经济圈蓝皮书
合肥经济圈经济社会发展报告No.4(2013~2014)
著(编)者:董昭礼　　2014年4月出版 / 估价:79.00元

国别与地区类

G20国家创新竞争力黄皮书
二十国集团(G20)国家创新竞争力发展报告(2014)
著(编)者:李建平 李闽榕 赵新力
2014年9月出版 / 估价:118.00元

澳门蓝皮书
澳门经济社会发展报告(2013~2014)
著(编)者:吴志良 郝雨凡　　2014年3月出版 / 估价:79.00元

北部湾蓝皮书
泛北部湾合作发展报告(2014)
著(编)者:吕余生　　2014年7月出版 / 估价:79.00元

大湄公河次区域蓝皮书
大湄公河次区域合作发展报告(2014)
著(编)者:刘稚　　2014年8月出版 / 估价:79.00元

大洋洲蓝皮书
大洋洲发展报告(2014)
著(编)者:魏明海 喻常森　　2014年7月出版 / 估价:69.00元

德国蓝皮书
德国发展报告(2014)
著(编)者:李乐曾 郑春荣等　　2014年5月出版 / 估价:69.00元

东北亚黄皮书
东北亚地区政治与安全报告(2014)
著(编)者:黄凤志 刘雪莲　　2014年6月出版 / 估价:69.00元

东盟黄皮书
东盟发展报告(2014)
著(编)者:黄兴球 庄国土　　2014年12月出版 / 估价:68.00元

东南亚蓝皮书
东南亚地区发展报告(2014)
著(编)者:王勤　　2014年11月出版 / 估价:59.00元

俄罗斯黄皮书
俄罗斯发展报告(2014)
著(编)者:李永全　　2014年7月出版 / 估价:79.00元

非洲黄皮书
非洲发展报告No.15(2014)
著(编)者:张宏明　　2014年7月出版 / 估价:79.00元

港澳珠三角蓝皮书
粤港澳区域合作与发展报告(2014)
著(编)者:梁庆寅 陈广汉　　2014年6月出版 / 估价:59.00元

国际形势黄皮书
全球政治与安全报告(2014)
著(编)者:李慎明 张宇燕　　2014年1月出版 / 估价:69.00元

韩国蓝皮书
韩国发展报告(2014)
著(编)者:牛林杰 刘宝全　　2014年6月出版 / 估价:69.00元

加拿大蓝皮书
加拿大国情研究报告(2014)
著(编)者:仲伟合　唐小松　　2013年12月出版 / 估价:69.00元

柬埔寨蓝皮书
柬埔寨国情报告(2014)
著(编)者:毕世鸿　　2014年6月出版 / 估价:79.00元

拉美黄皮书
拉丁美洲和加勒比发展报告(2014)
著(编)者:吴白乙　刘维广　　2014年4月出版 / 估价:89.00元

老挝蓝皮书
老挝国情报告(2014)
著(编)者:卢光盛 方芸 吕星　　2014年6月出版 / 估价:79.00元

美国蓝皮书
美国问题研究报告(2014)
著(编)者:黄平 倪峰　　2014年5月出版 / 估价:79.00元

缅甸蓝皮书
缅甸国情报告(2014)
著(编)者:李晨阳　　2014年4月出版 / 估价:79.00元

欧亚大陆桥发展蓝皮书
欧亚大陆桥发展报告(2014)
著(编)者:李忠民　　2014年10月出版 / 估价:59.00元

欧洲蓝皮书
欧洲发展报告(2014)
著(编)者:周弘　　2014年3月出版 / 估价:79.00元

葡语国家蓝皮书
巴西发展与中巴关系报告2014（中英文）
著(编)者:张曙光 David T. Ritchie
2014年8月出版 / 估价:69.00元

日本经济蓝皮书
日本经济与中日经贸关系发展报告（2014）
著(编)者:王洛林 张季风 2014年5月出版 / 估价:79.00元

日本蓝皮书
日本发展报告（2014）
著(编)者:李薇 2014年2月出版 / 估价:69.00元

上海合作组织黄皮书
上海合作组织发展报告（2014）
著(编)者:李进峰 吴宏伟 李伟 2014年9月出版 / 估价:98.00元

世界创新竞争力黄皮书
世界创新竞争力发展报告（2014）
著(编)者:李建平 2014年1月出版 / 估价:148.00元

世界能源黄皮书
世界能源分析与展望（2013~2014）
著(编)者:张宇燕 等 2014年1月出版 / 估价:69.00元

世界社会主义黄皮书
世界社会主义跟踪研究报告（2014）
著(编)者:李慎明 2014年5月出版 / 估价:189.00元

泰国蓝皮书
泰国国情报告（2014）
著(编)者:邹春萌 2014年6月出版 / 估价:79.00元

亚太蓝皮书
亚太地区发展报告（2014）
著(编)者:李向阳 2013年12月出版 / 估价:69.00元

印度蓝皮书
印度国情报告（2014）
著(编)者:吕昭义 2014年1月出版 / 估价:69.00元

印度洋地区蓝皮书
印度洋地区发展报告（2014）
著(编)者:汪戎 万广华 2014年6月出版 / 估价:79.00元

越南蓝皮书
越南国情报告（2014）
著(编)者:吕余生 2014年8月出版 / 估价:65.00元

中东黄皮书
中东发展报告No.15（2014）
著(编)者:杨光 2014年10月出版 / 估价:59.00元

中欧关系蓝皮书
中国与欧洲关系发展报告（2014）
著(编)者:周弘 2013年12月出版 / 估价:69.00元

中亚黄皮书
中亚国家发展报告（2014）
著(编)者:孙力 2014年9月出版 / 估价:79.00元

皮书大事记

☆ 2012年12月，《中国社会科学院皮书资助规定（试行）》由中国社会科学院科研局正式颁布实施。

☆ 2011年，部分重点皮书纳入院创新工程。

☆ 2011年8月，2011年皮书年会在安徽合肥举行，这是皮书年会首次由中国社会科学院主办。

☆ 2011年2月，“2011年全国皮书研讨会”在北京京西宾馆举行。王伟光院长（时任常务副院长）出席并讲话。本次会议标志着皮书及皮书研创出版从一个具体出版单位的出版产品和出版活动上升为由中国社会科学院牵头的国家哲学社会科学智库产品和创新活动。

☆ 2010年9月，“2010年中国经济社会形势报告会暨第十一次全国皮书工作研讨会”在福建福州举行，高全立副院长参加会议并做学术报告。

☆ 2010年9月，皮书学术委员会成立，由我院李扬副院长领衔，并由在各个学科领域有一定的学术影响力、了解皮书编创出版并持续关注皮书品牌的专家学者组成。皮书学术委员会的成立为进一步提高皮书这一品牌的学术质量、为学术界构建一个更大的学术出版与学术推广平台提供了专家支持。

☆ 2009年8月，“2009年中国经济社会形势分析与预测暨第十次皮书工作研讨会”在辽宁丹东举行。李扬副院长参加本次会议，本次会议颁发了首届优秀皮书奖，我院多部皮书获奖。